Sammlung geologischer Führer

Herausgegeben von Peter Rothe

Band 111

Gebr. Borntraeger · Stuttgart · 2021

Begründet von Hans-Jürgen Anderle †

Taunus

Geologische Entwicklung und Struktur
Exkursionen in ein deutsches Mittelgebirge

fortgeführt von Peter Rothe und Hans-Jürgen Scharpff

mit Beiträgen von Thomas Kirnbauer, Karl Josef Sabel,
Matthias Schreiner und Alexander Stahr

und 93 überwiegend farbigen Abbildungen sowie einer
Geologischen Faltkarte mit Aufschlusspunkten

Gebr. Borntraeger · Stuttgart · 2021

Peter Rothe & Hans-Jürgen Scharpff. Taunus. Geologische Entwicklung und Struktur. Exkursionen in ein deutsches Mittelgebirge. Begründet von Hans-Jürgen Anderle †.

Adressen der Autoren:
Prof. Dr. Peter Rothe, Mannheim
Dr. Hans-Jürgen Scharpff, Wiesbaden

Titelbild:
Steinbruch Saalburg der Taunus-Quarzit-Werke (Fa. Holcim) in Köppern. Taunusquarzit, Siegen-Stufe, Unterdevon (Foto: P. Rothe).

Gerne nehmen wir Hinweise zum Inhalt und Bemerkungen zu diesem Buch entgegen: editors@schweizerbart.de

Informationen zu diesem Titel: www.borntraeger-cramer.de/9783443151010

ISBN 978-3-443-15101-0
ISSN 0343-737X

© 2021 Gebr. Borntraeger Verlagsbuchhandlung, Stuttgart, Germany

Das Werk einschließlich aller seiner Teile ist urheberrechtlich geschützt. Jede Verwendung außerhalb der engen Grenzen des Urheberrechtsgesetzes ist ohne Zustimmung des Verlages unzulässig und strafbar. Das gilt besonders für Vervielfältigungen, Übersetzungen, Mikroverfilmungen und die Einspeicherung und Verarbeitung in elektronischen Systemen.
Verlag: Gebr. Borntraeger Verlagsbuchhandlung
      Johannesstraße 3A, 70176 Stuttgart, Germany
        mail@borntraeger-cramer.de   www.borntraeger-cramer.de,
∞ Gedruckt auf alterungsbeständigem Papier nach ISO 9706-1994
Layout: Satzpunkt Ursula Ewert GmbH, Bayreuth
Printed in Germany by Nothhaft Druck, Pentling

Inhalt

Vorwort 1

1.	**Geographischer Überblick**...	4
1.1	Geomorphologie	7
1.1.1	Paläozoisch-mesozoische Formungsprozesse	8
1.1.2	Formungsprozesse im Neogen...	9
1.1.3	Formungsprozesse im Quartär...	9
1.1.4	Formungsprozesse im Holozän	11
2.	**Erforschungsgeschichte**...	12
3.	**Einführung in die Geologie des Taunus**...................................	14
3.1	Paläogeographische Entwicklung...	14
3.2	Variskische Deformation und Metamorphose	16
3.2.1	Tektono-stratigraphische Großeinheiten/Schuppenstapel	17
	3.2.1.1 Vordertaunus-Schuppenstapel...	17
	3.2.1.2 Taunuskamm-Schuppenstapel...	19
	3.2.1.3 Hintertaunus-Schuppenstapel	20
	3.2.1.4 Lahntaunus-Schuppenstapel	21
3.2.2	Falten 1. Deformation...	22
3.2.3	Falten 2. Deformation...	23
3.2.4	Schieferungen und metamorphe Neubildungen	23
3.2.5	Scherzonen, Mylonite und Mélanges	26
3.2.6	Illit-Kristallinität...	27
3.2.7	Inkohlung...	28
3.3	Stratigraphie der tektono-stratigraphischen Großeinheiten..........	31
3.3.1	Vordertaunus-Einheit	31
	3.3.1.1 Ordovizium	
	Bierstadt-Phyllit-Formation	31
	3.3.1.2 Silur	
	Rossert-Metaandesit-Formation/Wiesbaden-	
	Metarhyolith-Formation	34
	3.3.1.3 Silur/Devon	
	Eppstein-Formation/Lorsbach-Formation	37

3.3.2	Taunuskamm-Einheit		39
	3.3.2.1	Silur *Kellerskopf-Formation*	39
	3.3.2.2	Gedinnium *Bunte-Schiefer-Formation*	41
	3.3.2.3	Siegenium *Hermeskeil-Formation/Taunusquarzit-Formation*	41
3.3.3	Hintertaunus-Einheit		44
	3.3.3.1	Unterdevon, Unterems-Stufe *Hunsrückschiefer-Formation (Ulmen-Unterstufe)/ Hennethal-Subformation (Sauerthaler Schichten)/ Bornich-Subformation/Kaub-Subformation/Schwall-Subformation/Porphyroide/Singhofen-Formation/ Spitznack-Subformation/Beuerbach-Subformation*	45
	3.3.3.2	Unterdevon, Oberemsstufe	48
3.3.4	Lahntaunus-Einheit		49
3.3.5	Lindener Mark		49
	3.3.5.1	Andreasteich-Quarzit (-Formation)	51
	3.3.5.2	Ostrakodenkalk (-Formation)	51
	3.3.5.3	Orthocerenkalk (-Formation)	52
3.3.6	Gießen-Decke		52
	3.3.6.1	Krofdorf-Formation	54
	3.3.6.2	Gießener Grauwacke	54
	3.3.6.3	Solmsthaler Phyllite	54
3.4	Postvariskische Entwicklung		55
3.4.1	Tertiär-Sedimente		55
	3.4.1.1	Paleozän von Hahnstätten	55
	3.4.1.2	Oligozän/Arenberg-Formation	56
	3.4.1.3	Pliozän	58
3.4.2	Tertiär-Vulkanite		58
3.4.3	Bruchschollen		60
3.5	Hydrothermale Mineralisationen		65
3.5.1	Prävariskische (präorogene) Mineralisationen		65
3.5.2	Variskische (synorogene) Mineralisationen		70
3.5.3	Spätvariskische (spätorogene) Mineralisationen		72
3.5.4	Postvariskische Mineralisationen		75
3.5.5	Quartäre bis rezente Mineralisationen		80
3.6	Die Böden im Taunus		81
3.7	Hydrogeologie		87
3.7.1	Grundwasserleiter		87
3.7.2	Trinkwassergewinnung		88

3.7.3	Grundwasserbeschaffenheit	91
3.7.4	Mineralwässer, Heilquellen und Thermalwässer	92
4.	**Exkursionen**	97
4.1	Vordertaunus-Einheit	97
4.2	Taunuskamm-Einheit	126
4.3	Hintertaunus-Einheit	141
4.3.1	Wisper-Gebiet	141
4.3.2	Aar-Gebiet	144
4.3.3	Emsbach-Gebiet	162
4.3.4	Weil-Gebiet	175
4.3.5	Usa-Gebiet	188
4.3.6	Solms- und Kleebach-Gebiet	195
4.4	Lahntaunus-Einheit	198
4.5	Gießen-Decke	227
4.6	Lindener Mark	235
Literatur		238
Sachregister		275
Ortsregister		298

Bildnachweis

Alle Fotos stammen von Hans-Jürgen Anderle, soweit hier nicht anders vermerkt.
Arendt, H.: Abb. 43, 45
Birkelbach, M.: Abb. 91, 92
Dörr, W. & Preiss, R.: Abb. 93
Einer, M.: Abb. 1
Fa. Schaefer Kalk: Abb. 88a
Grote, C.: Abb. 91
Hauter, B.: Abb. 28
Hessisches Landesamt für Naturschutz, Umwelt und Geologie (HLNUG): Abb. 11, 18
Jung, H.: Abb. 37
Kämmerer, D.: Abb. 27
Kirnbauer, T.: Abb. 17, 30
Klügel, T.: Abb. 5, 12, 29
Rothe, P.: Abb. 1, 41, 74, 89
Sabel, K.-J.: Abb. 20, 21, 22, 23, 24, 25
Schreiner, M.: Abb. 26
Stahr, A.: Abb. 33
Stengel-Rutkowski, W.: Abb. 42
Weber, K.: Abb. 90

Vorwort des Herausgebers der Reihe

Hans-Jürgen Anderle, Hans-Jürgen Scharpff und Peter Rothe waren Kommilitonen in Frankfurt. Beide Erstgenannten waren später im damaligen Hessischen Landesamt für Bodenforschung beruflich tätig, Anderle vor allem im Taunus, sodass es nahe lag, ihn zu bitten, seine Erfahrung in einen Taunusführer einzubringen, der die Sammlung geologischer Führer um eine weitere deutsche Landschaft erweitern könnte. Die Entstehungsgeschichte erläutert das nachstehende Vorwort.

Zuvor aber erscheint es mir angebracht, einige von Hans-Jürgen Scharpff vorgenommene Arbeitsschritte zu würdigen, ohne welche dieser Führer nicht zustande gekommen wäre. Ein wenig davon scheint im Vorwort selbst auf, es kommen aber eine Vielzahl weiterer Faktoren hinzu.

Da kein Papierausdruck auffindbar war, mussten die entsprechenden Daten auf einer erst später gefundenen Festplatte gesucht werden: eine Arbeit von Monaten. Tausende von Text- und Bilddateien waren zu sichten – Schatzkammer eines Geologenlebens. Für Hans-Jürgen Scharpff war deshalb die Erstellung einer der Raumgliederung folgenden Fundpunktkarte zwingend, die dem Führer heute als Faltblatt beiliegt. Im Text wurden von ihm die ursprünglich nach dem Gauß-Krüger-System definierten Lagepunkte in das modernere globale UTM-Ortungssystem umgerechnet. Schließlich hat Scharpff auch noch die hochdifferenzierten Sach- und Ortsverzeichnisse erstellt, deren schematische Untergliederung nach Themenkreisen die Leser zur eigenen Erkundung weiterer Zusammenhänge ermuntern sollten.

Nochmals: Ohne Hans-Jürgen Scharpff hätte es diesen Führer nicht gegeben!

Vorwort

In dem Diplom-Geologen Hans-Jürgen Anderle hatte der Verlag bereits zur Jahrtausendwende den derzeit besten Kenner der Geologie des Taunus gefunden. Noch im Herbst 2011 teilte er mündlich mit, dass die Fertigstellung des Manuskripts in wenigen Wochen bevorstehe. Trauer und völlige Ratlosigkeit löste kurz danach die Nachricht aus, dass Hans-Jürgen Anderle am 22. Januar 2012 völlig unerwartet innerhalb weniger Tage verstorben war.

Erst drei Monate später und mehr zufällig erreichte den Verlagspartner Peter Rothe die Nachricht, dass sein früherer Kommilitone Hans-Jürgen Scharpff – über Jahrzehnte Anderles Arbeitskollege im Hessischen Landesamt für Bodenforschung (HLfB, jetzt Hessisches Landesamt für Naturschutz, Umwelt und Geologie, HLNUG) – die Witwe bei der Auflösung des Haushaltes nachbarschaftlich unterstützte. Sie standen dabei unter enormem Zeitdruck, da die Witwe wegen ihres Umzuges den Nachlass stark verkleinern musste. Eine umfassende Fachbibliothek, unzählige Geländebücher, Karten, Handzeichnungen und zudem noch eine viele Dutzend Schubladen umfassende Gesteins- und Fossiliensammlung war auszusondern und sinnvoll weiterzugeben. Die telefonische Anfrage von Peter Rothe nach dem Manuskript des Geologischen Führers löste ahnungslose Überraschung aus. Da kein derartiges Schriftstück aufgefallen war, folgten mehrere Monate vergeblichen Suchens in Papierdokumenten und dem vom Ehepaar Anderle gemeinsam genutzten Computer.

Dazu wurde schließlich die Festplatte eines alten, völlig defekten und zum Verschrotten weggestellten Computers auf DVD übertragen und tatsächlich gab er – wenn auch fragmentiert – zahlreiche der gesuchten Daten preis: Die Beschreibung von 172 Aufschlüssen, deren Lokalisierung durch präzise Gauß-Krüger-Koordinaten zweifelsfrei möglich war. Ähnlich sorgfältig hatte der Autor bereits die Quellen jeweils gewünschter Abbildungen zitiert.

Immerhin konnte aber nach rd. 6 Monaten überwiegend zufallsbedingter Sucherfolge die systematische Aufbereitung der gefundenen Manuskriptteile beginnen. Diese waren aber vor allem bezüglich der Aufschlussbeschreibungen so gut und nahezu frei von Schreibfehlern, dass wir – nun als Herausgeberteam Rothe/Scharpff – Vieles ohne weitere Änderungen für den Druck des Exkursionsteils verwenden konnten. Dabei entschieden wir uns dafür, die Aufschlüsse den von Anderle zuvor definierten tektonischen Einheiten zuzuordnen.

Bezüglich der Einführungskapitel konnten wir einerseits frühere Arbeiten von Anderle heranziehen und dabei zwischen den vorliegenden Texten zur geplanten „Geologie von Hessen" (HLNUG 2021) und den explizit für diesen Führer verfassten wählen; letzteren haben wir, schon allein der Ausführlichkeit wegen, den Vorzug gegeben. Erstaunlich war auch, dass das Schriftenverzeichnis praktisch vollständig vorlag und ebenso sorgfältig geschrieben war wie die Texte zu den Aufschlüssen. Angesichts der bis ins kleinste Detail vorgenommenen Gesteins- und Strukturbeschreibungen und der stets präzise eingesetzten Fachterminologie, entschlossen wir uns zur Erstellung eines besonders ausführlichen Stichwortkataloges, der dem Leser einen Einblick in das umfangreiche Instrumentarium des kartierbasierten Strukturgeologen ermöglicht. Zur besseren Übersicht der großen Zahl an Aufschlüssen vervollständigten wir das umfassende Werk durch eine Lagepunktkarte im A3-Format. Sie ist mit der Geologischen Karte von Hessen 1:300 000 hinterlegt und enthält auf der Rückseite auch einige Querprofile; auch diese gehen in der Mehrzahl auf Arbeiten von H.-J. Anderle zurück.

Das Ergebnis ist schließlich ein bemerkenswert umfassendes geologisches Werk über den Taunus, zwar nicht „*Das* Manuskript" von Anderle, aber eine Variante, die in nahezu jedem Detail aus seiner Feder stammt, hinsichtlich seiner Feingliederung aber, der Not gehorchend, ausschließlich vom Herausgeberteam neu zusammengesetzt werden musste.

Das zunächst fast hoffnungslos erscheinende Unterfangen wurde nur durch die vorbehaltlose Unterstützung vieler Personen möglich. Basis war von Anbeginn das zutiefst beeindruckende Grundvertrauen von Frau Dr. Dragica Anderle gegenüber Hans-Jürgen Scharpff, ihm die Freiheit zu geben, den sehr privaten Bereich von zwei ausschließlich familiär genutzten Computern bis in die verstecktesten Dateien zu durchsuchen. Beeindruckend war auch die völlig informell gehandhabte fachliche Unterstützung durch Angehörige des Hessischen Landesamtes für Naturschutz, Umwelt und Geologie (HLNUG) als früherem Arbeitgeber von Hans-Jürgen Anderle, so durch Frau Jutta Kaeppel (Bibliothek), Prof. Dr. Thomas Reischmann und Dr. Dieter Nesbor (Herausgeber der „Geologie von Hessen" 2021), Dr. Heiner Heggemann (Geologische Beratung), Herrn Jörg von Hößle (Bearbeitung von Grafiken), Frau Michaela Hoffmann (Kartengestaltung), Frau Monika Retzlaff (Fototechnik), Frau Martina Schaffner (Grafikbearbeitung) u. v. m.

Allen diesen Menschen gilt unser herzlicher Dank.

Nicht zuletzt haben wir auch davon profitiert, dass sich parallel zu diesem Führer die „Geologie von Hessen" in der Endphase der Bearbeitung befand.

Zur Einbindung einiger in den Zentralkapiteln nicht berücksichtigter Nachbarthemen konnten wir mit Prof. Dr. Thomas Kirnbauer (Techn. FH Georg

Agricola Bochum) einen ausgezeichneten Taunuskenner gewinnen, der uns einen Beitrag zu den Mineralisationen geschrieben hat, und mit Dr. Matthias Schreiner (HNLUG Wiesbaden) einen Autor, der einen gewünscht knappen Abriss zum neuesten Stand der Hydrogeologie des Taunus beigesteuert hat. Außerdem haben uns Prof. Dr. Karl-Josef Sabel, Hofheim, mit einem Kapitel zur Bodenkunde und Dr. Alexander Stahr, Taunusstein, zur Geomorphologie, geholfen, den Band durch wichtige Ergänzungen abzurunden.

Die wissenschaftlichen Erkenntnisse zur Geologie des Taunus sind seit der Textbearbeitung Hans-Jürgen Anderles zweifellos fortgeschritten. Von dem Versuch einer fachlichen Aktualisierung unter Berücksichtigung der neuesten Literatur haben wir – mit Ausnahme der aktuellen stratigraphischen Termini – trotzdem Abstand genommen. So stellt der vorliegende Text das unverfälschte Konzept des Hans-Jürgen Anderle mit dem Stand Januar 2012 dar.

Sicher wäre es jedoch im Sinne des Verfassers, wenn die vorgelegte Arbeit – immerhin Konzentrat einer über 45-jährigen Geländearbeit – als Grundlage für weitere geologische Forschungen diente, deren Ergebnisse vielleicht sogar in eine spätere Neuauflage einfließen könnten.

Leider konnte seitens der Herausgeber auch keine Aktualisierung der von Hans Jürgen Anderle ausgeführten Aufschlussbeschreibungen vorgenommen werden. So sind örtlich zwischenzeitlich vorgenommene destruktive Veränderungen nicht auszuschließen.

Uns ist es ein Bedürfnis, dem Gebr. Borntraeger Verlag für die Aufnahme dieser Schrift in die Sammlung geologischer Führer zu danken, wobei wir besonders die fachlich souveräne Freundlichkeit von Frau Regina Laun hervorheben möchten.

Peter Rothe & Hans-Jürgen Scharpff

1. Geographischer Überblick

Der Taunus bildet die Südostecke des Rheinischen Schiefergebirges, begrenzt im W vom Mittelrhein, im N von der Lahn, im E von Wetterau und Vogelsberg und im S von den postvariskischen Ablagerungen der Saar-Nahe-Senke (Rotliegend von Langenhain) bzw. dem Tertiär und Quartär des Oberrheingrabens. Die Entfernung (Luftlinie) von St. Goarshausen am Rhein bis Münzenberg in der Wetterau beträgt 82 km, von Oestrich im Rheingau bis Nassau an der Lahn 38 km, von Bad Homburg bis Weilburg ebenfalls 38 km und von Bad Nauheim bis Gießen 24 km.

Der Taunus entwässert zum Rhein. Zum geringsten Teil direkt, zum größten Teil über die Lahn und über den Main. Der größte Zufluss des Rheins aus dem Taunus ist die Wisper. Ihr System reicht fast bis Bad Schwalbach nach E. Nach N zur Lahn fließen von W nach E der Mühlbach, der Dörsbach, die Aar, der Emsbach mit Wörsbach, die Weil, der Solmsbach, der Wetzbach und der Kleebach. Aus dem Hintertaunus durch die Wetterau über die Nidda zum Main fließen die Usa und der Erlenbach. Vom Taunuskamm über die Nidda zum Main fließen Urselbach und Liederbach und durch den Taunuskamm hindurch fließt vom Hintertaunus zum Main der Schwarzbach (oder auch Goldbach) mit Daisbach und Dattenbach. Eine ganze Reihe von Bächen entwässert den W Taunuskamm zum Rhein. Der größte unter ihnen ist die Walluf.

Hintertaunus (mit Lahntaunus), Taunuskamm und Vordertaunus weisen deutliche Unterschiede in der Ausprägung ihres Reliefs auf.

Der Vordertaunus bildet im W eine kuppige, nach SE zum Rhein abgedachte Fläche, in die nur die in SE Richtung entwässernden Bäche eingeschnitten sind (Galladé 1926). Im E trägt er Züge einer ausgeprägten Quergliederung (Panzer 1923). In der Art einer Vorbergzone (bezogen auf den Taunuskamm) besitzt er einige markante Bergkuppen wie Kellerskopf (474,6 m), Judenkopf (410 m), Rossert (515,9 m), Staufen (451,1 m), Königsteiner Burgberg (419,1 m), Falkensteiner Burgberg (498,7 m), Bürgel (447 m), Hünerberg (375 m) und Köhlerberg (ca. 228 m).

Sowohl von S – von der Mainebene aus – als auch von N – aus dem Hintertaunus – tritt der Taunuskamm als markanter Höhenrücken in Erscheinung. W und E der Idsteiner Senke hat er ein unterschiedliches Relief. Der W Kamm besteht aus bis zu drei parallelen Quarzitrücken. Seine Kammlinie ist kaum unterbrochen und liegt nahezu horizontal (Galladé 1926). Seine höchsten Er-

Geographischer Überblick 5

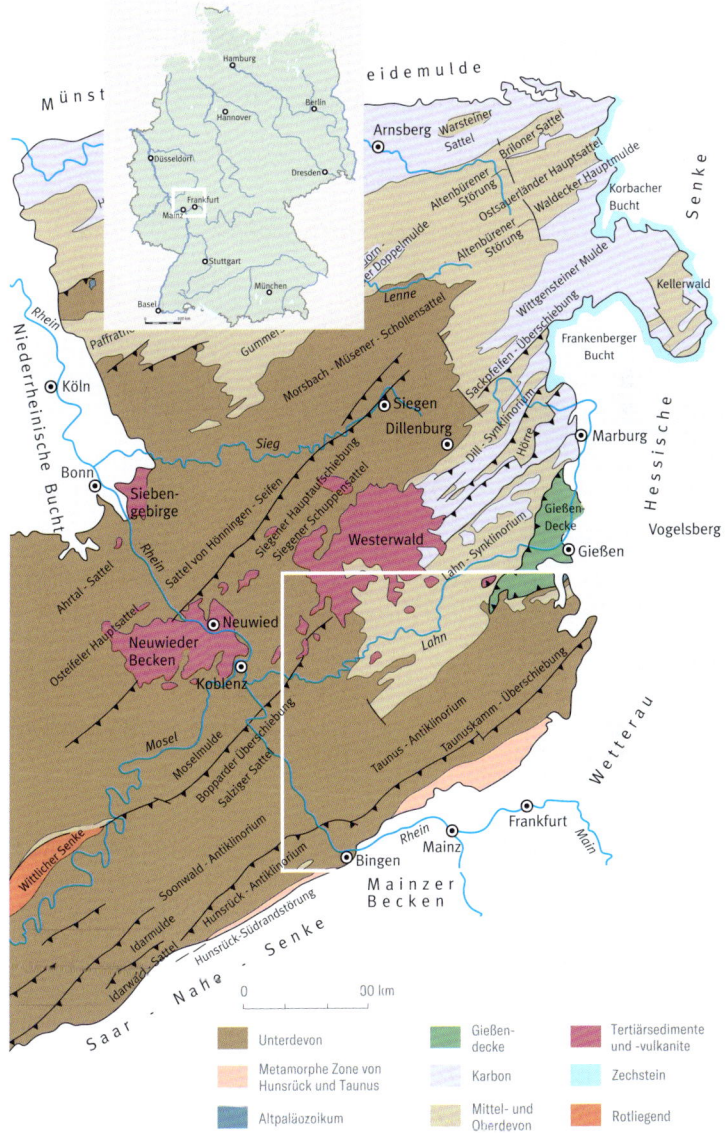

Abb. 1. Lage des Arbeitsgebietes innerhalb Deutschlands (oben) und als Teil des östlichen Schiefergebirges (Geol. Karte nach Rothe 2019, Abb. 5. Gestaltet von schreiber VJ).

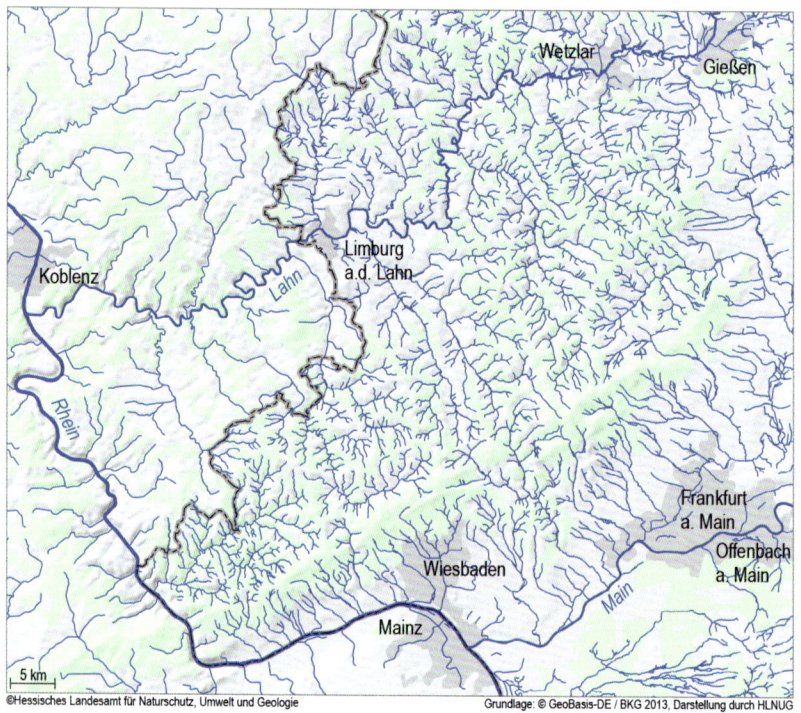

Abb. 2. Die Oberflächengewässer des Taunus (rheinland-pfälzer Gewässeranteil in verminderter Dichte abgebildet).

hebungen sind westlicher Zimmerskopf (500,2 m), Rabenkopf (502,2 m), Kalte Herberge (619,3 m), Hallgarter Zange (580,5 m), Erbacher Kopf (580,2 m), Hohe Wurzel (Katzenlohe 617,9 m und Rotes Kreuz 613,9 m), Altenstein (500,6 m), Eichelberg (536 m), Steinhaufen (530,7 m), Rassel (539,4 m) und Hohe Kanzel (592 m). Der E Kamm besteht aus bis zu zwei Quarzitrücken und ist stärker als der W Kamm quer zum Gebirgsstreichen in Schollen unterschiedlicher Höhe zerstückelt (Panzer 1923). Seine höchsten Erhebungen sind Eichkopf (563,3 m), Steinkopf (569,8 m), Atzelberg (506,9 m), Glaskopf (688,8 m), Kl. Feldberg (825,2 m), Gr. Feldberg (878,5 m), Altkönig (798,2 m), Kolbenberg (684 m) Altenhöfe (575,5 m), Ringenkopf (682,7 m), Rosskopf (632,4 m), Gickelsburg (471,2 m), Graueberg (456,4 m), Steinkopf (518,4 m) und Winterstein (482,3 m). Die Höhenlinie des Taunuskamms wird nur im Bereich weniger Quersenken erniedrigt, und nur wenige Quertäler durchbrechen den Taunuskamm und entwässern aus dem Hintertaunus ins Taunusvorland. Die Quersenken befinden sich im Bereich von Stephanshausen, im Bereich Schläferskopf – Eiserne Hand, am SE-Ende der Idsteiner Senke, an der Saalburg und bei Hof Hasselhecke. Die Quertäler sind von SW nach NE Elsterbach mit Grundscheidbach (Bl. 5913 Presberg), Walluf (Bl. 5814 Bad Schwalbach und 5914 Eltville), Daisbach (Bl. 5815 Wehen), Dattenbach (Bl. 5816 Königstein) und Erlenbach (Bl. 5717 Bad Homburg).

Dem Hintertaunus fehlen markante Einzelberge und er ist gekennzeichnet durch weitgespannte Verebnungen mit flachen Senken. Im Kontrast dazu stehen die steil eingetieften Taleinschnitte, am markantesten ist das Lahntal, das hier die Nordgrenze markiert. Aber auch andere Täler zeigen diese mit den Hochflächen kontrastierende Charakteristik. S des Marienfelser Beckens übersteigen die Höhen nur ausnahmsweise 500 m, so am Grauen Kopf bei Zorn mit 518 m und mehrfach im Bereich der Kemeler Heide, die am Grauen Kopf zwischen Holzhausen an der Haide und Laufenselden mit 543 m ihre größte Höhe erreicht. N des Marienfelser Beckens werden sogar 400 m nur gelegentlich überschritten, so am Oberhorst W Schweighausen mit 425 m. Am Westrand des Limburger Beckens bildet der bewaldete Höhenrücken der Rintstraße, der vom Ergenstein mit 420 m Höhe sanft nach N abfällt, ein auffälliges Landschaftselement. Zwischen Aartal und Idsteiner Senke steigen die Höhen von N nach S nur allmählich von weniger als 200 m im Limburger Becken bis auf über 400 m N Taunusstein an. Trotz seiner geringen Höhe von nur 314 m bietet der von Senken begleitete Mensfelder Kopf S Limburg eine großartige Aussicht über die Beckenlandschaft bis zum Westerwald. Zwischen Idsteiner Senke und Usinger Becken erhebt sich der breite, bruchtektonisch begründete Höhenzug der Feldberg-Pferdskopf-Scholle, der mit Sängelberg (665 m), Pferdskopf (663 m) und Kuhbett (526 m) seine im Hintertaunus größten Höhen besitzt, also ebenfalls sanft nach NNW abfällt. N des Usinger Beckens überschreitet das Gelände bei Michelbach gerade noch einmal 500 Höhenmeter und fällt im Übrigen nach N zur Lahn und nach E zur Wetterau allmählich ab.

1.1 Geomorphologie

(Alexander Stahr)

Im Relief des Taunus finden sich im Wesentlichen vier geomorphologische Formentypen, die sich in charakteristischer Weise jeweils zeitlich begrenzt auf klimatisch-tektonisch und anthropogen induzierte morphodynamische Prozessphasen zurückführen lassen: Eine stufenweise Abfolge von mehreren, hinsichtlich ihrer jeweiligen Höhenlage korrespondierenden Plateaus (Rumpfflächen) im Sinne des Reliefstyps eines zentralen Berglandes, das treppenförmig von tieferen Flachniveaus umgeben ist (Semmel 2012), Horste und Senken (z. B. Idsteiner Senke), eine auffällige Asymmetrie von Talquerschnitten in W-E-Exposition sowie relativ breite und tief eingeschnittene Täler, die nicht durch eine rezente Erosion von Seiten der Taunusbäche erklärbar sind. Der vierte Formentyp geht auf die intensive anthropogene Nutzung der Taunuslandschaft seit dem Mittelalter zurück, die u. a. zu tief eingeschnittenen Runsen, Ackerterrassen und Hohlwegen führte.

1.1.1 Paläozoisch-mesozoische Formungsprozesse

Noch vor dem Ende der variskischen Gebirgsbildung begann für den Taunus eine lange Festlandszeit mit Verwitterung und Abtragung. Bereits im Perm war das Gebirge vergleichsweise stark eingeebnet. Feucht-warmes Tropenklima während der noch fortdauernden variskischen Gebirgsbildung im Oberkarbon und im frühen Perm, aber auch im Mesozoikum sowie im Paläogen, sorgte über Jahrmillionen immer wieder für intensive chemische Verwitterungsprozesse. Vor allem die hydrolytische Silikatverwitterung bewirkte in den feuchtwarmen Phasen gemeinsam mit flächenhaften Abspülungsprozessen eine starke Einebnung des Taunus.

Das Ergebnis der intensiven Verwitterung war eine Rumpfflächenlandschaft. Sie ist neben einem plateauartigen Erscheinungsbild von sanften Erhebungen vor allem dadurch charakterisiert, dass die Landschaftsoberfläche über alle Gesteinsarten und Gesteinsgrenzen hinweg greift. Gesteinsstrukturen wurden gekappt, steil stehende Schichten der Schiefer von der Abtragung glatt geschnitten. Das in sich gefaltete Gebirge wirkt dadurch an der Oberfläche oft radikal geglättet. Die Rumpfflächenbildung ist unabhängig von der Art und Lagerung des Gesteinsuntergrundes.

Auch nach der Entstehung des Taunus kam es immer wieder zu Hebungen der Erdkruste, die von relativen Ruhephasen unterbrochen wurden. Im Verlauf der Hebungsphasen konnten sich die Fließgewässer tiefer in den Untergrund einschneiden. In den Ruhephasen wurde wieder weiträumig über alle Gesteinsunterschiede hinweg abgetragen. Das Ergebnis war eine treppenähnliche Abfolge von einzelnen Rumpfflächen. Der Übergang von einer zur nächst höheren Rumpffläche ist die Rumpfstufe. Insgesamt hat man im Taunus sechs dieser Stufen ausgewiesen (Semmel 1984). Trotz dieser Stufigkeit des Reliefs hatte der Taunus insgesamt eine nur noch sehr bescheidene Höhe, die bei weitem nicht mit der heutigen zu vergleichen ist. Über den am höchsten gelegenen Rumpfflächen erhob sich schließlich nur noch ein Härtlingszug aus Quarzit (Taunuskamm-Einheit), da er der intensiven Verwitterung höheren Widerstand entgegensetzen konnte.

Noch im Perm brach zwischen der Saar und der thüringischen Saale parallel zum heutigen Taunuskamm und dem Soonwald im Hunsrück ein rund 40 Kilometer breiter Graben ein, der unter anderem den in S Richtung transportierten Abtragungsschutt des Taunus aufnahm. Zwischen Hofheim am Taunus und Lorsbach sind diese Ablagerungen, rote Sedimente, im Vortaunus noch stellenweise anzutreffen und werden dem Rotliegend zugeordnet. Typische Gesteine sind Konglomerate, verfestigte Gerölle von Sand- und Tonsteinen in einer feinkörnigen Matrix. Die Bruchlinie, an der sich der Graben absenkte, nennt man Taunusrandverwerfung oder Hunsrück-Taunus-Südrandstörung. Bei dieser Störung handelt es sich nicht um einen auf einen Meter genau festzulegenden Riss in der Erdkruste, sondern um eine relativ schmale Zone, in der die einzelnen Schollen aneinander vorbei glitten, sich verhakten und das Gestein zermürbten. Diese SW-NE verlaufende Störungszone hat gewaltige Ausmaße und reicht bis in große Tiefen. Während des Rotliegend wurden im Graben selbst Sedimente von über 3.000 m Mächtigkeit abgelagert. Rechtwinklig zu dieser Störung treten zahlreiche Querklüfte auf, die von NW nach SE verlaufen. Derartige Strukturen sind für den Taunus typisch und werden häufig vom Verlauf der Flüsse nachgezeichnet.

1.1.2 Formungsprozesse im Neogen

Eine erneute und verstärkte Heraushebung des Taunus im Neogen gab ihm fast seine heutige Höhe, die mit 881,5 m im Großen Feldberg gipfelt. Diese erneute Hebung, die bis in das Quartär hinein andauern sollte, war mit der Bildung von Bruchschollen verbunden, die der heutigen Landschaft zusätzlich zu den Rumpfstufen den treppenartigen Charakter mit auffällig ebenen Hochflächen verleiht. Diese Bruchschollentektonik ließ auch Tiefschollen entstehen, die gegenüber den benachbarten Schollen deutlich abgesenkt sind. Zu diesen Tiefschollen zählen zum Beispiel das Limburger Becken, die Senken von Breithardt und Usingen sowie die Idsteiner Senke. Die Tiefschollen sind in weitere Schollen zerbrochen. So besteht etwa die Idsteiner Senke aus mindestens zehn weiteren Bruchschollen. Sie sind vertikal zueinander versetzt und unterschiedlich gekippt. Durch die Bruchschollenbildung sind die Gesteine entlang der die Schollen begrenzenden Störungen zum Teil bis in mehr als 60 m Tiefe zerbrochen.

1.1.3 Formungsprozesse im Quartär

Mit Beginn des Quartärs vor rund 2,6 Ma begann eine morphodynamische Phase, die durch den mehrfachen Wechsel von Kalt- und Warmzeiten bis heute charakterisiert ist. Während der Kaltzeiten befand sich der Taunus im eisfreien

Periglazialraum zwischen den nördlichen und südlichen Vergletscherungen (Skandinavien, Alpen) wodurch die Landschaft von periglaziären Prozessen wie Solifluktion, Kryoturbation und Akkumulation äolischer (Löß) und fluviatiler Sedimente (Terrassenkiese) geprägt wurde. Zeugnisse der kaltzeitlichen Prozesse sind auch die mitunter weiten Fluss- und Bachtäler des Taunus, in denen sich heute relativ unscheinbare Fließgewässer befinden, die sich in historischer Zeit kaum eingetieft haben.

In den kurzen Sommern einer Kaltzeit taute der Boden nur oberflächlich auf. Da Tau- und Niederschlagswasser im gefrorenen Untergrund nicht versickern konnten, strömte zeitweise das gesamte anfallende Wasser zu Tal. Die kaltzeitlichen Bäche des Taunus wurden dadurch für jeweils kurze Zeit zu reißenden Flüssen mit enormer Transportkraft. Schleifmittel, um ein Tal zu weiten, standen den Fließgewässern des Taunus während einer Kaltzeit ausreichend zur Verfügung. Eine intensive Frostsprengungsverwitterung bei, im Vergleich zu heute, nur spärlicher Vegetation, lieferte den Fließgewässern durch Solifluktion viel Sediment zu. Die reißenden Gewässer waren in der Lage, große Mengen an Schutt aus den Tälern zu räumen. Überreste davon bildeten zu beiden Seiten der Täler schließlich Kiesterrassen. Sie werden von Auenlehm und Löß überdeckt. Auch die Bildung von Dellen, langgezogenen, abflusslosen Hohlformen im Gelände, sind das Ergebnis kaltzeitlicher Prozesse.

Taunustäler, die ungefähr von N nach S bzw. von NE nach SW verlaufen, weisen eine auffällige Asymmetrie ihres Talquerschnittes auf. Der jeweils nach E exponierte Hang ist stets weniger stark geneigt als der Gegenhang. Ursache hierfür sind die vorherrschenden Westwinde und die dadurch bedingte Leelage der nach E ausgerichteten Hänge. Auf ihnen konnten sich im Windschatten mächtigere Lößablagerungen bilden, wodurch die Fließgewässer nach E abgedrängt wurden. Daher finden sich auch nur auf den Westhängen größere Kiesablagerungen. Die nach W ausgerichteten Hänge wurden schließlich durch Unterschneidung allmählich steiler. Auch die stärkere Insolation in dieser Exposition spielte eine gewisse Rolle für die Asymmetrie. Hier konnte die temperaturabhängige Verwitterung der Gesteine vermehrt wirken und den Hang zusätzlich abtragen und steiler werden lassen. Die Asymmetrie der Täler hat entscheidende Auswirkungen auf die Nutzung. Auf den flacheren ostexponierten Hängen entwickelten sich in den tiefgründigeren Lößablagerungen landwirtschaftlich attraktive Böden (Parabraunerden). Die steileren westexponierten Hänge weisen dagegen häufig eine nur flachgründige Bodendecke auf. Auf flacheren Hängen herrscht daher meist Landwirtschaft vor, während auf steileren Osthängen oft der Wald dominiert.

1.1.4 Formungsprozesse im Holozän

Die frühe Oberflächenformung des Taunus durch den Menschen und die großräumige Bildung des Auenlehms dürfte spätestens in der Bronzezeit, Hallstattzeit und schließlich in der Antike durch die Römer erfolgt sein. So etwa im Zuge der Anlage von Verkehrswegen, des Limes oder der Errichtung von Kastellen. In den Wäldern des Taunus gibt es kaum einen Standort, der nicht Spuren des Menschen aufweist. In geologisch rasantem Tempo hat er die Landschaft umgestaltet und aus einer Natur- eine Kulturlandschaft geschaffen: Altstraßen, ehemalige Kohlenmeilerstandorte, Relikte des Ackerbaus in Form von Ackerterrassen und nicht zuletzt der Limes, Kastelle und andere Hinterlassenschaften der Römer zeugen davon. Gewaltige Ausmaße erreichten die Eingriffe gegen Ende des 18. Jahrhunderts und im beginnenden 19. Jahrhundert. Bis vor rund 200 Jahren waren Holz und insbesondere Holzkohle, sieht man einmal vom Wind und fließendem Wasser ab, die wesentlichen Energieträger. Von großer wirtschaftlicher Bedeutung war daher die Köhlerei. Holzkohle wurde in großen Mengen vor allem zur Verhüttung von Erzen benötigt. Davon zeugen die zahlreichen historischen Kohlenmeilerstandorte im Taunus. Im Zuge der damit verbundenen Entwaldung und nachfolgender Erosion entstanden zahlreiche Runsen, bis zu 15 Meter tief in den Untergrund aus Saprolit (Faulfels) eingeschnittene Gräben (z. B. Stoltz 2008).

2. Erforschungsgeschichte

Die Ergebnisse früher geowissenschaftlich motivierter Bereisungen sind publiziert bei Stifft (1831), Sedgwick & Murchison (1842) sowie Dumont (1848). Vor Ort setzte sich die geologisch-mineralogische Erforschung mit F. Sandberger (1847, 1850) und List (1852) fort. Die Grundlage für die Paläontologie und Biostratigraphie des Devons im Taunus wurde von G. & F. Sandberger (1850–1856) gelegt. Nachdem vom preußischen Generalstab topographische Karten im Maßstab 1:25 000 mit Höhenlinien in Fuß erstellt worden waren, schloss sich die erste geologische Kartierung durch C. Koch an. Sie umfasste 14 Kartenblätter ganz oder in Teilen für ein Gesamtgebiet von rd. 1800 Quadratkilometern (Merlot 2008). Gosselet (1890) stand im Austausch mit A. v. Reinach und beschrieb die Ergebnisse seiner Bereisung des Gebietes. Dabei ging es um einen Vergleich der Bunten Schiefer des Taunus mit dem Gedinne der Ardennen und die Beantwortung der Frage nach dem Alter der metamorphen Sedimente am Südrand des Taunus (v. Reinach 1890). Der erste Fund von Fossilien im Goldsteintal bei Wiesbaden durch v. Reinach (1900a) hatte hier Hoffnungen geweckt. Koch (1876) prägte den Ausdruck Vordevon für die Gesteine des Vordertaunus. Es sollte jedoch noch mehr als 100 Jahre dauern, bis erste verlässliche Einstufungen und Altersbestimmungen möglich wurden.

Unsere Grundkenntnisse der Geologie des Taunus gehen auf die Geologische Karte 1:25 000 (GK 25) zurück, die für den Taunus geschlossen in bis zu drei Auflagen pro Kartenblatt vorliegt. Namen wie Johannes Ahlburg, Alexander Fuchs, Eduard Holzapfel, Emanuel Kayser, Wilhelm Kegel, Carl Koch, August Leppla, Franz Michels und Karl Schlossmacher sind hier als Bearbeiter von der Mitte des 19. bis in die 30er Jahre des 20. Jahrhunderts zu nennen. Für die meisten Kartenblätter liegt eine Zweitbearbeitung aus den 1920er und frühen 1930er Jahren vor. Lediglich für die Blätter 5612 Bad Ems, 5614 Limburg an der Lahn, 5615 Villmar (alter Name: Eisenbach), 5712 Dachsenhausen und 5812 St. Goarshausen liegt nur die in erster Auflage erschienene GK 25 vor. Jüngeren Datums sind die Blätter 5913 Presberg (Ehrenberg et al. 1968), 5813 Nastätten (Mittmeyer 1978), 5613 Schaumburg (Requadt 1990), 5715 Idstein (Ebert & Anderle 1991), 5713 Katzenelnbogen (Requadt & Weidenfeller 2003) und 5714 Kettenbach (Michels & Anderle 2010). In jüngerer Zeit hat zusätzlich eine Reihe von Dissertationen unseren Kenntnisstand erweitert

(Sauerland 1980, Kirnbauer 1991, Weck 1994, Holl 1995, Klügel 1997, Wierich 1999).

Die Biostratigraphie konnte sich im 20. Jh. auf die paläontologischen Arbeiten von A. Fuchs, G. Dahmer, G. Solle und H.-G. Mittmeyer stützen. Wertvolle Zuarbeit leisteten Sammler des Nassauischen Vereins für Naturkunde wie B. Bürger, M. Galladé und O. Rose.

Einen zusammenfassenden Überblick bieten die Geologische Übersichtskarte von Hessen 1:300 000 (Hessisches Landesamt für Bodenforschung 2007) und die Geologische Übersichtskarte 1:200 000, Bl. CC 6310 Frankfurt a. M.-West (Bundesanstalt für Geowissenschaften und Rohstoffe 2001).

3. Einführung in die Geologie des Taunus

Der Taunus bildet eine der wesentlichsten Teilregionen des Rhenohercynikums im Sinne von Kossmat (1927); sein Südrandbereich gehört in diesem Schema zur Nördlichen Phyllitzone. Plattentektonisch schließt sich im S die Mitteldeutsche Kristallinschwelle bzw. das Saxothuringikum an. Die Grenze zwischen diesen beiden Einheiten markiert eine tiefgreifende Sutur, die für die Geologie des Taunussüdrands von entscheidender Bedeutung ist. S davon sind die älteren paläozoischen Gesteinseinheiten vom Rotliegendschutt des Saar-Nahe-Trogs überdeckt. Es wird vermutet, dass hier der Ozean subduziert wurde, von dem Bestandteile über den Taunus hinweg in Form der Gießen-Decke nach N transportiert wurden, die sich in diesem Gebirge als Fremdkörper erwiesen hat. Die großräumigen plattentektonischen Rekonstruktionsversuche rechnen den Taunus dem als Avalonia bezeichneten Terran zu, das als Krustensplitter vom Nordrand Gondwanas nach N gedriftet war. Die erwähnte Sutur trennt die S angrenzende Armorica-Platte von Avalonia. Viele der im Vordertaunus vorkommenden Metamorphite lassen sich auf vulkanische Ausgangsgesteine zurückführen, die in einem Inselbogen-Milieu entstanden waren.

3.1 Paläogeographische Entwicklung

Die Formationen des Vordertaunus liefern nur isolierte Hinweise auf ihre Paläogeographie, bedingt durch die relativ starke tektonische Beanspruchung der Einheit. Die intermediären bis sauren Metavulkanite zeigen geochemisch eine Inselbogen-Charakteristik. Ganz vereinzelt fanden sich ignimbritische Strukturen. Begleitende Sedimente oder Abtragungsprodukte fehlen völlig. Bei den Metasedimenten deuten die Acritarchen des Bierstadt-Phyllits auf bewegtes Flachwasser. Die Sedimente der jüngeren Eppstein-Formation bewegen sich zwischen Metapeliten und Metagrauwacken. Ihre Korngrößenpolarität weist auf eine Herkunft aus S. Überwiegend pelitisch ist die Lorsbach-Formation, die palynologische Altersdaten von Ems bis einschließlich Oberdevon geliefert hat. Verglichen mit den flach marinen, Quarzsand dominierten Unterems-Formationen des Hintertaunus ist der Unterems-Anteil der Lorsbach-Formation distaler, d. h. weiter entfernt von der Küste des Old-Red-Kontinents abgelagert worden. Die quarzklastischen Einlagerungen sind seltener, geringer mächtig und von geringerer Korngröße. Seltene, dünne Kalksteinbänke im Schulwald-Tunnel, die stratigraphisch nicht zugeordnet werden konnten, sprechen aber gegen einen tiefen Ozean. Die Formation besteht aus Ablagerungen des Rhenohercynischen Ozeans am Südrand von Avalonia.

Eine Sonderstellung nimmt die jüngstsilurische Kellerskopf-Formation ein. Ihre marine Fauna mit den Brachiopoden *Delthyris dumontianus* und *Dayia shirleyi* stellt sie in Zusammenhang mit altersgleichen Sedimenten in Nordfrankreich, im S Belgiens und im S Sauerland in Deutschland. Es handelt sich um Ablagerungen der post-kaledonischen Transgression auf den von Carls (2001: 84) so benannten *dumontianus*-Schelf von Avalonia.

Das Unterdevon des Taunuskamms zeigt eine transgressive Entwicklung von einer alluvialen Küstenebene mit einem Deltakörper im W und Ablagerungen einer ausgedehnten Alluvialfläche mit einem Netz sich rasch verlagernder Rinnen mit ephemerem Abfluss im E (Bunte Schiefer) über Ablagerungen vor einer wellendominierten Küste (Hermeskeil-Formation) zu neritischen Sanden, abgelagert zwischen Strand und äußerem tonigen Schelf (Taunusquarzit), bis zu den tonigen Beckensedimenten des Hunsrückschiefers als Ausdruck eines Meeresspiegel-Hochstandes (Hahn 1990).

Im Hintertaunus sind die Sand- und Quarzitbänke mit Sackungsgefügen in den Schiefern der Bornich-Schichten Hinweise auf von Zeit zu Zeit stattfindende quarzklastische Schüttungen in ein Becken verbunden mit stärkeren Strömungen. Die überwiegend pelitische Fazies der Kaub-Subformation repräsentiert Küstenferne, d. h. einen relativen Meeresspiegel-Hochstand. Zu den jüngeren Formationen (Schwall, Singhofener Schichten, Spitznack) tritt wieder eine Verflachung des Meeresbeckens bzw. ein Absinken des Meeresspiegels ein. Anzahl, Mächtigkeit und Korngröße der quarzklastischen Schüttungen nehmen wieder zu. Die rheinische Fauna des bewegten Flachwassers – Tiere, die auf dem oder im Meeresboden lebten – überwiegt. Danach folgt vermutlich sogar eine Sedimentationsunterbrechung. Eine besondere Fazies bildet die Hennethal-Subformation (Sauerthaler Schichten z. T.), die älteste Einheit des Hunsrückschiefers (s. o.). Deren Ablagerungsraum war offensichtlich für längere Zeit von starken Strömungen verschont. Mit dem transgressiven Emsquarzit setzt ein neuer Flachmeer-Zyklus ein. Wie in den Formationen der Siegen-Stufe des Taunuskamms lässt sich auch im Ems des Hintertaunus Gezeiteneinfluss erkennen. Die Entwicklung führt weiter über fossilreiche sandig-siltige Sedimente (Hohenrhein- und Laubach-Schichten) zu toniger Wissenbach-Fazies (oberste Kieselgallenschiefer) des Mitteldevons.

Die Sedimente des Parautochthons des Taunus sind ausschließlich neritischer Natur. Relikte eines Ozeanbodens enthält nur die Gießen-Decke.

3.2 Variskische Deformation und Metamorphose

Der Großbau des Taunus besteht – unabhängig von den tektonisch-stratigraphischen Einheiten – aus einem Strukturfächer (Anderle 1976, Weber 1978) auf der Basis einer spätvariskischen, stark asymmetrischen, SSE-vergenten Rückfalte (Anderle 1987b, Klügel 1997). Im NNW ist die Lagerung flach und wird nach SSE zunehmend steiler bis überkippt. Die strukturellen Verhältnisse am Südrand des Taunus sind also ähnlich wie am Südrand von Hunsrück und Harz. Als Folge davon verläuft an der Geländeoberfläche im 60°-Streichen ein Scheitel; die Linie, an der NNW-vergente Strukturen der Hauptdeformation (Falten, 1. Schieferung) im NNW in SSE-vergente Strukturen im SSE übergehen.

An mehreren Stellen innerhalb der Vordertaunus-Einheit und an deren Grenze zur Taunuskamm-Einheit hat Klügel (1997) duktile Scherzonen nachgewiesen. Es gibt Hinweise, dass sich diese Scherzonen aus Überschiebungen entwickelt haben.

Die NPZ-Scherzone zwischen Taunuskamm- und Vordertaunus-Einheit ist auf Grund der Streckungslineare eine linkshändige Seitenverschiebung. Diese Zone wird außerdem von Mélanges begleitet, die an drei Stellen nahezu komplett aufgeschlossen sind; in der Gemarkung Alte Burg nordwestlich von Eltville, an der Böschung der B 260 südöstlich von Schlangenbad und unterhalb der Straße zwischen Ruppertshain und Eppenhain (Schäfer 1993, Klügel 1997).

Der Taunuskamm ist ein Schuppenstapel (Duplex) aus den Formationen des tieferen Unterdevons (Bunte Schiefer, Hermeskeil, Taunusquarzit), der jedoch im Detail deutlich mehr Schuppen aufweisen kann, als bei Klügel (1997) dargestellt. Das hat die geologische Aufnahme beim Bau des Eisenbahn-Tunnels bei Niedernhausen ergeben.

Für den Hintertaunus hat bereits Mittmeyer (1962, 1965) eine mehrfache Wiederholung der Abfolgen des Hunsrückschiefers durch Schuppung in Profilskizzen dargestellt. Die Überschiebungsweiten an den Schuppengrenzen innerhalb des Hintertaunus bleiben in der Regel in der Größenordnung von wenigen Hundert Metern. Charakteristisch ist flachwellige, schwebende Lagerung. Lediglich im Süden kommt es im Westtaunus zur Steilstellung der Schuppen in dem oben erwähnten Strukturfächer. Eine Besonderheit stellt der aufrechte Sattel innerhalb eines NW-vergenten Regimes dar, der im Aartal nördlich Hohenstein aufgeschlossen ist (Anderle 2007, Michels & Anderle 2010). Hier handelt es sich um eine störungsgebogene Falte (*fault-bent fold* im Sinne von Suppe 1983) im Hangenden der Überschiebung der Hennethal-Subformation auf die Bornich-Subformation.

Eine ältere Generation von Falten gehört genetisch zur Hauptschieferung (s. u.). Sie spielen aber, was Größe und Häufigkeit anbelangt, im Schuppenbau nur eine untergeordnete Rolle. Sie sind einmal an die Einlagerung kompetenter in inkompetente Sedimente gebunden, zum anderen treten sie als Schleppfalten an Auf- und Überschiebungen auf. Eine jüngere Generation von Falten ist an die Runzelschieferung im Strukturfächer am Südrand des Taunus gebunden. Ihre Größe bewegt sich meistens im mm- bis cm-Bereich, jedoch sind auch einige größere Falten bekannt.

Es ist zwischen einer älteren und intensiveren Hauptschieferung (s_1/s_2 im Vordertaunus, s_1 im Hintertaunus und Taunuskamm) und einer jüngeren und schwächeren Runzelschieferung (s_3 im Vordertaunus, s_2 im Hintertaunus und Taunuskamm) zu unterscheiden. Das Vorhandensein und die Art der Ausbildung der Schieferungen sind von den Gesteinseigenschaften abhängig. Je reicher ein Gestein an Phyllosilikaten ist, desto besser und intensiver sind die Schieferungen ausgebildet.

Zeitgleich mit der Anlage der Hauptschieferung im Vordertaunus ist eine grünschieferfazielle Metamorphose. Sie erfolgte in den Metavulkaniten vor ca. 325 Ma bei 300 °C und 6 kbar, in den Metasedimenten bei 3 kbar und 300 °C (Massone 1995) bzw. mindestens 4 kbar nach Klügel (1997: 109). Charakteristische metamorphe Neubildungen – im Grundgewebe der Gesteine – sind nach Meisl in Anderle & Meisl (1974) in den Metasedimenten Quarz, Albit, Chlorit, Serizit (Phengit), Schörl, Rutil, Titanit, (Stilpnomelan, Kalifeldspat, Epidot), in den Metarhyolithen Quarz, Albit, Mikroklin, Chlorit, Stilpnomelan, Serizit, (Klinozoisit, Titanit) und in den Metaandesiten Quarz, Albit, (Mikroklin), Chlorit, Stilpnomelan, Aktinolith, (Crossit), Epidot, Klinozoisit, (Titanit).

3.2.1 Tektono-stratigraphische Großeinheiten/Schuppenstapel

Der Taunus wird, von S beginnend, in vier rund 60° streichende tektono-stratigraphische Großeinheiten gegliedert: die Vordertaunus-Einheit, die Taunuskamm-Einheit, die Hintertaunus-Einheit und die Lahntaunus-Einheit. Diese Einheiten sind Schuppenstapel. In der Regel treten in der jeweils südlicheren Einheit ältere Gesteine auf. Je Schuppe werden die Gesteinsfolgen von NNW nach SSE jünger. Die Intensität der Schuppung nimmt zum Südrand des Taunus zu. Die Bezeichnungen der Einheiten folgen der Karte der geologischen Strukturräume in Hessen (Beiblatt zur GÜK 300).

3.2.1.1 Vordertaunus-Schuppenstapel

Die Vordertaunus-Schuppe besteht aus einem Metavulkanit-Komplex im N und einem Metasediment-Komplex im S. Der Taunuskamm ist charakterisiert durch die Höhenzüge aus Taunusquarzit, die den Kern des Taunuskamm-Duplex aus Bunte-Schiefer-, Hermeskeil- und Taunusquarzit-Formation bilden.

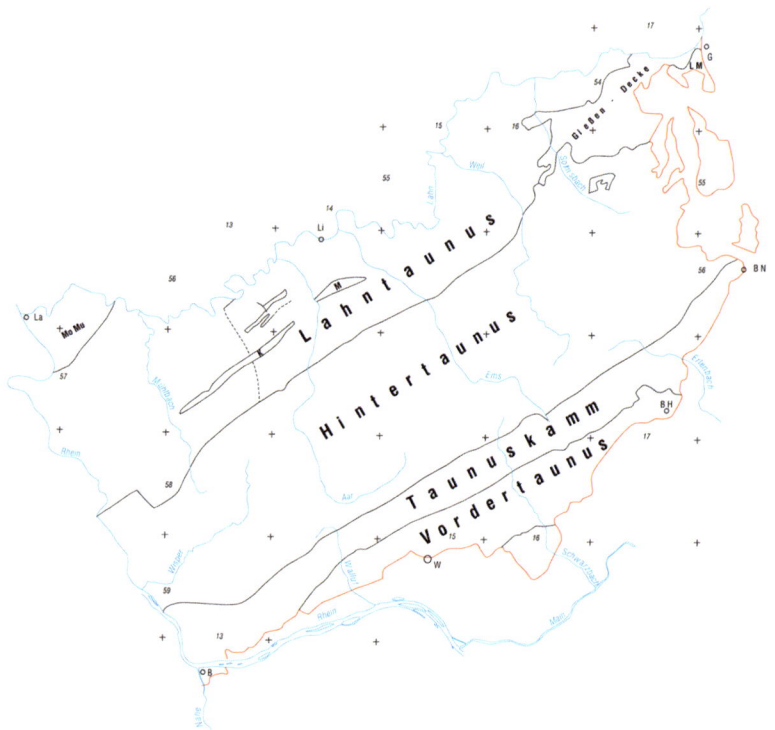

Abb. 3. Die tektono-stratigraphischen Großeinheiten des Taunus nach der Karte der geologischen Strukturräume in Hessen (Beiblatt zur GÜK 300).

Im S vorgelagert ist die vermutlich eigenständige tektono-stratigraphische Einheit der Kellerskopf-Formation.

Im Vordertaunus konnte Klügel (1997) einzelne Scherzonen ermitteln, die es z. B. erlauben, in der Serie der Metavulkanite eine tektonische Verdoppelung zu erkennen. Dies erklärt ihre große Ausstrichbreite. Im Raum Wiesbaden ist hier die Naurod-Rambacher Scherzone zu erwähnen, die sich durch einen Mylonit in einer Baugrube in Wiesbaden-Rambach zu erkennen gegeben hat und deren Mylonit in dem Basalt-Steinbruch S Erbsenacker in Wiesbaden-Naurod noch aufgeschlossen ist. Auch innerhalb der Metasediment-Serie finden sich streichende Scherzonen. Durch die bilanzierten Profile von Klügel (1997) sind auch Mächtigkeitsabschätzungen der metamorphen Serien des Vordertaunus möglich geworden. Es gibt Hinweise, dass sich diese Scherzonen aus Überschiebungen entwickelt haben.

3.2.1.2 Taunuskamm-Schuppenstapel

Bereits etwas früher wurde der Taunuskamm im Sinne einer Schuppentektonik interpretiert. Erkannt wurde dieses Bauprinzip bei Geländebegehungen 1969/70 durch den Verfasser und in einer Kurzübersicht (Anderle 1976) sowie Exkursionsführern (Anderle et al. 1977, Ahrendt et al. 1977) vorgestellt. Die dort präsentierten Profilskizzen fanden dann Eingang in überregionale Darstellungen (Weber 1978). Speziell mit der Basisüberschiebung des Taunuskamm-Schuppenstapels befasste sich später Oncken (1988), der eine Überschiebungsweite von mindestens 8 km abschätzte. Schließlich hat Klügel (1997) in fünf Profilschnitten bilanzierte Profile entwickelt, die sowohl Taunuskamm als auch Vordertaunus umfassen. Künstliche Aufschlüsse beim Bau des Niedernhausener Tunnels der DB-Neubaustrecke Köln-Rhein/Main und beim Kanalbau an der B 54 N Wiesbaden ließen weitere Feinheiten des Schuppenbaus erkennen. Bei Niedernhausen besteht der N Höhenrücken des Taunuskamms aus mindestens 10 Schuppen. Mehrere kleine Schuppen zerlegen die Hermeskeil-Formation am Südhang des Höhenrückens. Der Kamm selbst besteht aus einer breiten Schuppe mit mehr als 600 m Taunusquarzit im Kern und einer schmalen Schuppe aus Taunusquarzit an seinem Nordhang. S der Eisernen Hand (an der B 54) wird der S Höhenrücken des Taunuskamms, der aus Taunusquarzit und Hermeskeil-Sandstein aufgebaut ist, im S von einer Serie aus mehreren kleineren Schuppen mit jeweils Bunten Schiefern an der Basis und Hermeskeil-Sandstein im Hangenden begleitet (s. dazu Abb. 4).

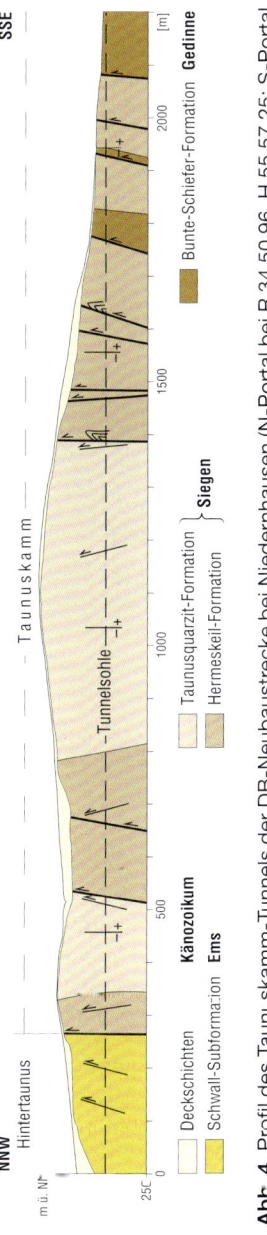

Abb. 4. Profil des Taunuskamm-Tunnels der DB-Neubaustrecke bei Niedernhausen (N-Portal bei R 34 50 96, H 55 57 25; S-Portal bei R 34 51 36, H 34 56 86).

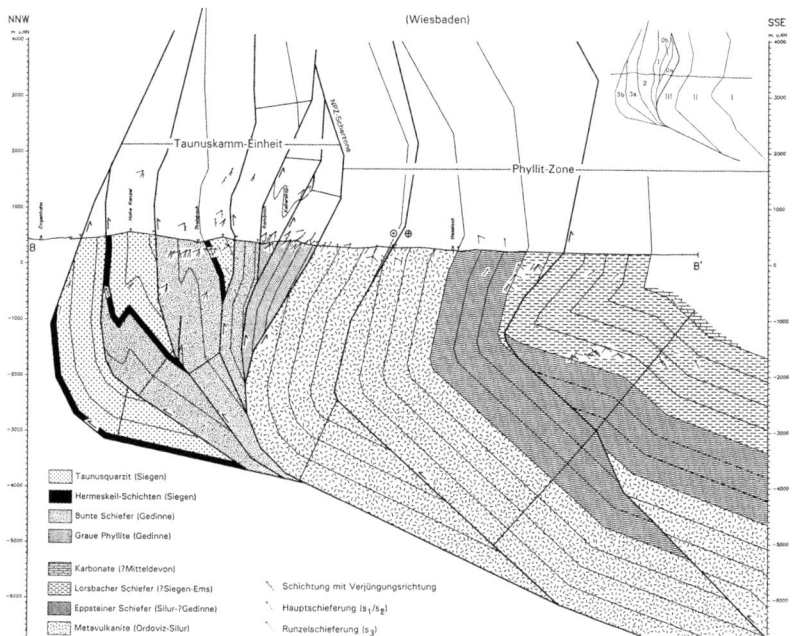

Abb. 5. Bilanziertes Querprofil durch Taunuskamm und Vordertaunus im östlichen Taunus bei Königstein (nach Klügel 1997).

Bahnreisende von Frankfurt nach Köln werden sich selbst bei einiger Phantasie zu tektonischen Vorgängen in der oberen Erdkruste kaum vorstellen können, welch kompliziertes Schuppenstapelgebirge sie dabei durchfahren. Der Bau dieser Strecke hat uns Geologen sehr geholfen, dessen Baustil zu entschlüsseln (vergl. auch Abb. 10).

3.2.1.3 Hintertaunus-Schuppenstapel

Für den Hintertaunus hat bereits Mittmeyer (1962, 1965) eine mehrfache Wiederholung der Abfolgen des Hunsrückschiefers durch Schuppung in Profilskizzen dargestellt. Dieser Baustil konnte auch bei der Revision der Blätter 5715 Idstein und 5714 Kettenbach bestätigt werden (Anderle 1991, Michels & Anderle 2010). Dabei zeigte sich: Charakteristisch für den Hintertaunus ist flachwellige, schwebende Lagerung. Dies gilt auch für den Osttaunus, wo Mittmeyer (1978, 1983) in Beiträgen zu den Erläuterungen der mit unveränderter Geologie nachgedruckten Blätter 5716 Oberreifenberg und 5616 Grävenwiesbach diese Verhältnisse in schematischen Profilschnitten wiedergegeben hat. Lediglich im S kommt es im Westtaunus zur Steilstellung der Schuppen in einem wechselnd breiten Strukturfächer. Die Überschiebungsweiten an den Schuppengrenzen innerhalb des Hintertaunus bleiben in der Regel in der Größenordnung von wenigen Hundert Metern. Dies hat zur Folge, dass die Illitkristallinität nur geringe Gradienten besitzt, wie die Untersuchungen von Sauerland (1980) im Westtaunus und Weck (1994) sowie Schmid (2002) für den Osttaunus zeigen.

3.2.1.4 Lahntaunus-Schuppenstapel

Am Südwestende der Lahnmulde – im Lahntaunus – herrschen ähnliche Strukturverhältnisse. Diese werden jedoch von dem streichenden Strukturhoch Katzenelnbogen-Mensfelden unterbrochen. Hierbei handelt es sich um ein bereits synsedimentär wirksam gewesenes Element: eine große streichende Abschiebung mit einer halbgrabenartigen Tiefscholle im S und einer Hochscholle im N. Verbunden damit war saurer Vulkanismus im tieferen Mitteldevon mit Sedimentlieferung von Vulkaninseln nach N in den Graben entlang der Abschiebung und auch in das Becken im S. Diese vulkaniklastische Lohrheim-Formation führt auch Quarzitgerölle, so dass ein zumindest zeitweiliges Auftauchen des Horsts der Liegendscholle der Abschiebung anzunehmen ist. Zu diskutieren wäre, inwiefern paläogeographische Elemente wie die Taunus-Insel Solles oder die Katzenelnbogen-Schwelle Mittmeyers ursächlich mit dieser Struktur in Zusammenhang stehen. Innerhalb des NW-vergenten Schuppenbaus ist hier auch heute noch eine Grenzfläche vorhanden, an der ältere Gesteine im NW an jüngere Gesteine im SE grenzen, wie es typisch für eine Abschiebung ist. Im SW, in den Blattgebieten 5713 Katzenelnbogen und 5714 Kettenbach, grenzt Taunusquarzit (Katzenelnbogen-Formation) im NW an mitteldevonische Vulkaniklastite (Lohrheim-Formation) bzw. auch Tonschiefer der mitteldevonischen Beckenfazies (Schiesheim-Formation) sowie den mitteldevonischen Metatrachyt der Steinkopf-Formation im SE. Im Streichen weiter im NE, in den Blattgebieten 5615 Villmar und 5515 Weilburg, hat Maxeiner (1994) im Osttaunus eine ähnliche Konfiguration beobachtet. Bei Langhecke grenzen oberdevonische Schiefer im SE an mitteldevonische Schiefer und Vulkanit/ Vulkaniklastite im NW. Hier, wo der Taunusquarzit als markierendes Element nicht mehr an die Oberfläche tritt, ist die streichende Abschiebung in den jüngeren Gesteinen also immer noch zu erkennen.

3.2.2 Falten 1. Deformation

Bei den Falten muss man zwischen solchen der 1. Deformation und solchen der 2. Deformation unterscheiden.

Die Falten der 1. Deformation spielen, was Größe und Häufigkeit anbelangt, im Schuppenbau nur eine untergeordnete Rolle. Sie sind einmal an den Wechsel kompetenter mit inkompetenten Sedimenten gebunden, zum anderen treten sie als Schleppfalten an Auf- und Überschiebungen auf. In der Lorsbach-Formation des Vordertaunus kommen die Falten des ersten Typs bei Einlagerungen von Quarzsand im Tonschiefer vom mm- bis in den m-Bereich vor. Bekannt ist ein NW-vergenter Sattel aus Quarzit SSE Eppstein (Stenger 1961, Klügel 1997). Im Hintertaunus sind solche Falten aus der Bornich-Subformation SW Daisbach und dem Oberems am Iltisberg (beide Vorkommen auf Bl. 5714 Kettenbach) sowie aus den Wechselfolgen der Spitznack-Subformation SE Wallrabenstein (Bl. 5715 Idstein) bekannt. Auf Schleppung an Überschiebungen gehen die liegende Quarzit-Falte im Lorcher Steinbruch (Bl. 5913 Presberg) und der stehende Sattel im Taunusquarzit aus dem Niedernhausener Tunnel (Bl. 5815 Wehen) zurück. Eine Besonderheit stellt der aufrechte Sattel innerhalb eines NW-vergenten Regimes dar, der im Aartal N Hohenstein aufgeschlossen ist (Anderle 2007). Hier handelt es sich um eine störungsgebogene Falte (*fault-bent fold* im Sinne von Suppe 1983) im Hangenden der Überschiebung der Hennethal-Subformation auf die Bornich-Subformation. Eine NNW-vergente Großmulde findet sich im Lahntaunus S Hahnstätten im Grenzbereich der Bl. 5714 Kettenbach und 5614 Limburg. Sie reicht nach SW nur bis an die markante Hohlenfels-Störung, die hier den W-Rand des Wiesbaden-Diezer Grabens bildet. Im SW außerhalb des Grabens scheint sich die Mulde – linkshändig nach S versetzt – in der Scherzone einer Flowstruktur fortzusetzen. Eine wei-

Abb. 6. Faltenbilder 1. Deformation (s. Aufschluss 139 – Wildweiberhöhle).

tere Großmulde ist die aufrechte Frankental-Mulde im Taunusquarzit S Assmannshausen (Jung 1955, Oncken 1988).

3.2.3 Falten 2. Deformation

Die Falten der 2. Deformation sind an die Runzelschieferung im Strukturfächer am Südrand des Taunus gebunden. Ihre Größe bewegt sich meistens im mm- bis cm-Bereich, jedoch sind auch einige größere Falten bekannt. Eine solche größere Falte ist an der B 275 zwischen Esch und Niederems im Grenzbereich der Bl. 5715 Idstein/5716 Oberreifenberg zu sehen (Anderle 1991). Weitere solche Falten sind charakteristisch für den Rossert-Metaandesit des Vordertaunus, wo sie im Bereich Königstein – Falkenstein – Kronberg gut aufgeschlossen sind. Diese Falten sind stark asymmetrisch und SSE-vergent. Sie haben einen kurzen, flachen NNW- und einen langen, steilen SSE-Flügel.

Abb. 7. Faltenbilder der 2. Deformation.

3.2.4 Schieferungen und metamorphe Neubildungen

Es ist zwischen einer älteren und intensiveren Hauptschieferung (s_1 im Hintertaunus und Taunuskamm, s_1/s_2 im Vordertaunus) und einer jüngeren und schwächeren Runzelschieferung (s_2 im Hintertaunus und Taunuskamm, s_3 im Vordertaunus) zu unterscheiden. Vorhandensein und Art der Ausbildung der

Schieferungen sind von den Gesteinseigenschaften abhängig. Je reicher ein Gestein an Phyllosilikaten ist, desto besser und intensiver sind die Schieferungen ausgebildet. In Quarziten fehlen sie, in quarzitischen Sandsteinen sind sie nur unregelmäßig ausgebildet. Am besten ausgebildet sind die Schieferungen in Peliten bzw. Metapeliten. In den Metavulkaniten des Vordertaunus ist zu unterscheiden zwischen Metarhyolithen und Metaandesiten. In den meisten Metarhyolithen dominiert die Hauptschieferung, die gerunzelt ist. Die für die Runzelung verantwortliche Schieferung tritt im Aufschluss- und Handstückbereich zurück und bildet nur in der Verwitterungszone Ablösungsflächen. In den Metaandesiten, die durch ein vulkanisches Intersertalgefüge kompakter sind, ist die weiterständige Hauptschieferung oft als eine Art Bankung ausgebildet, die von wenigen weitständigen Flächen der Runzelschieferung durchsetzt wird. In den Metasedimenten des Vordertaunus besteht die Hauptschieferung manchmal aus einem metamorphen Lagenbau, dessen helle Mikrolithons sehr selten Relikte eines älteren s bergen. Oncken in Anderle et al. (1990: 137) betrachtet dieses ältere s als s_1 mit nur geringem Phyllosilikatwachstum. Die Hauptschieferung s_2 ist mit synkinematischem Wachstum von Hellglimmer, sehr seltenen asymmetrischen Falten von quarzklastischen Einlagerungen und frühen Quarzgängchen verbunden. Klügel (1997) spricht von einem s_1/s_2-Gefüge, das er als Hauptschieferung bezeichnet.

Vor allem mit der Hauptschieferung ist Lösung von Quarz an klastischen Körnern verbunden. Dieser Quarz wurde in Spalten der Nachbarschaft wieder

Abb. 8. Ausschnitt aus einem Dünnschliff des Acritarchen führenden Phyllits aus 61 m Tiefe der Bohrung Bierstadt. Vertikal ausgerichtete Schichtung mit spitzwinklig ausgebildeter synmetamorpher Schieferung. (Die Bildhöhe entspricht 2,8 mm im Dünnschliff).

ausgeschieden. In Bereichen intensiver zweiter Schieferung treten achsenparallele Quarzstränge – die sogen. Kauber Walzen – auf. Der gleichzeitig mit der Metamorphose entstandenen Hauptschieferung folgen in den Metavulkaniten zahlreiche Quarz-Albit-Lagen, in den Metasedimenten zahlreiche Quarz-Calcit-Lagen und -Linsen, denen in der Verwitterungszone der Calcit fehlt, wodurch sie löcherig sind.

Die Anlage der Hauptschieferung im Vordertaunus war zeitlich an eine grünschieferfazielle Metamorphose gekoppelt und betraf die Metavulkanite und die Metasedimente unter den in Kapitel 3.2 erwähnten Bedingungen, die zu den dort ebenfalls aufgezählten charakteristischen Mineralneubildungen geführt hatten.

Die Runzelschieferung liegt transversal zur Hauptschieferung und deformiert sie. Sie ist an bestimmte streichende Zonen der 2. Deformation gebunden und bildet in etwa die Achsenflächen der Falten der 2. Deformation. Sie ist räumlich unterschiedlich intensiv, schwankt im Einfallen und ist stärker stoffabhängig als die Hauptschieferung. Sie fehlt in den Quarziten, Sandsteinen und Felsokeratophyren und ist in den Phylliten und Tonschiefern am stärksten und oft nur dort ausgebildet. Im mittleren Südtaunus tritt sie stärker in Erscheinung als ganz im W und im E. Nach N zu tritt sie im Hintertaunus stark zurück. Im Osttaunus streicht sie 60°, nach W zu schwenkt sie bis auf 150° um. Das Einfallen ist mit 30–40° nach NNW bis SW gerichtet. Im Hintertaunus tritt jedoch im N auch SSE-Einfallen auf. Im Bereich des Blattes 5715 Idstein besteht der Eindruck einer Scheitelzone (Anderle 1991, Beiblatt). Für den Osttaunus sieht Weck (1994) die Vergenzwechsel an Überschiebungen gebunden. Generell ist auch hier im Süden NNW-Einfallen und im Norden SSE-Einfallen zu beobachten. Die Bildung der Runzelschieferung ist mit Drucklösung an detritischen Quarzkörnern verbunden. Häufig ist im Kern von F_2 bzw. von Bereichen stärkerer 2. Deformation derber Milchquarz in längs B ausgerichteten unregelmäßigen Strängen ausgeschieden, von wo er in dünnen, rasch ausspitzenden Gängchen parallel oder auch spitzwinklig zur Hauptschieferung ins Nebengestein eingedrungen ist. Diese Quarzausscheidungen hat Engels (1955: 34) nach einem Ausdruck aus dem Dachschieferbergbau am Mittelrhein als Kauber Walzen bezeichnet. Für Flüssigkeitseinschlüsse im Quarz einer Kauber Walze von Bl. 5814 Bad Schwalbach hat Koschinski (1979: Tab.3, Probe A2) eine Bildungstemperatur um 200 °C ermittelt. Genetisch dürfte die Runzelschieferung mit der Bildung des Strukturfächers am Südrand des Taunus zusammenhängen, also die Achsenebenenschieferung der spätvariskischen Rückfalte sein (Anderle 1987, Klügel 1997).

Jünger sind Knicksysteme, die bereits eine Dehnung des variskischen Gebirges bei dessen Hebung dokumentieren (Weber 1978, Anderle 1991).

3.2.5 Scherzonen, Mylonite und Mélanges

An mehreren Stellen innerhalb der Vordertaunus-Einheit und an deren Grenze zur Taunuskamm-Einheit hat Klügel (1997) duktile Scherzonen nachgewiesen, die sich an Hand mylonitischer Lesesteine oder lithostratigraphischer Diskontinuitäten z. T. über größere Erstreckung verfolgen lassen. Auch die Taunuskamm-Überschiebung ist in ihrer Frühphase eine duktile Scherzone (Oncken 1988).

Die Grenze zwischen Taunuskamm- und Vordertaunus-Einheit, die Nördliche Phyllitzone (NPZ-Scherzone), ist auf Grund der Streckungslineare eine linkshändige Seitenverschiebung, die wegen des SW-Einfallens der Streckungslineare im Westtaunus als sinistrale Schrägabschiebung und im Osttaunus wegen des NE-Einfallens der Streckungslineare als sinistrale Schrägaufschiebung erscheint. Stark mylonitische, nicht koaxiale Gefüge in Aufschlüssen unmittelbar N der Grenze im Gedinne der Taunuskamm-Einheit und unmittelbar S der Grenze in den Metavulkaniten der Vordertaunus-Einheit sind Hinweise auf größere Verschiebungen entlang dieser Zone (Anderle & Kirnbauer 1993, Klügel 1997). Hervorgegangen ist die NPZ-Scherzone aus einer nordgerichteten, schiefen Überschiebung mit sinistraler Bewegungskomponente, wie einige Streckungslineare und reliktische Schersinnindikatoren vermuten lassen. Die Zone wird außerdem von Mélanges begleitet, die an drei Stellen nahezu komplett aufgeschlossen sind; in der Gemarkung Alte Burg NW Eltville, an der Böschung der B 260 SE Schlangenbad und unterhalb der Straße zwischen Ruppertshain und Eppenhain (Schäfer, F. 1993, Klügel 1997). Charakteristisch für eine Mélange sind Gesteinsfragmente unterschiedlichster, stark wechselnder Größe mit tektonischen Kontakten in einer feinkörnigen Matrix. Diese Fragmente können der Liegend- und der Hangendeinheit entstammen. An der Alte Burg enthält die Mélange mylonitische Metarhyolithe, einen mylonitischen Metaandesit und zerrissene Metapelite der Eppstein-Formation, also ausschließlich Komponenten aus der Vordertaunus-Einheit. An der B 260 bei Schlangenbad besteht die Mélange aus unterschiedlich großen Scherkörpern aus sauren und intermediären Metavulkaniten der Vordertaunus-Einheit und aus Peliten und Quarziten aus den Bunten Schiefern der Taunuskamm-Einheit, deren Kontakte meist stark zerschert und mylonitisiert sind. Zwischen Eppenhain und Ruppertshain treten zwischen stark deformierten Metaandesiten im S und mylonitisierten Bunten Schiefern im N intensiv verquarzte, stark boudinierte und nach der Hauptfoliation linsig zerscherte Quarzite und Metapelite im Wechsel mit Metaandesiten auf, die wahrscheinlich Scherkörper einer tektonischen Mélange sind (Klügel 1997).

Innerhalb der Vordertaunus-Einheit konnten weitere Scherzonen beobachtet werden: Rambach-Nauroder Scherzone, Rossert Scherzone, Eppsteiner

Scherzone, Mammolshainer Scherzone und Martinsthaler Scherzone (Klügel 1997: 41–44). Auch diese Scherzonen besitzen, soweit das nachweisbar war, einen linkshändigen Schersinn.

3.2.6 Illit-Kristallinität

Die Bestimmung der Illit-Kristallinität ist neben der Bestimmung des Vitrinit-Reflexionsvermögens die bislang einzige Methode, die an Peliten eine Differenzierung des Metamorphosegrades innerhalb des Bereiches zwischen Diagenese und niedriggradiger Metamorphose – der Anchimetamorphose – erlaubt (Weck 1994: 77). Bei steigendem Diagenese-/Metamorphosegrad ist bei Kalium-Hellglimmern eine sukzessive Zunahme der Schärfe und der Symmetrie der röntgenographischen Beugungsmaxima zu beobachten (Holl 1995: 18).

Um den Einfluss der chemischen Zusammensetzung von Kalium-Hellglimmern zu verringern, wird die Breite des 10,0 Å-Peaks in halber Höhe gemessen und um von unterschiedlichen Geräteparametern unabhängig zu sein, wird die Halbhöhenbreite des 10,0 Å-Peaks in Relation zur Halbhöhenbreite des 4,26 Å-Quarzreflexes eines externen Standards gesetzt. Man erhält so die relative Halbhöhenbreite Hb_{rel} nach Weber (1972).

Für den Hunsrückschiefer des W Hintertaunus hat Sauerland (1980) in einem eng beprobten Profil des Aartals zwischen der Hammermühle SE Bad Schwalbach und Kettenbach Bestimmungen der Illit-Kristallinität durchgeführt. Das Ziel seiner Untersuchung war festzustellen, ob eine Zunahme der Illit-Kristallinität von N nach S in Richtung auf die Taunuskammüberschiebung erkennbar ist. Dies war jedoch nicht der Fall. Es ließ sich lediglich feststellen, dass im Südteil des Gebietes im Vergleich zum Nordteil in der Fraktion kleiner 2 µm eine etwas größere Anzahl von Illit-Kristallinitätswerten unter Hb_{rel} 200 auftritt. Bei Holl (1995: Abb. 39) hebt sich die Hunsrück-Einheit – die etwa der Hintertaunus-Einheit entspricht – bei der Illit-Kristallinität von der Mosel-Einheit im NW und der Taunus-Soonwald-Einheit (Taunuskamm-Einheit) ab. Es treten in der Hintertaunus-Einheit Hb_{rel}-Werte zwischen 120 und 160 auf, die in zwei Abschnitten von NW nach SE ansteigen. Dies entspricht der Zweiteilung des W Hintertaunus durch die Rossstein-Kettenbach-Überschiebung.

Die Ergebnisse von Weck (1994) im Osttaunus zeigen für die Taunuskamm-Einheit die niedrigsten Hb_{rel}-Werte bis 120 und eine Zunahme nach N. In der Hintertaunus-Einheit überwiegen Werte bis 160 bei weitem. Es ist eine Tendenz abnehmender Illit-Kristallinität vom stratigraphisch Jüngeren zum Älteren festzustellen. Ähnlich sind die von Schmid (2002) in einem Profil zwischen Braunfels und Lorsbach, das im Wesentlichen dem Weiltal folgt, aufgetragenen Ergebnisse. Es lässt sich von S nach N eine nahezu kontinuierliche Abnahme des Metamorphosegrades feststellen. Die am besten geordneten Illite stammen aus der Eppstein-Formation und erreichen gerade noch die Epizone mit Temperaturen über 300 °C. An der Taunuskamm-Überschiebung ist kein Metamorphosesprung feststellbar. Innerhalb der Hintertaunus-Einheit sind die Halbhöhenbreiten relativ eng geschart und nehmen nach N nur leicht zu. Erst N der (tektonischen) Grenze zur Lahn-Einheit nehmen die Halbhöhenbreiten deutlich zu und sind stärker gestreut (Schmid 2002: Abb. 10).

Zur Problematik dieser Untersuchungen wird die Lektüre der entsprechenden Ausführungen bei den genannten Autorinnen und Autoren empfohlen.

3.2.7 Inkohlung

Für Teilgebiete des Westtaunus liegen Inkohlungsuntersuchungen vor. Das Mittelrhein-Profil hat Holl (1995) mit untersucht. Zu den geologischen Karten 5813 Nastätten, 5715 Idstein und 5714 Kettenbach im W Hintertaunus liegen Ergebnisse von Wolf (in Mittmeyer 1978, Anderle 1991) vor. Zu Bl. 5713 Katzenelnbogen haben Wolf & Toraman (in Requadt & Weidenfeller 2007) Daten geliefert. Für den Vordertaunus hat Strauß (1997) Proben aus der Lorsbach-Formation aus Bohrungen für den Schulwald-Tunnel untersucht.

Im Mittelrhein-Profil ist die Inkohlung N der Bopparder Überschiebungszone (in der Mosel-Mulde) mit Werten zwischen 4,21 und 4,87 % R_{max} deutlich niedriger als südlich davon – im Hintertaunus – mit Werten zwischen 5,05 und 5,62 % R_{max} (Holl 1995: Abb. 22, R_{max}-Werte s. Tab. S. 142 bei Holl). Werte entsprechender Größenordnung erbrachten auch die Untersuchungen der Unterems-Gesteine N des Strukturhochs von Katzenelnbogen. Hier lassen die Inkohlungswerte einmal innerhalb einzelner Schuppen eine Abnahme von NNW nach SSE zu den jüngeren Anteilen erkennen, zum anderen ist an Überschiebungen die Inkohlung in der Liegendscholle niedriger als in der Hangendscholle. Dies sind Verhältnisse, die der Regel entsprechen, dass ältere Schichten höher inkohlt sind als jüngere, die Inkohlung also eine Funktion der Überdeckungsmächtigkeit ist.

S davon – auf Bl. 5813 Nastätten – liegen die R_{max}-Werte in der N tektonischen Einheit, der Nastättener Mulde, zwischen 5,42 in den liegenden Schwall- und 6,90 in den hangenden Spitznack-Schichten. In den S tektonischen Einheiten, dem eigentlichen Hunsrückschiefer, liegen sie zwischen 4,96 in den Sauerthal-, 6,09 in den Bornich- und 6,73 in den mittleren Kaub-Schichten. In beiden tektonischen Einheiten haben die ältesten Schichten – entgegen der Regel – die niedrigste Inkohlung.

Variskische Deformation und Metamorphose 29

Weiter im NE – ab dem Aartal – bilden die Reflexionswerte pro Probe zweigipflige Kurven; die 1. Population (niedrigere Werte) geht auf Inertinit, die 2. Population (höhere Werte) auf Vitrinit zurück.

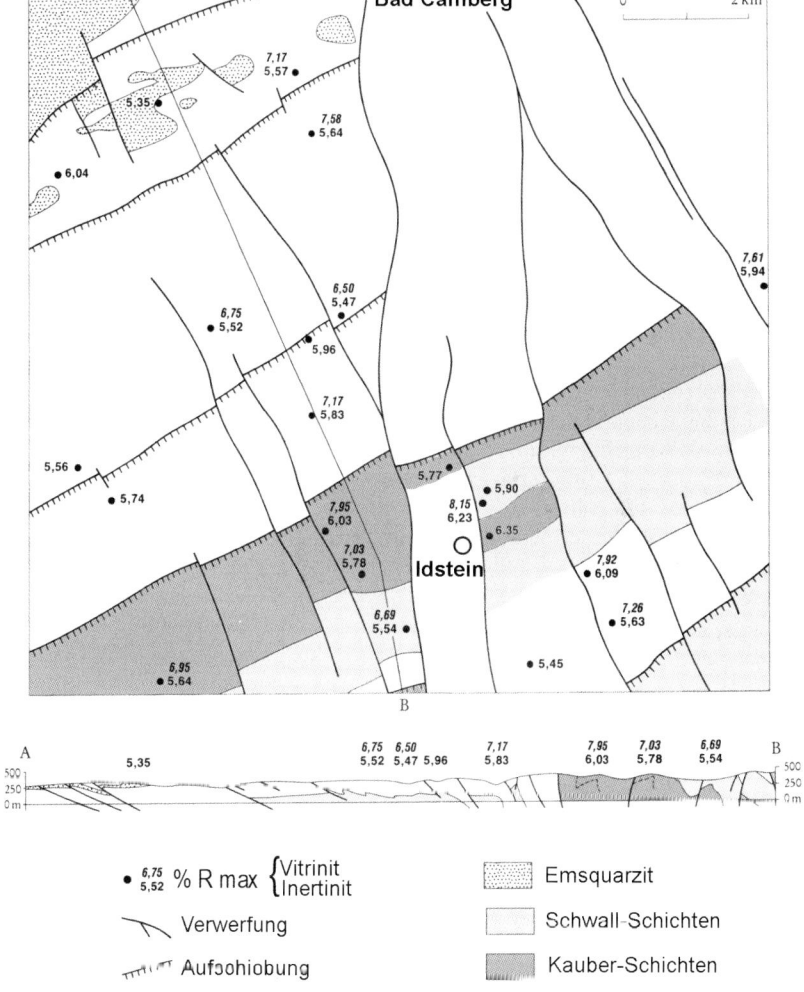

Abb. 9. Inkohlungsverhältnisse auf Bl. 5715 Idstein (Anderle 1991, Abb. 8).

Wolf (1991: 47) schreibt dazu: „Normalerweise sind in Sedimenten die aus Holzresten durch Humifizierung und Inkohlung hervorgegangenen Einschlüsse (Vitrinit) sehr gut von oxidierten und anschließend inkohlten Resten (Inertinit) zu unterscheiden, weil Vitrinite bei stärkerer Inkohlung im polarisierten Licht Reflexionspleochroismus zeigen und Inertinite nicht. Im Untersuchungsgebiet scheint es nun so zu sein, dass infolge starker tektonischer Beanspruchung auch die Inertinite diese optische Erscheinung zeigen, die auf Einregelung der Kohlenstofflamellen senkrecht zur Druckrichtung zurückzuführen ist. Deshalb fällt die Trennung Vitrinit/Inertinit schwer."

In einem Schreiben vom 20.8.2007 empfiehlt Frau Prof. Wolf dem Autor, sich bei der Interpretation mehr auf die Werte der 2. Population zu stützen.

Auf Bl. 5714 Kettenbach sind die Reflexionswerte insgesamt relativ hoch. Die R_{max}-Werte des Vitrinits liegen im Mittel um 7. Hier bestehen zwischen den Werten der unterschiedlichen stratigraphischen Einheiten des Unterems – sowohl innerhalb der 1. als auch der 2. Population – nur geringe Unterschiede. Eine Zunahme zum stratigraphisch Älteren ist hier nicht ausgebildet. Eher scheint es, dass die älteste Einheit, die Hennethal-Subformation, die niedrigsten Werte hat. Hier besteht eine Ähnlichkeit zu den Verhältnissen auf Bl. Nastätten. Erhöhte Werte treten auch nahe an Überschiebungen auf. Vier Proben enthielten auch Graphit mit Reflexionswerten von 7,8; 9,0; 9,9 und 11,1 % R_{max}. Zwei dieser Proben stammen aus der unmittelbaren Nähe von Überschiebungen, bei den anderen beiden ist diese Nähe zu vermuten. Zwei Werte aus dem mitteldevonischen Schiesheim-Schiefer haben mit 6,96 und 7,22 % R_{max} trotz der höheren stratigraphischen Position ebenfalls sehr hohe Werte, was vermutlich auf die Nähe zu Vulkaniten zurückgeht. Eine direkt im Liegenden des Schalsteins entnommene Probe enthielt Bitumenkoks. In dem E anschließenden Gebiet von Bl. 5715 Idstein entsprechen die Ergebnisse der Inkohlungsmessungen generell der Regel, dass die Werte mit höherem stratigraphischem Alter der untersuchten Sedimente zunehmen. Von den Beuerbach-Schichten im NW mit 5,35 % R_{max} (Inertinit) nimmt der Reflexionsgrad bis zu 6,03 % R_{max} (Inertinit) bzw. 7,95 % R_{max} (Vitrinit) in den Kaub-Schichten im SE zu.

Es wäre sicherlich von Interesse, eine größere Anzahl Schieferproben verteilt über den gesamten Hintertaunus zu untersuchen. Dann könnte auch der sich zwischen Idstein – Hohenstein – Kettenbach und Bad Camberg abzeichnende Bereich höherer Inkohlung abgegrenzt werden. Hier treten in fast allen Proben Übergänge von Vitrinit zu Semigraphit auf. Insgesamt ist im W Hintertaunus eine Zunahme der Inkohlung von W nach E festzustellen.

Für den Vordertaunus hat Strauß (1997) an Proben aus der Lorsbach-Formation R_{max}-Werte, die überwiegend zwischen 4,5 und 5,9 % R_{max} liegen, festgestellt. Diese Werte liegen in der Größenordnung der Werte aus dem Gebiet N des Strukturhochs von Katzenelnbogen im Hintertaunus.

3.3 Stratigraphie der tektono-stratigraphischen Großeinheiten

Die entsprechenden stratigraphischen Tabellen erscheinen hier in zweierlei Versionen: Die von Hans-Jürgen Anderle vorgesehene Version (Tab. 1) entspricht dabei dem von ihm im Jahr 2012 für diesen Führer vorgesehenen Prinzip, wogegen die Version Tabelle 2 eine jüngere stratigraphische Weiterbearbeitung der Schichtenfolge für die im Druck befindliche Geologie von Hessen darstellt, in der viele der früher als durchgängig angesehenen Einheiten noch als lückenhaft angesehen werden. Für diese Vergleichsmöglichkeit danken deshalb die Herausgeber dem Hessischen Landesamt für Naturschutz, Umwelt und Geologie hierfür in besonderer Weise.

3.3.1 Vordertaunus-Einheit

Die Vordertaunus-Einheit enthält die ältesten Gesteine des Taunus und die am stärksten deformierten. Sie gehört im Sinne der Kossmat'schen Einteilung des Variskischen Gebirges zur Nördlichen Phyllitzone. Die starke Deformation am Südrand des Taunus ist eine Folge der Nähe zur variskischen Suturzone zwischen Avalonia und Armorika.

3.3.1.1 Ordovizium

Bierstadt-Phyllit-Formation

Ihr Ausstrich reicht vom Kurhaus in Wiesbaden bis E Eppstein-Bremthal. Die Ausstrichbreite beträgt maximal 800 m (GÜK 200 Ffm.-W). Natürliche Aufschlüsse fehlen. Das Gestein ist bisher nur aus Bohrungen und durch den Vortrieb des Schulwald-Tunnels bei Wiesbaden-Auringen bekannt. Es ist ein grauer Metapelit mit gelegentlichen Lagen aus Quarzfeinschluff, der meist zu einem rötlichen oder gelblichen Saprolit umgewandelt ist. Die Datierung erfolgte mittels Acritarchen, die aus dem Material einer Kernbohrung in Wiesbaden-Bierstadt isoliert wurden. Es handelt sich u. a. um Arten der Gattungen *Stelliferidium,?Caldariola, Leiosphaeridia, Lophosphaeridium*. Als Alter ergibt sich tieferes Ordovizium, vermutlich Arenig (vgl. Anderle 2001).

Tab. 1. Vereinfachte Stratigraphie der tektono-stratigraphischen Einheiten des Taunus und der Gießen-Decke (Anderle & Dörr 2010). (Manuskript 2012). Fm. = Formation

	Vordertaunus	**Taunuskamm**	**Hintertaunus**	**Gießen-Decke**
Unterkarbon			Kieselschiefer	Gießener Grauwacke (Proximale Turbidite)
Oberdevon			Linsiger Kalkstein	Krofdorf-Fm. (Frasnium)
			Graubrauner Schiefer	(Distale Turbidite)
			Plattiger Kalkstein	Bänderschiefer
				Radiolarite
	Lorsbach-Fm.	Massenkalk Fm.	Massenkalk-Fm./	Radiolarite
			Usingen-Kalkstein	Schwarze und rote Schiefer
				MOR-Basalt
Mitteldevon				
			Ems-Quarzit-Fm.	Schwarze Pelite
		„Singhofener Schichten"	„Singhofener Schichten"	MOR-Basalt
		„Hunsrück-Schiefer"	„Hunsrück-Schiefer"	Solmsthaler Schichten
		Taunus-Quarzit-Fm.	Katzenelnbogen-Fm.	
		Hermeskeil-Fm.		
	↓	Bunte-Schiefer-Fm.		Lindener Mark:
		Kellerskopf-Fm.		Ostrakodenkalk-Fm.
Unterdevon				Orthocerenkalk-Fm.
				Andreasteich-Quarzit-Fm.
	Eppstein-Fm.			
Silur	Wiesbaden-Metarhyolith-Fm.			
	Rossert-Meta-andesit-Fm.			
Ordoviz	Bierstadt-Phyllit-Fm.			

Stratigraphie der tektono-stratigraphischen Großeinheiten

System	Serie	Reg. Stufen		Phyllitzone	Taunuskamm	Hintertaunus	
Devon	Oberdevon	Famenne Frasne		Lorsbach-Formation			
	Mitteldevon	Givet Eifel					
	Unterdevon	Unterems	Ober-ems: Lahnstein			Ems-Quarzit-Formation	
						Singhofen-F.:	Beuerbach-SF. Spitznack-SF.
			Vallendar				
			Singhofen			Hunsrück-schiefer-F.:	Schwall-SF. Kaub-SF. Bornich-SF. Hennethal-SF.
			Ulmen				
		Siegen			Taunusquarzit-F. Hermeskeil-F.		
		Gedinne			Bunte-Schiefer-F.		
Silur	Pridoli Ludlow Wenlock Llandovery			Kellerskopf-Formation Eppstein-Formation Wiesbaden-Metarhyolith-F. Rossert-Metaandesit-F.			
Ordovizium	Oberordovizium	Ashgill Caradoc					
	Mittelordovizium	Llanvirn Arenig		Bierstadt-Phyllit-F.			
	Unterordovizium	Tremadoc				SF. = Subformation	

Tab. 2. Vereinfachte Stratigraphie der tektono-stratigraphischen Einheiten des Taunus nach Anderle (2020).

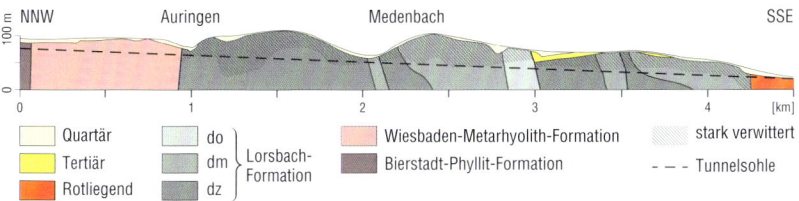

Abb. 10. Geologisches Profil des Schulwald-Tunnels auf der DB-Neubaustrecke Frankfurt a. M. – Köln zwischen Medenbach und Auringen (N-Portal bei R 34 52 60, H 55 55 26, S-Portal bei R 55 54 04, H 55 51 00).

3.3.1.2 Silur

Rossert-Metaandesit-Formation

Der Rossert-Metaandesit streicht im N des Vordertaunus aus. Er tritt vereinzelt im SW bei Schlangenbad und in Wiesbaden auf; in größerer Verbreitung im NE zwischen Niederjosbach und Bad Homburg. Die besten Aufschlüsse befinden sich bei Königstein, Falkenstein, N Kronberg und entlang der Höllsteinstraße in Bad Homburg-Kirdorf. Es handelt sich in der Regel um plattig-schiefrige, oft gerunzelte oder gefältelte, meist graugrüne, sehr feste Gesteine, die früher als Grünschiefer bezeichnet oder auch als Keratophyre und porphyritische Natronkeratophyre beschrieben wurden. Der magmatisch-effusive Charakter des Ausgangsgesteins kommt im feinporphyrischen Ausscheidungsgefüge mit vorherrschend albitisiertem Plagioklas und untergeordnet (auch fehlend) Kalifeldspat und Quarz zum Ausdruck, außerdem häufig durch eine fluidale Einregelung der Feldspäte und durch Mandelräume, die mit metamorphen Neubildungen oder Calcit gefüllt sind. Die primären Mafite, hier vermutlich Pyroxen, sind nicht erhalten. Ein Lesestein vom Osthang des Rosserts bei Eppenhain enthält ignimbritische Gefügerelikte. Geochemisch bilden die Proben aus dem Rossert-Metaandesit im Diagramm von Winchester & Floyd (1977) nach Meisl (1995) eine Häufung in den Feldern von Andesit, Trachyandesit und Rhyodazit/Dazit. Metamorphe Neubildungen sind Albit ± Quarz, Chlorit, Epidot, Klinozoisit, Aktinolith, Titanit ± Stilpnomelan. Lokal treten schwache Kupfervererzungen im Metaandesit auf. Aus dem früheren Steinbruch Rompf in Ruppertshain erwähnen Hentschel & Meisl (1966) Kupferkies, Buntkupfer und Covellin. S des Erbsenackers bei Wiesbaden-Naurod wurden im Metaandesit Buntkupferkies, Kupferkies, Kupferglanz und Fahlerz angetroffen (Anderle & Kirnbauer 1995).

Die radiometrische U-Pb-Datierung an Zirkonen eines dazitisch-andesitischen Metavulkanits von GK 25: 5816 Königstein (ehem. Steinbruch Rompf in Ruppertshain) ergab ein Alter von 442 ± 22 Ma (Sommermann et al. 1992). Der Mittelwert entspricht Silur.

Wiesbaden-Metarhyolith-Formation

Der Wiesbaden-Metarhyolith schließt S an den Rossert-Metaandesit an. Er ist im gesamten Vordertaunus verbreitet; vereinzelt im SW-Teil (Krausaue bei Rüdesheim, Geisenheim, Hallgarten, Kiedrich), mit breitem Ausstrich im Stadtgebiet von Wiesbaden, im NE mit kleineren Vorkommen bis Kronberg. Die große Ausstrichbreite in Wiesbaden ist durch tektonische Verdoppelung bedingt. Der Anteil des Wiesbaden-Metarhyoliths an der Ausstrichbreite der Metavulkanite nimmt generell von SW nach NE zugunsten des Rossert-Metaandesits ab. In Wiesbaden wird fast die ganze Ausstrichbreite der Metavulkanite von Metarhyolith eingenommen, in Bad Homburg tritt nur Metaandesit

Stratigraphie der tektono-stratigraphischen Großeinheiten

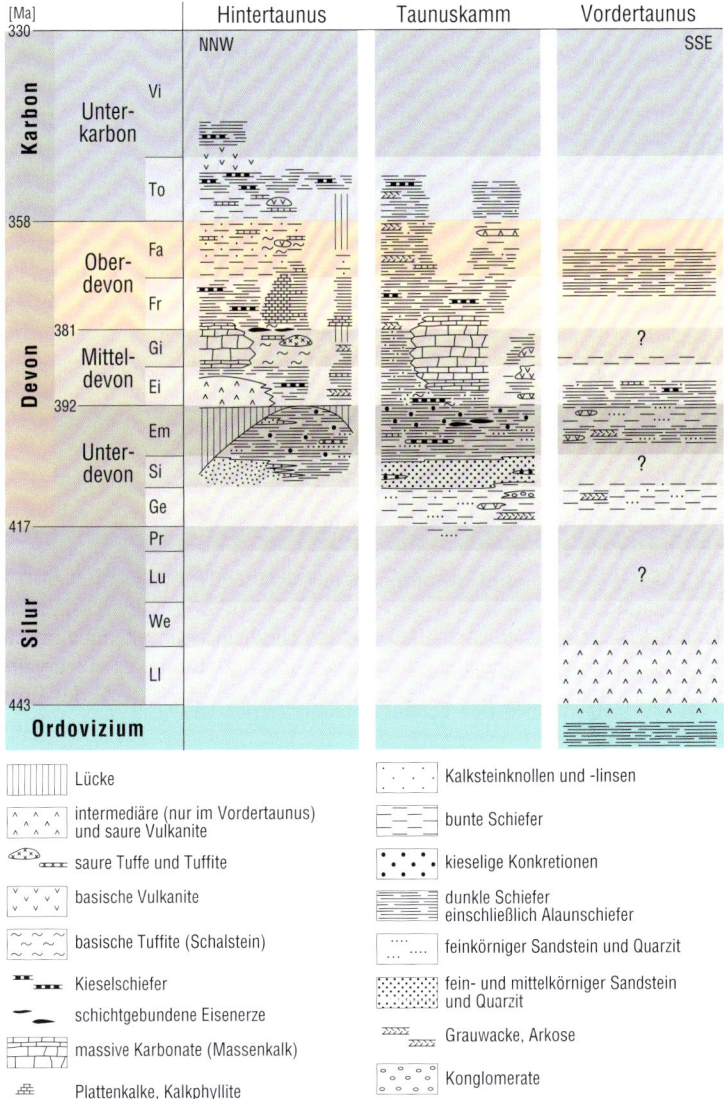

Tab. 3. Lithostratigraphischer Vergleich von Vordertaunus, Taunuskamm (einschließl. Soonwald) und Hintertaunus nach Anderle et al. (1990, Abb. 2), ergänzt nach Sommermann et al. (1992) und Reitz et al. (1996). Zeitskala nach Menning (1989), der geologischen Strukturräume des Taunus (Anderle 2008 und 2020).

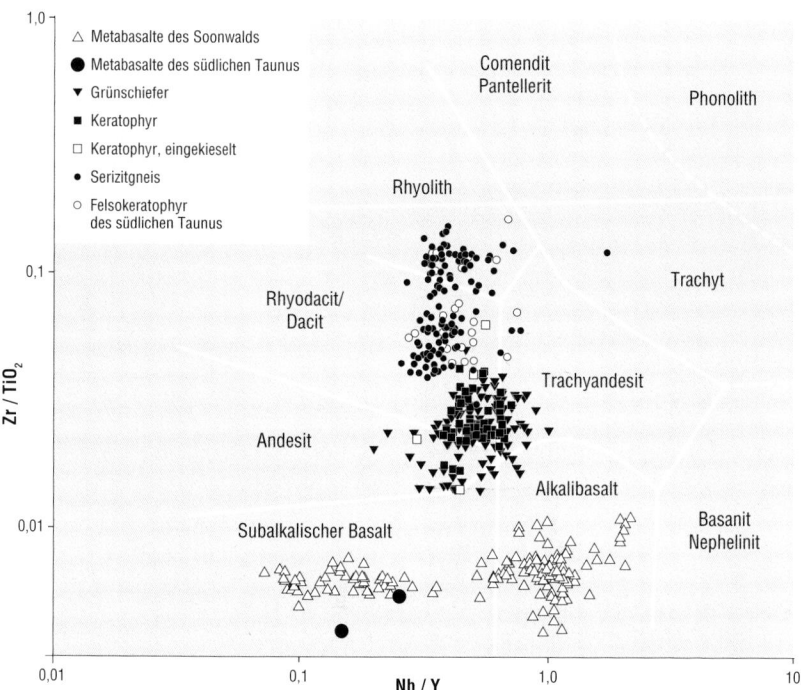

Abb. 11. Die Metavulkanite des Vordertaunus im Zr/TiO_2-Nb/Y-Diagramm nach Winchester & Floyd (1977).

auf. Aufschlüsse gibt es in Wiesbaden-Dotzheim, in Wiesbaden-Sonnenberg und unter der Burg Kronberg.

Es handelt sich um plattig-schiefrige, oft fein gerunzelte, meist hellgrünlich graue, feste Gesteine, die aber oft durch Kaolinisierung zersetzt sind. Früher wurden diese Gesteine seit Lossen (1867) als Serizitgneis bezeichnet. Quarz-Albit-Lagen parallel der Hauptschieferung sind verbreitet. Der magmatisch-effusive Charakter des Ausgangsgesteins kommt vor allem im porphyrischen Ausscheidungsgefüge, durch wechselnd häufige Einsprenglinge von Porphyrquarz und Feldspat, zum Ausdruck. Am Dachsbau bei Eppenhain (GK 25: 5816 Königstein) zeigt der tektonisch nur schwach überprägte Felsokeratophyr Fließfalten mit einer für saure Effusiva typischen Bänderung. Geochemisch stellt sich der Wiesbaden-Metarhyolith als eine relativ homogene Gruppe von Alkalirhyolithen bis Rhyolithen, seltener Rhyodaziten, dar (Meisl 1995). Merkmale, die auf Ignimbrite hinweisen, wurden von Hentschel & Meisl (1966) in einem Aufschluss bei Kronberg (Schönberg) festgestellt.

Die radiometrische U-Pb-Datierung an Zirkonen eines stark geschieferten Metarhyoliths von GK 25: 5816 Königstein (Steinbruch auf dem Fischbacher Kopf/früher Fa. Trombelli, heute Natursteinwerk Fischbach) ergab ein silurisches Alter von 426 +14/–15 Ma (Sommermann et al. 1992). Das Alter des ebenfalls sauren, aber tektonisch nur wenig überprägten Felsokeratophyrs vom Dachsbau bei Eppenhain ist mit 433 +9/–7 ebenfalls Silur. Der Quarzkeratophyr der Krausaue dürfte trotz der hohen Messfehler (434 +34/–22 Ma) auch zu der silurischen Serie saurer Vulkanite gehören (Sommermann et al. 1994).

3.3.1.3 Devon

Eppstein-Formation

Die Eppstein-Formation folgt nach S auf den Wiesbaden-Metarhyolith und geht zum Hangenden in die Lorsbach-Formation über. Sie gehört zum älteren Teil des Metasediment-Komplexes des Vordertaunus. Verbreitet ist sie im SW bei Rauenthal und im NE bei Eppstein und bis Kronberg. Bei Eppstein bildet sie im Tal des Schwarzbaches und am Judenkopf, Walterstein und Staufen die besten Aufschlüsse. Es gibt zwischen feinkörnigen Phylliten, die aus Tonen entstanden sind und körnigen, gneisigen Phylliten, die auf schlecht sortierte Grauwacken zurückgehen, zahlreiche Übergänge. Die Einsprenglinge, unter denen Quarz und in Albit überführte ehemalige Plagioklase vorherrschen, sind eckig-kantig, was auf kurze Transportwege hinweist (Meisl in Anderle & Meisl 1974). Die Detritusanalyse ergibt ein kratonisches Liefergebiet. Plutonische Quarze und idiomorphe Turmaline weisen auf ein Kristallin im Liefergebiet hin (F. Schäfer 1993).

Die stratigraphische Stellung der Formation ist unsicher. Fossilien wurden bisher noch nicht gefunden. Auf jeden Fall ist sie älter als die devonische Lorsbach-Formation im Hangenden. Lithologische Ähnlichkeiten bestehen zu Teilen der tiefordovizischen Phycoden-Gruppe Thüringens und den unterdevonischen Bunten Schiefern des Taunus. Klügel et al. (1994: 180) sprechen sich für ein silurisch-devonisches Alter der Eppstein-Formation aus. Das K/Ar-Alter detritischer Hellglimmer aus einer Probe der Eppstein-Formation ist oberproterozoisch (578,0 ± 11,6 Ma).

Lorsbach-Formation

Die Lorsbach-Formation folgt nach S auf die Eppstein-Formation und reicht bis zum tektonischen Südrand des Taunus. Sie gehört zum jüngeren Teil des Metasediment-Komplexes des Vordertaunus. Ihre Hauptverbreitung hat die Formation im mittleren Vordertaunus zwischen Eppstein und Lorsbach; außerdem tritt sie in geringem Umfang im SW bei Rauenthal (Schäfer 1993) und in einem schmalen Ausstrich E Lorsbach bis Bad Soden auf (vgl. Stenger 1961).

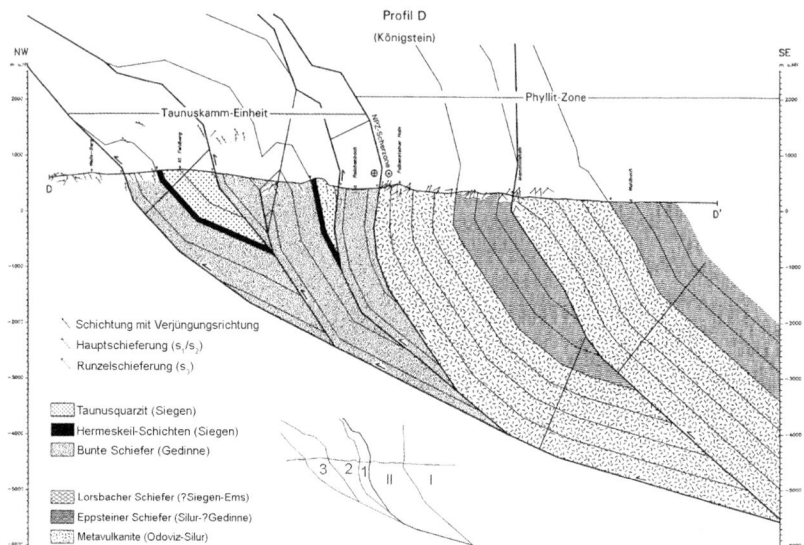

Abb. 12. Bilanziertes Querprofil durch Taunuskamm und Vordertaunus im Osten Wiesbadens (Klügel 1997).

Die besten Aufschlüsse finden sich im Schwarzbachtal zwischen Eppstein und Lorsbach. Es handelt sich um dunkle Metapelite mit Einlagerungen von feinkörnigen Quarziten, Metabasalten und gelegentlich dünnen Kalksteinbänken. Häufig sind dunkle, stellenweise Pyrit führende Tonschiefer, die stark tektonisiert und in der Regel durch Alaunverwitterung oder zu Saprolit umgewandelt sind, so dass sie abfärben. Solche Gesteine sind auch in Kernbohrungen E Wiesbaden-Medenbach angetroffen worden. Klügel (1995) schätzt die Mächtigkeit des unterdevonischen Anteils der Lorsbach-Formation (ohne die Kalkschiefer) aufgrund eines bilanzierten Profils auf 1600 m.

Reitz (1989) hat in der Lorsbach-Formation Sporen des Ems nachgewiesen. In einer Probe aus einer Bohrung E Wiesbaden-Medenbach fand Reitz (mündl. Mitt. 1995) die Leitform für das Oberdevon *Cyrtospora cristifera*. Eine kürzlich zwischen Eppstein und Fischbach gefundene kleine Makrofauna aus überwiegend Brachiopoden weist sogar auf Unterkarbon hin. Dieses Altersspektrum von Unterems bis Unterkarbon lässt vermuten, dass die beim Bau des Schulwald-Tunnels E Wiesbaden-Medenbach in der Lorsbach-Formation angefahrenen Metabasalte und basaltischen Metavulkaniklastite ins Mitteldevon gehören könnten. K/Ar-Alter detritischer Hellglimmer aus zwei Proben des Ems-Anteils der Lorsbach-Formation sind nach Klügel et al. (1994: 184) silurisch-tiefunterdevonisch (413,9 ± 8,3 und 439,2 ± 10,7 Ma).

3.3.2 Taunuskamm-Einheit

3.3.2.1 Silur

Kellerskopf-Formation

Die Kellerskopf-Formation wird der Taunuskamm-Einheit zugerechnet. Sie bildet an deren Südrand zwischen der Würzburg N Wiesbaden und Eppenhain vermutlich eine eigene tektonische Schuppe (Klügel 1997). Kleine Aufschlüsse finden sich im Goldsteintal, am Kellerskopf bei Wiesbaden-Naurod und an der Straße Ruppertshain-Eppenhain. Es handelt sich um grüngraue, graue, dunkelgraue, in wenigen Fällen auch violettgraue phyllitische Tonschiefer, mit mehreren Zwischenlagen von grüngrauen, feinkörnigen, glimmerigen Sandsteinen und Quarziten (Leppla 1924: 315). An der Straße Ruppertshain-Eppenhain sind sie nahe der NPZ-Scherzone, der Grenze zwischen Vordertaunus- und Taunuskamm-Einheit, zu Myloniten umgebildet (Klügel 1997). Die Formation lenkte schon früh in der geologischen Erforschung des Südtaunus das Interesse auf sich, weil darin marine Makrofaunen gefunden worden waren (Goldsteintal in Wiesbaden, Oberjosbach, Eppenhain). Diese Faunen begründen eine Einstufung in das oberste Silur (Anderle 2006). Nach Ansicht von Carls (2001) repräsentieren sie ein enges Zeitband vom finalen Přídolí bis zum Beginn des Devons.

Gegen Ende des 19. Jahrhunderts hatte Albert von Reinach Fossilien in Phylliten im Goldsteintal bei Wiesbaden gefunden. An diesen Fundpunkten sammelten später vor allem Mitglieder des Nassauischen Vereins für Naturkunde aus

Abb. 13. *Dayia shirleyi* aus dem Goldsteintal.

Abb. 14. Blick aus nördlicher Richtung auf den Horst der Feldberg-Pferdskopf-Scholle (links Großer Feldberg, rechts Pferdskopf).

Wiesbaden. Unter dem Sammlungsmaterial, das in Berlin hinterlegt wurde, fand G. Dahmer einen Steinkern des Brachiopoden *Dayia*, den er als *D. navicula* bestimmte (Dahmer 1946). Daraus ergab sich ein Ludlow-Alter, also oberes Silur.

Später bearbeitete der Paläontologe J. Shirley von der Universität Newcastle upon Tyne in England die bis dahin als *Dayia navicula* bestimmten Formen aus Westfalen und dem Taunus neu. Er besuchte 1959 auch den Fundpunkt im Goldsteintal. Er kam zu der Auffassung, dass diese *Dayia*-Formen eine neue, jüngere Art sind, zu der auch das Exemplar aus dem Goldsteintal gehört. Diese benannte er *Dayia tenuisepta*. Im Rahmen einer Tagung zur Silur/Devon-Grenze in Bonn und Brüssel 1960 berichtete er über seine Ergebnisse, die in dem zugehörigen Tagungsband abgedruckt sind (Shirley 1962). Eine genaue Beschreibung der neuen Art war dieser Abhandlung jedoch nicht beigegeben und ist auch später nicht nachgeliefert worden, weshalb der Artname keine Gültigkeit erlangte. Er blieb ein sogen. *nomen nudum*.

Erst Alvarez & Racheboeuf in Racheboeuf (1986) untersuchten erneut Exemplare der Gattung *Dayia* von Fundpunkten aus Nordfrankreich und aus dem südlichen Sauerland. Sie konnten die Meinung von Shirley bestätigen, dass es sich um eine neue, jüngere Art handelt und benannten sie zu dessen Ehren *Dayia shirleyi*. Ihr Fund belegt als Alter für die Kellerskopf-Formation des Taunus oberstes Silur (Přídolí).

3.3.2.2 Gedinnium

Bunte-Schiefer-Formation

Der Name Bunte Schiefer ist bei den GK 25 der 2. Auflage seit Blatt Königstein (Leppla 1922) die Regel. Je nach Anschnittniveau und Konfiguration der Schuppen des Taunuskamm-Duplex treten die Bunten Schiefer in bis zu drei parallelen Streifen an der Geländeoberfläche in Erscheinung. Wegen der Lage im unteren Teil der Hänge und der Überschotterung durch Taunusquarzit sind Aufschlüsse spärlich gesät. Am besten aufgeschlossen sind die Bunten Schiefer im Mittelrheintal zwischen Bodental und Assmannshausen und in den Wiesbadener Wasserstollen. Im Mittelrheintal beträgt die maximal aufgeschlossene Mächtigkeit nach Ehrenberg et al. (1968) etwa 250–300 m, in den bilanzierten Profilen von Oncken (1988) ergeben sich bis zu 550 m.

Die Gesteinsfolge besteht aus weinroten bis violettroten, grünen und grünlichgrauen, teilweise phyllitischen Tonschiefern mit Einlagerungen von körnigen Phylliten, grünen Schluff-Tonschiefern, hellgrün bis olivgrauen Sandsteinen und Quarziten sowie Konglomeratlinsen. Bei den körnigen Phylliten handelt es sich um sandige Tonschiefer, bei denen nur wenige mm-große Quarzkörnchen in einer feinkörnigen, meist dunkelrotvioletten Grundmasse schwimmen. Die Quarziteinlagerungen schließen sich im Mittelrheintal zu mächtigeren Quarzitfolgen zusammen. Die Konglomeratlagen treten fast nur zwischen der Fasanerie in Wiesbaden und Assmannshausen auf. Sie führen zwischen Kiedrich und Aulhausen eckige, graue bis schwarze Turmalinfels- und Turmalinschiefer-Fragmente (Meisl & Ehrenberg 1968), die früher für Kieselschiefer gehalten wurden. Hinweis auf ein südliches Liefergebiet der Konglomerate ist ihr ausschließliches Vorkommen in der südlichsten Schuppe des Taunuskammes. Bisher waren als einzige Fossilreste – neben einigen Pflanzenresten in silikatischer Erhaltung (Wirth 1960) – in den Bunten Schiefern des Taunus wenige sehr schlecht erhaltene Agnathen-Bruchstücke gefunden worden, die W. Schmidt (1958: 35) als *Pteraspis* sp. bestimmte. Er stufte die Fundschichten danach in den oberen Teil der Gedinne-Stufe ein. Eine reiche Sporenflora aus dem Kellerskopf-Stollen bei Stollenmeter 655 bestätigt diese Einstufung (mdl. Mitt. Reitz 1992) (vgl. Anderle 2008).

3.3.2.3 Siegenium

Hermeskeil-Formation

Der aus dem Hunsrück stammende Formationsname ist seit Koch (1881) als Hermeskeil-Schichten auch im Taunus gebräuchlich.

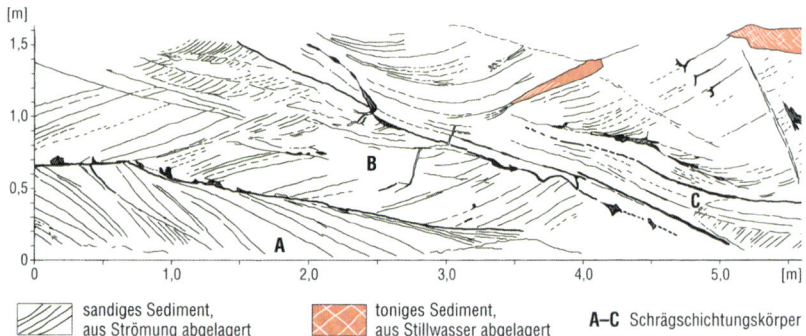

Abb. 15. Schrägschichtung in Sandstein der Hermeskeil-Formation in Niedernhausen (Ausschnitt aus Taf. 1 in Anderle 2000).

Mit der Hermeskeil-Formation beginnt die flachmarine Sedimentation im Unterdevon des Taunus. Die überwiegend aus Sandsteinen aufgebaute Formation tritt im gesamten Taunuskamm auf. Bedingt durch die geringe Mächtigkeit von maximal 135 m und die Verwitterungsanfälligkeit wegen des hohen Gehalts detritischer Glimmer sind natürliche Aufschlüsse in der Formation sehr selten.

Es handelt sich in der Masse um hellrote, braune, seltener gelbliche und hellgraue, meist stark glimmerhaltige Sandsteine und Quarzite, in die wenige reine und sandige Tonschiefer von meist roter, vereinzelt auch grauer Farbe eingelagert sind. Die Korngrößen der Quarzite liegen meistens im Mittel- bis Grobsandbereich, teilweise mit Feinkies und Resedimenten. Die Hangendgrenze wird im Rheintal und auch bei Schlangenbad (GK 25: 5914 Eltville) durch eine bis 12 m mächtige Folge schluffiger bis feinsandiger, roter bis grüngrauer Tonschiefer markiert (vgl. Anderle 2008).

In der Hermeskeil-Formation des Taunus waren zunächst nur einige ungenügend erhaltene Versteinerungen durch v. Reinach und ein unbestimmbarer Vertebratenrest gefunden worden. Ihre Einstufung in die Siegen-Stufe war allerdings möglich nach Faunenfunden auf GK 25: 6012 Stromberg im E Soonwald (Meyer 1970: 40f.), die u. a. *Acrospirifer primaevus* und *Rhenorensselaeria crassicosta* erbrachten. Sporen von einem Fundpunkt N der Straße von Oberursel zum Sandplacken auf GK 25: 5717 Bad Homburg v. d. Höhe, der in die Hermeskeil-Formation gestellt wird, zeigen nach Schwarz (1991: 73) ein Siegen-Spektrum (vgl. Anderle 2008).

Taunusquarzit-Formation

Die Taunusquarzit-Formation tritt im Taunuskamm in bis zu drei parallelen Streifen auf. Die geschlossenen Quarzitfolgen im Taunusquarzit bilden die Haupthöhenzüge des Südtaunus zwischen Mittelrhein und Wetterau. Der Name Taunusquarzit ist seit Sandberger (1850: 13) in Gebrauch. Gute Aufschlüsse befinden sich im Mittelrheintal, an der B 260 bei Schlangenbad, im Haidtränktal N Hohemark und im Steinbruch Saalburg der Taunusquarzit-Werke (heute Fa. Holcim) östlich Wehrheim.

Es handelt sich um eine Folge weißer und rötlicher, seltener gelblicher oder hellbrauner Sandsteine und grauer, hellgrauer bis weißer Quarzite mit den typischen roten und braunen Flecken und Streifen sowie häufig roten Bestegen auf Kluft- und Schichtflächen. Sie führen gelegentlich Feldspatkörner und lagenweise Tonschiefergallen sowie Kieslagen. Im Osttaunus E der Saalburg finden sich Konglomerate aus Quarz-, Quarzit-, Sandstein-, Ton- und Kieselschiefergeröllen, die hohe Anteile an verwittertem Feldspat enthalten und bis 60 cm mächtig werden. Graue, hellgraue, seltener rötlichgraue und vor allem im Osttaunus graugrüne, sandige Schiefer sind eingelagert (vgl. Anderle 2008). Die Sedimentation ist durch Wellen, Gezeitenströmungen und Sturmerosion geprägt (s. Abb. 16a, b). Megarippel-Schrägschichtung ist weit verbreitet (Hahn 1990: 133).

Die Einstufung des Taunusquarzits in die Siegen-Stufe ist gesichert. Fast alle der von Mittmeyer (1974, 1982) und Carls et al. (1982) aufgeführten Siegen-Leitformen wurden bisher gefunden, wie sich aus den publizierten

Abb. 10a. Steinbruch bei Schlangenbad-Wambach; Taunusquarzit mit Großrippel-Schrägschichtung (Blick nach W, Verjüngung nach S).

Abb. 16b. Ehem. Steinbruch am Nordhang des Steinkopfs 4 km E Wehrheim-Pfaffenwiesbach: Schrägschichtung in steilgelagertem, nach N überkipptem Taunusquarzit.

Faunenlisten ergibt (vgl. Anderle 2008). Häufig sind *Acrospirifer primaevus*, *Hysterolites hystericus* und *Rhenorensselaeria crassicosta*. Seltener wurden *Fascistropheodonta sedgwicki*, *Proschizophoria personata*, *Goniophora curvatolineata*, *Pteronites longialata* und *Digonus „rudersdorfensis"* gefunden. Besonders im Obersten Taunusquarzit – den Darustwald-Schichten (vgl. Ehrenberg et al. 1965) – sind Agnathen- und Fischreste verbreitet.

3.3.3 Hintertaunus-Einheit

In der Hintertaunus-Einheit überwiegen Sedimente der Ems-Stufen. Lediglich bei Usingen und am Ostrand des Taunus treten auch mittel- und oberdevonische, teilweise sogar unterkarbonische Gesteine auf. Von den Ablagerungen der Unterems-Stufe sind die älteren Einheiten – der klassische Hunsrückschiefer – im SW (W der Idsteiner Senke), die jüngeren Einheiten – im Wesentlichen die Singhofen-Formation – im NE (E der Idsteiner Senke) verbreitet. Bei den Sedimenten des Unter- und Oberems handelt es sich um Ablagerungen eines Flachmeeres. Es sind meist schluffige Tone mit Einlagerungen von quarzklastischen Schüttungen; meist Feinsande, in der Kaub-Subformation auch Grobschluffe, im Emsquarzit auch Mittelsande. Manchmal lässt sich Gezeiteneinfluss durch die entgegengesetzten Richtungen der Schrägschichtungsbögen und den Wechsel von mächtigeren Tidenstrom-Sanden und dünnen Stillstands-Tonen erkennen. Abweichungen von der Normalfazies im Unterems und Schichtlücken im höheren Unterems und Oberems deuten auf ein Hochgebiet im rhenoherzynischen Ablagerungsraum hin.

3.3.3.1 Unterdevon, Unterems-Stufe

Hunsrückschiefer-Formation (Ulmen-Unterstufe)

Der klassische Hunsrückschiefer im engeren Sinne streicht im W Hintertaunus zwischen Mittelrhein und Idsteiner Senke aus. Die Gesteinsfolge besteht aus Tonschiefern mit in Mächtigkeit und Verbreitung wechselnden Einlagerungen von Quarzfeinsandsteinen und Quarzschluffsteinen, die oft zu Quarziten umgewandelt sind. Mittmeyer (2008) gliedert den Hunsrückschiefer in (von unten) Sauerthaler, Bornicher, Kauber und Schwall-Schichten. Dort finden sich auch detaillierte Beschreibungen dieser Formationen. Die Einstufung des Hunsrückschiefers der Hintertaunus-Einheit in die Unterems-Stufe gelang Mittmeyer (1973) mittels reicher Faunen des Wisper-Gebietes (GK 25: 5813 Nastätten und 5913 Presberg).

Hennethal-Subformation (Sauerthaler Schichten)

Am besten aufgeschlossen ist die Hennethal-Subformation im Aartal bei der Streitlai und am Deutschmannsberg, im Michelbachtal N Holzhausen über Aar und beiderseits des Aubachtals NW Hennethal (GK 25: 5714 Kettenbach). Sie ist gekennzeichnet durch undeutliche Schichtung und eine weitständige Transversalschieferung, bedingt durch schlechte Entmischung der klastischen Komponenten (Ton bis Mittelsand) und Bioturbation. Die Bildung massiger Felsklippen, die stark vom Typus Hunsrückschiefer abweichen, ist die Folge. Makrofossilien treten in der Regel nur einzeln auf. Der ältere Name Sauerthaler Schichten wurde für die Darstellung auf GK 25: 5714 Kettenbach (Michels & Anderle 2010) aufgegeben, da das von Mittmeyer (2008: 163) angegebene Typ-Profil im oberen Holzbachtal S Weisel (GK 25: 5812 St. Goarshausen) eine deutlich stärkere Entmischung in Ton und quarzklastisches Material aufweist.

Bornich-Subformation

Die hangende Bornich-Subformation dagegen zeigt eine Trennung in schluffige Tonschiefer und quarzitische Sandsteinbänke (örtlich mit Ballenstrukturen an der Basis der Bänke), an die auch die Fossilansammlungen (Schalenbänke) gebunden sind. Selten im Schiefer auftretende Formen des offenen Meeres (z. B. die winzigen Gehäuse von *Nowakia* aff. *praecursor*) gehören zur böhmischen Fauna und ermöglichen einen zeitlichen Vergleich mit den unterdevonischen Ablagerungen Böhmens.

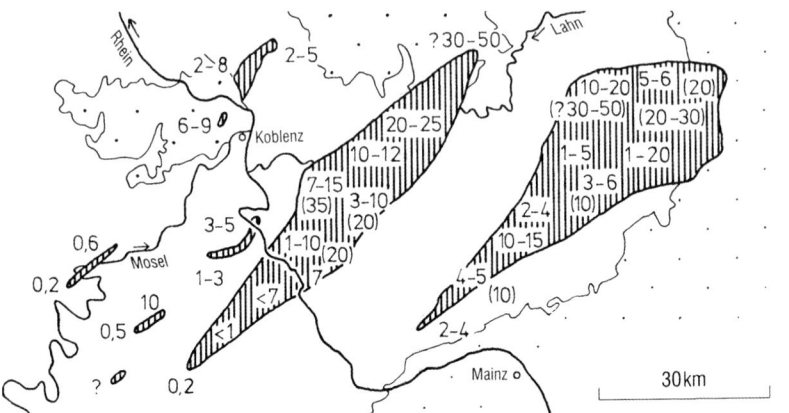

Abb. 17. Regionales Verbreitungsgebiet der Porphyroide im Taunus (Kirnbauer 1991, Abb. 1).

Kaub-Subformation besteht aus fast reinen Tonschiefern, in denen die quarzklastischen Schüttungen nur noch Grobschluffgröße erreichen.

Schwall-Subformation

In der Schwall-Subformation, der obersten Einheit des früheren Hunsrückschiefers, treten erste Porphyroide auf.

Porphyroide

Eine Besonderheit der unteremsischen Ablagerungen des Taunus stellen die eingelagerten Porphyroide dar. Es handelt sich um Mischgesteine aus wechselnden Anteilen vulkaniklastischen, epiklastischen und bioklastischen Materials. Das vulkaniklastische Material entstammt rhyolithischen bis rhyodacitischen Vulkaniten. Die Porphyroide sind durch submarine Rutschungen aus einem noch nicht näher identifizierten, aber NE des Taunus zu suchenden Vulkangebiet an die Orte ihres heutigen Vorkommens gelangt. Die Mächtigkeiten betragen bis über 30 m. Die Matrix besteht aus pseudomorphisierten Glasscherben mit Detritusmaterial der Ton- bis Grobschluff-Fraktion. Weitere vulkaniklastische Bestandteile sind Hochquarze, Albite sowie Lapilli. Epiklastisch sind bis zu mehrere Zentimeter große, dunkle Tonfetzen, Quarzit-Gerölle, Quarz, Albit und Muskovit. Dazu kommen oft zahlreiche Bioklasten, meist an der Basis der Porphyroide angereichert. Akzessorien sind opakes Erz, Leukoxen, Zirkon, Titanit, Apatit, Turmalin, Rutil und Monazit. Das Ausgangsmaterial war variskisch der Serizitisierung, Karbonatisierung und Chloritisierung unterworfen. Weitere Veränderungen, z. B. die Kaolinitisierung der Feldspäte, verursachte die Verwitterung, vor allem im Tertiär. Darauf sind die lebhaften gelben bis rötlichen Färbungen des ursprünglich dunkelgrauen bis schwarzen Materials zurück zu führen. Durch ihr typisches Erscheinungsbild sind die Porphyroide sowohl im

Anstehenden, als auch als Lesesteine gut zu erkennen. Anstehend erscheinen sie durch die meist fehlende Schichtung massig. Sie zerfallen nach der Transversalschieferung in Platten. Deren Oberfläche ist durch Einsprenglinge, die z. T. verwitterungsbedingt herausgelöst sind, narbig bis höckerig und gefleckt. Das Material erinnert dadurch manchmal an holzige Pappe. Die Porphyroide sind vor allem im Taunus, aber auch noch bis weit in den Hunsrück hinein verbreitet. Die Wiedererkennung ein und desselben Porphyroids mittels geochemischer Kriterien ist jedoch nur innerhalb eines engen regionalen Rahmens möglich. Bisher konnten so über 10 verschiedene Porphyroide erkannt werden. Dennoch stellen sie ein tephrostratigraphisches Gliederungsmittel in mehreren Teilbereichen ihres Verbreitungsgebiets dar (Kirnbauer 1991).

Singhofen-Formation

Den alten Namen Singhofener Schichten führte Fuchs (1927: 22f.) für den E Hintertaunus auf Blatt Oberreifenberg ein (zur Herausbildung des Begriffs vgl. Anderle 1987a) und begründete ihn mit einer ausführlichen Beschreibung der zugehörigen Gesteine und einer biostratigraphischen Bewertung des Fauneninhalts. Im Laufe der Zeit wurde der Name auf die Porphyroide führenden Gesteinsfolgen der Unterems-Stufe im gesamten südlichen Rheinischen Schiefergebirge übertragen. Es handelt sich um Schluff- und Tonschiefer mit in Häufigkeit und Mächtigkeit wechselnden Einschaltungen von Sandsteinen und Quarziten. Ein wichtiges Kriterium für die Zuordnung einer Gesteinsfolge zu den Singhofener Schichten ist das Auftreten von Porphyroiden (s. Kasten Porphyroide). Solle (1950: 318, 321, 326) hat die biostratigraphische Einstufung der Singhofener Schichten in das Unterems unterstrichen. Im Taunus verbreitet sind die Singhofener Schichten im gesamten E Hintertaunus und im W Hintertaunus N des Strukturhochs von Katzenelnbogen–Mensfelden sowie unmittelbar N der Taunuskamm-Störung auf den Blättern Idstein und Bad Schwalbach. Ein Vorkommen ist auch für den Taunuskamm in der Manganerz-Grube Ober-Rosbach auf GK 25: Friedberg nachgewiesen (Witte 1926). Dort, wo neue Bearbeitungen stattgefunden haben, sind eine Reihe neuer Namen für die Singhofener Schichten eingeführt worden (Requadt 2008). Im Grunde kann jedoch überall dort, wo Porphyroide in Gesteinen der Unterems-Stufe auftreten, aber weder eine genauere Gliederung mittels Faunen, noch mittels geochemisch unterschiedener Tuffite vorhanden oder möglich ist, der Name Singhofener Schichten weiter gebraucht werden, z. B. im gesamtem E Hintertaunus. Dort gibt es zahlreiche gute Aufschlüsse an Talhängen und entlang von Straßen. Heute werden die Schichten zur Singhofen-Formation zusammengefasst.

Spitznack-Subformation

Die am Mittelrhein aufgestellten Spitznack-Schichten sind sehr früh schon von A. Fuchs bei der Kartierung auf GK 25: Grävenwiesbach im E Taunus nachgewiesen worden (Schlossmacher & Fuchs 1927). Sie treten auch im Bereich von Idstein auf (Anderle 1991). Gute Aufschlüsse gibt es an der B 260 am Roßstein SW Idstein und am Landstein S Altweilnau im Weiltal. Es handelt sich um neritische Flachmeer-Ablagerungen; schräggeschichtete Sande mit Ballen- und Rinnenstrukturen, die auffällige Schalenbänke führen. Es sind Linsen und Bänke, die aus Schalen nur einer Gattung oder Art bestehen, wie die Cypricardellen-Bänke und die *pila*-Bank. Diese weisen auf Grund berührenden Seegangs bei Stürmen hin, wodurch Muscheln und Brachiopoden einer Generation aus dem Sediment gespült und durch starke Strömungen zusammengetragen wurden. Die *pila*-Bank kommt im Forstbach-Tal hinter der Lorelei, im Wörsbachtal bei Wallrabenstein und im Weiltal bei Altweilnau vor. Die Beobachtung wechselnder Strömungsrichtungen und die Art der Sand-Ton-Wechsel in den Aufschlussprofilen zeigen Gezeiteneinfluss. Am Mittelrhein, im Idsteiner Raum und bei Altweilnau am Landstein dient ein Porphyroid als Basis der Spitznack-Subformation.

Beuerbach-Subformation

Die Beuerbach-Subformation schaltet sich am Steinkopf W Bad Camberg zwischen Spitznack-Subformation und Emsquarzit-Formation in einer Mächtigkeit von knapp 100 m ein und lässt sich nach SW bei zunehmender Mächtigkeit bis jenseits des Dörsbachtals bei Eisighofen verfolgen. Wenige kleine Aufschlüsse gibt es am östlichen Ortsrand von Beuerbach und W Hausen über Aar. Es handelt sich um dunkle schluffige Tonschiefer mit Linsen und Lagen von Feinsandstein.

3.3.3.2 Unterdevon, Oberemsstufe

Der Emsquarzit tritt in einem schmalen Streifen am Nordrand der Hintertaunus-Einheit zwischen Berndroth im SW und W Oberkleen im NE auf. Außerdem bildet er in größerer Verbreitung die Höhen W Butzbach (Heidelbeerberg, Pfingstweide, Schrenzer, Zipfen). Hier, wie im Bereich Eichelgarten – Stock SW Kirberg, wo der Emsquarzit ebenfalls breiter ausstreicht, bildet er flache, aufschlusslose Höhenrücken. Gute Aufschlüsse sind nicht vorhanden.

Im Taunus fehlen die mächtigen Bankfolgen schräggeschichteter Quarzite und quarzitischer Sandsteine wie sie für den Emsquarzit von Koblenz und Bad Ems typisch sind. Die Ablagerungen von Quarzsand sind stärker aufgelöst, haben geringeren Umfang und geringere Mächtigkeit. Aber sie führen immer noch eine reiche Schalenfauna mit Dominanz von *Incertia* und sehr seltenem

Auftreten von *Oligoptycherhynchus hexatomus* und *Euryspirifer paradoxus* als Leitfossilien.

3.3.4 Lahntaunus-Einheit

Als Lahntaunus-Einheit wird hier der südwestlichste Teil der Lahn-Mulde bezeichnet, der in den Taunus hinein reicht. Charakteristisch für diesen Teil des Taunus sind überwiegend Gesteine des Mittel- und Oberdevons. Die Grenze zur S anschließenden Hintertaunus-Einheit bildet die Überschiebung von Formationen der Ems-Stufen auf die Formationen des Mittel- und Oberdevons. Eine Besonderheit der Lahntaunus-Einheit ist das streichende Strukturhoch von Katzenelbogen–Mensfelden, in dem der unterdevonische Taunusquarzit an die Oberfläche tritt. Seinen Ursprung hat dieser Aufbruch in einem bereits synsedimentär wirksam gewesenen Element: eine große streichende Abschiebung mit einer halbgrabenartigen Tiefscholle im S und einer Hochscholle im N. Verbunden damit war saurer Vulkanismus im tieferen Mitteldevon mit Sedimentlieferung von Vulkaninseln nach N in den Graben entlang der Abschiebung und auch in das Becken im S. Diese vulkaniklastische Lohrheim-Formation führt auch Quarzitgerölle, so dass ein zumindest zeitweiliges Auftauchen des Horsts der Liegendscholle der Abschiebung anzunehmen ist. Innerhalb des NW-vergenten Schuppenbaus ist hier auch heute noch eine Grenzfläche vorhanden, an der ältere Gesteine im NW (der unterdevonische Taunusquarzit der Katzenelnbogen-Formation) an jüngere Gesteine im SE (der mitteldevonische Metatrachyt der Steinkopf-Formation, die Vulkaniklastite der Lohrheim-Formation und die Tonschiefer der mitteldevonischen Beckenfazies der Schiesheim-Formation) grenzen, wie es typisch für eine Abschiebung ist. Auf den Vulkanbauten der Tiefscholle wuchsen im höheren Mitteldevon Riffe auf (Massenkalk-Formation). Im Streichen weiter im NE, in den Blattgebieten 5615 Villmar und 5515 Weilburg, hat Maxeiner (1994) im Osttaunus eine ähnliche Konfiguration beobachtet. Bei Langhecke grenzen oberdevonische Schiefer im SE an mitteldevonische Schiefer und Vulkanite/Vulkaniklastite im NW. Hier, wo der Taunusquarzit als markierendes Element nicht mehr an die Oberfläche tritt, ist die streichende Abschiebung in den jüngeren Gesteinen also immer noch zu erkennen.

3.3.5 Lindener Mark

Die Lindener Mark ist eine Bruchscholle am Ostrand des Taunus, in der – weitgehend unter Tertiär- und Quartärbedeckung – Ablagerungen vom Ordovizium bis Unterkarbon anstehen. Diese sind vorwiegend durch Aufschlüsse des Berg-

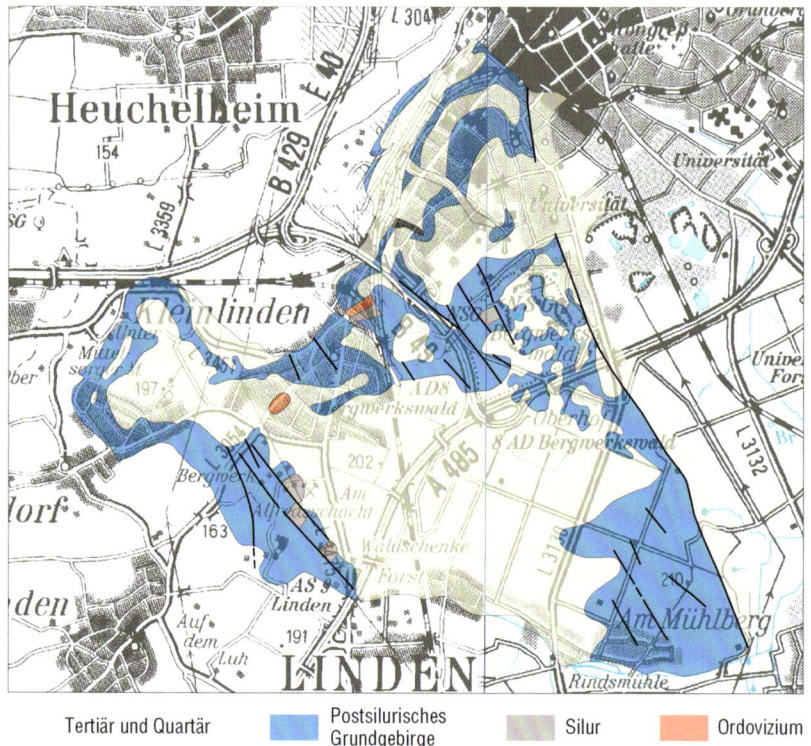

Abb. 18. Geologische Übersicht der Lindener Mark bei Gießen (nach HLNUG 2020).

baus bekannt geworden. Das Gebiet mit den alten Grubenfeldern im Bergwerkswald im S von Gießen war einmal die bedeutendste Manganerz-Lagerstätte Deutschlands. Die Eisen-Manganerze sind sekundäre Verwitterungsbildungen und an Hohlformen im unterlagernden Gestein, meist obermitteldevonischem Massenkalk (Stringocephalenkalk) gebunden. Sie werden als „Typ Lindener Mark" bezeichnet. Das Mangan trat als schwarzer Mulm, überlagert von meist roten Tonen auf.

Beobachtungen zur Tektonik liegen kaum vor. Sichere Vorstellungen über die Lagerungsverhältnisse fehlen deshalb. Wegen der Nähe zur Gießen-Decke werden heute die Gesteine der Lindener Mark als allochthone Scherkörper an der Basis dieser Decke vom Nordrand Gondwanas abgeleitet (s. u.). Auch von Schlammstrom-Ablagerungen, Turbiditen und Olisthostromen mit exotischen

Komponenten ist die Rede. Es besteht also noch Klärungsbedarf (Birkelbach et al. 1988).

Hier werden nur Andreasteich-Quarzit, Ostrakodenkalk und Orthocerenkalk vorgestellt. Die Kenntnisse zu den altpaläozischen Formationen der Lindener Mark hat Kegel (1953) monographisch behandelt. Neuere Daten hat Bahlburg (1985) mitgeteilt. Ausführlicher beschrieben als hier sind die älteren Einheiten bei Horn & Anderle (2001) und Anderle (2006b).

3.3.5.1 Andreasteich-Quarzit (-Formation)

Die beiden Vorkommen des anstehenden Andreasteich-Quarzits waren nur zeitweilig in kleinen Steingruben, einer Baugrube, Schürfen oder durch Lesesteine zugänglich. Folglich blieb auch ihr stratigraphisches bzw. tektonisches Verhältnis zu den jüngeren paläozoischen Gesteinen ihrer Umgebung unklar.

Es handelt sich um einen weißen quarzitischen Sandstein mit gelbbrauner Verwitterungsrinde. Er ist feinkörnig, partienweise gröberkörnig, z. T. feinporig. Eine dunkle Varietät ist grobkörnig. Er ist dicht, fest und bricht oft splittrig. Beide Typen sind fossilführend, häufiger in den grobkörnigen Partien, dort aber in schlechterer Erhaltung (Kegel 1953). Es ist eine marine rheinische Flachwasserablagerung mit benthonischer Fauna. R. & E. Richter (1927) kamen auf Grund der Trilobiten und Rynchonelliden zu einer Einstufung in das höhere Ordovizium. Struve (1975) fasste die Kenntnisse zum Andreasteich-Quarzit zusammen und traf die Altersaussage etwa höheres Unter-Caradoc bis Mittel-Caradoc.

Die U-Pb-Daten detritischer Zirkone aus dem Andreasteich-Quarzit stützen nach Dörr et al. (1992: 53) die Auffassung allochthoner Scherkörper an der Basis der Gießen-Decke vom Nordrand Gondwanas.

3.3.5.2 Ostrakodenkalk (-Formation)

Der silurische Ostrakodenkalk ist bisher nur aus einem Aufschluss in der Lindener Mark bei Gießen und durch Lesesteine E Kleinlinden nahe der Eisenbahn bekannt. Es handelt sich um einen Kalkstein, im tieferen Teil massig, im mittleren in ca. 10 cm mächtige Bänke gegliedert, im oberen Teil Wechsellagerung dünnbankiger Kalke und Hornsteine. Die Kalksteine sind feinkörnige Biosparite, die auf Grund des Vorkommens z. T. dicht gepackter kleiner Ostrakoden als rekristallisierte wackestones und packstones zu bezeichnen sind (Bahlburg 1985). Der Kalkstein ist gelegentlich etwas dolomitisch, hier und da von Schwefelkiesputzen bis Nussgröße durchsetzt, oben besser geschichtet, dünnbankig, körnig, grau mit Einlagerung kieseliger Kalke, die sich zu unreinen dunklen Hornsteinlagen entwickeln können (Kegel 1953). Seine Mächtigkeit beträgt mehrere Meter. Er geht nach oben in den Orthocerenkalk über. Die Fauna bilden schlecht erhaltene, kleine Ostrakoden und Graptolithen (u. a. *Bohemograptus bohemicus, Istrograptus transgrediens, Pristiograptus dubius*), Trilobiten und Brachiopoden (Kegel 1953, Bahlburg 1985, Schallreuter et al. 2001). Das biostratigraphische Alter wird unterschiedlich eingeschätzt: Wenlock (Kegel 1953); evtl. bis frühes Ludlow (Jaeger 1962: 126); spätes Wenlock bis frühes Přídolí (eα2 bis eβ1, Bahlburg 1985).

Vermutlich durch tektonische Beanspruchung sind weite Teile des unteren Ostrakodenkalks durch Drucklösung umgebildet.

3.3.5.3 Orthocerenkalk (-Formation)

Der Orthocerenkalk ist bisher nur aus der Lindener Mark bei Gießen bekannt; aus dem Steinbruch an der Tonhalde sowie vom Alfredschacht, dem Eichelstückschacht und einem Stollen. Heute ist nur noch der Steinbruch an der Tonhalde zugänglich. Der dem Ostrakodenkalk auflagernde Orthocerenkalk ist dort aber nicht mehr aufgeschlossen. Er ist nach Weyl (1980) in der Nordwand des Bruches zu suchen.

Das Gestein ist ein karbonatisch zementierter dunkler, gelblich, bräunlich bis olivfarben verwitternder Siltschiefer mit dünnen Bänkchen von dunklem Kalk, der im untersten Meter lagenweise bis zu 30 cm lange Kalkknollen und -linsen führt, die reich an Orthoceren, Brachiopoden, Muscheln und Graptolithen sein können (Kegel 1953, Bahlburg 1985). Die Fauna spricht für spätes Wenlock bis frühes Ludlow (Kegel 1953); spätes Ludlow bis Lochkovium (Jaeger 1962) bzw. Přídolí (Bahlburg 1984, 1985).

3.3.6 Gießen-Decke

Zur Verbreitung der Gießen-Decke im Bereich dieses Führers siehe Beiblatt Geologische Übersichtskarte des Taunus mit Aufschlusspunkten.

Eine Besonderheit der Taunusgeologie ist die Gießen-Decke. An der Verbreitung der Gießener Grauwacke fällt auf, dass ihre Außengrenze sich nicht in das sonst im Rheinischen Schiefergebirge vorherrschende strenge Muster des erzgebirgischen Streichens einfügt. Sie liegt vielmehr – ähnlich einer Deckgebirgseinheit – quer über den erzgebirgischen Strukturen. Am besten ist dies in den Übersichtskarten zu sehen (GÜK 300 Hessen 1989, GÜK 200 Bl. CC 5510 Siegen 1989). Eine lange akzeptierte Deutung bestand in der Annahme einer Transgression von Kulm-Kieselschiefer und Gießener Grauwacke im Anschluss an altvariskische Bewegungen, wie sie Kegel (1929, 1934) und später noch Henningsen (1962) vertreten haben. Vorher hatten jedoch bereits Dufour

(1925), Schwarz (1925), Kossmat (1927), sowie später erneut Krebs & Wachendorf (1974) die Deckennatur der Gießener Grauwacke vertreten. Diese These konnte dann durch Untersuchungen der Göttinger und Gießener Schulen ab den 1970-er Jahren immer mehr erhärtet werden. Die als Adorf datierten N-Teile der Gießener Grauwacke grenzen mit tektonischem Kontakt an devonische Schichten, in denen die Adorf-Stufe durch völlig sandfreie Tonschiefer vertreten ist. Nahe dem S-Rand der Gießener Grauwacke finden sich tektonisch stark beanspruchte Tonschiefer (Solmsthaler Phyllite) und Diabase (Eder et al. 1977). In der Grauwacke finden sich große liegende und örtlich auch überkippte Falten. Die Basis der Grauwacke, an der sich eine diskontinuierliche Lage dunkler Schiefer und Kieselschiefer findet, ist durch eine gut entwickelte Scherzone mit Myloniten gekennzeichnet. Diese Linsen aus Radiolariten, Grauwacken, Sandsteinen und Schiefern zeigen Spuren starker Interndeformation und Mylonitisierung, die den Gesteinen der Umgebung fehlen. Sprödbruch, aber auch Hinweise auf duktile Deformation in Form von kontinuierlicher und diskontinuierlicher undulöser Auslöschung, häufigen Deformationslamellen und gut entwickelten Subkörnern charakterisieren die Kieselschiefer. Dynamische Rekristallisation von Quarz ist jedoch in keinem der Gesteine an der Basis der Gießen-Decke beobachtet worden. Arme, schlecht erhaltene Conodonten-Faunen aus Karbonat zementierten Bereichen innerhalb der Grauwacke lassen die Bestimmung eines Frasne- (Adorf-) Alters zu. Die Grauwacken sind proximale Turbidite. Die Solmsthaler Schichten am S und SW Rand der Gießener Grauwacke unterscheiden sich durch ihre höhere tektonische Beanspruchung (rekristallisierter Quarz und mehrphasige isoklinale Faltung), höheren Metamorphosegrad und höhere K/Ar-Alter der neugebildeten Hellglimmer deutlich von den benachbarten autochthonen Folgen der Lahn-Mulde, was für den allochthonen Charakter der Solmsthaler Schichten spricht (Engel et al. 1983). Die metamorphen Neubildungen (Prehnit + Pumpellyit + Epidot + Chlorit) sprechen für Drücke geringer 2 kb und Temperaturen zwischen 320° und 350 °C (nach Winkler 1979). Die K/Ar-Alter der neugebildeten Hellglimmer von 328 ± 11 und 335 ± 11 Ma entsprechen Werten vom Südrand des Rheinischen Schiefergebirges (Ahrendt et al. 1978). Wegen der Nähe zur Gießen-Decke werden heute die Gesteine der Lindener Mark ebenfalls als allochthone Scherkörper an der Basis dieser Decke aufgefasst (Engel et al. 1983, Birkelbach et al. 1988, Dörr et al. 1992, Franke & Oncken 1995, Oczlon 1995, Huckriede et al. 2004).

Nach heutiger Auffassung ruht die Gießen-Decke diskordant auf verschiedenen stratigraphischen und tektonischen Einheiten des Parautochthon. Sie besteht aus drei unterschiedlichen Einheiten: zuunterst die Gesteine der Lindener Mark (s. o.), in der Mitte die Krofdorf-Formation, überschoben von der Gießener Grauwacke.

3.3.6.1 Krofdorf-Formation

Ihre Hauptverbreitung hat die Formation N der Lahn im Krofdorfer Forst. Im Taunus tritt sie unmittelbar S der Gießener Grauwacke auf, wo sie in Krofdorf gut aufgeschlossen ist. Die Abfolge beginnt mit MOR-Basalten des Ems, überlagert von wenigen Metern Radiolarien reicher schwarzer Pelite, die bis ins Eifel reichen und mit roten Schiefern wechsellagern. An der Grenze zum Oberdevon entwickeln sich die schwarzen Schiefer zu schwarzen Kieselschiefern und Radiolariten. Im Frasne folgen schwarze Alaunschiefer und Radiolarite, die nach oben in graue und grünliche Schiefer und Schluffsteine mit Tuffiteinlagerungen übergehen. Diese kondensierte, kalkfreie Schichtfolge auf Basalten mittelozeanischer Rücken deutet auf die Herkunft der Gießen-Decke aus dem ozeanischen Teil des rhenohercynischen Beckens. Der Eintrag gröberer Klastika beginnt im höheren Frasne und setzt sich im Famenne mit mehr als 200 m mächtigen distalen Grauwacken-Turbiditen und *debris flows* fort (Birkelbach et al. 1988, Dörr in Anderle & Dörr 2010).

3.3.6.2 Gießener Grauwacke

Die Gießener Grauwacke besteht aus proximalen Turbiditen. Ihr Hauptverbreitungsgebiet liegt S der Lahn im Taunus. Die Basis der Grauwacke, an der sich eine diskontinuierliche Lage dunkler Schiefer und Kieselschiefer findet, ist durch eine gut entwickelte Scherzone bzw. einen Duplex mit Myloniten gekennzeichnet. Diese Linsen aus Radiolariten, Grauwacken, Sandsteinen und Schiefern zeigen Spuren starker Interndeformation und Mylonitisierung, die den Gesteinen der Umgebung fehlen. Sprödbruch, aber auch Hinweise auf duktile Deformation in Form von kontinuierlicher und diskontinuierlicher undulöser Auslöschung, häufigen Deformationslamellen und gut entwickelten Subkörnern charakterisieren die Kieselschiefer. Dynamische Rekristallisation von Quarz ist jedoch in keinem der Gesteine an der Basis der Gießen-Decke beobachtet worden. Arme, schlecht erhaltene, umgelagerte Conodonten-Faunen aus durch Karbonat zementierten Bereichen innerhalb der Grauwacke lassen die Bestimmung eines Frasne- (Adorf-) Alters zu. Einzelne Pflanzenfunde belegen Unterkarbon. In der Grauwacke finden sich große liegende und örtlich auch überkippte Falten (Birkelbach et al. 1988, Dörr in Anderle & Dörr 2010).

3.3.6.3 Solmsthaler Phyllite

Nahe dem S-Rand der Gießener Grauwacke finden sich tektonisch stark beanspruchte Tonschiefer (Solmsthaler Phyllite) und Diabase. Die Solmsthaler

Phyllite am S und SW Rand der Gießener Grauwacke unterscheiden sich durch ihre höhere tektonische Beanspruchung (rekristallisierter Quarz und mehrphasige isoklinale Faltung), höheren Metamorphosegrad und höhere K/Ar-Alter der neugebildeten Hellglimmer deutlich von den benachbarten autochthonen Folgen der Lahn-Mulde, was für den allochthonen Charakter der Solmsthaler Phyllite spricht. Die metamorphen Neubildungen (Prehnit + Pumpellyit + Epidot + Chlorit) sprechen für Drücke geringer 2 kb und Temperaturen zwischen 320° und 350 °C. Die K/Ar-Alter der neugebildeten Hellglimmer von 328 ± 11 und 335 ± 11 Ma entsprechen Werten vom Südrand des Rheinischen Schiefergebirges (Ahrendt et al. 1978). Deshalb ist ein Transport von S an der Basis der Gießen-Decke wahrscheinlich.

3.4 Postvariskische Entwicklung

In der Zeit nach der variskischen Gebirgsbildung war der Taunus überwiegend Festland, das vor allem während der Kreide und im Alttertiär bei warm-humidem Klima einer intensiven chemischen Verwitterung unterworfen war. Damals wurden die Festgesteine durch hydrolytische Silikatverwitterung tiefgründig in Tone umgebildet, die eine manchmal Zehnermeter mächtige Verwitterungsschicht bilden. Nur im Einzelfall lassen sich solche festländischen Bildungen auch datieren, wie das Paleozän von Hahnstätten (s. u.). Marine Einflüsse gab es nur während des mittleren Tertiärs, als einzelne Ausläufer während des allgemeinen Meereshochstands im Oligozän die Randgebiete erreichten. Wesentliche aquatische Ablagerungen sind im Taunus nur die fluviatilen Sande und Schotter der oligozänen Arenberg-Formation, die auch einen marinen Einfluss zeigen (s. u.). Ins Pliozän eingestufte Quarzkiese sind vielfach stratigrafisch noch unsicher.

Besser lassen sich die Basaltvorkommen altersmäßig einstufen, wo mittels K-Ar-Methode Oberkreide und Tertiär (Oligozän/Miozän, auch noch Pliozän) gefunden wurde (s. u.).

3.4.1 Tertiär-Sedimente

3.4.1.1 Paleozän von Hahnstätten

Die ältesten Tertiärsedimente im Taunus sind Reste einer Ablagerung in einer Höhle in devonischem Massenkalk im Steinbruch Hahnstätten der Fa. Schaefer Kalk, die 1993 entdeckt wurden. Sie konnten palynologisch in das Paläozän eingestuft werden. Dieses Paläozän von Hahnstätten besteht aus überwiegend feinkörnigen, vorwiegend roten, feingeschichteten Sedimenten mit Einlagerungen von bis dm-mächtigen Feinsanden. Es führt in grauen bis dunkelbraunen Einlagerungen rund 90 verschiedene Formarten und Gruppen von Pollenkörnern und Sporen sowie auch einige Algenformen des Süßwassers. Der 1995 noch rund 8 Meter mächtige Rest der Paläozän-Sedimente liegt horizontal über einer unregelmäßigen Massenkalk-Oberfläche in etwa 88,30 m ü. NN. Der untere Profilabschnitt besteht aus einer 5,60 m mächtigen Folge meist wenige Zentimeter dicker Lagen braunroten (auf den oberen 1,85 m rotbraunen) Tons, die jeweils mit einer millimeterfeinen Feinsandlage abschließen. Eingeschaltet sind 7 etwas mächtigere Lagen hellen Feinsands (meist weiß, aber auch hellbraun, bräunlichgelb, hellgrau, hellgelb). Diese sind 1 bis 3 cm, einmal auch 8 cm mächtig. Der obere, rund 2,3 m mächtige Profilabschnitt (heute nicht mehr erhalten) bestand überwiegend aus bräunlichgrauem, im unteren Teil auch rötlichbraunem Ton. An der Basis fand sich 20 cm schlecht gerundeter bräunlich-hellgrauer Fein- bis Mittelsand. Die Einstufung der Mikroflora des Unteren Profils erfolgt in die SPP-Zone 7 a und damit in das Hannoversche Bild (Krutzsch 1966). Die Spektren aus dem Oberen Profil können in den stratigraphischen Bereich der SPP-Zonen 7 b (Viersener Bild) bis SPP-Zone 8 (Brandenburger Bild) eingeordnet werden. Die Mikrofloren von Hahnstätten enthalten hohe Anteile an sog. kretazischen Elementen (Anderle et al. 2003, Anderle 2007a).

3.4.1.2 Oligozän/Arenberg-Formation

Inhalt und Umfang des Begriffs „Arenberg" haben sich im Laufe der Zeit verändert. Nach Mordziol handelte es sich zunächst um eine Lokalfazies des „Vallendar". Später vertraten Mordziol und Klüpfel die Auffassung, dass beide Einheiten unterschiedlich alt seien. Michels schlug vor, Vallendar durch Arenberg zu ersetzen, weil der Name Vallendar bereits für eine Einheit im Unterdevon in Gebrauch sei. Diesem Vorschlag wurde jedoch nur in Hessen (Bl. 5514 Hadamar, 5714 Kettenbach und 5715 Idstein), nicht aber in Rheinland-Pfalz, gefolgt. Inzwischen werden die fluviatilen Tertiärsedimente aus der Südeifel und dem Neuwieder Becken, für die ein Eozän-Alter paläobotanisch nachgewiesen werden konnte (Engelhardt 1905, Schäfer, P. 2005), als Vallendar bezeichnet, während für die fluviatilen Tertiärsedimente aus Westerwald und Taunus, die eine mittel- bis oberoligozäne Altersstellung besitzen, sich die Bezeichnung Arenberg eingebürgert hat. Der Name Arenberg in der Zusammensetzung mit Formation wird erstmals in der GÜK 200, Bl. CC 6310 Frankfurt a. M.-West (Franke & Anderle 2001) gebraucht und zwar für den Taunus, was aber in der Legende nicht sichtbar wird. Es ist zu beachten, dass bei den Neuauflagen der sonst inhaltlich unveränderten geologischen Blätter 5417 Wetzlar, 5517 Cleeberg und 5617 Usingen, die zwischen 1976 und 1979 vom Hessischen Landesamt für Bodenforschung herausgegeben wurden, auf den Karten und in den Erläuterungen die alten Begriffe durch „Arenberger Schichten" ersetzt worden sind.

Die Arenberg-Formation besteht aus fluviatilen Sanden und Kiesen mit marinem Einfluss. Diese enthalten schluffige und tonige (z. T. auch humose) Einlagerungen. Sie wurden im höheren Unteroligozän und im Oberoligozän abgelagert. In Übereinstimmung mit Ahlburg (1916: 307), Pflug (1959: 45), Zöller (1983) und Sonne (1982) muss die Arenberg-Formation in das höchste Unteroligozän bis tiefe Oberoligozän eingeordnet werden. Dies wird durch die Sporomorphen von Hohlenfels und Miehlen bestätigt (Hottenrott 1993, 2007). Die Foraminiferen gestatten streng genommen nur eine Einstufung ins Oligozän. Sie belegen aber den marinen Einfluss, der mit dem Meeresspiegel-Höchststand der Rupel-Transgression in Verbindung gebracht werden muss. *Nonion nonionoides* tritt im Mainzer Becken besonders im Cyrenenmergel auf. Man kann deshalb das Alter vielleicht auf oberes Rupelium bis unteres Chattium eingrenzen (P. Schäfer 1993). Vermutlich ist das oligozäne Meer im Bereich tektonischer Senken und von Tälern in das nur wenig über den Meeresspiegel aufragende Rheinische Massiv eingedrungen (Zöller 1983, Anderle 1987) und hat hier im Küstenbereich die Flussschotter aufgearbeitet. Dies würde auch erklären, dass die Kiese keine gerichtete Korngrößenabnahme, wie in einem Flussregime zu erwarten, zeigen. Andererseits sind Bereiche mit typisch fluviatilen Ablagerungsformen nicht marin überprägt worden. Eine Gesamtuntersuchung mit Faziesanalyse steht noch aus. Sie dürfte aber durch die reliktische Erhaltung der Formation in ihren Aussagen begrenzt sein. Die Mächtigkeiten sind sehr variabel, da es sich bei den Vorkommen um Erosionsreste handelt. Sie betragen in der Regel bis 50 m, gelegentlich auch mehr. Im Westtaunus überschreiten sie auch einmal 90 m. Die Hohlenfels-Tiefscholle trägt rund 250 m. Heute sind Reste der Arenberg-Formation vorzugsweise in der Nordhälfte des Taunus verbreitet, von wo sie in Tiefschollen weiter nach S reichen. Profile sind immer nur zeitweilig – im Zuge des Kiesabbaus oder durch Bohrungen – aufgeschlossen. Abbau findet z.Zt. statt in der Grube Werschau der Kieswerk Werschau GmbH in Brechen. Im Naturschutzgebiet „Die Reusch von Werschau" ist die Wand einer ehemaligen Kiesgrube in Teilen erhalten (Bl. 5614 Limburg an der Lahn, R 343920, H 558045). Beschrieben sind u. a. die Profile der Mülldeponie Singhofen (Bl. 5712 Dachsenhausen; Requadt & Buhr 1989) und der Kiesgrube Wasenbach (Bl. 5613 Schaumburg; Sonne 1982, Requadt 1990). Abbaustellen werden auch vom Karlskopf E der Schaumburg und S der Straße von Wasenbach nach Cramberg genannt (Bl. 5613 Schaumburg; Requadt 1990). Aktuelle Beschreibungen der Kiesgruben von Bärbach und Wasenbach (Bl. 5613 Schaumburg) liegen auch von Felix-Henningsen & Eberhardt (2005) vor. Im Kalksteinbruch von Hahnstätten (Bl. 5614 Limburg an der Lahn) wird die Kegelkarstoberfläche des devonischen Massenkalkes von 25–30 m mächtigen Ablagerungen der Arenberg-Formation überlagert. Es handelt sich hier um weiß-gelb-rot gefärbte Schluffe mit ca. 1 m mächtigen Einlagerungen von Quarzkiesen (Anderle et al. 2003b, Anderle 2007a). Von besonderer Bedeutung ist das Profil der Bohrung Hohlenfels 2 mit ihrer großen Arenberg-Mächtigkeit und einem palynologischen Befund vom Top der weißen Kies-/Sandserie (vgl. Hottenrott 2007).

3.4.1.3 Pliozän

Auf den geologischen Karten des Taunus ist häufig Pliozän angegeben, besonders in den S und E Randgebieten (vgl. Franke & Anderle 2001). Dabei handelt es sich in der Regel um fossilfreie Quarzkiese. Ihre Einstufung erfolgte nach ihrer Höhenlage (Müller 1973) oder auch nach ihrer Lagerung über fossilführenden miozänen Mergeln. Kinkelin (1913) z. B. betrachtete Quarzkiese am Rand des Mainzer Beckens als Küstenbildungen seines „Pliozänsees". Biostratigraphische Einstufungen sind die Ausnahme. So gibt es zwei pliozäne palynologische Datierungen an limnischen Sedimenten aus Bohrungen im Limburger Becken (Hottenrott & Stengel-Rutkowski 1990, Freiling & Hottenrott 1995). Andere Sedimente am Taunussüdrand, denen pliozänes Alter zugeschrieben worden war, haben sich als Bildungen älteren Tertiärs erwiesen (z. B. Hottenrott 2004; vgl. hierzu auch Semmel 1999: 130). Vermutlich sind viele der auf den geologischen Karten verzeichneten Pliozän-Vorkommen in das ältere Tertiär (zumeist wohl die Arenberg-Formation) zu stellen.

3.4.2 Tertiär-Vulkanite

Die tertiären Vulkanite im Taunus sind ausschließlich basaltischer Natur. Es handelt sich um Gänge und Vulkanschlote. Sie zeigen Bereiche tiefreichender bruchtektonischer Auflockerung zur Zeit des Vulkanismus an. Im Taunus reihen sich die Vorkommen selten an Bruchlinien auf, wie am E-Rand des Wiesbaden-Diezer Grabens und an der E-W-Verwerfung NE Weilburg bei Braunfels. Konzentrationen von Basalten finden sich am Südrand des mittleren Taunus zwischen Bad Soden und Wiesbaden sowie im südlichen W-Taunus. Im S handelt es sich meist um kleine Gänge, im südlichen Westtaunus und im nördlichen Taunus teilweise um größere Durchbrüche. Eine lokale Besonderheit stellt die Häufung von über 20 Basaltgängen im Bereich zwischen Wiesbaden-Sonnenberg und -Naurod dar. Diese oft autohydrothermal montmorillonitisch zersetzten Gänge dürften mit den eozänen Vulkanschloten vom Erbsenacker bei Wiesbaden-Naurod genetisch verbunden sein (Anderle et al. 1984).

Die Basaltvorkommen des Taunus sind sehr ungleichmäßig verteilt. Sie ordnen sich zum einen in einem breiten Streifen im S an, der Vordertaunus,

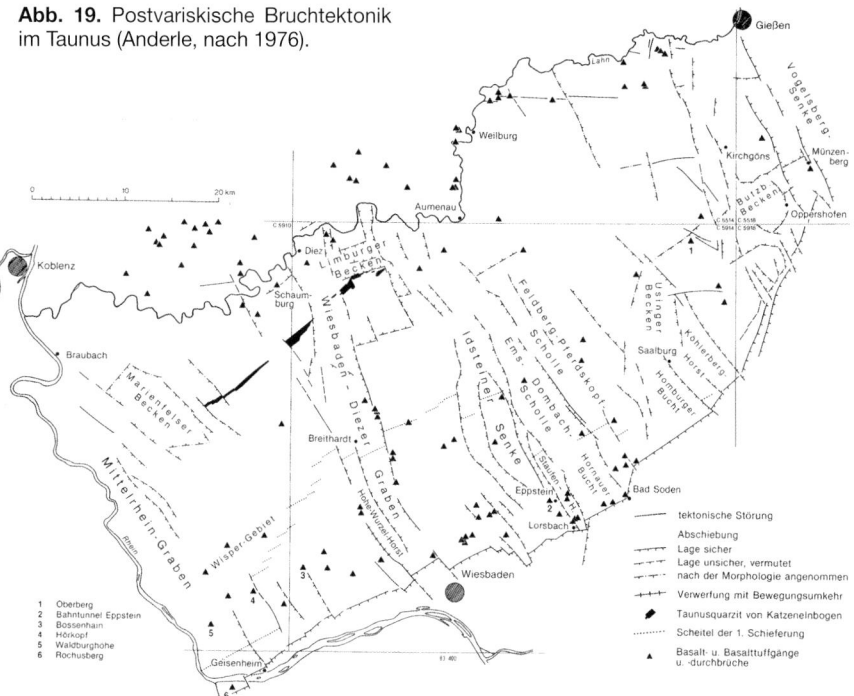

Abb. 19. Postvariskische Bruchtektonik im Taunus (Anderle, nach 1976).

Taunuskamm und den Südrand des Hintertaunus umfasst, zum anderen reihen sie sich im N entlang der Lahn auf. Diese beiden Gruppen haben auch unterschiedliche Alter. Rd. 100 Lagepunkte solcher Vulkanitvorkommen sind in der Übersichtskarte der postvariskischen Bruchtektonik (Abb. 19) dargestellt. Im S Taunus wurden bisher an 8 Basalten K-Ar-Gesamtgesteinsalter bestimmt. Diese ergaben in zwei Fällen Oberkreide-Alter (Oberberg, Bl. Usingen, 68 Ma; Bahn-Tunnel Eppstein, Bl. Königstein, 76 Ma) und in 5 Fällen Eozän-Alter (Erbsenacker bei Naurod, Bl. Wehen, 57 Ma; Bossenhain, Bl. Eltville, 52 Ma; Rochusberg, Bl. Bingen, 51 Ma; Strinz-Margarethä, Bl. Kettenbach, 44 Ma sowie Hörkopf und Waldburghöhe, Bl. Presberg, je 41 Ma) (Horn et al. 1972, Lippolt et al. 1975. Der Wert von Bl. Kettenbach wurde dem Autor von Frau Dr. Rittman/Fuhrmann brieflich mitgeteilt). Diese Alter lassen sich mit dem Beginn der Bildung des Oberrheingrabens in Verbindung bringen. Die Vorkommen werden zur Oberrhein-Vulkanit-Gruppe zusammengefasst.

Von den 13 untersuchten Basalten des Bl. Schaumburg an der unteren Lahn gehören 3 zum nördlichen Westtaunus. Sie ergaben folgende Alter: Gutenacker

23,2 Ma; Burgkopf bei Biebrich 25,3 Ma und Schaumburg 5,8 Ma (Lippolt 1980, Fuhrmann & Lippolt 1990 in Erl. Bl. 5613 Schaumburg. Dort in Abb. 33, S. 86 etwas abweichende Alterswerte). Drei von Turk et al. (1984) untersuchte Basalte aus dem nördlichen Osttaunus haben folgende Alter: Schlossberg Braunfels 22,1 Ma, Kalsmunt bei Wetzlar 20,9 Ma und Stoppelberg bei Wetzlar 9,3 Ma. Die Basalte des N Taunus gehören also in den Grenzbereich Oligozän/Miozän, das tiefere Miozän und das höchste Miozän. Pliozänes Alter mit 3,5 Ma besitzt der basaltische Tuff von Bermbach auf Bl. Idstein (Fuhrmann in Anderle 1991). Diese Vorkommen können zur Westerwald-Vulkanit-Gruppe zusammengefasst werden.

Künstliche Aufschlüsse bieten immer wieder die Möglichkeit, Basaltvorkommen neu zu entdecken. So war in einer Baugrube in der Kapellenstraße in Wiesbaden kurzzeitig ein Basaltgang aufgeschlossen (Anderle & Radtke 2003) und beim Bau der Schnellbahnstrecke Köln – Rhein/Main wurden in dem Einschnitt S des Hellenberg-Tunnels NE Wiesbaden-Naurod zwei Basaltgänge sichtbar. Auch die Revisionskartierung von Bl. 5714 Kettenbach erbrachte mehrere bisher unbekannte Basaltvorkommen (Anderle 1997).

3.4.3 Bruchschollen

Tektonisch war der Taunus in postvariskischer Zeit durch ein großräumiges System von Bruchschollen geprägt. Dabei lässt sich eine alte von einer jüngeren Schollentektonik unterscheiden. Die Hebungs-/Senkungsunterschiede einer alten Schollentektonik sind heute im Relief bereits wieder ausgeglichen. Erkennen lassen sich diese Schollen heute nur noch am Verlauf der Scheitellinie des Scheitels der 1. Schieferung. Sie verläuft am Mittelrhein und E der Idsteiner Senke im Taunuskamm oder S davon, im Zwischengebiet weit im Hintertaunus. Der W Taunus zwischen Ostrand der Idsteiner Senke und Mittelrhein war dabei *en bloc* herausgehoben worden (Anderle 1984). Im Relief noch sichtbar sind die Bruchschollen einer jüngeren Schollentektonik, deren Entstehung bedingt ist durch die starke bruchtektonische Zerlegung des Taunus in der Nähe zum nördlichen Oberrheingraben, dessen N Randstrukturen sie darstellen (vgl. Cloos 1939, Kubella 1951; Stengel-Rutkowski 1970; Anderle 1974, 1984, 1991). Diese jüngere postoligozäne Bruchtektonik erreicht Vertikalversätze bis 200 m, wie sich an der heutigen Höhenlage der Basis der oberoligozänen Arenberg-Formation ablesen lässt. Ihre markantesten Tiefschollen sind die Idsteiner Senke, das Limburger Becken, das Marienfelser Becken und der Wiesbaden-Diezer Graben. Als Hochscholle fällt besonders die Feldberg-Pferdskopf-Scholle ins Auge. Aber auch der Kemeler Rücken und der Hohe-Wurzel-Horst sind auffällige morphologische Elemente. Der

Südtaunus lässt sich quer zum Streichen in 16 Bruchschollen gliedern, die sich z. T. auch bis in das Taunusvorland und den Hintertaunus erstrecken.

Die jungen Bruchstrukturen haben sich bevorzugt an variskischen Q-Klüften und -Störungen orientiert, teilweise folgen sie aber auch D-Klüften und -Störungen.

Die geologische Karte auf dem Beiblatt zeigt die vielen NNW–SSE verlaufenden Störungen, die auch den Verlauf der Täler und Gewässer, besonders auffällig aber den der Flüsse vorgezeichnet hatten; vgl. auch Abbildung 2.

Daneben sind auch E–W und N–S verlaufende Kluft-, Bruch- und Störungszonen von Bedeutung. In diesem Bruchmuster sind junge WSW–ENE-Brüche unterrepräsentiert, da sie wegen der variskischen Längsgliederung schlecht zu erkennen sind. (z. B. Ahlburg 1918: 71f., Stengel-Rutkowski 1976: 208 u. Abb. 9). Brüche in der rheinischen bis N–S-Richtung sind besonders wasserwegsam. In einem den Taunus querenden Streifen zwischen Wiesbaden im S und Eibelshausen im N konzentrieren sich Salzwasser-Aufstiegszonen (Stengel-Rutkowski 1967: Abb. 5, 1970: 134). Brüche in E–W-Richtung sind die bevorzugten CO_2-Aufstiegsspalten im W-Taunus (Stengel-Rutkowski 1987: 333). Aus Harnischlinearen lässt sich für die E–W-Brüche rechtshändige, für die N–S-Brüche linkshändige Seitenverschiebung ableiten (Anderle 1987b: 110 u. Abb. 6), eine Beobachtung, die nicht nur für den Taunus, sondern für die gesamte Umgebung des Oberrheingrabens gilt. Diese konjugierten Scherbewegungen sind wenigstens zum Teil spätmesozoisch bis känozoisch, da sie im Deckgebirge bis hinauf zum Muschelkalk beobachtet wurden. Sie können den Einengungen im Alpenvorland im Sinne von Ziegler (1987) zugeordnet werden. Im Massenkalk von Hahnstätten konnte für die dextrale Bewegung an einer E–W-Störung vor-mittelpaleozänes Alter ermittelt werden (Anderle et al. 2003b).

Der gesamte Südtaunus ist gegenüber dem S Vorland an WSW–ENE-streichenden Störungen herausgehoben und durch Querstörungen in Schollen gegliedert. Die Schichten des Mainzer Beckens sind in Staffelbrüchen gegenüber dem devonischen Grundgebirge des Taunus abgesunken (Michels 1927: 45), wie Bohrungen am Taunusrand zeigen. Als Taunus-Südrandstörung wird jeweils die Störung bezeichnet, an der an der Geländeoberfläche Tertiär gegen Taunusgesteine grenzt. Der eigentliche Südrand des Taunus, die Grenze des Rhenohercynikums zur Mitteldeutschen Kristallinzone, ist weiter im S im Untergrund unter dem Rotliegend der Saar-Nahe-Senke zu suchen. Eine abgedeckte tektonische Karte des Taunus-Südrandes lässt eine Gliederung durch Q-Störungen in 16 Bruchschollen erkennen (Anderle 1976: 281). Die Idsteiner Senke im Sinne von Kubella (1951) trennt als morphologische Querdepression übereinkunftsgemäß den E-Taunus vom W-Taunus. Die begleitenden Bruchschollen steigen zunächst – stark vereinfacht – von der Idsteiner Senke aus nach beiden Seiten staffelförmig an. E der Idsteiner Senke ist der Taunus deutlicher durch die jüngere Bruchtektonik gegliedert als westlich davon.

Die Idsteiner Senke ist, verglichen mit den Bruchschollen des West- und Osttaunus, weitaus uneinheitlicher gebaut. Sie umfasst Hoch- und Tiefschollen sowie unterschiedlich verkippte Teilbereiche. Dies kann als Folge stärkerer bruchtektonischer Auflockerung gesehen werden. Sichtbar wird dies auch in den erhöhten Förderleistungen von Brunnenbohrungen innerhalb der Senke (vgl. Beiblatt Idstein). Eine sinistral seitenverschiebende Beanspruchung, wie sie durch die Diagonalstörungen bei Wallrabenstein und E Idstein angezeigt wird, kann für diese stärkere Auflockerung mitverantwortlich sein. Die Idsteiner Senke ist ein sich nach S erweiterndes Bruchschollenfeld, dessen Natur als „Grabenversenkung mit Staffelbrüchen" schon von Becker (1897: 235) erkannt wurde. Kubella (1951: Taf. 1 u. 2) beschrieb die Idsteiner Senke als sich nach S in zwei Teilgräben gabelnde tektonische Senke mit einem breiten, nach N keilförmig auslaufenden Mittelhorst. Als Ergebnis der geologischen Neuaufnahme von Bl. 5715 Idstein (Anderle 1991) stellte sich jedoch heraus, dass die von Kubella (1951) angegebenen Randstörungen des Mittelhorstes quer über nachgewiesene geologische Grenzen hinweg laufen, weswegen die Vorstellung eines Mittelhorstes aufgegeben werden muss. Der Grabenboden steigt vielmehr – geteilt in mehrere Streifen – rampenartig von NNW nach SSE an. Mächtigere Tertiär- und Quartärablagerungen trägt er nur auf der Würgeser Tiefscholle.

Der W-Taunus wird zwischen Wiesbaden und Diez von einer Grabenzone durchzogen, welche auffällig parallel der Idsteiner Senke verläuft und sich N der Lahn im Elzer Graben (Stengel-Rutkowski 1976) nach N zum Westerwald hin fortsetzt. Dieser Wiesbaden-Diezer Graben schließt als sein Mittelstück die Senke von Breithardt ein, im N mündet er in den W-Teil des Limburger Beckens. Er besteht aus zwei Teilstücken. In Wiesbaden reicht der Graben bis in das Taunusvorland hinein. Während seine E Randstörung im bebauten Stadtgebiet nur vermutet werden kann, ist die W-Randstörung durch die abrupte Änderung der Ausstrichbreite der Metavulkanite am W-Rand von Wiesbaden sehr deutlich, verliert sich jedoch N des Taunuskamms. Bei Wiesbaden ist die W-Hälfte des Grabens im Hohe Wurzel-Horst jung herausgehoben worden, so dass hier an seiner W-Randstörung Bewegungsumkehr stattgefunden hat. Die E Randstörung versetzt die Einheiten des Taunuskamms und ist im Hintertaunus an Hand von Quarzgängen und Basaltvorkommen gut erkennbar. Sie endet im N bei Daisbach, wo eine Diagonalstörung den südlichen Grabenteil begrenzt. N dieser Störung ist die W Randstörung des Grabens besonders markant. Auffallend ist an ihr der rechtshändige scheinbare Versatz der streichenden Gesteinseinheiten von rund 1000 m. Die Arenberg-Formation ist zwischen der Grabenschulter an der Rintstraße und dem Limburger Becken um 200 m vertikal versetzt und noch an der Lahn sind die Lahnterrassen zum Limburger Becken hin abgeschoben.

W dieser Grabenzone sind die jungen Bruchstrukturen, wo Tertiärsedimente fehlen und wegen der von der unteren Lahn und der Wisper ausgehenden Zerschneidung der alten Flächensysteme nur lückenhaft zu erkennen. Es zeigt sich eine Schollentreppe mit NW-SE verlaufenden Verwerfungen, die als Ostteil des Mittelrhein-Grabens aufgefasst werden kann. Ihre Hauptverwerfungen sind im S leicht mit dem Uhrzeiger gedreht, streichen also hier NNW-SSE. Diese Schollentreppe ist im N das Marienfelser Becken (Holzapfel 1893: 13; Miehlener Becken bei Hüser 1972: 8 u. 157, Weidenfeller & Requadt 1993) eingeschaltet. Es ist eine rings von morphologischen Hochgebieten umgebene, tektonisch begrenzte Tiefscholle, auf der an mehreren Stellen Tertiärsedimente in gegenüber der Umgebung abgesenkter Lage erhalten sind. Es wird im NE durch eine Störung (den Marienfelser Sprung) begrenzt, die sich nach SE fortsetzt und für die Weidenfeller & Requadt (1993) eine Sprunghöhe von 74 bis 90 m abschätzen. Innerhalb des Beckens – SW dieser Störung – fehlen die Porphyroide der Roth-Formation scheinbar, da sie in der im Becken noch erhaltenen Verwitterungsdecke zersetzt sind und nicht als Lesesteine in Erscheinung treten.

Der Lierschieder Sprung (Holzapfel 1893: 120f. u. geol. Kt., Fuchs 1915) ist Teil des postvariskischen Verwerfungssystems. Er dürfte sich S des Wispergebietes in der Verwerfung fortsetzen, welche das Kaolinvorkommen von Geisenheim im W begrenzt. Hier im Rheingau wird die Vorstellung der nach SW absinkenden Schollentreppe gestützt durch die Art der Verbreitung der von S auf den Taunus übergreifenden Tertiärsedimente, welche je weiter im W, desto weiter im N vorkommen (Anderle 1974: Abb. 1), ein Bild, wie es sich nach der durch die pleistozäne Hebung des Taunus bedingten Abtragung ergibt.

Der heutige Ostrand der Idsteiner Senke folgt einer tiefreichenden alten Q-Störungszone, welche die Schollengrenze zwischen dem Ost- und dem Westtaunus bildet. Sie wird erst im größeren Zusammenhang der Abbildung 19 deutlich. Im Gegensatz zur jungen Bruchtektonik mit der von der Idsteiner Senke zur Feldberg–Pferdskopf-Scholle ansteigenden Schollentreppe ist die Großscholle des Osttaunus gegenüber dem Westtaunus alt abgesenkt. Dies kommt im Fehlen des Hunsrückschiefers und der weiten Verbreitung der Singhofen-Formation im Osttaunus sowie dem markanten Versatz des s_1-Scheitels an der Schollengrenze zum Ausdruck. Diese Bruchzone hat sicherlich am Ende der variskischen Gebirgsbildung bereits bestanden und ist vermutlich noch älter.

Die Ems-Dombach-Scholle bildet die E Grabenschulter der Idsteiner Senke und ist bereits Teil des Osttaunus. Sie ist so hoch herausgehoben, dass auf ihr Reste von Tertiärablagerungen nicht mehr auftreten, sei es, dass sie bereits abgetragen sind, sei es, dass sie hier nie abgelagert wurden. Kluftdiagramme zeigen hier ausnahmsweise nach ENE gekippte Trennflächengefüge und p-Kreise. Auch die d-Achsen haben überwiegend ENE-Fallen, Diese Scholle wird im S durch den sich im W einschiebenden schmalen, aber morphologisch deutlich in Erscheinung tretenden Staufen-Horst (Anderle 1984: 203 u. Abb. 1) zum Graben. Dessen S-Abschnitt hinter der Taunusquarzit-Höhe wird seit (Wenz 1914) Panzer (1923: 6) als Hornauer Bucht bezeichnet. Im NE folgt der morphologisch besonders markante Horst der Feldberg-Pferdskopf-Scholle (Maull 1919: 76, Panzer 1923: 4), dessen SW-Bruchrand durch mehrere Pseudomorphosenquarz-Gänge markiert ist. Nach Panzer (1923: 37) ist die Gipfelfläche dieser Scholle 220 m über die Verebnungen der Umgebung herausgehoben. Die aus dem Vorland in den Taunus eingreifende Homburger Bucht (Wenz 1914, Panzer 1923: 6) und das N davon gelegene Usinger Becken (Geisel 1937, Bibus 1971) können als bruchtektonische Einheit aufgefasst werden; sie stehen über den Saalburgpass im Quarzrücken hinweg miteinander in Verbindung. Der sich E anschließende Köhlerberg-Horst (Anderle 1984: 203 u. Abb. 1) ist der strukturell höchste Teil einer Schollentreppe, die nach E den Übergang zur Vogelsberg-Senke vermittelt. Diese Schollentreppe, die am S-Rand des Taunus durch kleinere Horste und Gräben gegliedert wird (Anderle & Eckert 1976: Taf. 2), ist nach N bis an die Lahn zu erkennen. Sie wird durch NNW-SSE- und senkrecht dazu verlaufende Verwerfungen gegliedert. Die einzelnen Bruchschollen lassen sich nach dem wechselnden Anteil an Gesteinen des Schiefergebirges, des sedimentären Tertiärs und der ihm auflagernden Basaltdecken an der Oberflächenverbreitung der Gesteine abgrenzen. Die östlichsten Vorkommen von devonischen Gesteinen finden sich in den Horsten von Oppershofen und Münzenberg in der Wetterau. Die Basaltdecken des Vogelsberges reichen in Erosionsresten bis Kirchgöns und Butzbach nach W, d. h., sie haben ursprünglich einen erheblichen Teil des E Taunusrandes überdeckt. Das Butzbacher Becken nimmt innerhalb dieses Schollenmosaiks als allseitig von tektonischen Hochschollen umgebene Tiefscholle eine Sonderstellung ein. Für große Teile des nördlichen E-Taunus ist eine bruchtektonische Gliederung bis jetzt noch nicht möglich. Dies liegt z. T. am Fehlen von Tertiärsedimenten, z. T. an der jungen, von der Weil und der Lahn ausgehenden Zerschneidung der älteren Flächen.

Am Rand des Taunus zur Wetterau werden die Q-Störungen durch NNE-SSW-streichende Abschiebungen so versetzt, dass im Kartenbild ein Schnitteffekt entsteht, welcher Gräben sich nach SE hin erweitern und Horste sich nach SE hin verschmälern lässt (Anderle & Eckert 1976: Taf. 2).

Bei der geologischen Kartierung des E-Taunus sind mehrfach Verwerfungen in E-W-Richtung nachgewiesen worden (auf den Blättern Braunfels, Wetzlar, Cleeberg, Butzbach, Usingen und Friedberg). Solche Verwerfungen sind, außer in der Idsteiner Senke (auf Blatt Idstein) und dem Wiesbaden-Diezer Graben (auf Blatt Limburg und Blatt Kettenbach), im übrigen Taunus bisher nur aus Aufschlüssen unter Tage bekannt (Krümmer 1912: 313, Engels 1959: 272f. u. 1987, Schulze 1959).

Die jungen Bruchstrukturen entstanden als Folge der (ab dem oberen Jura einsetzenden) Wölbung des Rheinischen Schildes im Tertiär zusammen mit dem Oberrheingraben als dessen nördliche Randstrukturen. Etwa gegen Ende Kreide/Anfang Tertiär setzte in W-Europa eine Dehnung der Erdkruste ein, welche u. a. zur Entstehung des Oberrheingrabens führte (vgl. Illies 1965). Seine N Randstrukturen greifen in den Taunus ein und queren ihn teilweise bis zur Lahn. Für die zugehörigen Bruchvorgänge lässt sich an Hand tertiärer Sedimente, die gegen die älteren Gesteine des Taunus verworfen sind, post Oberoligozän als Höchstalter angeben.

3.5 Hydrothermale Mineralisationen

(Thomas Kirnbauer)

In den letzten 400 Ma kam es im Taunus mehrfach zu hydrothermaler Mineralisation. Bezogen auf das Alter der hydrothermalen Aktivität werden prävariskische, variskische, spätvariskische, postvariskische und quartäre bis rezente hydrothermale Mineralisationen unterschieden (Kirnbauer et al. 1998). Sie unterscheiden sich durch Gefügemerkmale, Mineralinhalt, (isotopen-)geochemische Zusammensetzung und Größe.

3.5.1 Prävariskische (präorogene) Mineralisationen

In der Hahnstättener Mulde in der südwestlichen Lahnmulde, treten in der Umgebung von Lohrheim auf einer streichenden Länge von über 5 km tektonisch stark beanspruchte Sulfid- und Barytlinsen auf. Diese sind durch Bergbau im 19. und 20. Jh. sowie mehrere Dutzend Lagerstättenbohrungen und eine geochemische Prospektion in den 1970er Jahren bekannt (Stifft 1831, Ahlfeld 1924, Isert 1968, van den Boom 1986, Werner 1988, Emmermann et al. 1993). Eine zusammenfassende Darstellung findet sich in Kirnbauer & Schneider (1998). Die Mineralisation tritt in einem 35–45° nach SE einfallenden Tonschieferpaket auf, das mit diskordanter Grenze effusive Metarhyolithe und deren Abtragungsschutt zum Liegenden und verkarsteten Massenkalk zum Hangenden hat (Flick 1977). Die bituminösen, mit Pyrit imprägnierten Tonschiefer in der Fazies der Wissenbacher Schiefer besitzen – wie die Metarhyolithe – vermutlich Eifel-Alter; durch die mesozoisch-tertiäre Verwitterung bedingt, sind sie tiefgründig zersetzt. Die Gesamtvorräte werden auf 0,5–1,5 Mio. t Pyrit und Baryt geschätzt. Sulfide und Baryt treten in massigen Körpern, als Imprägnationen, in Schnüren sowie in Wechsellagerung mit Tonschiefern auf. Die Mächtigkeiten der Sulfidlinsen liegen bei durchschnittlich 0,5–4 m; einzelne Lagerzonen erreichen Mächtigkeiten von über 40 m (Schneider in Kayser 1886, Ahlfeld 1924, Isert 1968). Beschrieben werden Pyrit, Markasit, Melnikovit-Pyrit und Quarz sowie untergeordnet Galenit und Sphalerit. Baryt kann in einzelnen Knollen und in mehreren dm-mächtigen Linsen den Sulfiderzen eingelagert sein, tritt aber meist isoliert oder im Hangenden der Sulfidlager auf. Eine Barytlinse besaß 18 m Länge und 3–6 m Breite (Ahlfeld 1924). Baryt ist meist grobkristallin ausgebildet und weist Rekristallisationserscheinungen auf (Ahlfeld 1924, Krimmel & Emmermann 1980, Kirnbauer & Schneider 1998). Die Sulfid-Baryt-Mineralisationen von Lohrheim sind an eine SW–NE-streichende, synsedimentäre Störungszone gebunden, an der an der Wende Unterdevon/ Mitteldevon SiO_2-reiche Schmelzen eine über 10 km lange Kette von Vulkaninseln aufbauten (Flick 1977). In einem Becken 3. Ordnung wurde das submarine Relief mit schwarzen Tonsedimenten der Wissenbacher Fazies und hydrothermalen Bildungen aufgefüllt (Emmermann et al. 1993). Werner (1988) deutet die Mineralisation als Übergangstyp zwischen submarin-hydrothermalen Mineralisationen vom Typ Meggen und Massivsulfid-Lagerstätten vom Typ Rio Tinto. Schwefelisotopendaten legen nahe, dass die Bildung des Lohrheimer Barytschwefels durch biologische Sulfatreduktion erfolgte (Krimmel & Emmermann 1980). Massenbilanzen und Elementverteilungen belegen, dass Metalle und Barium auf die kompaktive Entwässerung unter- und mitteldevonischer Beckensedimente zurückgehen (W. Werner 1988, 1989a, 1989b, 1990).

Im äußersten NW des Taunus treten in unterdevonischen Gesteinen variskisch deformierte Pb-Zn-Cu-Erzgänge auf. Der Bergbau geht an einigen Stellen bis in keltische und römische Zeit zurück. Einige dieser Gänge besaßen z. T. mehrere Jahrhunderte lang eine enorme wirtschaftliche Bedeutung; der Abbau endete in den 1960er Jahren (Slotta 1983, Sarholz 1995). Die größte Bedeutung hatten die Gruben zwischen Braubach und Bad Ems (Gruben „Königsstiel", „Rosenberg", „Friedrichssegen" und „Bergmannstrost") sowie bei Wellmich und Ehrenthal (Grube „Gute Hoffnung"); bis zur Einstellung des Bergbaus 1963 bzw. 1961 wurden dort ca. 3,5 bzw. 1,65 Mio. t Roherz gefördert (Herbst & Müller 1964, Slotta 1983). Weniger bedeutende Gruben lagen bei Dausenau, Nassau und Scheuern, im Raum Singhofen und bei Dahlheim (Grube „Morgenröthe"). Die Gänge zwischen Braubach und Bad Ems gehören in tektonischer Hinsicht zur Mosel-Mulde bzw. Bopparder Doppelmulde. Alle anderen Gänge liegen in den meist nicht benannten Schuppen zwischen der Boppard-Dausenauer Überschiebungszone im NW und der Biebricher Aufschiebung bzw. der Aufschiebung, die die Maisborn-Gründelbach-Mulde im SE begrenzt.

Die Gänge zwischen Braubach und Bad Ems gehören zum ca. 15 km langen Emser Gangzug, einer schmalen, NE–SW streichenden Zone, in der ca. 35 Gänge und Gangmittel auf beiden Flanken eines Emsquarzit-Sattels („Erzsattel") auftreten. Auf den Taunus entfallen dabei ca. 25 Gänge auf 8 km Länge – der bergwirtschaftlich bedeutendere Teil lag N der Lahn im Westerwald. Die Gruben waren bis zu einer Teufe von über 1000 m aufgeschlossen. Die einzelnen Gänge streichen überwiegend N–S, daneben treten haken- bzw. bogenförmige und NE–SW streichende Gänge auf (Bornhardt 1912, Ehrendreich 1959, Herbst & Müller 1964). Die Gänge besitzen Längen von mehreren Hundert Metern und werden von dextralen NE–SW-streichenden Schrägaufschiebungen („Bestege") getrennt (Krümmer 1912, Bornhardt 1912, Herbst & Müller 1964). Die älteste Gangfüllung ist Siderit, der von Quarz, Fe-reicher Zinkblende, Kupferkies, Bleiglanz und Pyrit verdrängt wird (Ehrendreich 1959, Herbst & Müller 1964). Der Ag-reiche Bleiglanz (> 500 g/t Ag, Bornhardt 1912, Einecke 1932, Hertel 1966) ist prinzipiell feinkörnig, was auf metamorphe Kornformregelung, Subkornbildung und Rekristallisation zurückgeht (Schachner-Korn 1948, Jansen et al. 1998). Bekannt wurde die Vererzung auch durch eine mehrere Hundert m tiefe Oxidationszone, die neben vielen anderen Mineralen vor allem prächtige Pyromorphit-Kristalle geliefert hat, darunter die sog. Emser Tönnchen. Die Gänge des Emser Gangzuges weisen viele Gemeinsamkeiten mit den Sideritgängen des Siegerlandes auf („Siegerland-Emser Gangtypus", Bornhardt 1912, ausführlich bei Kirnbauer & Hucko 2011). So entspricht das Fe/Mn-Verhältnis des Siderits der Gänge zwischen Braubach und Bad Ems mit Werten von 5–7 den Werten der Siegerländer Sideritgänge von durchschnittlich 4,9 (Hannak 1965, Fenchel et al. 1985).

Die Gänge im Hangenden der Boppard-Dausenauer Überschiebungszone folgen generell den Schieferungsflächen (s_1), weshalb sie seit Buschendorf (1952) als Schieferungsgänge bezeichnet werden. Bornhardt (1912) hatte den charakteristischen Vererzungstyp „Holzappel-Werlauer Gangtypus" benannt. Neben reinen Quarzgängen treten auch vererzte Gänge auf; alle zeichnen sich durch rasche Mächtigkeitswechsel aus (Lehmann 1957). Charakteristisch sind dicht bis feinkristallin ausgebildete Erze und Gangarten, in denen primäre Drusenräume nahezu fehlen und ein meist striemiges Gesamtgefüge der Erze (Sperling 1957). Die Paragenese der Schieferungsgänge unterscheidet sich nicht wesentlich von derjenigen des Emser Gangzuges und umfasst neben Quarz, Siderit (und Ankerit) Fe-reiche Zinkblende, Kupferkies, Bleiglanz und Pyrit sowie in geringeren Mengen Fahlerz (Ag-führender Tetraedrit und Freibergit), Bournonit und Pyrrhotin (Herbst & Müller 1966, Krahn 1988). Für den Ag-Gehalt des Galenits werden Werte zwischen 200 und 500 g/t angegeben (Slotta 1983, Krahn 1988). Die Siderite und Calcite der Gänge haben Fe/Mn-Verhältnisse von 0,25 bis 1,5 (Hannak 1965, Fenchel et al. 1985) und unterscheiden sich damit deutlich von den Gängen N der Boppard-Dausenauer Überschiebungszone.

Untersuchungen an Flüssigkeitseinschlüssen, Chloritthermometrie, experimentelle Daten und die Fraktionierung der Selten-Erd-Elemente legen für die ältesten Anteile der Gänge (Siderit, Quarz) Bildungstemperaturen von 220–320 °C und Bildungsdrücke von 0,7–1,4 kbar nahe (Erlinghagen 1989), was in etwa der Maximaltemperatur während der Metamorphose entspricht. Hauptionen der geringsalinaren Fluide (< 5 Gew.-% NaCl-Äquiv.) waren Na und Cl. In Übereinstimmung mit früheren Bearbeitern (z. B. Fenchel et al. 1985) sah Hein (1993) die Gänge als metamorphogen an. Dieser Ansicht widersprechen jedoch mehrere Beobachtungen. So weisen die Gänge im Emser Gangzug mehrfach faltungsbedingtes, umlaufendes Streichen auf (z. B. Bornhardt 1910). In der Grube „Gute Hoffnung" bei Wellmich durchschlägt ein Metabasalt-Gang („Weißes Gebirge") den Erzgang (Holzapfel 1893, Bornhardt 1910) und in der Grube „Holzappel" konnte Bornhardt (1910) sogar die teilweise Umwandlung des Siderits in Magnetit am Kontakt mit dem Metabasalt nachweisen. Die jüngsten Metabasalte im Rheinischen Schiefergebirge weisen Unterkarbon-Alter auf (Unterkarbon-Phase 2, Nesbor 2004). Entsprechend der Einstufung des Deckdiabases in der Stratigraphischen Tabelle von Deutschland 2002 (STD 2002) muss der Siderit also älter als 335–350 Ma sein. Er ist damit älter als die Hauptdeformation (D1), für die im Mittelrhein-Profil K-Ar-Alter von ca. 320–325 Ma (Plesch & Oncken 1999) bzw. von ca. 300–318 Ma (Nierhoff 1994) angegeben werden. Rb/Sr-Isotopenuntersuchungen an den unterdevonischen Nebengesteinen von Siderit-Quarz-Gängen im Siegerland zeigen, dass die Nebengesteine vor etwa 400 Ma, also im Unterems, eine mögliche Quelle für das im Siderit eingebaute, sehr homogen zusammengesetzte Strontium waren (Brauns 1995, Brauns & Schneider 1998). Die Bleiisotopen-Zusammensetzungen von Galeniten der Grube „Gute Hoffnung" und aus dem Emser Gangzug (Krahn 1988, Durali-Müller 2005, Frotzscher 2009) entsprechen der Signatur der stratiformen, ca. 380–390 Ma alten Massivsulfiderze von Meggen und vom Rammelsberg, was für eine einheitliche, präorogene Mineralisationsperiode spricht.

An zwei Stellen im Taunus sind präorogene Baryt-Gangmineralisationen bekannt. Sie liegen im Vordertaunus bei Wiesbaden-Naurod und im Westtaunus bei Ehr W Marienfels. Das von Stifft (1831) erstmals beschriebene Barytvorkommen von Naurod stand von 1846 bis 1885 in Abbau; der bedeutendste Betrieb fand auf der Grube „Rohberg" statt. Eine ausführliche Beschreibung des Vorkommens und Literaturhinweise finden sich in Anderle & Kirnbauer (1993, 1995) sowie Kirnbauer (1998a). Die mineralisierte Zone erstreckt sich über ein Gebiet von etwa 800 m im Streichen und 200 m senkrecht dazu; Nebengestein ist ein grünschieferfaziell überprägter Metavulkanit (Serizitgneis). Die Barytgänge und -linsen besitzen durchschnittliche Mächtigkeiten von 0,5–1,0 m (max. 4–5 m). Die mächtigsten Trümer streichen etwa 60° und fallen mit 50–80° nach NNW ein. Sie schneiden damit die SW–NE-streichende Hauptschieferung (s_1/s_2) im spitzen Winkel. Der weiße bis hellgraue Baryt ist i. d. R. dicht bis feinkristallin-zuckerkörnig ausgebildet und nimmt nur stellenweise eine typisch spätige Ausbildung an. Nicht selten kann eine Lagen- bzw. Paralleltextur beobachtet werden. Er wird von Quarz und Serizit begleitet. Quarz (Milchquarz) tritt innerhalb der Gangmineralisation in bedeutender Menge auf und verdrängt Baryt I teilweise. Seidig glänzende, lindgrüne bis grünlich-gelbe Serizitschmitzen mit Längen bis zu 10 cm treten im Baryt und im Quarz auf. Sie sind parallel zum Salband oder spitzwinklig dazu orientiert. Das höhere Alter des Baryts gegenüber den variskischen Deformationen D 1 und D 2 wird durch zahlreiche, mikroskopisch und teilweise makroskopisch sichtbare Deformationsgefüge innerhalb der Gangfüllung belegt (Anderle & Kirnbauer 1993): Kornformregelung (Auslängung) von Baryt und Quarz, Deformationsbänder in Baryt, undulöse Auslöschung in Baryt und Quarz, s_3-Gefüge im Serizit, Runzelung von Serizitbestegen auf den Salbändern, Brechung von s_3 in Baryt. Scherbänder und S-C-Gefüge im Baryt dokumentieren zusätzlich eine sinistrale Seitenverschiebung (parallel s_1/s_2) zwischen den beiden Hauptdeformationen. Der Nauroder Baryt ist somit eine variskisch überprägte, mehrfach deformierte, hydrothermale Bildung. Die Nähe der Mineralisation zur benachbarten Hunsrück-Taunus-Störung und die zu dieser parallelen Streichrichtung der wichtigsten Barytgänge, legen einen genetischen Zusammenhang zwischen hydrothermaler Mineralisation und Störung nahe. Anderle & Kirnbauer (1993) nehmen deshalb an, dass sich die Störung – in einer präorogenen Extensionsphase – als Abschiebung ausgebildet hat, wobei das Ba durch hydrothermale Lösungen aus den Edukten der Metavulkanite mobilisiert wurde. Durch Rückrotation der heutigen Streichrichtungen ergeben sich präkinematische Streichrichtungen von NNE bis ESE.

Das Barytvorkommen bei Ehr liegt zwischen dem Südwestende der Lahnmulde und dem Rhein in einer nicht benannten Schuppenstruktur, die durch die Biebricher Aufschiebung im NW und die Katzenelnbogener Aufschiebung im SE begrenzt wird. Bergbauversuche sind für die Zeit zwischen 1789 und 1934 belegt. Seit 1851 baute hier die Grube „Horchberg" (Bauer 1841, Holzapfel 1892, Einecke 1906, Schöppe 1911, Isert 1968, Kirnbauer 1998a). Nebengestein sind geschieferte Metasedimente des Unterems (Unterdevon). Auf einer Breite von mindestens 36 m treten mehrere parallel liegende Baryttrümer auf, die NE–SW streichen. Sie fallen mit 50–70° steiler als die Schichtung des Nebengesteins (45°) nach SE ein. Die Mächtigkeiten der nur auf wenige Meter bis Zehnermeter aushaltenden Gangmittel betragen 0,4–1,2 und max. 2,5 m (Bauer 1841, Holzapfel 1892, Isert 1968). Einige Gangtrümer verlaufen spitzwinklig zur Schieferung. Der weiße bis hellgraue Baryt ist dicht und z. T. zuckerkörnig ausgebildet und wird von Quarz (Milchquarz) begleitet. Bereits makroskopisch erweist sich der Baryt als unzweifelhaft geschiefert; im Dünnschliff lassen sich darin und im Quarz Deformationsgefüge (undulöse Auslöschung, Subkornbildung und Rekristallisationssäume an Korngrenzen) nachweisen. Baryt und Quarz sind damit älter als die Deformation D 1. Begleiter des Baryts sind feinkristalliner, in schieferungsparallelen Schnüren und Schlieren auftretender Galenit, untergeordnet Sphalerit und Chalkopyrit. Der variskisch deformierte Galenit von Ehr zeigt eine Isotopensignatur, die derjenigen der variskisch deformierten Buntmetallerzgänge (s. o.) entspricht (Kirnbauer et al. 1998: Abb. 24).

3.5.2 Variskische (synorogene) Mineralisationen

Synorogene, hydrothermale Bildungen sind nach strukturgeologischen Kriterien im Zeitraum zwischen der variskischen Hauptdeformation D 1 und der jüngeren Deformation D 2 entstanden. Die mineralogisch interessanten Vorkommen (Baryt, Fluorit, Axinit, Sulfide) beschränken sich auf Gesteine der Vordertaunus-Einheit und treten dort fast ausschließlich in Metavulkaniten auf. Hier und in den N anschließenden tektonischen Einheiten ist Quarz das dominierende Mineral der synorogenen Bildungen. Die Mineralisationen sind als cm- bis dm-mächtige und nur in Ausnahmefällen > 1 m mächtige Gänge und Gangtrümer ausgebildet, die im Streichen selten länger als 10 m aushalten. Alle Mineralisationen folgen der ersten Schieferung (s_1) und können durch die zweite Deformation verfaltet bzw. deformiert sein. Einen Überblick gibt Kirnbauer (1998b). Koschinski (1979) hat prä- bis synkinematische Quarze, vor allem aus Lagenharnischen, petrographisch und mikrothermometrisch untersucht. Breddin (1930) diskutiert die Genese und das Alter der Milchquarzgänge.

Die Metarhyolithe führen an verschiedenen Orten violetten Fluorit in z. T. mehrere Zentimeter mächtigen Lagen. Seit dem 18. Jh. sind Funde vor allem aus der Umgebung von Wiesbaden bekannt (z. B. Sandberger 1847, Schlossmacher 1919, Leppla & Steuer 1923). Fluorit wird vor allem von Quarz und Albit, bisweilen auch von Calcit, Serizit, Chlorit, Hämatit (Eisenglanz) und Epidot begleitet. Bei Fischbach und Mammolshain wird Fluorit von Quarz, Albit und Pyrit begleitet (Koch 1880). Eine weite Verbreitung innerhalb der Metarhyolithe besitzen Gangtrümer, die aus Quarz, Albit und Hämatit bestehen. Bei Wiesbaden-Naurod werden diese Minerale von cm-großen Muskovittafeln begleitet, die List (1850) analysiert und „Serizit" benannt hat. Das Nebengestein ist dort – entlang der Rambach-Nauroder Scherzone (Klügel 1997) – intensiv serizitisiert und mylonitisiert. Koch (1880) berichtet von „alten Kupfererzgruben bei Königstein, deren Erze auf Trümern im Serizitschiefer" aufgetreten seien. In einer kataklastischen Verquarzungszone innerhalb der dortigen Metarhyolithe (Felsokeratophyre) sind vor wenigen Jahren Chalkopyrit sowie Hämatit- und Albitkristalle gefunden worden.

Charakteristisch für die synorogenen Mineralisationen innerhalb der Meta-andesite (Grünschiefer) sind verbreitete, aber wirtschaftlich unbedeutende

Kupfermineralisationen. So sind von der Kupfererzgrube „Krämerstein" bei Wiesbaden-Naurod Bornit, Chalkopyrit und Chalkosin bekannt (z. B. Sandberger 1847, Anderle & Kirnbauer 1995, Kirnbauer 1997a; Kirnbauer 1998b). Die Sulfide treten am Salband von feinkristallinen (rekristallisierten) Calcitgängen und -trümern, seltener in Quarz, auf. Pyrit, Chalkopyrit, Bornit und Covellin in bis dm-langen Linsen beschreiben Hentschel & Meisl (1964) von Ruppertshain im E Vordertaunus. Chalkopyrit und Bornit verdrängen den wahrscheinlich primären Pyrit und werden wiederum von Covellin verdrängt. Weitere Kupfermineralisationen sind von Mohr's Mühle bei Vockenhausen (Ritter 1884, Nies 1884, Schlossmacher 1950, Hentschel & Meisl 1964), Königstein (Dumont 1848, Sandberger in Theobald & Rössler 1851), vom Burgberg bei Königstein, von der Verleihung „Alexandershoffnung" in Königstein und vom Hünerberg bei Kronberg (Scharff 1868) bekannt. Eine weite Verbreitung innerhalb der Metaandesite haben schmale Gangtrümer mit Quarz, Epidot, Albit, Hämatit und Chlorit. Epidot, Albit und Hämatit können als mm-große Kristalle ausgebildet sein, so am Rossert und am Falkensteiner Hain (z. B. Koch 1880, Schmidt 1886). Aus der Umgebung von Eppenhain, Ruppertshain, Königstein und Falkenstein ist Axinit bekannt (Scharff 1860a, 1860b, 1868, 1872, Koch 1880, Ritter 1884, Michels 1932, Meisl & Sachtleben 1992). Der von Quarz, Albit, Epidot, Aktinolithasbest und Chlorit (± Chalkopyrit) begleitete blaßviolette Ferroaxinit (Meisl & Sachtleben 1992) bildet bis 10 cm mächtige, s_1-parallele Gangtrümer, kann aber auch in Porphyroblasten des Metavulkanits auftreten. Violetter Fluorit, z. T. in mm-großen Oktaedern, wird in Begleitung von Quarz, Baryt, Hämatit, ?Orthoklas, Albit und Chlorit von Ruppertshain, Falkenstein und vom Rossert beschrieben; feinkristalliner Baryt, teilweise in Begleitung von Bornit und Chalkopyrit, ist aus der Gegend von Rauenthal, Hallgarten, Wiesbaden, Ehlhalten, Ruppertshain, Falkenstein und Königstein bekannt (Kirnbauer 1998b, dort auch ältere Literatur).

Aus den Metasedimenten der Vordertaunus-Einheit ist vom Staufen bei Fischbach eine Mineralisation mit Quarz, Albit und Chalkopyrit bekannt, die möglicherweise an die Eppsteiner Scherzone (Klügel 1997) gebunden ist. Beobachtungen von H.-J. Anderle haben gezeigt, dass für die Metasedimente s_1-parallele Quarz-Karbonat-Mineralisationen charakteristisch sind. In den Metasedimenten des eigentlichen Rhenohercynikums, so in unterdevonischen Gesteinen in Hunsrückschiefer-Fazies, sind s_1-parallele Quarztrümer und -gänge (± Chlorit, ± Karbonate) verbreitet, die durch D 2 gefaltet wurden. Zu ihnen gehören die sog. Kauber Walzen (Engels 1955), trumartige Quarzausscheidungen im Faltenkern von D 2-Falten (Anderle 1991). Möglicherweise synorogene Bildungen sind Mineralisationen in der Nähe von Wiesbaden, auf die im 18. und 19. Jh. Versuchsarbeiten auf Gold stattfanden, die schließlich zur Verleihung der Grubenfelder „Carthaus" und „Gottvertrauen-Igstadt" führten (Kirnbauer & Skerstupp 2002 mit älterer Literatur).

Die Öffnung von s_1-parallelen Trennfugen und Hohlräumen in der Zeit zwischen den beiden Deformationsereignissen D 1 und D 2 belegt, dass es zu dieser Zeit zu einer Entspannung und Druckentlastung innerhalb der Gesteine kam. Wahrscheinlich dokumentiert die Öffnung der Hauptschieferungsflächen den Aufstieg des Gesteinsstapels der Vordertaunus-Einheit, die während des Höhepunkts der Deformation in bis zu 14–20 km Tiefe (Klügel 1997) versenkt war. Die bisherigen Geländebefunde scheinen nahezulegen, dass zumindest ein Teil der untersuchten Mineralisationen an duktile Scherzonen innerhalb der Vordertaunus-Einheit gebunden ist, die ebenfalls älter als D 2 und jünger als D 1 sind und einen sinistralen Verschiebungscharakter aufweisen (Anderle et al. 1990, Anderle & Kirnbauer 1993, Klügel 1997). Nach K/Ar-Datierungen durch Klügel (1997) haben sie ein Alter von ca. 308 ± 4 Ma. Der Stoffbestand der synorogenen Mineralisationen wird auf eine Auslaugung des Nebengesteins durch hydrothermale Lösungen zurückgeführt (Meisl & Sachtleben 1992, Franzke & Anderle 1995, Kirnbauer 1998b).

3.5.3 Spätvariskische (spätorogene) Mineralisationen

Hierzu zählen vor allem alpinotype Zerrklüfte mit Bergkristallen ausgezeichneter Qualität, die sich in ihrer Ausbildung, aber auch in den Begleitmineralen mit Funden alpiner Kluftminerale vergleichen lassen. Die Mineralisationen treten in NW–SE-streichenden Querspalten auf und bestehen fast ausschließlich aus Quarz, der – bei ungehindertem Wachstum – durch langprismatisch ausgebildete und senkrecht zum Salband stehende Bergkristalle charakterisiert ist. Die früheste Beschreibung der sulfidarmen Paragenese stammt von W. Bauer (1841); weitere Referenzen finden sich in Kirnbauer (1998c). Über neue Funde aus Quarzklüften im Westtaunus berichten Unfricht & Zsótér (1987), H. Bauer (1990) und Kirnbauer (1998c).

Der Verbreitungsschwerpunkt der Zerrklüfte ist der Westtaunus zwischen der Vordertaunus-Einheit im S und der Boppard-Görgeshausener Überschiebungszone im N. Von hier stammen die schönsten und größten alpinotypen Bergkristalle des Rheinischen Schiefergebirges. Die Zerrklüfte treten in unterdevonischen Sedimentgesteinen auf, die tonig-schluffig (Hunsrückschiefer-Fazies) und schluffig-sandig (z. B. Spitznack-Schichten), weiter im S auch rein sandig (Taunusquarzit) ausgebildet sein können. Weitere Vorkommen der Mineralisation sind vom Südrand der Lahnmulde (so bei Langhecke) sowie aus der Taunuskamm- und der Hintertaunus-Einheit (im mittleren und im östlichen Taunus) bekannt. In der Vordertaunus-Einheit und in der allochthonen Gießener Grauwacke fehlen alpinotype Zerrkluftfüllungen.

Mit schätzungsweise > 95 Vol.-% ist Quarz das häufigste Mineral der Paragenese. Er wird von Chlorit, Albit, Apatit und verschiedenen Fe-Mg-Ca-Karbonaten begleitet. Lokal bildeten sich in einer Spätphase Calcit, Pyrit und Chalkopyrit sowie verschiedene Karbonate, die in mm-, selten bis cm-großen Kristallen auf Quarz sitzen (Kirnbauer 1998c, Wagner 1999). Die Paragenese ist an steilstehende bis seigere und NW–SE-streichende Quer- bzw. Zerrklüfte gebunden, an denen – im Gegensatz zu Störungen – keine oder zumindest keine nennenswerten Verschiebungen stattgefunden haben. Häufig sind sie *en echélon* angeordnet und sigmoidal verformt. Die Mächtigkeit der flachlinsig geformten Spaltenfüllungen liegt i. d. R. in einer Größenordnung von wenigen Zentimetern bis zu 3 m und nur selten darüber, wobei bei Mächtigkeiten im m-Bereich Längen und Höhen bis zu 25 m und mehr erreicht werden können. Die Spalten wurden bilateral-symmetrisch, d. h. von beiden Salbändern aus, gefüllt. Idiomorphe Quarzkristalle treten in nicht vollständig gefüllten Spalten auf. Am Salband ist Quarz meist als derber Milchquarz, aber auch als z. T. gekrümmter Faserquarz ausgebildet. Zur Kluftmitte hin können sich langprismatische Bergkristalle entwickeln, die im ältesten, salbandnahen Teil häufig noch milchig sind. Die Kristalle können in Ausnahmefällen Längen von mehreren Dezimetern erreichen. Im zähen Kluftletten finden sich regelmäßig z. T. stark verzerrte Kristalle, regenerierte (verheilte) Quarzsplitter und Doppelender („Schwimmer"). Zu den Seltenheiten zählen sog. Fadenquarze, Zepterquarze, Skelettquarze und Gwindel-ähnliche Bildungen. Als seltener Begleiter ist rosa bis schwach violetter Apatit in derbem Quarz eingewachsen oder sitzt Quarzkristallen auf. Bekanntester Fundort für Apatit war die Grube „Gute Hoffnung" bei St. Goar (Sachs 1903), aus der zahlreiche Kristalle mit der Fundortbezeichnung „Grube Prinzenstein" in den Mineralienhandel gelangten.

Untersuchungen an Flüssigkeitseinschlüssen in idiomorphen Quarzen und Apatiten aus alpinotypen Zerrklüften belegen ein großräumiges, niedrigsalinares (1,2–8,5 Gew.-% NaCl-Äquiv.), Na-(±K)-Cl-betontes Fluidsystem mit Bildungstemperaturen gegen Ende der Fluidentwicklung von 130–220 °C; die Bildungsdrücke können auf ca. 0,4–0,6 kbar geschätzt werden (Görke 1992, Hein & Behr 1994b, Hein & Kirnbauer 1996, Wagner 1999). In den Bergkristallen nehmen Salinitäten und Homogenisierungstemperaturen systematisch ab (Marsala et al. 2013), was am besten durch das Mischen zweier Fluide, einem heißen metamorphen Fluid mit moderater Salinität und einem kühleren, gering salinaren Fluid meteorischen Ursprungs erklärt werden kann. Für die initiale Phase der Mineralisation ermittelte Wagner (1999) Temperaturen um die 400 °C. Der im gesamten Verbreitungsgebiet sehr einheitliche Gehalt an den Seltenerdelementen Dy und Sm in Apatiten der Zerrklüfte (Hein & Kirnbauer 1996) spricht für ein einheitlich zusammengesetztes Fluidsystem, das seinen Stoffbestand durch Austauschreaktionen mit dem Nebengestein erhielt (Breddin 1930, Hein & Behr 1994a). Wagner (1999) konnte für die Elemente Si (->Quarz), P (->Apatit) und Na (->Albit) eine kleinräumige lateralsekretionäre Mobilisierung aus dem Nebengestein wahrscheinlich machen. Auch die

Sulfidführung mineralisierter Zerrklüfte in der unmittelbaren Nachbarschaft von Buntmetallerzgängen, so im Wellmich-Werlauer Revier, legt kleinräumige Mobilisierungs- und Umlagerungsvorgänge nahe.

Das relative Bildungsalter der Zerrklüfte kann zumindest für das Mittelrheingebiet durch mehrere Beobachtungen eingegrenzt werden (Kirnbauer 1998c): Die Spaltenfüllungen sind jünger als die variskischen Buntmetallerzgänge und die prograde variskische Deformation, aber älter als die postvariskischen Buntmetallerzgänge. Der tektonische Befund (Spaltenbildung durch Dehnung ohne Versatz), die häufig gefundenen und z. T. gekrümmten Bergkristalle und Faserquarze (mechanische Beanspruchung während des Wachstums) und die vielfach nachgewiesenen *crack-seal*-Gefüge in Fadenquarzen und Faserquarzen belegen ein Wachstum der Quarze unter Dehnung des Nebengesteins. Ein solches extensionales Regime ist typisch für die spät- bis postorogene Entwicklungsstufe von Orogenen. Sm/Nd-Datierungen von 12 Apatiten der Zerrkluft-Paragenese ergaben ein Alter von 312,1 ± 1,9 Ma (Schneider & Dopieralska 2004). Auch im Rheinischen Schiefergebirge entwickelten sich während der spätvariskischen Relaxation und Extension, als die im Verlauf der Orogenese mehrere km tief versenkten Gesteine wieder in ein höheres Krustenniveau aufstiegen, Zerrklüfte, die nach Form und Inhalt große Ähnlichkeiten mit den alpinen Zerrklüften (vgl. Mullis et al. 1994) aufweisen. Sie sind also ein charakteristischer Bestandteil der retrograden Entwicklung des Rheinischen Schiefergebirges (Hein & Kirnbauer 1996).

Unter vergleichbaren Bedingungen entstand in F- und Be-reichen Metarhyolithen der SW Lahnmulde („Typ Birkenkopf", Flick 1977, 1979, 1984), zwischen Katzenelnbogen und Mensfelden, eine in ihrer Zusammensetzung für das Rheinische Schiefergebirge einmalige Mineralparagenese mit violettem Fluorit. Begleiter sind Bergkristall, Rauchquarz, die Titanoxide Anatas, Rutil und Brookit, die Berylliumsilikate Bertrandit und Bavenit, Albit, Titanit, Chlorit, Muskovit, Ilmenit, Hämatit, Galenit, Sphalerit, Chalkopyrit, Pyrrhotin, Arsenopyrit, Pyrit, Markasit sowie verschiedene Karbonate (Kirnbauer, Hein et al. 1998). Im Quarz wie auch im Fluorit sind niedrigsalinare, NaCl-betonte Lösungen eingeschlossen. Die Salzkonzentrationen steigen im Verlauf der Mineralisation vom Quarz (1,6–2,3 Gew.-% NaCl-Äquiv.) zum Fluorit (2,6–4,5 Gew.-% NaCl-Äquiv.) leicht an. Die Bildungstemperaturen des Quarzes werden auf max. 290–295 °C abgeschätzt, wobei die Temperaturen im Verlauf der Mineralisation kontinuierlich auf ca. 210 °C abnehmen, diejenigen des Fluorits auf max. 160–185 °C. Das $^{87}Sr/^{86}Sr$-Isotopenverhältnis und das SEE-Verteilungsmuster des Mensfelder Fluorits sowie des Metarhyoliths legen nahe, dass sowohl Ca als auch F des Fluorits dem unmittelbaren Nebengestein entstammen (Kirnbauer, Hein et al. 1998).

3.5.4 Postvariskische Mineralisationen

Im Taunus treten fünf Typen von postvariskischen hydrothermalen Mineralisationen auf: (1) Metasomatische Dolomite und (2) Calcit-(Quarz)-Mineralisationen, beide in devonischen Massenkalken, (3) Große Pseudomorphosenquarz-Gänge, (4) Quarz-Gänge mit Pb-Zn-Cu-Erzen und (5) Fahlerzführende Quarz-Ankerit-Gänge.

(1) Die hydrothermale Dolomitisierung von mittel- bis oberdevonischen Riffkalksteinen ist in der Lahnmulde sehr weit verbreitet, doch tritt sie auch in kleineren Kalkmulden in der Hintertaunus-Einheit sowie in zwei Schuppenstrukturen in der Vordertaunus-Einheit (bei Ober-Rosbach und Köppern) auf. Die Dolomitisierung wird durch überwiegend NNW–SSE- und, weniger wichtig, W–E-streichende Störungen kontrolliert (Kieper & Brockamp 1995, Anderle et al. 2003). Innerhalb der massiven Kalksteine tritt metasomatischer Dolomit in linsenförmigen Körpern unterschiedlicher Größe mit Mächtigkeiten bis zu mehreren Zehnermetern auf. Die metasomatische Bildung des Dolomits wird durch eine schmale, cm- bis dm-große Reaktionszone zwischen dem Dolomit und dem Kalkstein angezeigt (Kirnbauer 1998d). Zonierte Satteldolomit-Kristalle finden sich häufig in Hohlräumen des hohlraumreichen Dolomits. Die metasomatischen Körper sind durch die Anreicherung von Cl, Fe und Mn sowie eine deutliche Abreicherung von As und Sr gekennzeichnet (Kieper & Brockamp 1995). Neben Dolomit treten Siderit, Rhodochrosit, Ankerit, Kutnahorit, Mn-Calcit, Mn-Dolomit, Fe-Dolomit und Mn-Siderit auf (Brannath & Smykatz-Kloss 1992). Dolomit wurde im 19. und 20. Jh. in vielen Steinbrüchen der Lahnmulde als „Graukalk" für die Bauindustrie abgebaut. Durch die Verwitterung der hydrothermalen Fe- und Mn-haltigen Karbonate entstanden an vielen Stellen auf der verkarsteten Oberfläche der devonischen Massenkalke Eisen- und Manganerze des „Typs Lindener Mark", die im 19. und 20. Jh. vielerorts in der Lahnmulde und am Taunusostrand (Gießen, Ober-Rosbach, Köppern) abgebaut worden sind (Kirnbauer 1998g).

(2) Die Calcit-(Quarz)-Mineralisationen in devonischen Massenkalken treten in Gängen, Gängchen und als Hohlraumfüllungen vor allem im metasomatischen Dolomit auf, sind also jünger als dieser, aber nur sehr selten in devonischen Kalksteinen, die nicht von der Dolomitisierung betroffen sind (Kirnbauer 1998d). Die Mineralisation umfasst mehrere Generationen von Calcit und geringere Anteile von Hämatit und Goethit. Während dieser Phase wurden beträchtliche Mengen des Dolomits durch Calcit ersetzt (sog. Dedolomit).

Isotopenuntersuchungen (C, O) zeigen, dass die metasomatischen Dolomite den Kohlenstoff der devonischen Kalksteine übernommen haben, während die Karbonate der Calcit-(Quarz)-Mineralisation ihren Kohlenstoff auch aus anderen Quellen bezogen haben. Die C- und O-Isotopie der jüngeren Mineralisation kann nur durch das Vermischen zweier Fluide erklärt werden, von denen eines ein sehr kühles, oberflächennahes mit sehr niedrigen Salinitäten gewesen sein muss (Kirnbauer et al. 2012).

(3) Große, an Schollengrenzen gebundene Pseudomorphosenquarz-Gänge treten in der Vordertaunus-, Taunuskamm- und Hintertaunus-Einheit auf. Sie repräsentieren die mineralisierten Anteile von fast ausschließlich NW–SE-streichenden Abschiebungen (mit max. 200 m Abschiebungsbetrag, Panzer 1923, Anderle 1984), die später an einigen Stellen von sinistralen Schrägaufschiebungen überprägt worden sind (Kirnbauer 1998e). Die maximale Länge der Gangzüge beträgt 15 km; ihre maximale Mächtigkeit liegt bei 60 m (Schneiderhöhn 1912). W der Idsteiner Senke fallen die Pseudomorphosenquarz-Gänge steil nach NE und E davon steil nach SW ein, so dass sie insgesamt einen großen Fächer bilden (Albermann 1939, Kubella 1951). In Bezug auf Größe und regionale Ausdehnung handelt es sich bei den Gängen um den wichtigsten Mineralisationstyp im Taunus. In manchen Gängen können die SiO_2-Gehalte auf über 99 % ansteigen. Der Quarz des Usinger Quarzganges wird deshalb noch heute für die Glasherstellung genutzt. Die herausgewitterten Gänge bilden oft markante Felsrippen. Während einer frühen Mineralisationsphase bildeten sich Sulfate (Baryt und Anhydrit) und – lokal – Karbonate. Die Abfolge der Frühphase wurde von Quarz der hydrothermalen Hauptphase überprägt. Bis zu dm-große Barytkristalle wurden pseudomorph durch Quarz ersetzt (sog. Pseudomorphosenquarz, Schneiderhöhn 1949, Baier & Venzlaff 1961), während die Karbonate perimorph von Quarz umwachsen und später gelöst wurden. Während der Hauptphase wurden große Mengen von grob- bis feinkristallinem Quarz, oft in Dutzenden von Generationen, abgesetzt. Typische Kennzeichen der Gänge sind eine deutliche Bänderung (zurückgehend auf mehrfaches Öffnen und Füllen, Solle 1941), z. T. große, idiomorphe Kristalle mit Wachstumszonierungen (seit Scharff 1854/55 als Kappenquarze bezeichnet, da sich äußerst selten die jüngste Wachstumszone wie eine Kappe abheben lässt) und hydrothermale Brekzien. Sulfide (Bleiglanz und Kupferkies) sind nur in geringsten Mengen anwesend und nur von wenigen Vorkommen bekannt (Kirnbauer 1998e). Lokal kann jüngerer Quarz, Chalcedon, Baryt und Chalkopyrit hinzutreten. Die Quarzgänge werden von einer weiträumigen hydrothermalen Alterationszone begleitet, die bis zu 50 m Mächtigkeit erreichen kann (Jakobus 1992).

(4) Etwa 80–90 Quarz-Gänge mit Pb-Zn-Cu-Erzen treten in allen tektonostratigraphischen Einheiten des Taunus mit Ausnahme der Gießener Grauwacke auf. Die Mehrzahl der Gänge findet sich in der Hintertaunus-Einheit

und konzentriert sich im Osttaunus im Usinger und Altweilnauer Erzdistrikt; Schaeffer (1972) nannte sie deshalb „Usinger Gänge". Der Erzbergbau endete 1925; Hauptförderprodukt war sog. Bleiglasurerz. Schaeffer (1972) erkannte die Bindung der Gänge an postvariskische Schollengrenzen und das bevorzugte NW–SE-Gangstreichen. Mineralogische und geochemische Bearbeitungen der Gänge des Osttaunus liegen von Schaeffer (1979) und Jakobus (1992, 1993) vor; Anderle (1984) bekräftigte die Bindung der Mineralisation an postvariskische Schollengrenzen. Diagnostische Kennzeichen für diesen Vererzungstyp sind grobkristalline Erze und Gangartminerale, häufig idiomorphe Kristalle in Hohlräumen, zonierte Kristalle und hydrothermale Brekzien. Quarzkristalle zeichnen sich durch die Dominanz der Rhomboederflächen aus, denen gegenüber die Prismenflächen stark zurücktreten. Karbonate (Dolomit/Ankerit, Calcit) und Baryt sind von geringer Bedeutung. In der Mehrzahl der Gänge ist Ag-armer Bleiglanz, sog. Bleiglasurerz, das wichtigste Sulfid, welches von geringeren Mengen von Chalkopyrit, Ag-reichem Tetraedrit-Tennantit, Fe-armem Sphalerit und Pyrit begleitet wird. Nur wenige Gänge, vor allem solche in vulkaniklastischen Sedimenten der Lahnmulde, enthalten Chalkopyrit als Haupterzmineral. In wenigen Gängen war Baryt die älteste Mineralphase, doch liegt dieser ausschließlich pseudomorph durch Quarz ersetzt vor.

(5) Die fahlerzführenden Quarz-Ankerit-Gänge sind auf eine 10 km lange, SW–NE-streichende Zone am SE-Rand der Lahnmulde beschränkt. Sie repräsentieren die Ag-reichsten Gänge des Taunus und wurden bis zu Beginn des 20. Jh. vor allem in den Gruben „Alte Hoffnung", „Altermann" und „Mehlbach" abgebaut (Sandberger 1895, Spruth 1974: 100ff.). Die Gänge streichen überwiegend NW–SE, z. T. auch W–E bis WNW–ESE. Typisch ist die grobkristalline Struktur von Erz- und Gangartmineralen. Die Sulfide sind Fahlerze (Tetraedrit und Tennantit), grobkristalliner, Ag-armer Bleiglanz und Chalkopyrit, zu geringeren Anteilen Pyrit, Gersdorffit, Sphalerit und Markasit; in Reicherzfällen traten selten Pyrargyrit und andere Sulfosalze auf (Kirnbauer et al. 2012). Die Gangminerale sind Ankerit (selten Dolomit und Calcit), Quarz und vereinzelt Baryt. Typisch für diesen Gangtyp ist das Vorherrschen von hydrothermalen Karbonaten in der Gangart. Die Mineralisation wird stark vom Nebengestein kontrolliert (Odernheimer 1865).

Durch die Untersuchung von Fluideinschlüssen in zonierten Quarzen der großen Pseudomorphosenquarz-Gänge und der Quarz-Gänge mit Pb-Zn-Cu-Erzen konnte erstmals Adeyemi (1982) nachweisen, dass die Mineralisationen auf wiederholte Mischungen hochsalinarer, höher temperierter $NaCl-CaCl_2$-Lösungen und niedrigsalinarer, kühlerer NaCl-Lösungen zurückgehen. Diese „pulsierende" Mischung – bei wechselnden Salinitäts- und/oder Temperaturverhältnissen – ist makroskopisch im rhythmischen Zonarbau der Quarzkristalle dokumentiert, wobei die dunkleren Zonen reicher an Flüssigkeitseinschlüssen sind. Isotopengeochemische Untersuchungen zeigen, dass die großen Pseudomorphosenquarz-Gänge, die Quarz-Gänge mit Pb-Zn-Cu-Erzen und die fahlerzführenden Quarz-Ankerit-Gänge letztlich auf ein hydrothermales Fluidsystem zurückgehen, das sich in höheren Krustenstockwerken mit kühleren Fluiden anderer chemischer Zusammensetzung gemischt hat (Kirnbauer et al. 2012). So weisen alle drei Mineralisationstypen eine extrem einheitliche Pb-Signatur auf. Das primäre hydrothermale Fluid aller drei Gangtypen dürfte aus dem kristallinen Grundgebirge unter dem Rheinischen Schiefergebirge – aus dem Grenzbereich zu den auflagernden paläozoischen Decken- und Schuppenstapeln – stammen. Das Aktivieren von Störungen führte zu einem fokussierten Aufstieg großer Mengen von metallhaltigen Na-Ca-Brines, die sich weiter oben mit kühleren, niedriger salinaren Wässern aus höheren Krustenstockwerken vermischten. Beim Aufsteigen nahm das primäre Fluid durch Oxidation organischen Kohlenstoff aus den unterdevonischen Serien (z. B. aus Gesteinen in Hunsrückschiefer-Fazies) auf, doch zeigt die C-Isotopie der hydrothermal abgeschiedenen Karbonate, dass diese nur durch Mischung mit Fluiden, die ihren Kohlenstoff aus den mittel-/oberdevonischen Riffkarbonaten bezogen haben, entstanden sein können. Welche Mineralogie und welcher Metallanteil sich in den entstandenen Gängen ausbildete, wurde vom Verhältnis der jeweiligen Anteile der beiden Fluidtypen, den lokalen Fließraten, dem unterschiedlichen Ausmaß der Wechselwirkung zwischen Fluid und Nebengestein, den unterschiedlichen Bildungstemperaturen und Variationen im pH- und Redox-Wert bestimmt. Ob sich also ein großer Pseudomorphosenquarz-Gang, ein Quarz-Gang mit Pb-Zn-Cu-Erzen oder ein fahlerzführender Quarz-Ankerit-Gang bildete, hing von oberflächennahen Faktoren ab. Die extrem einheitliche Pb-Signatur spricht darüber hinaus gegen große Altersunterschiede dieser drei Typen.

Mit wenigen Ausnahmen (Klügel 1997, Schneider & Haack 1997) liegen keine direkten radiometrischen Altersdatierungen der postvariskischen Mineralisation im Taunus vor, so dass das Alter der hydrothermalen Aktivität nur indirekt bestimmt werden kann. Die Altersverhältnisse im Steinbruch Medenbach (Dillmulde) zeigen, dass der Hauptphasenquarz der großen Quarzgänge jünger ist als der metasomatische Dolomit in den devonischen Massenkalken, der demzufolge der älteste Mineralisationstyp der fünf ist. Der Abscheidung des Hauptphasenquarzes in den großen Pseudomorphosenquarz-Gängen, den Quarz-Gängen mit Pb-Zn-Cu-Erzen und den fahlerzführenden Quarz-Ankerit-Gängen geht also großräumig die Bildung von Karbonaten und Sulfaten voran. Die Calcit-(Quarz)-Mineralisation in devonischen Massenkalken ist jünger als die metasomatische Dolomitisierung, doch eindeutig älter als Höhlensedimente bei Hahnstätten/Lahnmulde, die palynologisch als Unteres Paleozän eingestuft werden konnten, während eine dextrale Seitenverschiebung der Mineralisation vorangeht (Anderle et al. 2003). Gerölle der großen Pseudomorphosenquarz-Gänge, der Quarz-Gänge mit Pb-Zn-Cu-Erzen und der fahlerzführenden Quarz-Ankerit-Gänge fehlen in den Sedimenten des Rotliegenden und des Buntsandsteins S und E des Taunus (Kirnbauer 1998e) und treten erstmals in obereozänen Sedimenten auf (Anderle 2007b). Dies engt den Zeitraum der Erosion der Gänge auf die Zeit zwischen Oberem Perm (Zechstein) und Alttertiär (Obereozän) ein.

Die Rb/Sr-Datierung in zwei Nebengesteinsfragmenten aus dem Usinger Quarzgang belegt ein hydrothermales Alterationsereignis vor 272 ± 7 Ma (Schneider & Haack 1997). Die Anwesenheit von gut auskristallisierten 2M-Illiten erfordert aber Mineralisationstemperaturen, die 200 °C deutlich überschritten haben müssen (Yoder & Eugster 1955). Dies steht im Gegensatz zu den Homogenisierungstemperaturen von Fluideinschlüssen im Hauptphasen-Quarz der Pseudomorposenquarz-Gänge, die generell im Bereich von 110–170 °C liegen (Adeyemi 1982, Jakobus 1993). Aus dem silifizierten Nebengestein (Metarhyolith) des großen Quarzganges von Eppenhain konnte Klügel (1997) an der Illit-Feinfraktion (< 2 µm) drei K/Ar-Alter gewinnen: Die Alter von 166,3 ± 3,6 bis 162,6 ± 3,5 Ma belegen ein mitteljurassisches Silifizierungsereignis. Maximalalter für die postvariskische Mineralisation ergeben sich durch radiometrische Altersdaten von spät- bis postorogenen Störungsbewegungen. Vier K/Ar-Datierungen an synkinematischen Hellglimmern aus dextralen Schergefügen aus der Vordertaunus-Einheit lieferten Alter zwischen 279 ± 9 und 262 ± 7 Ma (Klügel 1997). In diesem Zeitfenster liegt auch die K/Ar-Datierung von Hellglimmer vom „Emser Hauptbesteg" (270 ± 9 Ma), einer variskischen Schrägaufschiebung, die mit dextralem Bewegungssinn reaktiviert wurde (Hein & Behr 1994b). Diese Datierung ist von besonderer Bedeutung, weil der „Emser Hauptbesteg" seinerseits von jüngeren, postvariskischen Quarzgängen geschnitten wird (Krümmer 1912, Herbst & Müller 1964). Das Alter von 270 ± 9 Ma ist deshalb für die postvariskische Mineralisation im SE Rheinischen Schiefergebirge ein Maximalalter. Fast reine 1M-Muskovite vom Salband zweier Buntmetallerz-Gänge aus dem Altweilnauer Revier wurden mit der K/Ar-Methode auf 141 ± 3 Ma datiert (Jakobus 1992). Dieses Alter wurde von Jakobus (1992) als Mineralisationsalter interpretiert, doch zeigen die Geländebefunde, dass die Muskovitbildung zu einer dextralen Seitenverschiebung gehört, die diese Gangmineralisation postdatiert. Da auch die großen Pseudomorphosenquarz-Gänge von dextralen Seitenverschiebungen versetzt werden, dürfte der größte Anteil des Quarzes davor gebildet worden sein. Die geologischen und geochronologischen Daten zeigen also, dass sich die postvariskische Mineralisation des Taunus während der Zeitspanne von ca. 270 Ma bis ca. 130 Ma (Rotliegend bis unterste Kreide) gebildet haben muss. Dies steht im Einklang mit den radiometrischen Datierungen verschiedener hydrothermaler Gangmineralisationen in anderen Teilen des Rheinischen

Schiefergebirges, die Keuper- bis Unterkreide-Alter (205 ± 1 bis 130 ± 10 Ma) ergaben (Kirnbauer et al. 2012).

3.5.5 Quartäre bis rezente Mineralisationen

Entlang der Aufstiegswege und in der Nähe der Austrittsorte einiger Thermalquellen am Taunusrand bilden sich rezent in teilweise großen Mengen hydrothermale Mineralisationen, deren Bedeutung und Genese erst in den letzten Jahren erkannt worden ist (Kirnbauer 1997b, 1998f). Modern untersucht wurden bislang die Mineralisationen von Wiesbaden (s. Kap. Mineral- und Thermalquellen von Wiesbaden) und Bad Nauheim sowie von Rockenberg, Gambach und Münzenberg (Wagner et al. 2005, Kirnbauer 2008, Loges et al. 2012). Die Thermalwässer von Wiesbaden und Bad Nauheim treten entlang der Taunussüdrand-Störung auf, während die drei letztgenannten Mineralisationen an das Störungssystem des Taunusostrandes am Oppershofen-Rockenberger Horst und am Münzenberger Horst gebunden sind. Die Paragenese umfasst SiO_2-Bildungen (Quarz, Chalcedon, Opal), Baryt, die Sulfide Pyrit, Markasit, Zinnober, Sphalerit und Galenit sowie – oberflächennah – Calcit, Aragonit und Fe-Oxide/-Hydroxide. Die Minerale treten in Spalten, in denen das Thermalwasser noch zirkuliert, sowie imprägnativ oder als Stockwerk-Mineralisation im Nebengestein auf. Vor allem Baryt und Quarz (± Goethit, ± Pyrit) können tertiäre Lockersedimente zu Barytsandstein bzw. Sandstein („Tertiärquarzit") imprägnieren; bekannt sind auch die als „Barytrosen" bezeichneten rosettenförmigen Barytkonkretionen. Bedingt durch die quartäre Hebung befinden sich ältere Mineralisationen heute bis zu 50 Höhenmeter über dem heutigen Austrittsniveau der Wässer. Für die Thermalwassersysteme von Bad Nauheim und Wiesbaden lassen sich mit Hilfe der quartären Hebungsraten (Ploschenz 1994) Mindestalter von ca. 800 000 bzw. 500 000 a berechnen (Wagner et al. 2005, Kirnbauer 2008). Unter lagerstättenkundlichen, aber auch unter umweltrelevanten Gesichtspunkten sind z. T. hohe Gehalte an Fe, As, Pb, Cu, Zn und Au bemerkenswert (Rosenberg et al. 1999, Schwenzer et al. 2000, 2001, Loges et al. 2012). Für die Mindestlaufzeit des Bad Nauheimer Thermalwassersystems kann eine Produktion von ca. 2,5 Mio. t metallisches Zn abgeschätzt werden; dies ist eine mehr als doppelt so große Menge Zn wie die Gesamtproduktion der Gruben von Ramsbeck (Sauerland) in den Jahren bis zur Stilllegung 1974 (Kirnbauer 2012). Die rezenten Thermalwassersysteme sind der jüngste Beleg für multiple, hydrothermale Ereignisse im Rheinischen Schiefergebirge.

3.6 Die Böden im Taunus

(Karl Josef Sabel)

Im Taunus nehmen als bodenbildende Ausgangsgesteine ausschließlich stratigraphisch jüngere, pleistozäne und holozäne Lockergesteine wie Auen- und Hochflutablagerungen, Löß, Sandlöß, Flugsand, Laacher-See-Tephra und Solifluktionsdecken sowie Organika wie die Torfe der Moore die größten Flächen ein. Nicht zu vergessen sind anthropogene Ablagerungen und junge Umlagerungen, die als Kolluvien kartiert werden. Diese Ausgangsgesteine der Bodenbildung können als mächtige, quasi homogene Lockersedimentablagerungen wie der Löß vorliegen oder als Gesteinsgemische wie die jüngeren Solifluktionsdecken, in denen sich Löß und z. T. auch Laacher-See-Tephra als eingetragenes Fremdgestein zumindest mineralogisch nachweisen lassen. Auch dort, wo Fest- oder Lockergestein als präquartärer unverwitterter Untergrund oberflächennah ansteht und geologisch kartiert wurde, entwickelten sich die Böden in der Regel nicht direkt aus diesen Gesteinen, sondern aus periglaziär gebildeten (Geli-)Solifluktionsdecken, die als „Lagen" gegliedert werden. Im Taunus, der im einstigen Periglazialraum zwischen den nordischen und alpinen Eismassen lag, war während den Eiszeiten des Pleistozäns der Untergrund tiefgründig durchfroren (Permafrost), taute nur in den oberen Dezimetern auf und gefror auch immer wieder. Dadurch wurde das Festgestein nach und nach kryoklastisch zerrüttet, und eine Decke aus Gesteinsschutt überlagerte das Anstehende. Während den Zeitphasen mit verstärkt auftretenden Staub- und Sandstürmen wurden immer wieder auch äolische Lockergesteine eingeweht. Dadurch wurden die mineralogische Zusammensetzung und der Stoffhaushalt

Abb. 20. Umbiegen des anstehenden Gesteins in die Solifluktionsdecke (Hakenschlagen), Aufschluss in Idstein, OT Ehrenbach.

des oberflächennahen Untergrundes z. T. erheblich variiert, und die Böden können von der Zusammensetzung des Untergrundes stark abweichen. Da das beim Tauprozess frei werdende Wasser wegen des Permafrostes im Untergrund nicht versickern kann, sättigt es die Schuttdecke und fördert beim wiederholten Gefrieren einen Vermischungsprozess (Kryoturbation), der das Gesteinsgemisch allmählich homogenisiert. Je nach Hanglage kommt die Schuttdecke ganz langsam ins Fließen, was als Solifluktion gerade in den höheren Lagen des Taunus allgegenwärtig war. Man erkennt oft, wie die seiger stehenden Schiefer unter der Solifluktionsdecke umbiegen und allmählich in den Fließprozess eingebunden werden. Dieser Prozess ist durch Hakenschlagen geprägt (Abb. 20). Typisch für solifluidal bewegte Gesteinsbruchstücke ist ihre längs in Hangrichtung ausgerichtete Einregelung. Wenn die Decken Gesteinsgrenzen überwandern, wird der solifluidale Transportweg offensichtlich, so dass sich dann die allochthone Fließerde vom autochthonen Untergrund völlig unterscheidet.

Diese periglaziäre Oberflächenstrukturierung ist natürlich auch auf den jungpleistozänen Lockersedimenten wie dem Löß und den Hochflutablagerungen nachweisbar, die, wenn auch optisch oft nicht erkennbar, im oberen Profilbereich gleichfalls polymiktisch zusammengesetzt und kryoturbat vermischt sind.

Der morphodynamische Prozess der Solifluktion und -mixtion wiederholte sich klimabedingt mehrfach und hinterließ, wenn zwischenzeitliche Erosionsphasen nicht zur Abtragung führten, eine mehrgliedrige Schichtung der Solifluktionsdecke in Haupt, Mittel- und Basislage (AG Boden 2005: 180ff.). Gerade an konkaven Unterhängen können mehrere Meter mächtige Schutte erhalten sein, wobei die jeweils jüngere Solifluktionsdecke vornehmlich Reste der älteren „aufarbeitete". Die eiszeitlichen bzw. die die Solifluktion begünstigenden Bedingungen hielten bis zum Übergang zum Holozän an. Als Folge davon ist die letzte, die jüngste Lage (Hauptlage) nur mit Ausnahme holozäner Sedimente und Felsdurchragungen ubiquitär verbreitet (Schönhals 1974: 13, Semmel 1964: 283). Ihre weitgehende Erhaltung ist der schnellen Vegetationsverdichtung und Wiederbewaldung im Übergang zum holozänen Präboreal geschuldet, die eine finale kaltzeitliche Erosion, aber auch eine flächenhafte frühholozäne Abtragung verhinderte.

Die Basislage ist das unterste Glied der Lagenabfolge. Sie setzt sich aus den liegenden und/oder den benachbarten, dann vornehmlich oberhalb anstehenden Gesteinen zusammen. Gerade kryoklastisch sehr anfällige Gesteine, wie Sandsteine, sind stark aufgearbeitet und oft mehrschichtig strukturiert. Im Gegensatz zu den überlagernden Schuttdecken weist die Basislage aber keine deutliche äolische Fremdkomponente auf, was zu Zeiten ihrer Entstehung auf ein eher kühl-feuchtes Klima schließen lässt. Im Taunus ist die Basislage bis auf steile, konvexe Oberhänge weit verbreitet. Im Hangenden der Basislage tritt die Mittellage auf, die sich ob ihres hohen äolischen Anteils deutlich ab-

Die Böden im Taunus 83

Abb. 21. Jüngstpleistozäner Löß mit einer Lage basaltischer Tephra (Eltviller Tuff), ICE-Bahnhof Limburg.

grenzt. Dies deutet auf zumindest phasenweise trocken-kalte Klimabedingungen während ihrer Genese hin. Auch sie kann mehrgliedrig sein. Der hohe Lößanteil macht die Mittellage jedoch sehr erosionsanfällig, so dass sie nur noch in geschützten, meist konkaven Reliefpositionen erhalten ist. In höheren Berglagen tritt sie nur sehr selten auf. Die jüngste, eindeutig periglaziale Solifluktionsdecke ist die Hauptlage, deren Mächtigkeit mit ca. 50 cm (+/− 20 cm) auffallend konstant ist. Sie weist ebenfalls eine deutliche, allerdings gegenüber der Mittellage etwas ärmere äolische Fremdkomponente auf. Wo die Hauptlage als Hangendes der allerödzeitlichen Laacher-See-Tephra auftritt, ist sie eindeutig als jungtundrenzeitlich (= jüngere Dryas) zu datieren. Ansonsten lässt sich in Hessen die Tephra in dieser Solifluktionsdecke immer schwermineralogisch nachweisen. Die eindeutig gelisolifluidalen Deckschichten werden definitionsgemäß um eine Oberlage ergänzt, die in Hessen, so auch im Taunus, auf das schuttreiche Vorfeld steiler Felsen und Klippen, z. B. der Weißen Mauer am Taunuskamm, beschränkt ist. Ob sie tatsächlich unter periglaziären Bedingungen entstanden ist, bleibt fraglich (Fried 1984: 77, Emmerich 1994: 178, Semmel 1999: 221).

Neben den solifluidalen Lagen nimmt die Verbreitung des Lößes große Flächen im Taunus ein. So spielt er als Feinbodenanteil in den Schuttdecken eine wesentliche Rolle, kommt aber auch als umgelagerter und entkalkter Lößlehm verbreitet vor und als klassisches quartäres Sediment in originärer Lage. Dies belegt aber auch, dass die Anwehung des Lößes zwar allgegenwärtig war, er aber wegen seiner Erosionsanfälligkeit mit der orographischen Höhe und Steilheit der Hänge nur bedingt erhalten blieb. Auf ebenen Hochflächen und vor

Abb. 22. Etwa 50 cm mächtige Hauptlage einer Braunerde, ein weit verbreiteter Bodentyp. Hier über steilstehendem Schiefer im Wispertal.

Erosion geschützten Hangpositionen blieb er kolluvial angespült, solifluidal umgelagert und entkalkt als Lößlehm erhalten. Darüber hinaus spielt der Luv-Lee-Effekt angesichts dominierender Westwinde eine große Rolle, vor allem in den asymmetrischen Tallagen, wo an der leeseitigen, nach Osten exponierten flacheren Hanglage eine Sedimentation und Erhaltung eher gewährleistet ist als am konträr ausgestatteten Gegenhang. In den auch in der Kaltzeit trockenen, steppenähnlichen Beckenlandschaften wie dem Goldenen Grund bei Idstein/Camberg und im Limburger Becken ist noch primärer Löß erhalten. Abbildung 21 aus der Baugrube des ICE-Bahnhofs Limburg zeigt klassische Frostmusterbodenstrukturen im Löß, die von einer basaltischen Tephra, dem Eltviller Tuff (ca. 19 000 vor heute), optisch nachgezeichnet wird.

Die wesentlichen Bodenlandschaften sind dem Taunuskamm und Vortaunus, den Rumpfflächenlandschaften des westlichen und östlichen Hintertaunus sowie den Lößgebieten der Idsteiner Senke und des Limburger Beckens zuzuordnen. Der Taunuskamm ist nicht zuletzt wegen der verwitterungsresistenten Gesteine wie Quarzit und Sandstein markant als Härtlingszug hervorgehoben. An den steilen, vorwiegend divergenten und konvexen Hängen treten ausschließlich skelettreiche und feinerdearme Solifluktionsdecken auf. Meist sind sie auf die Hauptlage beschränkt, allenfalls von der Basislage unterlagert. Der verbreitete Bodentyp ist die ca. 50 cm mächtige saure Braunerde (Abb. 22) mit allen Übergängen zum extrem sauren Podsol. Auf den nährstoffarmen Böden dominiert traditionell daher Wald, heute sogar oft die besonders anspruchslose Fichte. An besonders exponierten Positionen wie an der Weißen Mauer oder im Wispertal treten Halden aus Schuttstreu auf, regional Rosseln genannt, in der sich Felshumusboden oder allenfalls Ranker entwickeln. Zu den Besonderheiten der Bodenlandschaft des Taunuskammes zählen die Lockerbraunerden, die grobbodenarm und auffallend leuchtend braun gefärbt, die sich durch ein sehr geringes Raumgewicht mit einem hohen Porenvolumen von 60–80 % auszeichnen. Das seltene Schichtsilikat Allophan, eine selektive Verwitterung vulkanischer Gläser, lässt den Boden sehr locker und leicht erscheinen. Dies ist auf einen besonders

Abb. 23. Umgelagerter weißlich-grauer Saprolit, solifluidal überlagert vom Rest eines tertiären Verwitterungshorizonts. Am Top Lößlehm.

hohen Anteil an Laacher See-Tephra in der Hauptlage zurückzuführen. Zwar tritt die vulkanische Asche nur an ganz wenigen Stellen im Taunus in situ auf, wie an der Hohen Wurzel bei Wiesbaden, doch war sie allerödzeitlich sedimentiert vor der Wiederbelebung der letzten Solifluktionsphase wesentlich weiter verbreitet und ist in die Hauptlage kryoturbat eingemischt (Stahr 2014). Ob der sauren Standortbedingungen überwiegen Moder und Rohhumus als Humusform.

Die weit gespannten Ebenheiten des Hintertaunus zählen zum Rumpfflächensystem des Rheinischen Schiefergebirges mit einer mesozoisch-tertiären Verwitterungsdecke (MTV, Felix-Henningsen 1990) und tragen demzufolge verbreitet noch Reste einer tropoiden fersialitischen Bodenbildung. Zwar sind die hämatitreichen roten Oberböden meistens erodiert, doch trifft man auf den erosionsarmen Ebenen noch auf z. T. tiefreichend weißlich-grauen, lehmig-tonigen Saprolit, der solifluidal umgelagert zumindest in der Basislage noch gut zu erkennen ist. Abbildung 23 zeigt, wie eine rot gefleckte tertiäre Mixed-layer-Zone analog dem Hakenschlagen des Festgesteins in die basale Solifluktionsdecke verzerrt und dann involviert wurde. Vor allem der tropoide Gesteinszersatz mit hohem kaolinitischem Tonanteil verdichtet den Untergrund, hemmt die Wasserversickerung und fördert die Staunässe. Der überlagernde Lößlehm ist

Abb. 24. Parabraunerde aus Löß, der charakteristische Bodentyp der Beckenlandschaften im Taunus.

ob der Kryoturbation primär schon dichter gelagert, so dass die verbreitete Parabraunerde mehr oder minder intensive Staunässemerkmale aufweist und teilweise sogar in Pseudogleye übergeht. Die Intensität der Staunässe spiegelt der Wechsel von extensivem Ackerbau zu Grünlandnutzung und Forstwirtschaft wider. Neben den tertiären Flächenresten kennzeichnen gerade die tief eingeschnittenen quartären Täler diese Bodenlandschaft. An den steileren Hangflanken dominierte Solifluktion, an den Unterhängen aber auch Lößakkumulation, was eine besonders heterogene Bodenverteilung zulässt. Infolge dessen variiert die historische und aktuelle Nutzung der Standorte, die sich im Laufe der letzten 5–7 Jahrtausende wiederholt veränderte. Die hohe Reliefenergie des Naturraumes und die intensive Nutzung haben massive Erosionsschäden zur Folge. An den Hängen treten bevorzugt tief eingeschnittene Schluchten und Runsen auf, auf den Hochflächen eher denudativer Bodenverlust. Analog zeugen mächtige Schwemmfächer von der Akkumulation der Kolluvien in den Auen (Stolz 2008).

In den Beckenlandschaften des Taunus stehen vornehmlich pleistozäne Sedimente als Bodenausgangssubstrate an, in erster Linie Löß, dessen Sedimentation die leeseitigen Hangflanken bevorzugt. Der repräsentative Bodentyp ist die Parabraunerde, die eine Mächtigkeit von ca. 100–120 cm erreicht, und sich durch eine vorzügliche pflanzenverfügbare Wasserspeicherfähigkeit und ein hohes natürliches Nährstoffpotential auszeichnet, was sich in der Humusform Mull widerspiegelt (Abb. 24). Fossile Bodenreste belegen, dass sie durch Degradation aus einer frühholozänen Schwarzerde (Tschernosem) entstanden ist (Sabel 1982). Die besondere Eignung für den Ackerbau, ihre leichte Bearbeitbarkeit und die günstigen Klimaverhältnisse haben schon im frühen Neolithikum zur agrarischen Nutzung und Besiedlung der Lößböden geführt. Die bis heute anhaltende, praktisch nie länger unterbrochene agrarische Nutzung hat z. T. verheerende Erosionsschäden hinterlassen. Daher trifft man nur noch selten auf ein voll entwickeltes Bodenprofil, stattdessen steht verbreitet schon der kalkhaltige Rohlöß an. Das abgetragene Bodenmaterial verfüllt als Kolluvium die Dellen und Dellentäler oder akkumuliert als Auenlehm in den Tälern (Thiemeyer 1988).

Regional bestimmen auch andere bodenbildende Faktoren die Bodengesellschaft. An den Hanglagen zum Rhein und Main charakterisieren die anthropogen geprägten Weinberge das Bild. Traditionell wird seit Jahrhunderten bei der Neubestockung der Wingerte der Boden tiefgründig umgegraben, rigolt (Abb. 25). Diese Tiefumbruchböden der Weinberge sind als Rigosole vornehmlich auf die nach Süden bis Westen exponierten Hänge beschränkt und je nach Hanggefälle terrassiert um den Bodenverlust zu begrenzen. Die Weinanbauflächen sind seit der Ausbreitung der Reblaus im 18. Jahrhundert wesentlich zurückgegangen, sind aber heute noch an der dauerhaften Bodenform rekonstruierbar (Friedrich, K. & Sabel, K.-J. 2004).

Eine ungleich differenziertere Sicht auf die Bodengesellschaften liefern natürlich großmaßstäbige Bodenkarten und Informationen zu Bodenfunktionen und -eigenschaften beim Hessischen Landesamt für Naturschutz, Umwelt und Geologie.

Abb. 25. Weinbergboden (Rigosol) am Neroberg (Wiesbaden).

3.7 Hydrogeologie

(Matthias Schreiner)

3.7.1 Grundwasserleiter

Die Taunusgesteine bilden ihrer Entstehung nach verschiedene Kluftgrundwasserleiter mit sehr unterschiedlicher hydraulischer Durchlässigkeit. Die verbreiteten pelitbetonten Gesteine (Lorsbach-Formation, Bunte-Schiefer-Formation, Hunsrückschiefer-Formation, Singhofen-Formation) besitzen i. d. R. Trennflächensysteme (hauptsächlich Schiefer- und Kluftflächen), die keine nennenswerte Öffnung aufweisen und daher nur eine geringe Wasserdurchlässigkeit und nur unbedeutende Speicherkapazität ergeben. Die Wechsellagerung von tonigen und schluffig-sandigen Partien verhindert ein weitgehend kommunizierendes Kluftsystem. Dagegen bilden die quarzitischen Sandsteine in der Hermeskeil-Formation, die Taunusquarzit-Formation, die Emsquarzit-Formation und lokal auch die Metavulkanite (Wiesbaden-Metarhyolith, Quarzkeratophyr der Krausaue bei Rüdesheim) verhältnismäßig gut durchlässige Kluftgrundwasserleiter, da diese kompetenten Gesteine bei der tektonischen Deformation vielfach zerbrochen und zerrissen wurden und nun teilweise offene Kluftsysteme im mm- bis cm-Bereich, lokal bis zu Spalten und Gängen im dm-Bereich aufweisen. Dabei ist die Klüftung im westlichen Taunuskamm i. d. R. weitständiger ausgebildet als im östlichen Taunuskamm (Michels 1926a; Scharpff 1968). In Richtung der Lahnmulde im Hintertaunus sind zunehmend stark verkarstete Massenkalksteine des Mittel- bis Oberdevons verbreitet, die vor allem im Limburger Raum als ergiebige Karstgrundwasserleiter genutzt werden.

3.7.2 Trinkwassergewinnung

Die im Taunuskamm verbreitete Taunusquarzit-Formation wird im Raum Wiesbaden und Bad Homburg in großem Umfang für die Trinkwassergewinnung genutzt.

Das Grundwasser wird überwiegend in dafür eigens angelegten Stollen gefasst, welche die mehr oder weniger steil stehenden Schichtpakete durchörtern (Abb. 26). Die Wiesbadener Trinkwasserstollen wurden nach einem Gutachten des Königl. Landesgeologen Dr. Carl Koch in Zusammenarbeit mit Bergrat Giebeler, Stadtbaumeister Fach und Wasserwerksdirektor Winter in der Zeit von 1875 bis 1910 bergmännisch angelegt. Eine eindrückliche Beschreibung des Stollenbaus findet sich in Kopp (1986).

Die Stollen schütten je Meter Stollenlänge durchschnittlich 1 m^3/Tag (Thews 1965). Die Ergiebigkeit ist aber jahreszeitlichen Schwankungen unterworfen. Im Winterhalbjahr wird das Grundwasser in den hinteren Stollenabschnitten mittels Stautüren aufgestaut, um in der trockenen Jahreszeit über einen Wasservorrat zu verfügen (Schreier 1993).

Verbreitet ist auch die Nutzung von Wasserlösestollen ehemaliger Bergwerke sowie die Wassergewinnung in oberflächennahen Sickerfassungen, welche das meist stark witterungsabhängige Sickerwasser in Hangschuttmassen wenige Meter unter der Geländeoberfläche ausbeuten. Die vielfach mit unbekannten Stoffen verfüllten ehemaligen Tagesöffnungen der Bergwerksanlagen stellen nicht selten ein gewisses Risiko für die Trinkwasserqualität dar; die Einrichtung von engeren Trinkwasserschutzzonen und Abgrenzungen von Fassungsbereichen ist dadurch sehr erschwert oder gar unmöglich. Die oberflächennahen Sickerfassungen neigen besonders nach starken Niederschlägen und nach der Schneeschmelze zur Verkeimung.

Bohrbrunnen sind im Taunus weniger verbreitet, weil die Wahrscheinlichkeit, gut wasserführende Kluftzonen durch eine Bohrung anzutreffen, nicht sehr hoch ist.

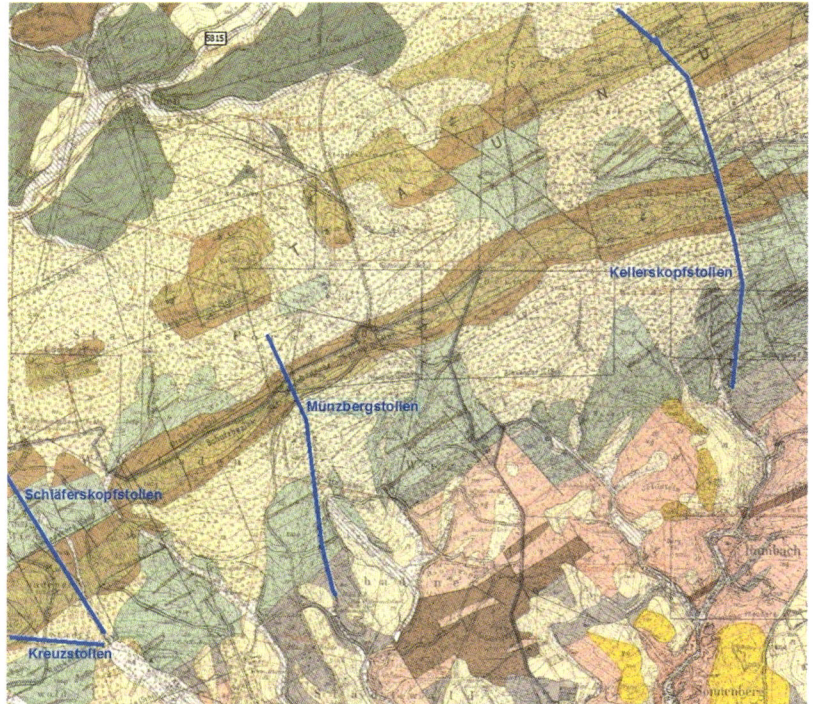

Abb. 26. Ausschnitt aus der Geologischen Karte von Hessen 1:25 000 Blatt 5815 Wehen mit der Lage der Trinkwasserstollen, welche die steil stehenden verschuppten Schichtenfolgen des Unterdevons durchqueren, um Kluftgrundwasser aus dem Taunusquarzit und den Hermeskeilschichten (in der Karte hellbraun und dunkelbraun) zu fördern.

Nach meinen Erfahrungen beträgt die Erfolgswahrscheinlichkeit etwa 20–30 %; d. h. es müssen 3–5 Probebohrungen niedergebracht werden, um einen erfolgreichen ergiebigen Brunnenstandort zu finden. Bohrbrunnen müssen zur Oberfläche hin über den gesamten Hangschuttbereich und die aufgelockerte Gebirgszone und Verwitterungszone durch zementierte Sperrrohre abgedichtet werden, um eine Verkeimung und Trübung des geförderten Wassers weitgehend auszuschließen.

Die Grundwasserneubildungsraten liegen im Taunus bei 1–2, max. etwa 3 l/s km².

Die langfristige Ergiebigkeit von Bohrbrunnen im Schiefergebirge liegt meist bei 1–2 l/s. Entsprechend sind die Einzugsgebiete der Brunnen relativ

Tab. 4. Transmissivitäten (T) und Leistungs-/Absenkungsquotienten (L_q), exemplarisch ermittelt durch Pumpversuche in Brunnen und Grundwassermessstellen im Taunusgebiet (Kämmerer 1998).

Brunnen	Gestein	T (m²/s)	Lq (l/s.m)
Tiefbrunnen 4 Silberbachtal, Glashütten (BP 21)	Quarzite, Sandsteine	$3*10^{-3}$	0,34
Tiefbrunnen 5 Saure Wiese, Glashütten (BP 22)	Sandsteine, Quarzite	$1*10^{-3}$	0,13
Brunnen 1 Haidtränktal, Oberursel (BP 39)	Quarzit	$\approx 9*10^{-4}$	0,73
Brunnen 4 Hanswagnersborn, Oberursel (BP 35)	Sandsteine, Quarzite	$\approx 5*10^{-4}$	0,38
Tiefbrunnen 2 Kohlweg, Glashütten (BP 19)	Quarzite, Sandsteine	$3*10^{-4}$	0,16
Tiefbrunnen 3 Silberbachtal, Glashütten (BP20)	Quarzite, Tonschiefer	$3*10^{-4}$	0,12
Brunnen 3 Haidtränktal, Oberursel (BP 36)	Quarzite, Sandsteine	$\approx 2*10^{-4}$	0,25
Brunnen 2 Maßenborntal, Oberursel (BP 37)	Sandsteine, Tonschiefer	$\approx 2*10^{-4}$	0,20
Grundwassermeßstelle Schloßborn	Tonschiefer, Quarzite	$1*10^{-4}$	0,18
Grundwassermeßstelle Reichenbach	Tonschiefer	$8*10^{-5}$	<0,18
Grundwassermeßstelle Hasselbach	Tonschiefer	$1*10^{-5}$	<0,02
Grundwassermeßstelle Wörsdorf	Tonschiefer	$\approx 1*10^{-5}$	<0,05
Grundwassermeßstelle Burg Hohenstein	Tonschiefer	$7*10^{-6}$	<0,03
Tiefbrunnen 1, Glashütten (BP 18)	Quarzite, Sandsteine	***	0,05
Brunnen 5 Haidtränktal, Oberursel (BP 38)	Quarzite, Tonschiefer	***	<0,17

groß. Die Ergebnisse von Pumpversuchen in Brunnen und Grundwassermessstellen im Taunus (Tab. 4) zeigen die signifikant höhere Ergiebigkeit der Gewinnungsanlagen in den unterdevonischen Quarziten und Sandsteinen im Vergleich zu den Brunnen in unterdevonischen Tonschiefern, welche ein oft schlechter durchlässiges Trennflächengefüge als die Quarzite und Sandsteine aufweisen (Kämmerer 1998).

Die ergiebigsten Brunnenstandorte befinden sich meist entlang von tektonischen Bruchzonen, die quer zum Streichen der variskischen Strukturen, also in NW-SE-Richtung, NNW-SSE-Richtung oder N-S-Richtung verlaufen. Die beiden Ränder der Idsteiner Senke sind ausgeprägte Bruchstrukturen, an denen zahlreiche Wassergewinnungsanlagen aufgereiht sind und Mineralwasservorkommen genutzt werden (Bad Camberg, Niederselters). Aber auch im lokalen Bereich wirken sich die tektonischen Querverwerfungen und Gangsysteme, z. B. der Quarzgang am Grauen Stein bei Schlangenbad-Georgenborn quasi dränierend auf das Gebirge aus.

Hydrogeologie

3.7.3 Grundwasserbeschaffenheit

Es sind drei unterschiedliche Grundwasserbeschaffenheitstypen anzutreffen:
1. Oberflächennah abfließende Grundwässer, die in Hangschuttquellen zutage treten und in Sickerfassungen gewonnen werden.
Diese Wässer sind auf Grund ihrer geringen Verweilzeit im Untergrund schwach mineralisiert, weisen meist einen relativ hohen Sauerstoff- und Kohlendioxid-gehalt auf und reagieren schwach sauer.
2. Kluftgrundwässer mit einer längeren Verweilzeit im tieferen Untergrund, meist sauerstoffarm, oft reduziert mit Eisen- und Mangangehalten.
Diese Wässer besitzen einen vom Karbonatgehalt des Wirtsgesteins abhängigen Härtegrad. Taunusquarzitwässer aus dem Taunuskammgebiet sind sehr weich, solche aus den devonischen Schiefern weisen einen mittleren Härtegrad auf. Besonders harte Wässer kommen dort vor, wo Karbonatgesteine (Massenkalk) verbreitet sind und in Gebieten mit einer mächtigen Lößbedeckung.
3. Mineralwässer und Thermalwässer aus großen Tiefen mit erheblichen Natriumchloridgehalten.
Sie treten hauptsächlich am Taunus-Südrand zutage (Assmannshausen, Geisenheim, Kiedrich, Wiesbaden, Bad Soden, Bad Homburg, Bad Nauheim). Stärker mineralisierte und kohlensäurehaltige Tiefengrundwässer migrieren auch entlang von tektonischen Bruchzonen quer in das Schiefergebirge hinein (Schlangenbad, Bad Schwalbach, Aarbergen, Rückershausen, Bad Camberg Niederselters, Oberselters, Löhnberg-Selters an der Lahn).

Die oberflächennahen Kluftgrundwässer werden nach Kämmerer (1998) und Ludwig (2013) nach der Beschaffenheit der Wirtsgesteine klassifiziert. Die Wässer in den prädevonischen Metavulkaniten (z. B. Serizitgneis) und prädevonischen Metapeliten (z. B. Phyllit) treten als Ca-Mg-HCO_3-Wässer in Erscheinung, mit teilweise erheblichen NaCl-Anteilen aus den Tiefenwässern am Taunusrand. Der Härtegrad ist mit 3,3–7,1° dH überwiegend weich bis sehr weich (Ludwig 2013). Die Grundwässer in den unterdevonischen Schiefern sind weitgehend Ca-Mg-HCO_3-Wässer mit teilweise sehr hohen SO_4-Gehalten aus der Pyritoxidation. Ihr Härtegrad reicht vom sehr weichen 1,3° dH bis mittelharten 15,1° dH. Die Taunusquarzitwässer sind überwiegend sehr weich bis weich mit Härtegraden von 0,8–7,7° dH und entsprechen in den Hauptkomponenten den Wässern der prädevonischen Metamorphite, abgesehen von lokalen NaCl-Anteilen aus den Tiefenwässern, aber mit deutlich geringerer Gesamtmineralisation. Die Abbildung 27 verdeutlicht die Unterschiede zwischen den Zusammensetzungen der Kluftgrundwässer in Quarziten und Sandsteinen einerseits und in den Tonschiefern andererseits.

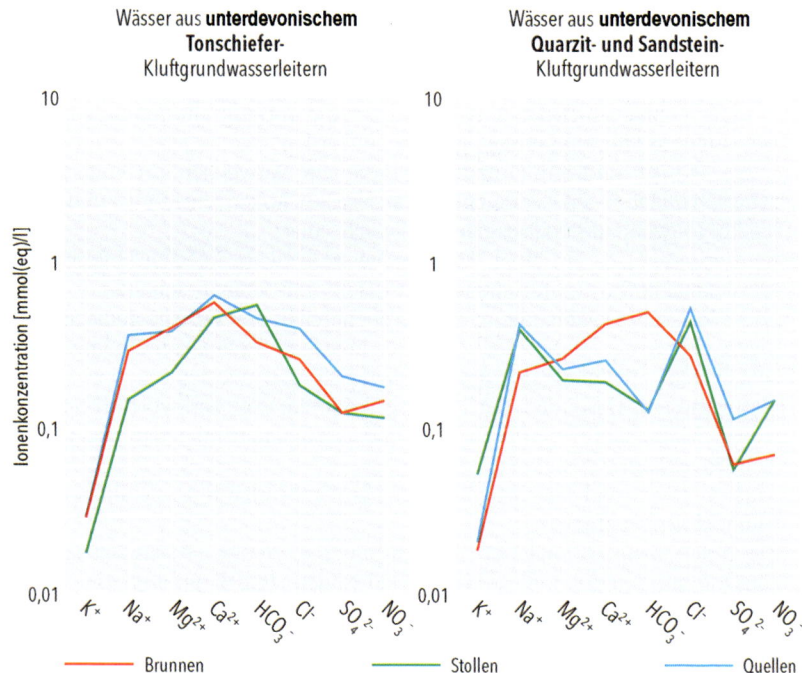

Abb. 27. Schöllerdiagramme von Wasseranalysen aus dem Taunus. Links: Grundwässer aus unterdevonischen Tonschiefern. Rechts: Grundwässer aus unterdevonischen Quarziten und Sandsteinen (Kämmerer 1998).

Allen Typen von Taunuswässern sind lokal NaCl-reiche Tiefenwässer beigemischt, häufig in Verbindung mit freier Kohlensäure, welche den Aufstieg der hochmineralisierten Wässer begünstigt (Stengel-Rutkowski 1991).

3.7.4 Mineralwässer, Heilquellen und Thermalwässer

Auf Grund der Anzahl und Bedeutung der Mineralwässer, Heilquellen und Thermalquellen im Taunus soll hier ein eigener allgemeiner Abschnitt erscheinen. Die zu diesem Thema erschienene umfangreiche Fachliteratur wurde zusammen mit neueren Erkenntnissen in der Arbeit von Toussaint (2013) dargestellt und synoptisch ausgewertet. Daher können wesentliche Teile des vorliegenden Stoffes auch anhand der dort zitierten älteren Literatur weiter

Tab. 5. Brunnendaten und chemische Parameter einiger Thermalwässer in Wiesbaden. Aus: Michael Haenel: Wasserquellen-Atlas, 2009 (http://www.quellenatlas.eu/media/acbb206110825ad8ffff80c8ffffff2.pdf; mit freundlicher Genehmigung von Herrn Michael Haenel).

	Faul-brunnen	Schützen-hofquelle	Große Adler-hofquelle	Koch-brunnen	Salm-quelle
Tiefe (m)	28	65	60	43	47
Ausbaujahr	1964	1970	1953	1960	1960
Schüttung (l/s)	0,1		4–6	6–10	2–6
Temperatur (°C)	17,4	49,3	65,1	67,3	64,2
pH-Wert	6,30	6,14	6,05	6,10	6,10
El. Leitfähigkeit	7730	10900	13700	13500	13100
Kationen (mg/l)					
Lithium	4,40	4,00	3,30	3,30	3,10
Natrium	1395	2047	2654	2625	2597
Kalium	62,00	84,60	88,70	88,00	88,80
Rubidium	0,46	0,45	0,48	0,49	0,49
Cäsium	0,033	0,340	0,370	0,390	0,410
Ammonium	1,9	4,3	5,6	5,4	5,5
Magnesium	29,7	34,2	47,0	47,0	46,8
Calcium	240	30	343	341	337
Strontium	12,5	14,6	15,5	15,3	15,3
Barium	0,16	0,24	0,53	0,87	0,50
Eisen	0,90	1,05	2,80	2,90	2,60
Mangan	0,22	0,23	0,43	0,38	0,37
Anionen (mg/l)					
Fluorid	0,63	0,67	0,56	0,59	0,58
Chlorid	2485	3600	4580	4530	4480
Bromid	2,5	3,6	4,2	4,1	4,0
Jodid	0,022	0,040	0,040	0,040	0,040
Hydrogenkarbonat	348	384	567	567	567
Sulfat	98,6	114,0	67,8	68,9	68,0
Hydrogenphosphat	0,08	0,16	0,22	0,20	0,20
Hydrogenarsenat		0,14	0,22	0,20	0,29
Feststoffe (mg/l)	4761	6666	8463	8303	8300
Gase (Vol.-%)					
Stickstoff		72,10	24,90	63,70	36,60
Kohlenstoffdioxid		26,20	70,60	22,40	60,20
Sauerstoff		0,40	2,60	12,80	1,90
Argon		0,90	0,40	0,70	0,60
Methan		0,10	0,40	0,30	0,00
Helium		0,40	0,08	0,09	0,20

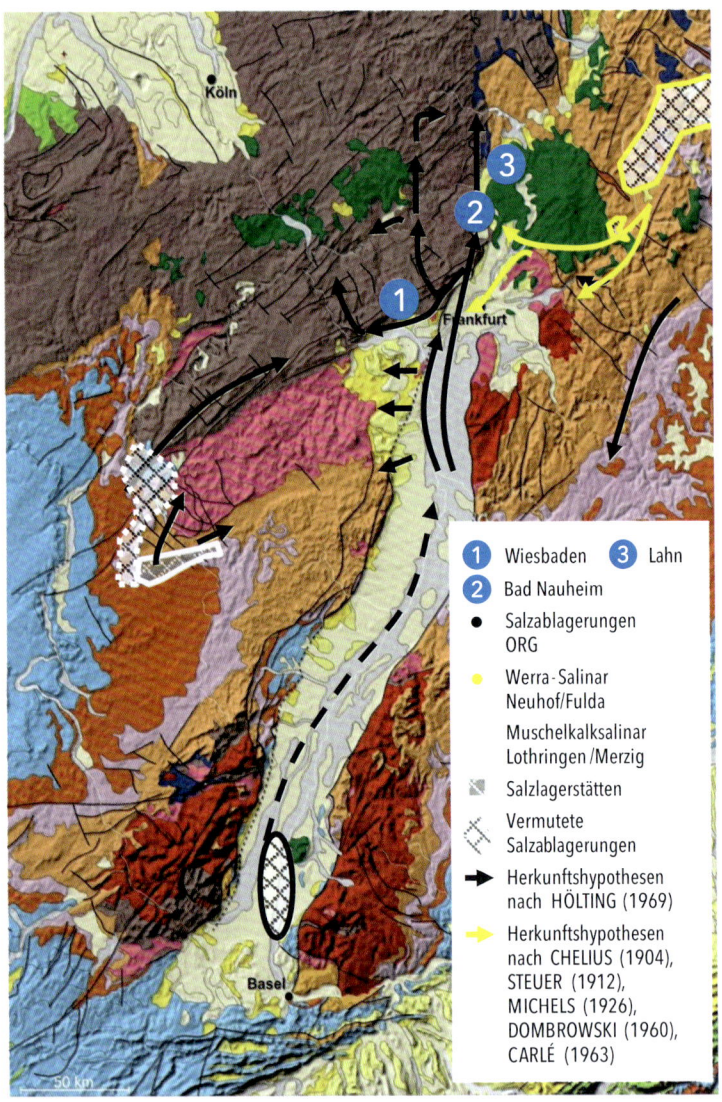

Abb. 28. Schematische Darstellung der hypothetischen Wanderung der salinaren Grundwässer vom Oberrheingrabengebiet und vom osthessischen Salinar in den Taunus. Nach Hauter (2013), durch Herrn Bernhard Hauter unter Verwendung der Kartenvorlage von Röhr (2006) bearbeitet und freundlicherweise zur Verfügung gestellt.

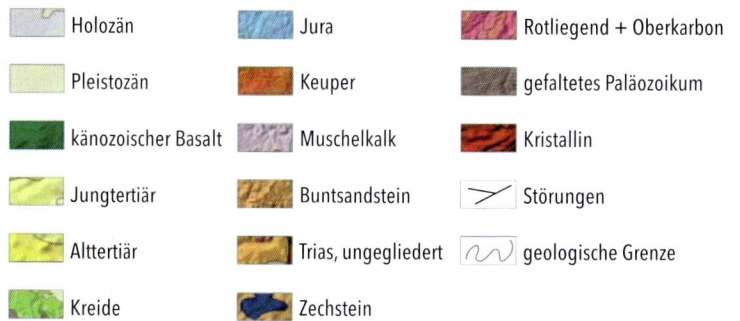

Abb. 28. Legende zur Abbildung

verfolgt werden. Die einzelnen Mineral- und Thermalquellen-Standorte werden im Kapitel Aufschlusspunkte beschrieben.

Im Raum Wiesbaden, Kronberg und Bad Homburg steigen die Mineral- und Thermalwässer bevorzugt im Bereich der intensiv geklüfteten Metavulkanite am Taunussüdrand auf, in Bad Soden in den Metapeliten der Lorsbach- und Eppstein-Formation. In Bad Nauheim sind die Aufstiegswege an Taunusquarzit und devonische Karbonatgesteine gebunden. Nach den z. Z. herrschenden Vorstellungen entstammen die Wässer einem Tiefenbereich von 2–5 km. In dieser Tiefe herrschen im angrenzenden Oberrheingraben Temperaturen von 120–180 °C (Kirnbauer et al. 2012). Entsprechend tief reicht die Taunus-Südrandverwerfung. Nach dem Aufstieg weisen die heißesten Quellen in Wiesbaden (Kochbrunnen) noch eine Temperatur von 67–68 °C auf (Stengel-Rutkowski 2012), während im E Taunus (Bad Homburg, Bad Nauheim) zunehmend kühlere Temperaturen – wahrscheinlich infolge längerer Aufstiegswege und Vermischung mit oberflächennahem kühlerem Grundwasser herrschen. Ein Teil der Mineralisation entstammt dem Kontakt des heißen Wassers mit den Kristallingesteinen des tiefen Untergrundes. Der hohe Salzanteil wird in erster Linie auf Steinsalzlagerstätten im Tertiär des Oberrheingrabens zurückgeführt, nicht unwahrscheinlich ist auch ein Anteil von Salzsole aus dem Zechsteinsalinar Osthessens (Hauter 2013, Hölting 1969, Scharpff 1972, Toussaint 2013). Für den hydrostatischen Druck beim Aufstieg der Mineralwässer sorgen die Gebirgszüge am Rand des Oberrheingrabens, die auch die wesentlichen Einzugsgebiete für die Neubildung des tiefen Grundwassers darstellen. Dem Taunusquarzit kommt hier eine besondere Bedeutung zu, weil das im Taunus steil aufgerichtete Schichtpaket mit seinem ausgeprägt permeablen Kluftsystem eine gut wasserdurchlässige Verbindung in große Tiefen bewirkt. Wie Ergebnisse aus der Tiefbohrung Groß Umstadt, Heubach belegen (Fritsche et al. 2012) ist auch in Tiefen von nahezu 1000 m und darunter (KTB Oberpfalz in 9000 m Tiefe, vgl. Stober & Bucher 2005) in kristallinem Grundgebirge mit offenen Klüften im cm-Bereich und konvektivem Transport von stark mineralisiertem Wasser zu rechnen. Für eine Herkunft des hohen Natriumchloridanteils der Mineralwässer des Ostrandes des Taunus (Bad Nauheim) und der Wetterau aus dem Zechsteinsalinar Osthessens spricht u. a. der hohe hydraulische Gradient zwischen dem Liefergebiet (Neuhof bei Fulda) und den Quellen des Taunusrandes und der Wetterau (Scharpff 1972).

Die Mineral- und Thermalwässer von Wiesbaden unterscheiden sich nach Toussaint (2013) nicht nur durch ihre bedeutend höhere Temperatur, sondern auch durch den erheblich niedrigeren Salzgehalt (8–9 g/l) von den Mineralwässern im E Taunus. Dort liegen die Temperaturen bei höchstens 20 °C in den flachen und 33 °C in den tiefen Brunnen, die Salinitäten bei 21,0 g/l in Bad Soden, 26,1 g/l in Bad Homburg und 32,7 g/l in Bad Nauheim.

Die hydrochemische Zusammensetzung der Mineralwässer des Taunus variiert kleinräumig und großräumig in Abhängigkeit vom geologischen Aufbau des Untergrundes und der jüngeren Deckschichten, sowie von der Vermischung mit seichterem Grundwasser. Auch die Veränderung der Lösungsgleichgewichte beim Aufstieg, bei der Entgasung und Abkühlung sowie beim Ausfällen von Quellsinter beeinflusst die Zusammensetzung der Wässer in komplizierter Weise. Daher ließen sich bisher durch klassische Analysenmethoden keine eindeutigen geochemischen Signaturen oder Provenancen ermitteln.

Mittels Neutronenaktivierungsanalyse wurde an Hand der Brom-Konzentrationen, Brom/Natrium- und Brom/Chlor-Verhältnisse die hydraulische Verbindung zwischen den Mineralwässern von Bad Nauheim und Wiesbaden erkannt (Hauter 2013).

Hauter konnte mit dieser Methode auch zur Aufklärung der Herkunft der salinaren Wässer des Schiefergebirges beitragen und durch Vergleich der Brom/Chlor-, Brom/Natrium- und Rubidium/Kalium-Verhältnisse belegen, dass die erhöhten Natrium-Chlorid-Konzentrationen der Mineral- und Thermalwässer des rechtsrheinischen Schiefergebirges aus dem Oberrheingraben kommen, an den Randverwerfungen des Oberrheingrabens ins Rheinische Schiefergebirge übergehen und am Taunusrand zu Tage treten, wie es bereits Hölting (1969) beschrieb (s. Abb. 28). Der entsprechende Nachweis einer Beteiligung des osthessischen Salinars am Salzgehalt der Taunusquellen steht noch aus.

Die Brunnendaten und chemischen Parameter einiger Wiesbadener Thermalquellen sind in der Tabelle 5 zusammengefasst.

4. Exkursionen

Die Angabe von zusammenhängenden Exkursionsrouten scheint angesichts der außerordentlich zahlreichen Aufschlüsse hier nicht angebracht. Stattdessen erfolgt eine Zuordnung der Lokalitäten zu den zuvor systematisch vorgestellten geologischen Großeinheiten des Taunus. Die Nutzer des Führers können sich danach ihre je eigenen Exkursionsrouten zusammenstellen.

Geografisch bieten sich dazu in erster Linie die Täler an, die den Taunus in NW Richtung queren; für die Hintertaunus-Einheit wurden die Aufschlüsse deshalb nach den Flussgebieten differenziert.

Die Aufzählung der Aufschlüsse folgt den zuvor behandelten geologischen Einheiten, sodass sich insgesamt 6 Exkursionsbereiche ergeben. So werden unterschieden: Vordertaunus-Einheit mit dem Grenzbereich zum Taunushauptkamm, Hintertaunus-Einheit, Lahntaunus, Gießen-Decke und Lindener Mark.

Für die Benutzung im Gelände werden die UTM Daten mit angegeben, nach denen man die Aufschlüsse bis in den Meterbereich genau finden kann. Da von H.-J. Anderle die Originaldaten auf der TK 25 nach dem Gauß-Krüger-Verfahren abgelesen wurden, wurde entsprechend der damit erreichbaren höchsten Punktgenauigkeit die Berechnung der UTM-Werte auf den Zehnermeter-Betrag gerundet.

4.1 Vordertaunus-Einheit

1   Thermalquelle von Kiedrich (Virchow-Quelle)

   GK 25: 5914 Eltville am Rhein, R 343363, H 554666
   UTM 32 433 580 E 5 544 880 N

Am westlichen Rand des Tales des Kiedricher Baches ist 1888 durch eine 183,8 m tiefe Bohrung im Wiesbaden-Metarhyolith (Serizitgneis) eine Mineralquelle erbohrt worden. Der Hauptzutritt des Wassers erfolgt in 150 m Tiefe. Das Wasser hat eine Temperatur von 24,3 °C, der Kochsalzgehalt beträgt 6,828 g/l und die freie gelöste Kohlensäure 0,296 g/l (Michels 1931 nach einer Analyse von H. Fresenius 1904). Nach einer Analyse von 1965 beträgt die Temperatur 34,3 °C, Na^+ 2512 mg/l, Cl^- 4680 mg/l und die freie gelöste Kohlensäure 173 mg/l (Thews 1977). Das Wasser, das dem des Wiesbadener Kochbrunnens ähnelt, was schon H. Fresenius (1900) festgestellt hat, läuft heute in einer kleinen Brunnenanlage nördlich Kiedrich an der Straße nach Hausen v.d.H. (L 3035) aus. Parkmöglichkeit gegenüber.

In dem Tal „In den Weiherswiesen" gab es mehrere Salzwasser-Austritte, auch war in dem Stollen der Schwerspatgrube Kahlenberg Salzwasser angetroffen worden. Deshalb gab es Mitte des 19. Jahrhunderts Konkurrenz um die Nutzungsrechte zwischen der Gemeinde Kiedrich und dem auswärtigen Bergwerksbesitzer. Eine systematische Erkundung mit der Absicht, das Mineralwasser zu fassen und einen Bade- und Kurort zu gründen, führte 1886 zu einer ersten Bohrung durch den Unternehmer Adolf Reuss. Dieser hatte zunächst die ersten geologischen Karten 1:25 000 von Carl Koch zu Rate gezogen, dann Begehungen bei Kiedrich unternommen und den Stollen des aufgelassenen Schwerspat-Bergwerks wegen des dort zuströmenden Salzwassers untersucht. Dann erst ließ er eine Bohrung niederbringen. Die bei 39 m durch einen abgebrochenen Meißel eingestellte erste Bohrung, erbrachte durch Sprengungen einen Überlauf von Salzwasser von 240 l/min. Bereits dieses Wasser wurde medizinisch genutzt. Die zweite, bereits oben erwähnte Bohrung, wurde 1887 angesetzt und erreichte bis 2. Oktober 1888 die Endteufe. Eine Kernbohrung mit Diamantbohrkrone und der Einsatz einer auf das Bohrloch abgestimmten Verrohrung waren damals neueste Technik, weshalb Bohrung, Bohrverfahren und Bohrgerät von Tecklenburg (1889) im Handbuch der Tiefbohrkunde beschrieben wurden. 1890 wurde ein Badehaus eröffnet und jährlich wurden 45 000 Flaschen Kiedricher Sprudel verschickt. Diese Nutzung war jedoch nur von kurzer Dauer. 1902 erfolgte die Benennung der Quelle nach dem im selben Jahr verstorbenen Kiedricher Arzt Rudolf Virchow. Das frühere Kurhaus ist inzwischen in ein Wohnhaus umgebaut worden.

Reuss (1889), Tecklenburg (1889), Fresenius (1900), Michels (1931), Kümmerle (2002), Stengel-Rutkowski (2002)

2 Schlangenbad, ehem. Steinbruch N Neumühle (heute Schießstand) und Felsböschung im Walluf-Tal

GK 25: 5914 Eltville am Rhein, R 343632, H 554948
UTM 32 436 270 E 5 547 700 N

Metaandesit (Grünschiefer), Silur/Ordovizium

Das grünlich graue, zähe Gestein besitzt einen Lagenbau, der stark disharmonische Kleinfalten mit flach nach WNW einfallender Achsenfläche zeigt. Im Dünnschliff sind als Gefügerelikte albitische Plagioklas-Einsprenglinge zu erkennen, gelegentlich auch im metamorphen Grundgewebe ein divergentstrahliges Feldspatgefüge. Als metamorphe Neubildungen treten neben Quarz und Albit vor allem Aktinolith, Chlorit, Serizit und Epidot auf. Letzterer ist häufig grobkristallin und Bestandteil der häufigen Quarz-Albit-Knauern und -Lagen. Klinozoisit ist seltener. Erzkörnchen, vorwiegend Hämatit sind verbreitet.

Anderle & Meisl (1974)

3 Schlangenbad, Profil an der B 260 (Ortsumgehung)

GK 25: 5914 Eltville am Rhein, R 343647, H 554963 bis R 343649, H 554977
UTM 32 436 420 E 5 547 850 N

Grenzbereich Vordertaunus-/Taunuskamm-Einheit mit tektonischer Mélange

Beim Neubau der B 260 als Ortsumgehung Schlangenbad 1970/72 war am linken, östlichen Hang des Walluftals ein durchgehendes Profil im Grenzbereich Vordertaunus/Taunuskamm aufgeschlossen. Hier sind nach der Böschungsbegrünung auch heute noch Teile davon zu sehen. Das Profil umfasst zwischen dem Metaandesit im S und den Bunten Schiefern im N auf rund 135 m Länge einen raschen Wechsel von Gesteinen der

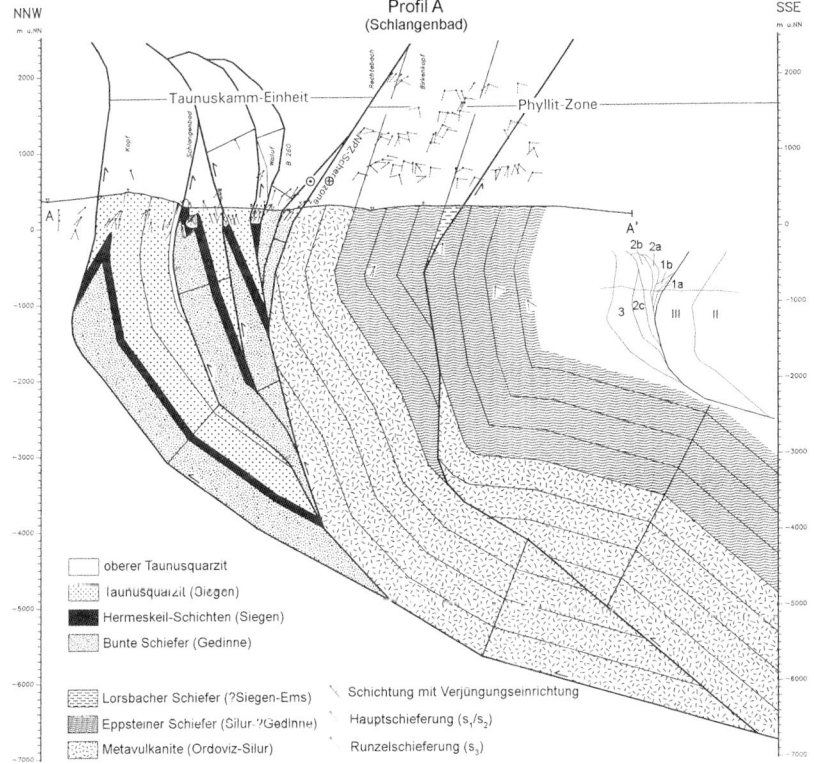

Abb. 29. Bilanziertes Querprofil durch den Südtaunus in Höhe der Umgehungsstraße Schlangenbad (Klügel 1997, Abb. 71)

Vordertaunus- und der Taunuskamm-Einheit, nämlich saure und intermediäre Metavulkanite sowie Pelite und Quarzite der Bunten Schiefer. Rund 40 m weiter im N ist in die Bunten Schiefer eine nur wenige Meter mächtige Wechselfolge von bräunlichgrauen mylonitischen Kalkphylliten und bläulichgrauen, silbrig glänzenden Metapeliten eingeschaltet. Die meist stark zerscherten und mylonitisierten Kontakte dieser Gesteine müssen als tektonisch angesehen werden. Die Metarhyolithe sind durch dynamische Quarzrekristallisation überwiegend zu feinkörnigen (10–20 μm), gebänderten Myloniten mit deutlichem Streckungslinear umgewandelt. Relikte des ehemals porphyrischen Gefüges sind teilweise albitisierte oder serizitisierte Plagioklase und gestreckte und z. T. zu Bändern ausgezogene, rekristallisierte Quarzbereiche. Die Metaandesite, überwiegend grauviolett durch feinverteilten Hämatit, besitzen teilweise eine feine mylonitische Bänderung und feinkörnigen rekristallisierten Albit. Bei den Metasedimenten handelt es sich um rötlichviolette, silbrig glänzende Pelite und bläuliche bis hellgraue Quarzite. Die Pelite zeigen ein zerrissenes, mylonitisches Gefüge aus quarzreichen Linsen und Lagen in einer zerscherten Phyllosilikat-Matrix. Die Quarzite sind stark deformiert und können hellbeige Quarzmylonite bilden, die mit den Metarhyolith-Myloniten leicht zu verwechseln sind. Das Gefüge zeigt eine sinistrale Scherung in Zusammenhang mit dem plastischen Fließen und wurde später dextral überprägt (Klügel 1997: 38 f., Schäfer 1993).

Vergleiche dazu das Bilanzierte Querprofil Abbildung 29 (Klügel 1997: Abb. 71), im Grenzbereich der Vordertaunus-Einheit und der Taunuskamm-Einheit mit tektonischer Mélange an der B 260 (Ortsumgehung).

4   Wiesbaden-Dotzheim

GK 25: 5915 Wiesbaden, R 344202, H 554912
UTM 32 441 970 E 5 547 340 N

Geologie und Landschaftsgeschichte am Südrand des Taunus

Mitten durch Dotzheim verläuft die Grenze zwischen dem Taunus und seinem Vorland (Mainzer Becken bzw. Mainebene), die Taunussüdrandstörung. Sie gehört zu einem geologisch sehr alten System von Störungen, das sich nach WSW bis unter das Pariser Becken, nach ENE bis an die Elbe verfolgen lässt. Nach der Geologischen Karte 1:25 000 Blatt Wiesbaden-Kastel (Leppla & Steuer 1922) verläuft die Taunussüdrandstörung in Dotzheim im Hang südlich der Felsenstrasse Richtung Schelmengraben (WSW). Sie quert Aunelstrasse und Frauensteiner Straße etwa in Höhe der Verbindung zwischen diesen beiden Straßen (wenig unterhalb der Brunnenstraße).

N der Störung ist der Wiesbaden-Metarhyolith aufgeschlossen. Am besten zu sehen ist er in den Felsen des Steinkopfs am östlichen Hang des Weilburger Tales zwischen Trift- und Felsenstraße (Man erreicht den Felsaufschluss aus dem Ortskern zu Fuß über Aunel- und Triftstraße; per Fahrzeug von oben über die Panoramastraße). Als Besonderheit tritt hier in Dotzheim in Quarzbändern an manchen Stellen violetter Fluorit

(Flussspat, CaF$_2$) auf. Sogar in der Mineraliensammlung Goethes in Weimar befindet sich ein solches Stück von hier.

Ein nach der variskischen Gebirgsbildung entstandener Pseudomorphosenquarz-Gang ist von Leppla (in Leppla & Steuer 1923) seinerzeit im oberen Steinbruch am Idstein bei Dotzheim beobachtet worden. Er hatte einen NNW-SSE-Verlauf und fiel mit 60° nach ENE ein. Er war weniger als einen Meter mächtig. Viel bedeutender ist der benachbarte Quarzgang von Frauenstein-Georgenborn.

Stücke des Metarhyoliths mit Flussspat und des Quarzganges vom Idstein befinden sich in der Naturwissenschaftlichen Sammlung des Museums Wiesbaden.

Zu beiden Seiten der Taunussüdrandstörung finden sich nahe der Oberfläche tertiäre Sande und Kiese, die die Höhen an Kohlheck, Schelmengraben, städtischen Kliniken und Freudenberg bedecken. Im Bereich der Siedlung Sauerland bis zum Gräselberg sind Löß und Lößlehm weit verbreitet. An dem nach SW geneigten Hang des Belzbaches tritt tertiärer Cyrenenmergel an die Oberfläche. Er neigt zu Rutschungen. In diesem Bereich befindet sich NW der Straßenmühle die Weinlage „Judenkirsch", die seit rd. tausend Jahren für den lokalen Bedarf Wein liefert. Er wird im Gutsausschank Wintermeyer gegenüber der Dotzheimer Kirche noch heute ausgeschenkt.

Leppla & Steuer (1922, 1923), Gerner et al. (2000), Anderle & Stengel-Rutkowski (2010)

5 Wiesbaden, ehem. Steinbruch am Speyerskopf und Klippen an der Leichtweiß-Höhle im Nerotal

GK 25: 5815 Wehen, R 344380, H 555224 und R 344434, H 555239
UTM 32 443 750 E 5 550 460 N

Metarhyolith (Serizitgneis), Silur

Makroskopisch dichtes, gebändertes Gestein mit bis zu 6 mm großen Einsprenglingen von Quarz, Kalifeldspat und albitisiertem Plagioklas. Die Einsprenglinge sind kataklastisch zerbrochen und durch Komponenten des Grundgewebes verheilt. Dieses ist extrem feinkörnig (10–30 µm) und besteht überwiegend aus Quarz. Daneben sind in abnehmender Häufigkeit Albit, Serizit, Chlorit und Stilpnomelan vorhanden. Sämtliche Bestandteile des Grundgewebes sind metamorphe Neubildungen.

Die Hauptschieferung s$_1$ fällt steil nach NW ein, s$_2$ fehlt im dichten Metarhyolith (auf der GK 25 Blatt Wehen als Felsokeratophyr dargestellt), das Schnittlinear δ$_2$ fällt mittelsteil nach SW ein. Eine Farbstreifung bildet auf den Flächen der Hauptschieferung ein mittelsteil nach SW einfallendes Linear. Das Kluftgefüge zeigt ein ausgeprägtes Maximum steil NNE-fallender Querklüfte.

In der Umgebung der Leichtweiß-Höhle (ca. 120 m nördlich) finden sich Klippen eines Gesteins, das entgegen der Eintragung in der GK 25 nicht dem Serizitgneis, sondern dem Grünschiefer (Metaandesit) zuzuordnen ist. Abweichend vom typischen Grünschiefer enthält dieses Gestein überwiegend Kalifeldspat, etwas Quarz und nur untergeordnet albitisierten Plagioklas als Einsprenglinge. Reichlich ist Aktinolith als

typisches Mineral des Metaandesits vorhanden. Außerdem treten Quarz, Albit, Epidot, Chlorit, Serizit und Spuren von Stilpnomelan als Neubildungen im Grundgewebe auf.
Anderle et al. (1977)

6 Mineral- und Thermalquellen von Wiesbaden

GK 25: 5915 Wiesbaden, R 344582, H 555027
UTM 32 445 770 E 5 548 490 N

Wiesbaden verdankt seine Entstehung den heißen Quellen; Wisibada – das Bad in den Wiesen, wie es im Mittelalter genannt wurde. Die Nutzung der Quellen durch den Menschen reicht aber viel weiter zurück. Bei der Vorbereitung der Bohrung zur Neufassung der Großen Adlerquelle wurden jungpaläolithische Steinwerkzeuge gefunden (Michels 1956, 1964, 1966; Floss 1991). Die Römer hatten große Badeanlagen an den Primärquellen der Aquae Mattiacae errichtet. Die Entwicklung Wiesbadens zur Weltkurstadt fand jedoch erst in der zweiten Hälfte des 19. Jahrhunderts statt. Darüber hat ausführlich Czysz (1994, 1995, 2000, 2004) berichtet. Heute spielen die Thermalquellen keine zentrale Rolle mehr in Wiesbaden. Die Kurkliniken und das Thermalschwimmbad sind an den Rand der Stadt ins Aukammtal gerückt. Im Zentrum gibt es allerdings noch das Kaiser-Wilhelm-Bad an den Adlerquellen – ein Irisch-Römisches Bad im Jugendstil – und Thermalwasserbäder in den Hotels Schwarzer Bock, Nassauer Hof und Bären nahe Kochbrunnen und Salmquelle. Nach und nach entwickelt sich die Nutzung der Quellen zur Heizung öffentlicher Gebäude, wie Kaiser-Friedrich-Bad, Staatskanzlei, Rathaus, ehem. Palasthotel, mehrere Häuser in der Saalgasse. Sichtbar gemacht sind die heißen Quellen noch an zwei Stellen: Im Auslauf des Kochbrunnen-Tempels und in der Brunnenanlage des sog. Kochbrunnen-Springers aus Mauthausener Granit – beide am Kochbrunnen-Platz. Eine der vielen Sekundärquellen, der Bäckerbrunnen, hat ein Brunnenhaus in der Grabenstraße, das heute aus der alten Fassung der Großen Adlerquelle 50 l/min Thermalwasser liefert.

Die Primärquellen; das sind von NE nach SW Salmquelle und Kochbrunnen, Große und Kleine Adlerquelle, Schützenhofquelle und Faulbrunnen. Sie waren bis in die 50er Jahre des 20. Jahrhunderts oberflächlich gefasst. Danach wurden sie zwischen 1953 und 1969 durch Bohrungen neu erschlossen, um durch Fassungen in der Tiefe einer Verunreinigung durch die inzwischen geschlossene Bebauung, den zunehmenden Autoverkehr und die sich ausbreitenden Ölheizungen vorzubeugen.

Die Thermalwässer treten in Wiesbaden dort an die Oberfläche, wo die südliche Randstörung des Taunus von einem tektonischen Graben gequert wird und zwar unmittelbar E der östlichen Randstörung dieses Grabens (Anderle 2004: Abb. 2, Kümmerle 2004, Abb. 39). Das Wasser der Primärquellen trat ursprünglich aus dem Serizitgneis (heute: Wiesbaden-Metarhyolith) über in Bachkiese und floss, vermischt mit kaltem Grundwasser, in diesen nach Süden, was zu zahlreichen sog. Sekundärquellen führte und die zusätzliche Erschließung in Brunnen ermöglichte (Czysz 1995). Ein Mindestalter der Thermalquellen ergibt sich aus dem Fund jungpaläolithischer Artefakte an der Großen Adlerquelle (Michels 1955, 1966; Floss 1991), die 1953 bei einer Versuchsbohrung im Quelltümpel zur Vorbereitung der Neuerschließung und 1954 bei der Hauptbohrung in 4,00 bis 4,30 m Tiefe unter dem Spiegel der Quelle gefunden worden sind. Floss (1991: 192) unterstützt nach typologischen und technologischen Gesichtspunkten „die Einordnung des kleinen Artefaktenensembles in das mittlere Jungpaläolithikum (Gravettien)". Besonders ein Reibstein aus Eisenkiesel lässt nach ihm auf die Verarbeitung von Wildgräsern und Wildgetreiden vor rund 25000 Jahren schließen. In Wirklichkeit sind die Wiesbadener Thermalquellen wesentlich länger existent. Ihre Mineralausscheidungen wurden bis zu 50 m über dem heutigen Talniveau gefunden (Michels 1964: 38, Kirnbauer 1997). Daraus haben Wagner et al. (2005) nach der durchschnittlichen quartären Hebungsrate für das Rheinische Schiefergebirge von 11 Zentimeter in 1000 Jahren, die sie Ploschenz (1994) zuschreiben, ein Mindestalter der

Abb. 30. Kochbrunnentempel, im Vordergrund der Kochbrunnenspringer, Wiesbaden (Foto: Kirnbauer).

Thermalquellen von 454000 Jahren abgeschätzt. Das Kochbrunnenwasser hat ein ^{14}C-Modellalter von 25400 Jahren +1500/–1300 Jahren. Auf Grund der Beimischung von ^{14}C-freiem magmatischem CO_2 kann jedoch nur ein Alter von über 10000 Jahren angegeben werden (Lütkemeier 1975). Insgesamt schütten die Wiesbadener Thermalquellen täglich über 2000 m³ (> 23 l/sec) Wasser und bringen damit etwa 16000 bis 17000 kg (etwa 1 Eisenbahnwaggon voll) gelöste feste Bestandteile zutage, von denen der Großteil aus Kochsalz besteht (Michels 1966: 23).

Nahe der Erdoberfläche kommt es durch die Abkühlung bei der Vermischung mit kaltem Grundwasser und an der Oberfläche durch den Kontakt mit dem Sauerstoff der Luft zu Mineralausscheidungen. Diese treten in den Förderspalten, den Brunnenfassungen und in den Rohrleitungen auf. Es handelt sich um Abscheidung von Kieselsäure, Schwerspat und Pyrit. Nach Kirnbauer (2007) lassen sich karbonatische Sinter (flächenhaft um die natürlichen Austrittsstellen der Quellen), ockerfarbene oxidische Sinter (aus amorphen und kryptokristallinen Eisenoxiden und -hydroxiden), SiO_2-reiche Ausfällungen mit Schwerspat (Krusten von Opal und Hyalith in Tertiärsedimenten, Barytkonkretionen in Sanden) sowie Spaltenfüllungen mit Schwerspat (tafelige Barytkristalle bis 5 cm in offenen Spalten) und Pyrit unterscheiden.

Die Wiesbadener Mineralquellen sind bis auf den Faulbrunnen Thermalquellen. Sie finden sich auf einer NE–SW verlaufenden Linie aufgereiht. Die Thermalquellen liegen

Tab. 6. Bohrungen zur Neufassung der Primärquellen in Wiesbaden.

Quelle	Jahr	Lage R34/H55	Tiefe/ Fassung	Temp. °C	Salzgehalt g/kg	CO^2 g/kg
Kochbrunnen (VB III)	1966	4582/5029	43,0	68 in 32–34 m	8,569	0,309
Salmquelle (VB I)	1965	4586/5032	47,0	67,5 in 47 m		
Große Adlerquelle	1954	4567/5013	115,0/bis 60,0	70 in 60 m	6,833	0,192
Schützenhofquelle	1969	4556/4997	125,5 /bis 61,5	49	6,631	0,323
Faulbrunnen	1964	4540/4970	28,5	18	6,229	0,333

unmittelbar südöstlich des Anstiegs zum Schulberg bzw. Bergkirchen-Viertel. Am Kochbrunnen-Platz werden Kochbrunnen und Salmquelle durch Kochbrunnen-Tempel und -Springer erlebbar.

Die anderen Fassungen in südwestlicher Richtung entlang der Langgasse sind heute verborgen. Die mit 72 °C zeitweilig heißeste Quelle, die frühere Pariser-Hof-Quelle, ist in der Tiefgarage des Hotels Ibis in der Spiegelgasse/Ecke Georg-August-Zinn-Straße beim Bau des Hotels 1989 neu gefasst worden, wird aber nicht mehr genutzt, weil die Temperatur inzwischen zurückgegangen ist. Da zum Bau der zweistöckigen Tiefgarage die alte Fassung in den Deckschichten beseitigt und die Thermalquelle im liegenden Wiesbaden-Metarhyolith neu gefasst wurde, ist die Pariser-Hof-Quelle aus einer Sekundär- zu einer Primärquelle geworden.

Michels (1966), Czysz (1995), Michels & Thews (1971), Kirnbauer (1997), Stengel-Rutkowski (2004), Deutsches Bäderbuch Käß & Käß (2008)

Eine reich bebilderte Broschüre zu den Wiesbadener Thermalquellen hat das Umweltamt der Landeshauptstadt herausgegeben (Emisch et al. 2003). Einen kleinen Thermalquellen-Führer gibt es vom Nassauischen Verein für Naturkunde als Jahrbuchbeitrag und als Broschüre (Stengel-Rutkowski 2008, 2009).

7 Wiesbaden, ehemaliger kleiner Steinbruch im Goldsteintal

GK 25: 5815 Wehen, R 344722, H 555340
UTM 32 447 170 E 5 551 620 N

Wiesbaden-Metarhyolith, Silur, jüngerer Teil des Metavulkanit-Komplexes des Vordertaunus.

Hellgrünlich grauer, feinschiefrig bis plattiger, phyllitischer Metarhyolith, oft mit makroskopisch sichtbaren Einsprenglingen von Quarz, albitisiertem Plagioklas und Kalifeldspat.

Metamorphes saures Effusivgestein (Metarhyolith, -rhyodazit, -dazit) mit geochemischer Inselbogen-Charakteristik. Merkmale, die auf Pyroklastite ignimbritischer Natur hinweisen, wurden von Hentschel & Meisl (1966) in einem Aufschluß bei Kronberg (Schönberg) festgestellt.

8   Wiesbaden, ehem. Steinbruch in Rambach

GK 25: 5815 Wehen, R 344795, H 555265
UTM 32 447 900 E 5 550 870 N

Wiesbaden-Metarhyolith (Serizitgneis), Silur

Typischer engschiefriger Serizitgneis, der wegen seiner pastellgrünen angenehmen Farbe und der guten Spaltbarkeit eine vielseitige technische Verwendung als Sockel-, Mauer- und Verblendstein fand. Quarz-, Plagioklas- und Kalifeldspat-Phänokristalle sind makroskopisch auffällig. Im Dünnschliff erkennt man dieselben als ehemalige Einsprenglinge, wobei die Quarze häufig noch die für Quarzporphyre charakteristischen Korrosionsbuchten aufweisen. Alle ehemaligen Einsprenglinge sind kataklastisch zerbrochen und durch die neu gebildeten Bestandteile des Grundgewebes verheilt. Hauptbestandteile des Grundgewebes sind Quarz, Albit und grüner Serizit, etwas Chlorit, und Epidot. Der Erzanteil besteht aus Hämatit, in dessen Umgebung stets Leukoxen (Titanit-Anatas-Massen) angereichert ist.

Die Hauptschieferung s_1 fällt steil nach NW ein. Die 2. Schieferung s_2 bildet keine Ablösungsflächen, aber im Schnitt mit s_1 auf dieser Flächenschar ein im Mittel sehr flach nach NE einfallendes δ_2-Linear. Das Kluftgefüge besitzt ein ausgeprägtes Maximum N-S streichender steiler Diagonalklüfte. Die von der Regel abweichenden Runzellineare und Klüfte sind typisch für ein Bruchfeld am W-Rand der Idsteiner Senke, das außerdem durch eine Häufung von Basaltvorkommen ausgezeichnet ist.

Anderle & Meisl in Ahrendt et al. (1977), Anderle (2007)

9   Felsklippen an der Stielhecke bei Wiesbaden-Naurod

GK 25: 5815 Wehen; R 554878, H 555519
UTM 32 448 730 E 5 553 410 N

Metarhyolith (Serizitgneis) der Vordertaunus-Einheit aus der Scherzone an der Grenze zum tieferen Unterdevon der Taunuskamm-Einheit

Das plattig absondernde, feste Gestein zeigt im Dünnschliff σ-Klasten mit asymmetrischen Höfen metamorpher Neubildungen, die dextralen Schersinn anzeigen. Die „Klasten" (eigentlich primäre Einsprenglinge) sind frühe Quarzausscheidungen im Rhyolith mit den charakteristischen Lösungsbuchten und -schläuchen. Die Scherzone ist senkrecht zum Streichen ungefähr 200 m breit. Sie enthält in Wiesbaden-Naurod einen variskisch deformierten, also prävariskischen Schwerspatgang (Anderle & Kirnbauer 1993), der im 19. Jahrhundert abgebaut wurde.

10 Ehem. Steinbruch S Erbsenacker in der Gemarkung Wiesbaden-Naurod (Naturdenkmal)

GK 25: 5815 Wehen, R 344985, H 555446
UTM 32 449 770 E 5 552 690 N

Mylonit der Rambach-Nauroder Scherzone, spätvariskische Kupfermineralisation mit Bergbauspuren des 18. und 19. Jahrhunderts sowie Reste einer basaltischen Schlotfüllung des Eozäns, von der Apophysen in den Tuffmantel und das Nebengestein (Metarhyolith und Metaandesit) gehen.

Am Erbsenacker haben in rund 300 m N-S-Entfernung zwei Basaltschlote die metamorphen Gesteine des Vordertaunus durchschlagen. In beiden Vorkommen ging Basaltabbau um. Das nördliche Vorkommen, wo der Abbau bereits 1883 eingestellt wurde, ist seit Ende des 2. Weltkrieges als wilde Müllkippe genutzt und danach aufgefüllt worden. Hier, an der Bushaltebucht in der Straße Feldbergblick, befindet sich heute ein Kinderspielplatz, an dessen südlicher Böschung die vulkanische Schlotbrekzie noch ansteht. Das südliche Vorkommen wurde ab dem späten 18. Jahrhundert zur Herstellung von Pflastersteinen für Wiesbaden genutzt. Der ehemalige Bruch ist noch offen und steht unter Naturschutz. Kutscher (1954) hat den Bereich der beiden Basaltschlote geomagnetisch vermessen. Nach Lippolt et al. (1975: 208) hat der Basalt ein Alter von 57 Ma, steht also mit der Krustendehnung am Beginn der Bildung des Oberrheingrabens im Eozän in Verbindung. Zwischen Wiesbaden-Sonnenberg und Wiesbaden-Naurod sind an über 20 Stellen Basaltgänge gefunden worden, die möglicherweise mit den beiden Schloten vom Erbsenacker in Zusammenhang stehen (Anderle et al. 1984).

Betritt man den Basaltbruch südlich des Erbsenackers, so finden sich rechts des Eingangs hellbeige, auf den Schieferflächen auch grünliche und rötliche Mylonite aus Metarhyolith im Grenzbereich zu Metaandesit. Sie sind charakterisiert durch eine straffe mylonitische Bänderung mit einem ausgeprägten Streckungslinear, eine durchgreifende, dynamische Quarzrekristallisation, sowie asymmetrische Druckschattenhöfe um σ-Klasten. Daraus ergibt sich ein sinistraler Schersinn. Diese Rambach-Nauroder Scherzone ist vermutlich als NW-gerichtete Überschiebung entstanden, welche die Metavulkanite verdoppelt hat (Klügel 1997).

Der Basaltbruch zeigt Reste einer basaltischen Schlotfüllung, von der Apophysen in die Schlotbrekzie und das Nebengestein (Metarhyolith und Metaandesit) gehen. Der Basalt ist ein limburgitischer Olivinnephelinit. Er besteht aus einer feldspatfreien, magnetit- und glasreichen, dichten Grundmasse mit Olivin- und Augit-Einsprenglingen. Die Olivine sind meist in Serpentin umgewandelt. Die Augite bestehen in ihrem Kern häufig aus grünem Ägirinaugit mit unregelmäßigen Umrissen und gehen randlich in Titanaugit über. In der Grundmasse befinden sich außer Magnetit und Glas Apatitnädelchen und Biotitflitter, in größeren Schlieren gelegentlich Nephelin. Poren und Hohlräume können mit Natrolith gefüllt sein.

Das Gestein enthält zahlreiche Xenolithe (Mineral- und Gesteinsfragmente) als Einschlüsse, die einerseits ein gewisses Bild über den Aufbau des tieferen Untergrundes vermitteln, andererseits Zeugnis von der thermischen Einwirkung der olivinnephelinitischen Schmelze auf die mitgerissenen Nebengesteine ablegen. Am auffälligsten sind die wohl aus dem Oberen Mantel stammenden (bis Zentner schweren) Olivinfels-Einschlüsse mit Olivin, Bronzit, Chromdiopsid und Picotit, die im gegenwärtigen Aufschluss meist sehr stark zersetzt sind. Eine zweite Varietät führt Olivin, chromhaltigen Magnetit und Plagioklas. Als weitere Gesteinseinschlüsse aus dem tieferen Untergrund werden genannt: Olivingabbro (Plagioklas + Diallag + Olivin),

Abb. 31. Wiesbaden-Naurod. Ehem. Steinbruch S der Siedlung Erbsenacker (Naturdenkmal). Reste einer basaltischen Schlotfüllung des Eozäns, mit Apophysen in Tuffmantel und Nebengestein (Metarhyolith und Metaandesit, Mylonit der Rambach-Nauroder Scherzone).

„Glimmerdiorit" (braune Hornblende + Biotit + Plagioklas + Titanit), verschiedene Gneise, u. a. Cordierit-Sillimanit-Gneise, gelegentlich mit Almandin oder mit Graphit. Manche Gneisvarietäten enthalten derben Magnetkies, der auch losgelöst als Mineraleinschluss häufig ist. Als Seltenheit kommen außerdem Fragmente eines körnigen Kalkes (Marmor) vor. Die Mineral-Einschlüsse, der Häufigkeit nach Quarz, Bronzit, Chromdiopsid, Augit, basaltische Hornblende, Orthoklas, Oligoklas, Titanit, Rutil, gemeine Hornblende, Granat, Sillimanit, Hyacinth und Ilmenit können sämtlich mit den oben beschriebenen Gesteins-Einschlüssen des tieferen Untergrundes in Verbindung gebracht werden. Er zeigt Verwandtschaftsbeziehungen zum Grundgebirge des Schwarzwaldes und Bayerischen Waldes sowie zu den Einschlüssen in den Basalten des Siebengebirges und des Niederrheinischen Gebietes. Dagegen besteht keine Ähnlichkeit zum Kristallin des nahegelegenen Spessarts und Odenwaldes. Der Häufigkeit nach überwiegen jedoch Fragmente der durchschlagenen Nebengesteine Metarhyolith und Metaandesit, die auch häufige Komponenten des ummantelnden Brockentuffs darstellen. In den Olivinnephelinit eingeschlossen zeigen sie unterschiedliche Grade thermischer Umwandlung, die zur Neubildung von Magnetit, Cordierit, Mullit und (im Metaandesit) von Diopsid (nach Aktinolith) geführt haben. Der Kalifeldspat der Felsokeratophyre ist in Sanidin überführt. Chlorit und Serizit sind verschwunden; eine braune isotrope Substanz – wohl überwiegend Glas, in dem Magnetit-Kriställchen und örtlich Cordierit eingebettet sind – nimmt ihre Stelle ein und zeichnet die Paralleltextur nach. Auch quarzreiche Lagen sind teilweise verglast (Meisl in Anderle & Meisl 1974 nach Sandberger 1883).

Mit der Untersuchung des Basalts von Naurod und seiner Xenolithe hat Fridolin von Sandberger (1826–1898) wenige Jahre nach Erfindung des Polarisationsmikroskops eine mineralogisch-petrographische Spitzenarbeit vorgelegt. Begonnen hatte er seine wissenschaftliche Laufbahn 1849 bis 1855 in Wiesbaden als Sekretär des Nassauischen Vereins für Naturkunde und Inspektor des Naturhistorischen Museums. Damals legte er mit seinem Bruder Guido das Standardwerk „Die Versteinerungen des Rheinischen Schichtensystems in Nassau" vor. 1855 wurde er nach Karlsruhe berufen, wo er 1858–1863 sein zweites größeres Werk, „Die Conchylien des Mainzer Tertiärbeckens", herausbrachte. Er leitete die erste geologische Aufnahme Badens und beteiligte sich an der geologischen Kartierung des Schwarzwalds. Von 1863 bis zu seiner Emeritierung 1896 wirkte er in Würzburg, wo das 1000-Seiten-Werk „Die Land- und Süßwasser-Conchylien der Vorwelt" erschien. Bedeutende Teile seiner paläontologischen Sammlung befinden sich in der Naturwissenschaftlichen Sammlung des Museums Wiesbaden (Czysz 2004).

Der nördlich des S Basaltschlots ausstreichende Metaandesit (Grünschiefer) führt eine unbedeutende Kupfervererzung, die zuletzt unter dem Namen „Krämerstein" verliehen war. Untersuchungsarbeiten sind hier 1771–1791 und 1844–1859 nachgewiesen. Dabei wurde – ohne Verbindung miteinander – ein Schacht bis 21 m abgeteuft und ein Stollen 199 m im Streichen nach SSW vorgetrieben. Es wurden dabei jedoch nur versprengte Erze angetroffen. Sie bestehen aus Buntkupferkies, Kupferkies, Kupferglanz und Fahlerz. Als Bildungen der Zementations- und Oxidationszone werden Cuprit, Chrysokoll, Malachit und Azurit genannt. Die Erze, begleitet von Kalkspat, Quarz, Albit und Hämatit, treten in einzelnen Nestern und Trümern im Grünschiefer auf, der als Schuppe im NNW und SSE von Störungszonen begrenzt wird. Alle auf der Halde gefundenen Erze, darunter Kupferkies (Chalkopyrit) und ?Buntkupfererz (Bornit), evtl. auch Fahlerz, treten ausnahmslos am Salband von bis mehrere Zentimeter mächtigen Calcitgängchen im Grünschiefer auf. Die Kupfererze entstanden vermutlich im Gefolge der variskischen Gebirgsbildung, sind aber älter als die 2. Schieferung (Anderle & Kirnbauer 1995, Kirnbauer 1997). Die kleine Halde des Versuchsstollens befindet sich unmittelbar südlich der größeren Halde des Basaltbruchs unterhalb des Forstwegs.

11 Grauer Stein von Wiesbaden-Naurod, im Ohr der A3 Autobahnauffahrt Niedernhausen Richtung Würzburg

GK 25: 5815 Wehen, R 345195, H 555660
UTM 32 451 890 E 5 554 820 N

Postvariskischer Pseudomorphosenquarz-Gang

Dieser Quarzgang ist die nordwestliche Fortsetzung des Grauen Steins von Bremthal und markiert mit ihm zusammen den tektonischen Westrand der Idsteiner Senke an ihrem südlichen Ende. Beide Gänge zusammen sind mit Unterbrechungen auf eine Länge von 3 km im Gelände zu verfolgen. Der Große Graue Stein liegt in dem „Ohr" der Autobahnauffahrt. Er hat eine Länge von rund 150 m, eine maximale Höhe von etwa 10 m und eine Mächtigkeit von etwa 25 m. Der kleine Graue Stein bildet westlich der Autobahn die NW-Fortsetzung Richtung Hellenberg. Der Gang ist durch die Abtragung des ihn begleitenden weichen kaolinitisierten Metarhyoliths als Felsmauer herauspräpariert worden. Teile seiner Begrenzungsflächen sind spiegelartig geglättet, was vermutlich auf tektonische Bewegungen zurückgeht. Die Salbänder fallen nach ENE ein. Zahlreiche kleine Gruben zeugen von einem früheren Abbau des Ganges. Dessen Mineralisation besteht aus Pseudomorphosenquarz, Kappenquarz, Palisadenquarz (Kokardenquarz, Sternquarz) und Eisenkiesel (durch Hämatit rot gefärbter Quarz). In geringem Umfang tritt Brauneisenerz (Limonit, Goethit) auf.

Anderle & Kirnbauer (1995), Sterrmann (2004, 2006).

12 Felsklippen am W-Hang des Dachsbaus, ca. 1 km SSW Kelkheim-Eppenhain (Naturschutzgebiet)

GK 25: 5816 Königstein, R 345604, H 555900
UTM 32 455 980 E 5 557 220N

Wenig überprägter Metarhyolith (Felsokeratophyr) mit Relikten eines porphyrischen magmatischen Gefüges, Silur (433 Ma.)

Hell grauer bis grauer, vertikal plattig abgesonderter porphyrischer Vulkanit. Im W ist das Gestein z. T. deutlich gebändert, im E führt das hier massig wirkende Gestein vereinzelt dunkel graue linsige Einschlüsse von ca. 3 cm Ø sowie jüngere Quarz-Albit-Trümmer. Lokal gibt es Fließfalten der primären vulkanischen Bänderung, die von einer durchgreifenden, steil nach NW einfallenden Schieferung diskordant geschnitten werden.

Im Dünnschliff zeigen sich zahlreiche Einsprenglinge von albitisiertem Plagioklas bis 3000 µm Ø, wenig Kalifeldspat- und kaum Quarzeinsprenglinge. Die ehemaligen Plagioklase sind von jüngerem Kalifeldspat randlich, den Rissen der Kataklase und den Spaltrissen entlang verdrängt, wodurch sie oft ein fleckiges Aussehen erhalten. Das Grundgewebe besteht aus kleinen subparallelen linsigen Bereichen, die aus einem fast reinen Quarzpflaster von 50 bis 100 µm Ø bestehen und aus einer äußerst feinkörnigen, vorwiegend aus Feldspat von 1 bis 10 µm Ø bestehenden Matrix mit einzeln oder auch strähnig eingestreuten Seriziten, in die die Quarzpflaster-Linsen eingebettet sind. Der Quarz ist stark rekristallisiert. Leukoxen ist reichlich in kleinen und größeren Kornaggregaten in das flaserige Grundgewebe eingestreut. Die Bänderung ist mikroskopisch nur undeutlich zu sehen. Sie wird vom flaserigen s_1 des Grundgewebes nahezu senkrecht geschnitten und erweist sich dadurch als primäres Gefügeelement des Ausgangsgesteins; eine Eruptivgesteins-Bänderung mit Fließfalten. Die eingangs erwähnten Einschlüsse sind artgleiches Gestein, aber ohne Einsprenglinge.

Die Bänderung fällt steil nach SE, die Schieferung mittelsteil nach NW ein. Eine 2. Deformation fehlt hier. Das Kluftgefüge wird von steil stehenden Q-Klüften dominiert. Anderle & Meisl (1974), Anderle et al. (1990), Stenger (1961), Meisl et al. (1982), Sommermann et al. (1990), Franke et al. (1996)

13 An der Lorsbacher Straße in Eppstein, unmittelbar S der Abzweigung von der B 455

GK 25: 5816 Königstein, R 345710, H 555605
UTM 32 457 040 E 5 554 70 N

Eppstein-Formation, Ordovizium oder Silur bis ?Unterdevon

Metapelite mit untergeordnet Metagrauwacken aus schlecht sortierten und schlecht gerundeten Komponenten, was für ein nahe gelegenes Liefergebiet spricht. Da für die Eppstein-Formation bisher eine Datierung mangels Fossilien nicht möglich war, kommt nach der Lagebeziehung zu benachbarten Einheiten Ordovizium oder Silur bis ?Unterdevon als stratigraphisches Alter in Frage. Detritische Hellglimmer in der Eppstein-Formation haben nach K/Ar-Datierung einen kambrischen Alterswert von 578 Ma (Klügel et al. 1994). Die Mineralparagenese umfasst Quarz, albitisierten Plagioklas (mit synkinematischen Anwachssäumen), wenig Kalifeldspat, detritischen Muskovit, Turmalin, Apatit (letztere mit synkinematischen Anwachssäumen), Zirkon sowie neugebildeten Quarz, Phengit, Chlorit, Rutil (beide als Abbauprodukt von Biotit) und Calcit. Die Serie zeigt eine Gefügeentwicklung unter zunächst prograden, später retrograden Bedingungen, mit unterschiedlicher Kinematik. Die subvertikale bis steil SE fallende Hauptschieferung ist kogenetisch mit straff geregeltem, synkinematisch gewachsenem Hellglimmer und seltener, extrem asymmetrischer Faltung von Grauwa-

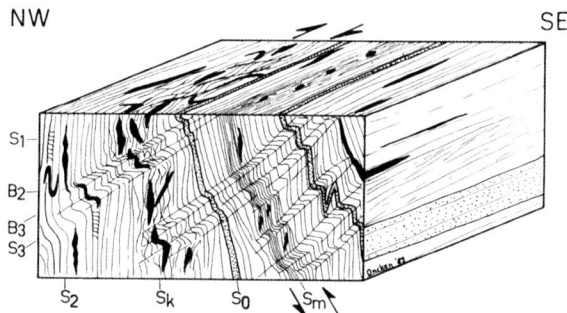

Abb. 32. Eppstein. Straßenböschung S der Abzweigung d. Lorsbacher Straße von der B 455. Schematisches Blockdiagramm des Gefüges der Eppstein-Formation. Zeichnung v. O. Oncken aus Anderle et al. (1990).

ckebänken und frühen Quarzgängchen. Sie entwickelt sich aus einer Crenulationsschieferung, die in Mikrolithen gelegentlich eine ältere, penetrative Schieferung mit nur untergeordneter Phyllosilikat-Neubildung erkennen lässt.

Parallel zur Hauptschieferung treten Mylonitzonen mit dynamischer Rekristallisation von Quarz auf; die Scherbewegung war nach NW aufschiebend. Eine jüngere Generation von Scherzonen reaktiviert die Hauptschieferung lokal; sie zeigt kataklastische Deformation mit Sprödbruch, schwachen Erholungsgefügen und Drucklösung von Quarz. Zugeordnete Scherbänder belegen dextrale Blattverschiebung (Abb. 32). Eine dritte Schieferung beruht hauptsächlich auf Drucklösung von Quarz. Sie fällt nach NW ein und überprägt alle älteren Gefüge. Die Schnittkante s_2/s_3 fällt mit 10–20° nach SW, parallel zur Streckungsfaser.

Anderle et al. (1990), Franke (1996 et al.), Anderle (2007)

14 Felsklippen an der Abzweigung eines Fahrweges von der Straße Eppstein-Lorsbach nach W, ca. 1 km S Eppstein

GK 25: 5816 Königstein, R 345756, H 555505
UTM 32 457 500 E 5553270 N

Eppstein-Formation, Metasedimente des Vordertaunus, (?) Ordovizium oder tiefes Devon, im Bereich einer an Querstörungen nach SW abgesunkenen Bruchstaffel.

Grüne bis graugrüne, körnige phyllitische Metasedimente, untergeordnet auch sehr feinkörnige oder quarzitische Einschaltungen. Im Dünnschliff zeigen die körnigen Phyllite ein porphyroklastisches Gefüge mit 150 bis 200 µm großen Phänoklasten, unter denen Quarz und in Albit überführte ehemalige Plagioklase vorherrschen. Außerdem Turmalin (100–150 µm) und besonders häufig Apatit (150–200 µm). Wesentlich kleiner und seltener sind Zirkone. Die Phänoklasten sind eckig-kantig. Sie zeigen kaum transportbedingte Abrollung. Mit ihrer Längsachse sind sie ± parallel der Hauptschieferung eingeschlichtet und in den Druckschatten von Quarz-Albit-Serizit-Neubildungen begleitet. Zu den detritischen Komponenten gehören noch Muskovit und Biotit. Muskovit blieb in Form von bis zu 400 µm langen deformierten Scheiten erhalten. Biotit wurde bei der niedrig temperierten Metamorphose abgebaut. Seine Konturen werden jedoch von spezifischen Neubildungen wie Rutil und Chlorit nachgezeichnet.

Die Phänoklasten liegen in einem sehr feinkörnigen (10–20 µm) Grundgewebe aus Quarz-Albit-(Kalifeldspat)-Serizit-Chlorit. Serizit und Chlorit in engen Scharen sind Träger der Schiefrigkeit. Ein Wechsel serizit- und chloritreicher Lagen mit quarz- und feldspatreichen Lagen bildet häufig eine makroskopisch sichtbare (metamorphe) Bänderung. Die Hauptschieferung wird durch die sie kreuzenden, weiter auseinander liegenden Scharen von s_2 in Falten gelegt.

Die gneisigen, körnigen Phyllite sind aus einem schlecht sortierten grauwackenähnlichen Sediment entstanden. Die feinkörnigen Abarten müssen auf Tone zurückgeführt werden.

Schichtung und Hauptschieferung fallen steil nach SE ein. Die 2. Schieferung fällt mittelsteil nach NW ein. Das Schnittlinear δ_2 fällt mit Werten zwischen 10° und 20° nach SW ein.

Anderle & Meisl (1974), Ahrendt et al. (1977: 83) , Weber (1980: 54)

15 Kapellenberg bei Hofheim am Taunus, 292 m ü. NN

GK 25: 5916 Hochheim am Main, R 345979, H 555149
UTM 32 459 730 E 5 549 710 N

Aussichtspunkt am Südrand des Taunus an der Grenze zum Oberrheingraben

Vom Meisterturm auf dem Kapellenberg ist bei gutem Wetter eine weite Sicht möglich. In südliche Richtungen sind der Flughafen Frankfurt am Main und weiter im Hintergrund Spessart, Odenwald, der nördliche Oberrheingraben, Donnersberg und Soonwald zu erkennen. Nach N geht der Blick über den Rotliegend-Hügel Kartaus bei Langenhain mit den Funkmasten, zu Eppstein, Burgruine Königstein, Burgruine Kronberg und im Hintergrund Großer Feldberg und Altkönig.

Der Meisterturm, benannt nach Wilhelm von Meister, dem Landrat des früheren Kreises Höchst, wurde 1895 als Holzturm eingeweiht. Er wurde nach einem Blitzeinschlag 1919 zwei Jahre später gesprengt. Ein Neubau erfolgte 1929 für 14 000 Reichsmark aus 21 Tonnen Stahl und 6000 Nieten. Der Turm ist 35 m hoch und hat 173 Stufen. 1977 wurde er entrostet und im Jahr 2000 für 19 000 DM saniert.

Auf dem Kapellenberg befindet sich ein 1,3 km langes Ringwallsystem aus dem Frühmittelalter. Die Wallfahrtskapelle, 1666 nach einem Pestgelübde errichtet, ist nach der Zerstörung 1795 vor 150 Jahren wieder aufgebaut worden.

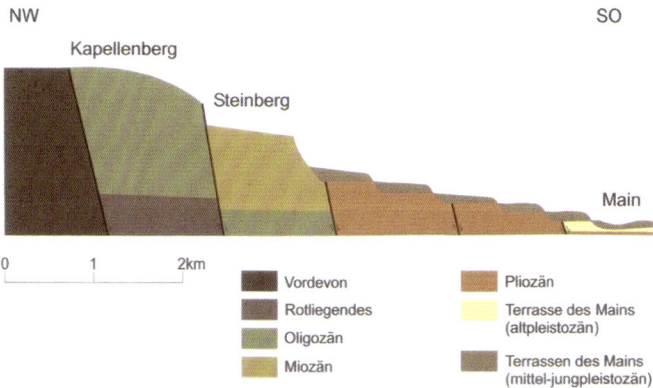

Abb. 33. Schematischer Querschnitt durch den Taunussüdrand (aus Stahr/Bender, nach Semmel 1979, verändert).

Geologisch liegt der sich mehr als 2 km N-S erstreckende Kapellenberg bereits außerhalb des Taunus, dessen Südrandstörung etwa am Südrand von Lorsbach verläuft. Auf der Kapellenberg-Scholle liegen mehr als 100 m Tertiärkies auf Rotliegend der Wadern-Formation (Nahe-Gruppe) mit einem Alter zwischen 272 und 292 Mio. Jahren. Der auflagernde Hofheimer Kies besitzt vermutlich ein Oberoligozan-/Miozän-Alter. Er setzt sich zusammen aus weißem und verschieden farbigem Quarz, hellem und dunklen Quarzit, serizitischem Quarzit und quarzitischem Sandstein sowie hellgrauem bis gelblichem Quarzschluff bis Mittelsand. Liefergebiet war der Taunus. Als nächst tiefere Scholle schließt sich am Fuß des Steilanstiegs zum Kapellenberg unter den nördlichen Häusern von Hofheim die Steinberg-Scholle an, auf der mehr als 90 m Quarzsand- und -kies mit Einlagerungen von Ton und Mergel der miozänen Hydrobien-Schichten nachgewiesen sind.

Der Kapellenberg liegt in der Randstaffel am Westrand des nördlichen Oberrheingrabens. Zwei regionale Zeitmarken für den Beginn der Grabenbildung sind der mit 57 Mio. Jahren datierte Basalt vom Erbsenacker bei Wiesbaden-Naurod und die am Wiesbadener Autobahnkreuz erbohrte eozän-oligozäne Pechelbronn-Formation.

Die Skizze zeigt die relativ zueinander verschobenen Schollen des Vordertaunus infolge der seit längerem andauernden Hebung des Taunus und der Absenkung beziehungsweise weniger starken Hebung der Untermainebene. N des Hofheimer Kapellenberges mit den tertiären Sedimenten folgt die geologische Vordertaunus-Einheit mit vordevonischen Gesteinen. Richtung S folgen die Flussterrassen des Mains.

16 Aufschlüsse entlang des Pfades S unterhalb der Straße Kelkheim-Ruppertshain nach Eppenhain

GK 25: 5816 Königstein, R 345680, H 555990
UTM 32 456 740 E 5 558 120 N

Eppenhainer Mélange am Kontakt von Vordertaunus und Taunuskamm

Auf rund 200 m Länge erschließt eine Serie kleiner Aufschlüsse den Kontakt zwischen Vordertaunus und Taunuskamm-Einheit. Die steil NW-fallende Folge umfasst im südlichen Teil porphyrische Metaandesite (mit Quarz, Albit, Chlorit, Epidot, Amphibol, Plagioklas, Hellglimmer (Phengit) und Titanit), im Mittelabschnitt tektonische Späne pelitischer und quarzitischer Gesteine (Erstreckung im Streichen weniger als 50 m) und im N tektonisch gebänderte mylonitische Pelite. Diese Pelite der Kellerskopf-Formation, die zur Taunuskamm-Einheit gehören, haben nach einer marinen Fauna von Eppenhain und anderen Orten ein spätsilurisches Alter. Früher hielt man sie für gedinnisch (Struve 1973).

Die gesamte Serie besitzt eine straffe mylonitische Foliation mit dynamischer Rekristallisation von Quarz und Bildung einer diffusionskontrollierten differenzierten Bänderung, verbunden mit der schichtparallelen Hauptschieferung. Das Gefüge ist stark boudiniert und linsig zerschert. Die Schieferung wird von zahlreichen deformierten synkinematischen Quarz- und Quarz-Feldspat-Adern geschnitten und reaktiviert. Das

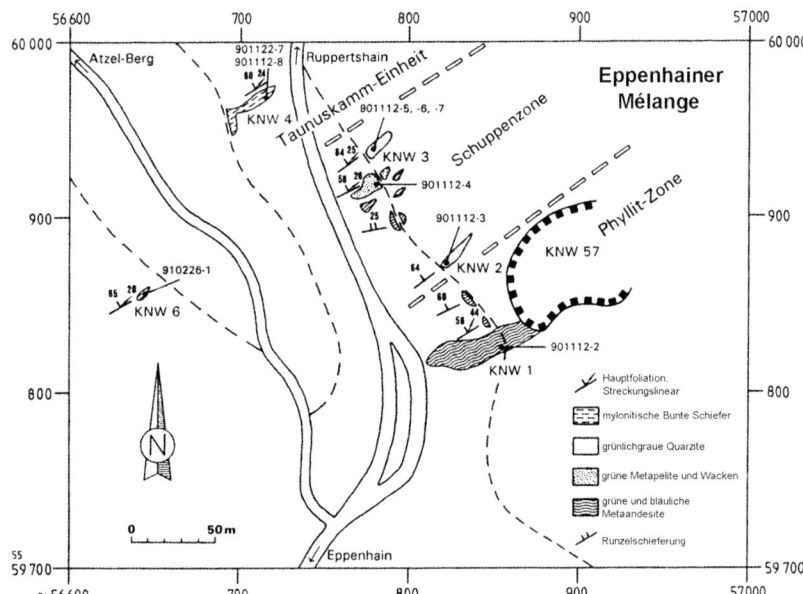

Abb. 34. Eppenhain. Lageplan zur Grenze zwischen Vordertaunus- und Taunuskamm-Einheit (Klügel 1997).

Streckungslinear, asymmetrische Druckschattenhöfe und schwach entwickelte Scherbänder zeigen eine subhorizontale seitenverschiebende Bewegung mit sinistralem Schersinn. Eine jüngere Runzelschieferung fällt flach nach NW ein und faltet die mylonitische Foliation. Das Schnittlinear ist subparallel dem älteren Streckungslinear.

Anderle et al. (1990), Franke et al. (1996: 57), Klügel (1997: 40 f.), Anderle & Dörr (2010)

17 Ehem. Steinbruch am W Ortsrand von Kelkheim-Ruppertshain

GK 25: 5816 Königstein, R 345690, H 555986
UTM 32 456 840 E 5 558 080 N

Metaandesit (Grünschiefer) der Vordertaunus-Einheit, Silur/Ordovizium

Im Bereich einer an Querstörungen jung herausgehobenen Horstscholle am Westrand der Kelkheim-Hornauer Bucht. Bänderung, Schieferung sowie plattige Absonderung des Gesteins sind parallel zueinander und stehen etwa senkrecht. Querklüfte herrschen vor. Vier Typen des Vulkanits unterscheiden sich in Farbe und Intensität der Verfor-

mung. Der Haupttyp (a) ist olivgrün, teils massig-dicht, teils bei kleinporphyrischem Gefüge stark geschiefert, zuweilen gebändert. Zwischengeschaltet sind violette Abarten; Typ (b) ist massig, wenig verformt, einsprenglingsreich, porphyrisch, Typ (c) ist eine stark geschieferte violett grüne Variante. Der vierte Typ (d) ist ein hell graues, licht rosafarbenes Gestein, das cm- bis dm-lange Linsen im Haupttyp bildet und mit einer Kupfererzparagenese verknüpft ist (Hentschel & Meisl 1966). Es ist auf einen mehrere Meter breiten Streifen an der rechten (nordwestlichen) Bruchwand beschränkt.
Anderle & Meisl (1974)

18 Kelkheim-Fischbach, Steinbruch der Fa. Natursteinwerk Fischbach auf dem Fischbacher Kopf

GK 25: 5816 Königstein, R 345756, H 555777
UTM 32 457 500 E 5 555 990 N

Metarhyolith und Metapelit des Silurs und (?) tiefsten Devons

Abgebaut wird ein graugrünlicher, braunfleckiger, schiefrig-flaseriger Metavulkanit, der teils plattig. teils stängelig absondert. Das Gestein enthält reichlich Einsprenglinge von Quarz, albitisiertem Plagioklas und (seltener) Kalifeldspat (bis 2500 µm Ø). Alle Einsprenglinge sind kataklastisch zerbrochen, die Kornteile häufig gegeneinander verschoben und durch Feldspat-Quarzpflaster nachträglich verheilt. Sie sind in ein sehr feinkörniges Grundgewebe metamorpher Neubildungen aus Feldspat, Quarz, Serizit (Phengit), Chlorit und Leukoxen eingebettet. Serizit und Chlorit sind in Strähnen parallel der Hauptschieferung angereichert, die durch die 2. Schieferung verfältelt sind. Es treten Pseudomorphosen aus Serizit und Leukoxen nach Biotit auf. (Frühere magmatische Biotite zeigen sich an Pseudomorphosen aus hauptsächlich Phengit und Titanit). Postdeformativ gesprosst ist Stilpnomelan in Form büschelig angeordneter Aggregate bräunlicher Nadeln.
  Der Metarhyolith wurde von Sommermann et al. (1990) an einer Probe aus diesem Aufschluss mit der U/Pb-Methode an Zirkonen auf 426 Ma datiert.
  Die straffe Foliation parallel zum stofflichen Lagenbau (1. Schieferung = Hauptschieferung) fällt steil nach NW ein. Die Foliation wird überprägt von einer flach NW-fallenden Runzelschieferung (2. Schieferung) und offenen B2-Falten mit subhorizontalen Achsenflächen. Die Runzelschieferung ist deutlich ausgeprägt, bildet aber keine Ablösungsflächen. Das δ_2-Linear fällt sehr flach nach SW ein. Eine mittelsteil nach SW einfallende Farbstreifung ist vermutlich der Rest einer Eruptivgesteins-Bänderung. Das Kluftgefüge zeigt steil stehende Diagonalklüfte mit einem mittleren Winkel von 40° senkrecht zur Hauptschieferung. Die Kluftzonen sind sehr unregelmäßig im Aufschluss verteilt. Form und Schwerpunktverteilung von Feldspäten sowie mit Faserquarz gefüllte Druckschattenhöfe um Pyrit zeigen eine prolate Verformung mit der langen (x) Achse des finiten Strain-Ellipsoides im Streichen der Abfolge. Asymmetrische Druckschattenhöfe an Feldspäten und intrafoliale Faltung synkinematischer Quarz-Feldspatadern belegen durchgreifende, dextrale Scherverformung.

Im S des Steinbruchs ist der steile Kontakt zwischen den Hochdruck-Metavulkaniten und den Niedrigdruck-Metapeliten aufgeschlossen. Ob es sich dabei um einen tektonischen oder stratigraphischen Kontakt handelt, wird noch diskutiert.

Der Steinbruch wurde bereits im 19. Jahrhundert angelegt und wird heute von der Firma Natursteinwerk Fischbach betrieben.

Anderle & Meisl (1974), Ahrendt et al. (1977: 85), S. Weber (1980: 55), Anderle et al. (1990), Meisl et al. (1982), Sommermann et al. (1990), Franke et al. (1996)

19 Mineral- und Thermalquellen von Bad Soden am Taunus

GK 25: 5917 Frankfurt am Main West, R 3463434, H 5556743 (Alter Sprudel)
UTM 32 464 090 E 5 554 470 N

Die Mineral- und Thermalwässer von Bad Soden treten dort aus, wo die südliche Randstörung des Taunus von einer Querstruktur geschnitten wird, bei der es sich um einen schmalen tektonischen Graben handeln könnte. Diese Struktur ist NW Bad Soden auf der GK zu erkennen, lässt sich jedoch nicht nach SE ins Stadtgebiet verfolgen. Außerdem begrenzt im E der Stadt eine N-S-Störung die Taunusgesteine gegen Tertiärablagerungen, an der die Südrandstörung nach N verspringt. Die Quellen steigen in Phylliten der Lorsbach-Formation auf und treten in den Tälern des Sulzbaches und des Niederdorfbaches an die Oberfläche. Die beiden wichtigsten Quellen, der Alte und der Neue Sprudel, sind durch Bohrungen erschlossen. Sie lieferten 10,85 % bzw. 46,15 % der 2003 gemessenen Schüttung von 3,35 l/s der Heilquellen von Bad Soden. Golwer (2005) schätzt das in Bad Soden insgesamt austretende Mineralwasservolumen auf etwa 4–6 l/s.

Die Namen Soden und Sulzbach deuten auf Kenntnis der salzhaltigen Quellen bereits in vorurkundlicher Zeit. 782 wird der Sulzbach erstmals urkundlich erwähnt (Wiesner 1949). 817 sind die Salzquellen von Kaiser Ludwig an seine Pfalz in Frankfurt übertragen worden (Rossbach 1924). 1191 wird Soden in einer Urkunde des Erzbischofs von Mainz erstmals erwähnt (Kromer 1991). Erstmalig urkundlich erwähnt werden die Quellen 1433 und 1437, als Kaiser Sigismund ihre Nutzung der Stadt Frankfurt übertrug. Auch in einer Urkunde des Kaisers Friedrich III. aus dem Jahr 1483 werden die Quellen genannt. Als erste Fassung wird 1494 der Milchbrunnen erwähnt. Im 30-jährigen Krieg wurden alle Quellen verschüttet und erst im ausgehenden 17. Jh. wieder neu erschlossen. Zahlreiche Neufassungen stammen aus dem 19. Jh. Seit 1829 erfolgt die Nummerierung der Quellen. Die ersten ärztlichen Beschreibungen der Heilwirkung der Quellen stammen von dem Frankfurter Arzt Dr. Gladbach aus den Jahren 1701 und 1725. Die erste chemische qualitative Untersuchung (vom Milchbrunnen) führte Gladbach (1701) durch. Die umfangreichste Beschreibung der Quellen und der Kurgeschichte stammt von Kromer (1990). Eine hydrogeologische und hydrochemische Bestandsaufnahme der Quellen erfolgte durch Fricke (1991).

Die Mineral- und Thermalquellen von Bad Soden konzentrieren sich in zwei Bereichen. Westlich der Königsteiner Straße entspringen im Tal des Sulzbachs S des

Grünbergs im Quellenpark und Wilhelmspark 21 Quellen. Einige davon besitzen öffentlich zugängliche Ausläufe. Der Winklerbrunnen liegt am Ostrand des Wilhelmsparks, 6 m E davon der 1924 gebaute Auslauf. Der Solbrunnen in der Dachbergstraße, etwa 40 m NW der Auslaufstelle im 1886 gebauten Sodenia-Pavillon gelegen, wurde 1991 beim Bau des Hundertwasser-Hauses durch Bohrpfähle merklich beeinflusst.

Der Sauerbrunnen, an der Einmündung der Brunnenstraße in die Straße zum Quellenpark, hat einen Auslauf ca. 1,60 m unter der Straßenoberfläche.

Der Champagnerbrunnen, im Südteil des Wilhelmsparks gelegen, wurde 1822/23 bei der Suche nach Braunkohle durch eine 45 m tiefe Bohrung entdeckt. Der Auslauf wurde zuletzt 1987 neu gestaltet.

E der Königsteiner Straße, im Tal des Niederdorfbaches, liegen im alten Kurpark an der Parkstraße SW des Burgbergs 6 Quellen. Davon werden 3 nicht mehr genutzt bzw. sind zugeschüttet. Nicht mehr genutzt wird die Quelle VII, genannt Major, nach dem Besitzer der Sodener Saline um 1745 Major Friedrich Wilhelm von Malapert. Seit 1567 ist diese älteste Badequelle der Stadt bekannt. Sie liegt am Ostrand des alten Kurparks unmittelbar N des alten Badhauses (R 346447, H 555674). Der Schwefelbrunnen wird durch eine Quellgruppe gespeist, die in einem kurzen Stollen gefasst ist. Die beiden Hauptquellen wurden durch Bohrungen erschlossen; der Alte Sprudel 1857/58 durch eine 210 m tiefe Bohrung (Giebeler 1858) und der Neue Sprudel 1937/38 durch eine 375 m tiefe Bohrung, die nach Instandsetzungsarbeiten 1952/53 noch eine Tiefe von 372,6 m besaß. Beide Bohrungen stehen in Phyllit (Metapelit) mit wechselnd starker Durchtrümerung mit Milchquarz. Ihre Fassungen befinden sich im N Teil des alten Kurparks.

In der Bohrung für den Alten Sprudel wurde an/in eingelagertem Milchquarz in Tiefen von 30, 135, 139 und 164 m Schwefelkies (Pyrit FeS_2), in 193 und 201 m Eisenspat (Limonit $FeCO_3$) und in 194 m arsenhaltiges Fahlerz (Tennantit $Cu_{12}As_4S_{13}$) festgestellt (Giebeler 1858). Aus der Bohrung für den Neuen Sprudel nennt Michels (Archiv HLNUG) im Phyllit von 5,50 bis 91,50 m gelegentlich Pyrit, von 143,50 bis 183,80 besonders viel Pyrit, Spuren von Kupferkies (Chalkopyrit $CuFeS_2$) bei 153,50 bis 154,50, 173,50 bis 175,50 und 178,50 bis 179,50 m und Überzüge von Kalkspat von 305 bis 309 m. Beim Austritt der Mineralwässer an der Erdoberfläche führen Änderungen des Kalk-Kohlensäure-Gleichgewichts bei der Abkühlung und der Einfluss des Luftsauerstoffs zu kalk- und eisenhaltigen Ausfällungen, wie den ockerfarbenen Sinterkrusten am Auslauf des Neuen Sprudels. Die chemische Analyse dieses Sinters ergab fast 48 % Calciumoxid (CaO) und fast 42 % Glühverlust (vorwiegend CO_2). Durch Eisen(III)-Hydroxid werden Spurenelemente wie Arsen (511 mg/kg) und Strontium (4682 mg/kg) mit ausgefallt und im eisenhaltigen Kalksinter angereichert. Seine Zusammensetzung entspricht weitgehend demjenigen des Kochbrunnens in Wiesbaden.

Zunächst wurde aus den Quellen Salz gewonnen. Der älteste Beleg dafür stammt aus der Zeit um 1450 (Kromer 1991). Ab 1605 wurde Gradierung der Sole mittels Gradierwerken vorgenommen. Dafür wurden die Quellen Major (VII) und Solbrunnen (IV) genutzt. Die jährliche Salzgewinnung lag unter 200 t. Das Salz wurde vorwiegend nach Frankfurt am Main geliefert. 1812 endete der Salinenbetrieb. Etwa ab 1857 begann die Herstellung der Sodener Mineralpastillen aus dem Wasser des Warmbrunnens und des

Tab. 7. Daten einiger Bad Sodener Quellen (nach Golwer 2005, Carlé 1975).

Bezeichnung der Quelle	Lage R34/H55	Tiefe/ Fassung m	Temp. °C	Salzgehalt Na/Cl (mg/kg)	CO_2
Milchbrunnen, I	6416/5626	ca. 7	21,5	961/1537	1561
Winklerbrunnen, II	6412/5625	ca. 4	19,7	1400/2119 (mg/l)	4746
Warmbrunnen, III	6415/5625	8	21,7	1441/2310	1661
Solbrunnen, IV	6414/5637	5–6	20,9	5610/9038	1404
Sauerbrunnen, V	6430/5640	16,6	15,8	4540/7129 (mg/l)	
Schwefelbrunnen, VIb	6443/5670	15,45	15,5	3969/6271	1688
Alter Sprudel, XXIV	6439/5676	210	25,4	5737/9244	1485
Neuer Sprudel, XXVIII	6443/5674	372,6	29,6	6647/10725	1026

Wiesenbrunnens. Heute wird dafür Wasser des Alten und Neuen Sprudels herangezogen. Mindestens seit Anfang des 19. Jh. bis etwa 1914 wurde Mineralwasser zunächst in Krügen und später in Flaschen abgefüllt und versandt. Im 20. Jh. dienten 12 Fassungen dem Kurbetrieb für Trinkkuren, Badekuren und Inhalationskuren. Für Badekuren dienten der Alte und der Neue Sprudel. Nachdem der Kurbetrieb im Sommer 2001 eingestellt wurde, speisen sie das Thermalsolebad (Sodenia-Therme) der Stadt Bad Soden.

Alle relevanten Daten zu den Bad Sodener Quellen sind in der aktuellen Studie von Golwer (2005) zusammengestellt, aus der auch die meisten Informationen dieses Textes entnommen sind. Knapp und präzise gibt der Autor auf 28 Seiten eine geologische Übersicht und einen historischen Überblick, informiert über Vorkommen des Mineralwassers, Fassung der Quellen, physikalische und chemische Beschaffenheit des Heilwassers sowie Nutzung und Schutz der Quellen. Neun Abbildungen, davon zwei Karten und zwei hydrogeologische Schnitte, sowie sechs Tabellen, ergänzen den Text.

(Siehe auch Erl. GK 25 Hessen, Bl. 5817 Frankfurt a. M. West, Wiesbaden 2009; dort Kap. 9. Hydrogeologie v. A. Golwer).

20 Königstein-Falkenstein. Aufschlüsse um die Burgruine Falkenstein

GK 25: 5816 Königstein, R 346270, H 556170
UTM 32 462 640 E 5 559 920 N

Metavulkanite des Vordertaunus nahe zum Kontakt mit dem Taunuskamm

Eine Reihe kleinerer Aufschlüsse zeigt steil einfallende, NE-SW-streichende Metaandesite mit Albit, zoniertem Amphibol. Epidot, Chlorit, Titanit, Quarz, Phengit, Calcit,

Hämatit, ± Kalifeldspat, ± Stilpnomelan. Das magmatische Gefüge ist nahezu ausgelöscht, mit Ausnahme einiger albitisierter Plagioklas-Phänokristalle und einiger seltener Reste eines trachytischen Gefüges in der Matrix. Parallel der Schichtung verläuft eine dominante Foliation. Beide sind von einer schwach nach NW einfallenden Runzelschieferung verfaltet, begleitet von kleineren und größeren SE-vergenten B_2-Falten. Syn- bis post-s_1 verformte Quarz-Feldspat-Adern führen Axinit und sind manchmal in der 2. Deformation gefaltet. Die Axinit-Porphyroblasten im Gestein haben s_1 überwachsen und die neu entstandenen Minerale lenken s_2 ab. Obwohl Axinit über ein großes Temperaturintervall stabil ist, zeigt sein Auftreten beginnende rückschreitende Bedingungen von D_1 zu D_2.

Quarz und Schichtsilikate rekristallisierten während der Bildung der Hauptschieferung. Die späten Adern zeigen jedoch nur noch *cold working*, spröde Verformung und schwache Erholung von Quarz mit zusätzlicher Drucklösung am Kontakt mit Schichtsilikaten. Die erwähnten Adern – wie auch primäre Phänokristalle unter dem Mikroskop – sind außerdem asymmetrisch boudiniert, was einen subhorizontalen, dextralen Schersinn entlang der Hauptschieferung anzeigt.

Anderle et al. (1990), Meisl (1988), Sachtleben (1988)

21 Königstein-Falkenstein. Felsklippen am Westhang des Kocherfels E Falkenstein ca. 400 m ESE Martin-Luther-Kirche

GK 25: 5816 Königstein, R 346334, H 556180
UTM 32 463 280 E 5 560 015 N

Rossert-Metaandesit, höchstes Ordovizium

Der Metavulkanit steht E, S und W des Kocherfels-Plateaus in zahlreichen Klippen an. Für Exkursionen am besten zu erreichen ist der oben angegebene Aufschluss. Das Gestein zeigt eine ausgeprägte steilstehende Hauptschieferung (s_1) und eine mittelsteil nach NNW einfallende 2. Schieferung (s_2). Es treten Q-Klüfte und 2 Scharen von Diagonalklüften auf, deren Maximumflächen einen Winkel von 58° bilden. Die N–S-Klüfte überwiegen. Es handelt sich bei diesen häufig um große, unregelmäßige Flächen ohne Quarzbesteg. An weni-

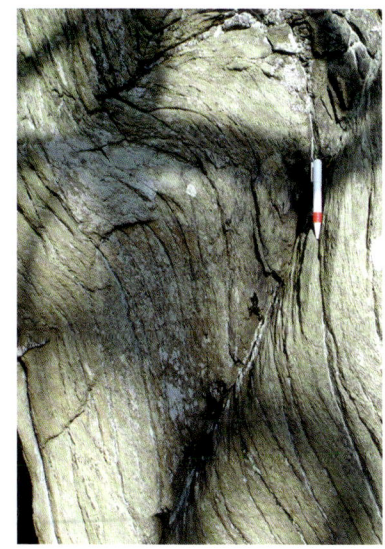

Abb. 35. Rossert-Metaandesit des Ordoviziums in Felsklippen am Westhang des Kocherfels an der Burg Falkenstein in Königstein-Falkenstein.

gen Stellen ist die Hauptschieferung zu offenen, stark asymmetrischen, SSE-vergenten Kleinfalten umgeformt, zu denen s_2 die Achsenebenen parallele Schieferung ist. Im Kern dieser Falten treten gelegentlich Quarzanreicherungen auf, die Apophysen in die Hauptschieferung s_1 senden können. Diese Quarzanreicherungen ähneln den Kauber Walzen des Hintertaunus, die in gleicher Gefügeposition auftreten. Selten sind steilstehende Kleinstörungen im Streichen von s_1, an denen manchmal der SE-Block aufgeschoben ist. Auf s_1 treten gelegentlich Quarzharnische auf, deren Lineare mit 50–70° in den SW-Quadranten abtauchen. Ein Bewegungssinn konnte jedoch nicht festgestellt werden.

22   Felsen unterhalb der Burgruine Kronberg

GK 25: 5817 Frankfurt am Main-West, R 346486, H 556068
UTM 32 464 800 E 5 558 896 N

Wiesbaden-Metarhyolith, Silur

Der Metavulkanit steht unterhalb der inneren Burgmauern und des Bergfrieds an. Auffällig sind die Schnittspuren der ebenen Querklüfte auf den steil nach S einfallenden s_1-Flächen. Die Q-Klüfte sind im Aufschlussbereich die häufigsten Klüfte. E des Bergfrieds zeigen sie beim Bruchvorgang entstandene Oberflächenstrukturen wie Randklüfte und Federstrukturen (vgl. Bankwitz & Bankwitz 1984).

Für einen Besuch sind die Öffnungszeiten der Burganlage zu beachten.

23   Ehemaliger Steinbruch Trombelli an der B 455 in Kronberg (heute bis auf einen Rest verfüllt)

GK 25: 5817 Frankfurt am Main West, R 346485, H 556180
UTM 32 464 790 E 5 560 020 N

Wiesbaden-Metarhyolith, Silur

Von dem Metavulkanit sind heute noch der höhere Teil der N und der E Wand des ehemaligen Steinbruchs zu sehen. Das hier anstehende Gestein ist stark kaolinitisiert als Folge der Verwitterung und damit verbundenen Umwandlung von Feldspäten. Die Hauptschieferung s_1 steht nahezu vertikal. Ihre Maximumfläche fällt mit 90° in Richtung 153° ein. Sie ist um eine gering NE-fallende Achse (B = 62/5) weitspannig in flache Falten gelegt. Diese B-Achse wird durch ein Runzellinear auf den s_1-Flächen repräsentiert. Es ist das Schnittlinear von s_1 und s_2. Im Gefüge der steilstehenden Klüfte dominieren die Diagonalklüfte, deren Maximumflächen einen Winkel von 46° in 150°-Richtung bilden. Dies legt einen Zusammenhang zwischen der variskischen Einengung und der Kluftbildung nahe.

Abb. 36. Ehemaliger Steinbruch Trombelli an der B 455 in Kronberg. Wiesbaden-Metarhyolith, Silur. Blick nach NE, rechts: steil stehende 1. Schieferung, links: Falten der 2. Deformation.

24 Felsklippen Rabenstein am Westfuß des Köhlerberges (Hardwald) in Bad Homburg

Bl. 5717 Bad Homburg, R 347254, 556707
UTM 32 472 480 E 5 565 290

Einlagerung von Metatrachyt in Metaandesit

Bei dem auf der GK 25 als Einlagerung von Kalinatronkeratophyr im Grünschiefer ausgewiesenen vulkanischen Gestein handelt es sich um Metatrachyt. Er unterscheidet sich vom umgebenden Metaandesit (Grünschiefer) sowohl geochemisch, als auch strukturell. Es ist ein dichtes, splittriges Gestein von grauvioletter Farbe. Mit bloßem Auge lassen sich Feldspat-Einsprenglinge erkennen. Mikroskopisch zeigt sich eine Eruptivgesteinsstruktur durch divergente längliche, zwillingslamellierte Feldspatleisten. Geochemisch liegt das Gestein mit einem SiO_2-Gehalt von 69,12 Gewichtsprozent zwischen den Metaandesiten (55–65 % SiO_2) und den Metarhyolithen (70–80 % SiO_2). Im Zr/TiO_2-Nb/Y-Diagramm nach Winchester & Floyd (1977) liegt sein Wert im Feld der Rhyodazite und Dazite nahe der Grenze zu den Andesiten. Die Trennflächen fallen meist steil bis halbsteil nach S bis W ein. E–W und N–S streichende Klüfte überwiegen. Einzelne Harnische auf N–S streichenden Flächen tragen flach S-fallende Harnischlineare, die Seitenverschiebung anzeigen. Ein Bewegungssinn ist nicht sicher zu erkennen. Die Nähe zu der großen Verwerfung zwischen Köhlerberg-Horst und Homburger

Graben kommt im Trennflächen-Gefüge nicht zum Ausdruck. Die Klippen sind stellenweise dicht durchschwärmt von Quarzadern.

Entlang der Höllsteinstraße (B 455) ist S und N (in einem ehem. Steinbruch, in dem jetzt 2 Häuser stehen, Höllsteinstr. 68) des Rabensteins vereinzelt Metaandesit aufgeschlossen. Er zeigt eine überwiegend steil bis halbsteil SSE einfallende Hauptschieferung (s_1) und ganz selten eine mittelsteil NNW einfallende Runzelschieferung (s_2). Einzelne δ_2-Achsen fallen flach nach ENE ein.

Leppla & Michels (1927), Schlossmacher in Michels (1927), Anderle & Meisl (1974), Strecker (briefl. Mitt. v. 9.12.2008)

25 Mineralquellen von Bad Homburg

GK 25: 5717 Bad Homburg v. d. Höhe, R 347325, H 556579 (Solsprudel)
UTM 32 472 940 E 5 564 210 N

Die Mineralquellen von Bad Homburg treten am Südrand des Taunus dort auf, wo eine große Querstörung die Südrandstörung des Taunus schneidet. Nach Leppla (1913) hat diese hier eine Sprunghöhe von mehr als 245 m. Die Querstörung begrenzt die tektonische Senke der Homburger Bucht (Wenz 1914) im NE gegen den Köhlerberg-Horst (Hardwald). Sie lässt sich aus dem Taunusvorland bis zur Saalburg verfolgen. E und W von ihr unterscheiden sich die Strukturen des Südtaunus deutlich. Die Homburger Bucht setzt sich N der Saalburg im Usinger Becken fort. Die Bad Homburger Quellen steigen im Rossert-Metaandesit, einem ordovizisch-silurischen Metavulkanit und möglicherweise auch unterdevonischen Bunten Schiefern auf und treten im Tal des Kirdorfer Baches aus. Bis auf den Elisabethen-Brunnen sind alle Quellen durch Bohrungen erschlossen. Das Wasser des Elisabethen-Brunnens tritt unmittelbar unter der quartären Talfüllung aus Metavulkanit aus. Bei der Neufassung der Elisabethenquelle 1859/60 stellte Ludwig (1861: 101) fest, „dass die Hauptquelle auf einer quarzigen Schicht des Thonschiefers entspringt, welche hora 5½ streicht und steil (in 45°) nördlich einfällt". Diese Gesteine wurden bei der Bohrung zur Erschließung des Viktoria-Louise-Brunnens erst bei 250 m unter Tage erreicht. Zwischen beiden Brunnen verläuft folglich die Südrandstörung des Taunus.

Die Nutzung der Quellen durch den Menschen reicht weit zurück. In ihrem Bereich folgen vier Kulturen in kontinuierlicher Folge übereinander: Die Hallstattsiedlung, römische Baureste, spätrömische Gräber, Frankengräber und schließlich das mittelalterliche Gonzenheim. Der älteste Fund, ein Depotfund von 1880 aus der Bronzezeit im Übergang zur Hallstattzeit (1500–1000 v. Chr.) bestand aus 171 Stücken, die etwa 300 m südwestlich des Stahlbrunnens vor der Englischen Kirche ausgegraben wurden. Eisenzeitliche Gegenstände, wie Gefäße, ein Eisenschwert, ein sichelförmiges Messer und ein Quarzkristall (?aus Eschbach bei Usingen) wurden 1880 und 1891 in zwei Gräbern gefunden. Zahlreiche römische Reste fanden sich am Kaiserbrunnen und auch am Ludwigsbrunnen. Reste von römischen Gebäuden befinden sich am Wingertsberg und anderen Stellen. Bemerkenswert ist eine Bilderschüssel (Terra sigillata) des Töpfers Dexter, der Ende des 2. Jahrhunderts in Trier gearbeitet hat, die 1856 in 1,40 m

Tiefe im Schacht des Kaiserbrunnens gefunden wurde. Danach folgen Frankengräber mit reichen Grabbeigaben. Eine Urkunde des Klosters Lorsch von 733 erwähnt zwei Salzquellen bei Eschbach, die zur Salzherstellung dienten. Nach dem 30-jährigen Krieg wurden 1660 die Quellen unter dem Landgrafen Ludwig V. von Hessen-Darmstadt neu gefasst und ein Salinenwerk angelegt, das aber bereits 1664 wegen zu hoher Kosten und Wassermangels wieder eingestellt wurde. Unter Landgraf Friedrich II. wurde 1680–1687 die Saline nach neuesten Plänen von Baurat Paul Andrich wieder aufgebaut. Salzrechnungen sind seit 1689 erhalten. Nach dem Weggang Andrichs 1695 und dem Tod des Landgrafen 1708 beginnt der Niedergang des Salinenbetriebs. Die hohen Holzpreise und ein zu hoher Reparaturbedarf schlagen negativ zu Buche. Die Salzgewinnung wird 1739 ganz eingestellt. Die Gradierhäuser werden nach Nauheim verkauft.

Erstmals wird 1799 vorgeschlagen, den unteren Brunnen (den späteren Elisabethenbrunnen) neu zu fassen, um die Quelle als Gesundbrunnen zu nutzen. Wenige Jahre später wird 1809/10 eine neu entdeckte Quelle, ein Säuerling, im Kirdorfer Bach in der Nähe des oberen Salzbrunnens (des späteren Ludwigsbrunnens) als Trinkbrunnen gefasst. Das Wasser wird auch in Krügen versandt. 1824/25 gibt es Pläne für eine Badeanstalt. Auch eine Spielbank wird genehmigt. 1830 wird auch die Bürgerschaft in der Sache aktiv und plant eine öffentliche Badeanstalt. Richtig in Gang kommt das Bade-

Tab. 8. Daten einiger Bad Homburger Brunnen (nach Michels 1927, ergänzt nach Ludwig 1861, Deutsches Bäderbuch 1907, Jacobi 1935, Carlé 1975), nach Deutsches Bäderbuch 2008 (Tiefen u. Temperatur nach Schrägstrich). Die Nummerierung folgt Michels (1927).

Bezeichnung	Lage R34/H55	Tiefe in m	Temp. °C	Salzgehalt NaCl (g/kg)	CO_2 (g/kg) Fres59/Dt. Bäd.
Solsprudel (1)	7325/6579	505/505	15/15,0	18,22/19,26	–/10,53
Stahlbrunnen (2)	7341/6580	46,04/58,8	11,0/11,7	5,863	3,1422/2,053
Ludwigsbrunnen Ludwigsbrunnen (3)	7342/6595	39,05/7,7	11,9/12,0	5,119	3,1298/2,660
Kaiserbrunnen (4)	7342/6585	75,28/75,3	11,5/11,9	7,177	3,5142/2,770
Auguste-Viktoria-Br. (7)	7353/6579	28,25/53	9,40/11,1	13,938	–/2,177
Louisen-Brunnen (8)	7361/6583	28,96/96,4	11,28/11,9	3,103	2,5803/1,869
Landgrafenbrunnen (9)	7356/6671	166/166	11,00/13,0	9,878	–/1,836
Chulalongkorn-Br. (10)	7369/6584	90,25/90,2	11,4/11,4		
Elisabethen-Br. (11)	7363/6565	7,5/7,5	10,6/12,0	7,767	3,8118/2,303
Viktoria-Louise-Br. (12)	7391/6541	257,0/852,75	22,4/22,4	1,822	–/1,053/1,44

wesen, als 1834 der Arzt Dr. Eduard Christian Trapp den verschütteten „Unteren Brunnen" neu entdeckt, dessen Neufassung 1835–37 erfolgt. Die chemische Untersuchung des Wassers nimmt Justus von Liebig in Gießen vor, dessen lobendes Urteil dem Elisabethenbrunnen zu großer Bekanntheit verhilft. Außerdem macht Trapp Werbung in Vorträgen und Publikationen in mehreren Sprachen. Die Salzwiesen werden in einen Park umgestaltet, Hotels gebaut und Privatbäder eingerichtet. Die Zahl der Kurgäste steigt von 155 im Jahr 1834 über 9012 im Jahr 1854 auf 21 000 im Jahr 1872. Das Kurhaus an der Louisenstraße wird 1841–43 gebaut. Neue Quellen; die Stahl- (1841), die Schwefel-(Louisen-) (1856/57) und die Sool- oder Salzquelle (1851–54) werden erbohrt. Die 1851–54 bis 507,40 m Tiefe abgeteufte Bohrung auf der Suche nach einer warmen Quelle bleibt ohne Erfolg. Mitte der sechziger Jahre des 19. Jahrhunderts steht Homburg in höchster Blüte. Die Quellen werden jetzt fachmännisch betreut. Chemische Analysen fertigt Carl Remigius Fresenius, als Geologe ist Friedrich Rolle 1865–1872 tätig. Nach dem Krieg von 1870 fällt die Gästezahl von 17 000 auf 9 000. Im preußischen Abgeordnetenhaus wird die Schließung der Spielbank bis 31. Dezember 1872 beschlossen. Die Stadt übernimmt jetzt die Kuranlagen und die Kurverwaltung. 1887–1890 wird als großes Badhaus das Kaiser-Wilhelm-Bad gebaut. Neue Quellen werden erbohrt: Landgrafenbrunnen (1899), Augusta-Viktoria-Brunnen (1906), Chulalongkorn-Brunnen (1907) und Viktoria-Louise-Brunnen (1910–13). Der Elisabethenbrunnen wird 1911/12 neu gefasst. Erst 1912 erfolgt die Einführung der amtlichen Bezeichnung Bad Homburg v. d. Höhe. Ab 1918 übernimmt wieder eine AG die Kureinrichtungen.

Die Bad Homburger Mineralquellen und die eine Thermalquelle werden überwiegend zu Trinkkuren und auch zum Baden genutzt. Das 32 °C warme Wasser in den Innen- und Außenbecken der „Taunus Therme" ist zusätzlich erwärmt, da der Viktoria-Louise-Brunnen nur 22,4 °C warmes Wasser liefert.

26 Mineral- und Thermalquellen von Bad Nauheim

GK 25: 5618 Friedberg (Hessen), R 348187, H 558131 (Sprudel XIV)
UTM 32 481 780 E 5 579 510 N

Die Mineralquellen von Bad Nauheim steigen in verkarsteten Kalksteinen des Mitteldevons auf und treten im Tal der Usa an die Oberfläche, dort wo die Gesteine des Taunuskammes von einer großen Querstörung abgeschnitten werden und nach E unter die Tertiärablagerungen der Wetterau absinken. Ein System von Klüften und Kavernen – überwiegend im Kalkstein – bevorzugt in NNW–SSE- und SSW–NNE-Richtung verlaufend, ermöglicht der Sole den Aufstieg. Das Bild einer „Hauptquellspalte" vereinfacht die Verhältnisse zu sehr (Kümmerle 1976). Die heute noch betriebenen Brunnen sind alle durch Bohrungen erschlossen. Sie stehen entweder in einer Wechselfolge aus Tonschiefer und Quarziten des Unterdevons oder in mitteldevonischem Massenkalk. Ab 1816 wurden, mit unterschiedlichem Erfolg, zahlreiche Bohrungen abgeteuft. Der Sprudel VII, nach dem 1839–41 zunächst erfolglos gebohrt worden war, brach erst 1846 plötzlich aus dem aufgegebenen Bohrloch hervor, der Sprudel XII wurde 1852–55 und der Sprudel XIV 1899–1900 erbohrt. Die jüngste Bohrung erfolgte 1911 zur Erschließung des Siedehaus-Brunnens. Die Geschichte der Schachtbrunnen und Bohrungen zur Förderung von Sole in Bad Nauheim ist bei Kümmerle (1976) kenntnisreich zusammengestellt. Der um die Fassungen der Sprudel VII, XII und XIV 1908/09 errichtete Sprudelhof und die symmetrisch dazu gruppierten anschließenden Badhäuser mit 16 kleinen Binnenhöfen sind ein sehenswertes Baudenkmal des Jugendstils. Auch der Einband der „Festschrift zur Weihe des neuen Soolsprudels zu Bad Nauheim" von Lepsius (1900) ist in diesem Stil gestaltet.

Schon in vor- und frühgeschichtlicher Zeit gewann man das Salz der natürlichen Soleaustritte in der Talaue der Usa. Typischer Quellsinter fand sich in Gruben der bandkeramischen Kultur der Jüngeren Steinzeit (um 4000 v. Chr.). Eine Häufung von Funden der Glockenbecherkultur am Übergang von der Steinzeit zur Bronzezeit (etwa 2000–1800 v. Chr.) wird auf die Salzvorkommen zurückgeführt. Auch könnte die Massierung von Grabfunden der Urnenfelderkultur aus der jüngeren Bronzezeit (um 1000 v. Chr.) am Goldstein bei Bad Nauheim mit dem Salz zu tun haben. Nachweise für Salzgewinnung fehlen allerdings. Erst in der jüngeren Eisenzeit, der Latènezeit (5. Jh. v. Chr. bis zum Jahr 0), fand nachweisbar eine Salzgewinnung durch die Kelten statt. Zwei Salinenzentren sind durch Funde und Ausgrabungen festgestellt worden. Es fand eine Warmgradierung in Tongefäßen statt. Spätestens mit der dauernden römischen Besetzung der Wetterau in der zweiten Hälfte des 1. Jh. n. Chr. endete die vorgeschichtliche Salzproduktion. Erst in fränkischer und karolingischer Zeit, vom Anfang des 8. bis zur Mitte des 9. Jh. wurde die Salzgewinnung wieder aufgenommen. Erstmals kamen Metallbehälter – große Bleipfannen – zum Versieden der Sole zum Einsatz. Die erste urkundliche Erwähnung einer Salzpfanne fällt in das Jahr 1338 (Herrmann 1976). Bis zum Anfang des 19. Jahrhunderts wurde die Nauheimer Sole lediglich zur Salzgewin-

Tab. 9. Daten einiger Bad Nauheimer Brunnen (nach Carlé 1975, Scharpff 1972, 1976, Michels, R. & Schmidt 2000).

Bezeichnung	Lage R34/H55	Tiefe in m u. Gel.	Temp. °C Mittel	Salzgehalt (mg/kg) Na^+ Cl^-	CO_2 mg/l, mg/kg
Ludwigs-brunnen	8187/8030	61,40	18,6	283/500	1894/958,3/1220
Siedehaus-quelle	8172/8071	15,90	16	3360/5900	1999/1011,7/2100
Karlsbrunnen	8161/8084	9,80	20,5	3650/6400	1870/946,0/1700
Kurbrunnen	8169/8089	16,60	19,6	4170/7320	1498/758,0/1420
Sprudel VII	8184/8130	159,44	29,0	7370/12900	1239/626,8/1153
Sprudel XII	8185/8130	180,10	32,8	10300/17900	1126/569,6/1013
Sprudel XIV	8187/8131	209,43	30,0	8430/14600	1168/590,8/1160

nung genutzt. 1823 wurden die ersten Bäder verabreicht. Mitte des 19. Jahrhunderts wurde Bad Nauheim zu einem Zentrum der Behandlung Herzkranker in kohlensäurehaltigen Solebädern.

Eine umfassende Betrachtung zum Auftreten, zur Entstehung und zur Untersuchungsgeschichte der Bad Nauheimer Mineralwässer gibt Scharpff 1972 und 1976.

4.2 Taunuskamm-Einheit

27 Ehem. Steinbruch von Lorch am Rhein oberhalb der Weinberge, ca. 1 km SE vom Bächersgrund

GK 25: 5913 Presberg, R 341677, H 554388
UTM 32 416 730 E 5 542 110 N

Taunusquarzit, Siegen-Stufe

Der Steinbruch schließt die frontale Schuppe des Taunuskamm-Duplex am Mittelrhein auf. Ein liegender, NW-vergenter Sattel im Unteren Taunusquarzit ist entlang einer flachen Störung über eine gleichfalls liegende Mulde aus Schiefern und Sandsteinen des Oberen Taunusquarzits geschoben. Diese besitzen eine durchgreifende Achsenebenen-Schieferung parallel zur Überschiebung (Versatz relativ zur liegenden Schuppe 1–2 km). Druckschattenhöfe um Pyritkörner, Scherband-Generationen und die Abfolge der synkinematischen Quarzadern auf Dehnungsklüften zeigen, dass die Top-nach-NW-Bewegung von einem Top-nach-W-Inkrement unbekannter Verschiebungsweite abgelöst wurde. Die Sedimentstrukturen, zu denen reichlich überkippte Schrägschichtung gehört, zeigen ein allgemein flaches marines Milieu an.

Anderle et al. (1990), Ehrenberg et al. (1968), Jung (1955), Oncken (1988)

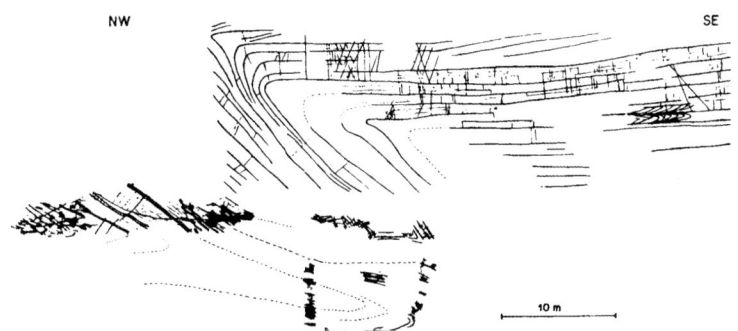

Abb. 37. Überschiebung von Unterem Taunusquarzit auf Oberen Taunusquarzit im Lorcher Steinbruch NW Bodental (nach Jung 1955).

28 Thermalquelle von Rüdesheim-Assmannshausen

GK 25: 6013 Bingen am Rhein, R 341864, H 554039
UTM 32 418 600 E 5 538 610 N

Im Keller des Thomas-Morus-Hauses in Assmannshausen, im Turm des ehemaligen Kurhauses, ist in einem 12 m tiefen Schacht eine Thermalquelle gefasst. Es handelt sich um ein Na-Chlorid-Hydrogenkarbonat-Thermalwasser. Die Temperatur beträgt nach Fresenius (1877: 418) und Czysz (2002) 31,3 °C, nach Meyer & Stets (1996) 29,9 °C. Eine Messung von 1969 ergab ebenfalls 31,3 °C (Thews 1977). Bemerkenswert ist der hohe Lithiumgehalt. Fresenius (1877: 429) gibt in seiner Analyse von 1875 0,0278 g/l Lithiumhydrogenkarbonat an, außerdem 0,571 g/l Natriumchlorid und 0,138 g/l Natriumhydrogenkarbonat (Czysz 2002). Stengel-Rutkowski (2002) nennt nach einer Analyse von 1969 einen Gehalt von 188,5 mg/l freies gelöstes CO_2.

Bereits 1489 wird von hier eine Therme urkundlich erwähnt. Eine Fassung erwies sich zunächst als schwierig, da die Quelle im Rhein austrat. Man konnte sie im Winter lokalisieren, da über ihr der Rhein nicht zufror. Eine erste Fassung gelang erst 1705. Auch an Land fand man vier weitere Quellen, an denen man einen Badebetrieb einrichtete, obwohl ihr Wasser nur halb so warm war wie das der Quelle im Rhein. Die Fassung im Rhein wurde jedoch 1758 durch Hochwasser und starken Eisgang zerstört. Eine weitere Fassung erfolgte in dem inzwischen verlandeten Bereich 1839/40, nachdem man die alten Anlagen wieder freigelegt hatte. Seit 1843 wurde in einem Holzhaus in Zinkwannen gebadet. 1855 verursachten Hochwasser und Eisgang erneut so hohe Schäden, dass der Badebetrieb eingestellt wurde. Zwei Jahre später fielen die Reste des Bades dem Bau der Eisenbahnstrecke Rüdesheim-Oberlahnstein zum Opfer. Als Retter erwies sich 1872 der aus Potsdam zugezogene Oberlandesgerichtsrat Augustin. Er ließ über dem Brunnen ein Badehaus errichten und die Quelle 1874 neu fassen. Von ihm hat Carl Remigius Fresenius die Vorgeschichte erfahren (Fresenius 1877). Das Bad Assmannshausen wurde 1877 eröffnet und bis 1950 betrieben. Danach wurde das Kurhaus an die Katholische Kirchengemeinde Assmannshausen verkauft und ist seitdem Teil des Alten- und Pflegeheimes Sankt-Thomas-Morus-Haus.

Fresenius (1877), Michels in Wagner & Michels (1930a), Thews (1977), Meyer & Stets (1996), Czysz (2002), Stengel-Rutkowski (2002)

29 Ehem. Steinbruch am NW-Hang der Zimmersköpfe N Rüdesheim

GK 25: 5913 Presberg, R 342213, H 554419
UTM 32 422 090 E 5 542 410 N

Unterer Taunusquarzit, Siegen-Stufe

Die mittel- bis dickbankige Schichtfolge liegt fast eben. Sie fällt im Mittel mit 10° nach S ein. Die nahezu bankrechten, steil stehenden Diagonalklüfte bilden einen Winkel von rund 90°. Die Ebene der Hauptkluftmaxima ist gering nach ENE geneigt.

Mehrere Jahrzehnte nach Einstellung des Steinbruchbetriebs sind die hohen Steinbruchwände nicht mehr standsicher.

30 Aufschluss NW Schloss Vollrads, in dem unter Naturschutz stehenden Wäldchen (Gemarkung Oestrich-Winkel)

GK 25: 5913 Presberg, R 342792, H 554257
UTM 32 427 870 E 5 540 790 N

Der heute weitgehend verstürzte Aufschluss im Küstenbereich des oligozänen Meeres zeigte eine Brandungshohlkehle im Taunusquarzit mit eingelagerten Brandungsgeröllen. Der dünnbankige Quarzit mit Zwischenlagen aus Tonschiefer fällt mit 25° nach WNW ein. Südlich vorgelagert finden sich kantengerundete Quarzitgerölle bis 0,5 m Ø. Wurzelballen umgestürzter Bäume am Waldrand enthalten Kies aus Quarzit und Quarz.

Kutscher in Ehrenberg et al. (1968: 156)

31 Basaltkuppe mit ehem. Steinbruch N Rabenkopf NW Oestrich-Winkel

GK 25: 5913 Presberg, R 342766, H 554572
UTM 32 427 610 E 5 543 940 N

Basanitischer Nephelinit, Analcim führend

Der Basalt sitzt nach der GK 25 auf der Grenze zwischen Bunte-Schiefer- und Hermeskeil-Formation. Das graue, blasenreiche Gestein besteht modal aus 16,7 Vol.-% Olivin, 63,0 % Pyroxen, 10,2 % Analcim + Nephelin + ?Glas, 9,3 % Erz und 0,7 % xenomorphem Plagioklas. Sein SiO_2-Gehalt beträgt 39,50 Gew.-%. In dem schachtartigen Steinbruch sind E-W-streichende und flach E-fallende Säulen aufgeschlossen. Das Basaltvorkommen tritt durch eine besondere Krautvegetation als grüner Hügel im Buchenwald hervor. Eine Altersbestimmung liegt nicht vor. Für die in der Nähe liegenden Basalte von Hörkopf und Waldburghöhe auf Bl. 5913 Presberg ermittelten Horn et al. (1972) ein K-Ar-Gesamtgesteinsalter von jeweils 41 Ma, also Eozän.

SW Rabenkopf treten oberhalb des rekultivierten Steinbruchs am Hang Klippen aus Taunusquarzit auf. Der weiße Quarzit mit roten Verwitterungsflecken und Brauneisen- sowie Manganoxidbestegen auf Klüften fällt mittelsteil nach NNW ein. Nach flach bogiger Schrägschichtung ist die Schichtung nach SSE überkippt. Das Vorkommen befindet sich SSE des Vergenzscheitels in dem Bereich der Gegenvergenz am Südrand des Taunus.
Ehrenberg et al. (1968)

32 Ehem. Steinbruch 400 m SE Kloster Eberbach bei P 214,6 (Gemarkung Eltville-Erbach)

GK 25: 5914 Eltville am Rhein, R 343200, H 554534
UTM 32 431 950 E 5 543 560 N

Bunte Schiefer des Gedinniums, Sedimente an der Basis der Taunuskamm-Einheit

Unmittelbar E des Klosters endet die Hauptverbreitung der Abfolgen der Vordertaunus-Einheit an einer größeren Querstörung.

Überwiegend dunkelrot violett bis dunkelrot braun gefärbte Tonschiefer. Untergeordnet grünliche Tonschiefer. Quarzite und quarzitische Sandsteine, z. T. feinkonglomeratisch, meist von grünlicher Farbe, in mächtigen Lagen den Tonschiefern zwischengeschaltet.

Die überkippte Schichtung verläuft parallel der 1. Schieferung. Beide fallen steil nach NW ein. Eine 2. Schieferung fällt mittelsteil nach SW ein.

Die Konglomerate sind durch zahlreiche Gesteinskomponenten und meist durch schlechte Sortierung und die eckige bis kantengerundete Form vieler Komponenten ausgezeichnet. Sie enthalten bunte Tonschiefer, Quarzite, Kieselgesteine und ganz vereinzelt Granitabkömmlinge mit Quarz-Feldspat-Verwachsungen, Vulkanit und Tufffragmente mit Bläschen und Glasscherbenstruktur und Mineralkomponenten wie Quarz, Glimmer und Hämatit. Besonders fallen bis handgroße, fremdartige dunkelgraue bis schwarze, meist eckige, massige, selten schiefrige Turmalingesteins-Fragmente auf, die früher im Taunus als Kieselschiefer angesehen wurden. Vorherrschend sind Turmalinfels-Fragmente. Daneben kommen auch Turmalin-Serizitschiefer-Fragmente vor (Ehrenberg et al. 1968, Meisl & Ehrenberg 1968).

Die Turmalinfelse sind meist makroskopisch dicht. Außer Klüften und Rissen sowie rundlichen Gebilden, die früher als Fossilquerschnitte gedeutet wurden, lassen sich keine Gefügemerkmale erkennen. Sie bestehen im Wesentlichen aus Quarz und Turmalin, außerdem in wechselnder Menge Hämatit und Serizit sowie in Spuren Rutil und Zirkon. Der Turmalin, ein Schörl-Dravit-Mischkristall mit einem Dravit-Anteil von 35 bis 40 %, tritt in drei Generationen auf. Die eine ist Bestandteil des sehr feinkörnigen Grundgewebes, das überwiegend aus Turmalin mit wenig Quarz, ± fein verteiltem Hämatit und wenig Serizit besteht. Dieses dichte Grundgewebe wird von kleineren und größeren, ± rundlichen Nestern aufgelockert, die von gröberen diablastischen Aggregaten einer zweiten Turmalingeneration und gröberkörnigem Quarz aufgebaut werden. Eine dritte, jüngere Turmalingeneration ist in Trümern entwickelt. Der Turmalin-Serizitschiefer ist durch reichlichen Serizit sowie linsig ausgeschwänzte kleine Turmalin-Quarz-Knauern gekennzeichnet.

Identische Turmalingesteins-Fragmente kommen in den Ardennen (Belgien) in Schichten der Gedinne-Stufe (vor allem in den Schichten von Oignies) in großer regionaler Verbreitung vor (De la Vallee-Poussin & Renard 1877, Lohest 1885). Sie unterstreichen die im Wesentlichen nach Lithologie und Fazies geforderte (Gosselet 1890) und durch W. Schmidt (1958) auch paläontologisch wahrscheinlich gemachte Parallelisierung der Bunten Schiefer des Taunus mit den Schichten von Oignies. Ihr Ursprung muss in einem nahe gelegenen südlichen Liefergebiet gesucht werden (Meisl & Ehrenberg 1968), denn sie kommen nur in der südlichsten Schuppe des Taunuskamm-Duplex vor. Ähnliche Gesteine aus dem tiefsten Gedinne des Südhunsrücks, die dem cadomischen Gneis von Wartenstein direkt aufliegen, enthalten detritische Muskovite mit einem K-Ar-Alter von 528 Ma (Klügel et al. 1994).

Ahrendt et al. (1977), Franke (1996)

33 Thermalquellen von Bad Schlangenbad

TK 25: 5914 Eltville am Rhein, R 343555, H 555120 (Kurhausquelle)
UTM E 32 435 500 E 5 549 420 N

Die Akratothermen von Bad Schlangenbad treten in einem mit nur 200 × 40 m Ausdehnung bemerkenswert eng begrenzten Bereich des unteren Warmbachtals, einem von W her einmündenden Seitental der Walluf auf. Es handelt sich um 9 gefasste natürliche Quellen, von denen eine im Jahr 1971 durch eine 65 m tiefe Bohrung ersetzt wurde (Benjamin-Niesen-Quelle, s. Analyse unten).

Durch Bohrungen wurde eine hier SW-NE streichende Aufsattelung Bunter Schiefer und Hermeskeilsandstein der Gedinne-Stufe nachgewiesen, die SE und NW von eingefalteten Mulden mit mächtigem Taunusquarzit der Siegen-Stufe begleitet wird. Die Schichten stehen saiger oder fallen steil nach NW ein. Die Taunusquarzit-Mulden bilden hier in Reliefumkehr hohe Berge. Bei Schlangenbad sind mächtige NW-streichende Quarzgänge bekannt, die das Gebirge durchziehen.

Hydrogeologisch betrachtet zirkuliert hier in offenen Küften weiches, lösungsarmes, kalkaggresives Kluftgrundwasser. Wie mehrere Tiefbrunnen bis 120 m Tiefe für die Trinkwasserversorgung der Gemeinde gezeigt haben, ist die Leistung solcher Brunnen nicht bedeutend (etwa 2 bis 3 l/s und weniger). Schlangenbad liegt in einem grundsätzlich grundwasserarmen Gebiet. Dennoch schütten die insgesamt 9 flach gefassten Thermen zusammen rd. 20 l/s. Ein 1970/71 am Kurhaus niedergebrachter 65 m tiefer Brunnen, der die durch den Neubau einer Klinik aufgegebene „Römerquelle" ersetzen sollte, erbrachte 14 l/s (!) bei mäßiger Absenkung des Wasserspiegels. Im Gegensatz zu seiner Umgebung ist dieser Teilbereich also verhältnismäßig grundwasserreich.

Schlangenbad liegt im Bereich des nördlichen Oberrheingrabens, einer kontinentalen Riftzone mit Ausstrahlung in den Taunus hinein. Das Tal der Walluf verläuft in rheinischer Richtung. Mit ihm besteht Verbindung zu den Thermalsolen am Taunussüdrand. Ein geringer Gehalt an Natrium-Chlorid im Thermalwasser (Tab. 10) und ähnlicher Gehalt im Wasser von Brunnenbohrungen im Walluftal zwischen Schlangenbad und dem Taunussüdrand machen den Zusammenhang deutlich. N Schlangenbad fehlt im Grundwasser der kennzeichnende Natrium-Chlorid-Gehalt.

Im Bereich der tektonischen Ränder des Oberrheingrabens liegen mehrere Schwerpunkte von Thermalwasser und -solen mit wohl deutlich geringerer geothermischer Tiefenstufe. Ein nächster heißer Punkt ist mit 65 bis 72 °C Wassertemperatur Wiesbaden. Schlangenbad ist ein typisches Wildbad mit sehr reinem Thermalwasser von rd. 30 °C. Ähnliche Vorkommen – allerdings mit z. T. hohem Chloridgehalt – befinden sich in der weiteren Umgebung (vgl. Kiedrich, Aufschl. 1 u. Assmannshausen, Aufschl. 28).

Auffällig ist die enge Begrenzung des Thermalwasservorkommens von Schlangenbad. Alle Thermalwasseraustritte liegen an der N Talseite. Alle Versuche, an der S Talseite oder im Walluftal Thermalwasser zu erschließen, sind fehlgeschlagen. Die ausgeprägte Morphologie des Taunus um Schlangenbad mit jungen, steilen Erosionstälern zum Rhein trägt zur Hydraulik der Thermen bei.

Der Name des Bades rührt von der hier endemischen, sonst in Deutschland eher seltenen Äskulapnatter her. Die Heilwirkung der „milchwarmen Quellen" wurde erst kurz vor dem Dreißigjährigen Krieg eher zufällig durch einen Hirten entdeckt. 1867 wies erstmals der Arzt Benjamin Niesen auf die wunderbare Wirkung des Schlangen-Bades

Tab. 10. Daten einiger Bad Schlangenbader Quellen (nach Deutsches Bäderbuch 2008).

Bezeichnung der Quellen	Lage R34/ H55	Tiefe/Fassung m	Temp. °C	Salzgehalt Chlorid (mg/l)	CO_2 mg/l	Feststoffe mg/l
Kurhausquelle 1	3555/5120	kurzer Stollen	28,9	153–162		
Kurhausquelle 2	3555/5120	kurzer Stollen	29,0	152–161		
Kurhausquelle 3	3555/5120	kurzer Stollen	29,2	150–157		
Neuquelle	3556/5120	40 m Sickergraben	29,1	150–158		
Römerquelle	3570/5121	3 flache Zutritte	30,5	147–156		385
Schlangonquelle	3560/5121	1,5 m	27,8	144–151		
Pferdebadquelle	3566/5121	4 m Schacht u. 3 m horiz. Stollen	29,3	151–157		
Marienbadquelle	3567/5120	22,8 m Stollen	30,9	146–156		
Benjamin-Niesen-Quelle	3566/5118	65 m	28,6	137	42,7	327

hin und prägte offenbar auch den Namen Schlangenbad. In dieser Zeit erlangte es Weltruhm und wurde Modebad vor allem für höhere soziale Schichten der Bevölkerung bis hin zum internationalen Hochadel. 1845 wurde es Hessisches Staatsbad und ist noch heute über seinen balneologischen Ruf hinaus durch das Thermalfreibad, die große Aeskulap Therme und die Kelosauna auch bei Tagesgästen sehr beliebt.

Als Heilanzeigen werden Erkrankungen des Stütz- und Bewegungsapparates, entzündliche rheumatische Erkrankungen und Osteoporose genannt. Ferner Nachbehandlungen nach Operationen und Unfallverletzungen, sowie Restlähmungen des Nervensystems nach Operationen.

Text nach W. Stengel-Rutkowski in Deutsches Bäderbuch, 2008, S. 883 ff. Weiteres wichtiges Schrifttum: Frech (1912), Michels (1926), Bach (1955), Stengel-Rutkowski (1971, 2002, 2003).

34 Ehem. Steinbruch am W Hang des Walluf-Tales zwischen Schlangenbad und Wambach (S Gasthof Wambacher Mühle)

GK 25: 5814 Bad Schwalbach, R 343592, H 555203
UTM 32 435 870 E 5 550 250 N

Taunusquarzit der Siegenstufe (s. Abb. 16a der Geologischen Einführung)

Der große Steinbruch schließt rund 100 m ungefähr saiger stehenden Taunusquarzit auf, dessen Bankfolge nach SE jünger wird. Diese für die Taunuskamm-Einheit charakteristische Gesteinsfolge bildet die SW-NE-streichenden Höhenzüge des südlichen Taunus.

Heller, z. T. rötlich-violett verwitternder, mittelbankiger Quarzit mit Einlagerungen von grauem, unreinem Feinsandstein und grauem bis graugrünem schluffigem Tonschiefer. Die Schichtung steht steil, die Oberseite ist nach Aussage der Schrägschichtung (Großrippel-Schrägschichtung) nach SE gerichtet. Die einzelnen Quarzitbänke zeigen oft Schrägschichtung, kleine Rinnen und schnell wechselnde Mächtigkeit. Hahn (1990) stellt die lithologische Abfolge der südlichen 112 m in Profilsäulen dar. Danach nimmt das Quarzit/Tonschiefer-Verhältnis von 8:1 auf den ersten 30 Profilmetern bis auf 34:1 ab Profilmeter 90 zu. In dünnen Zwischenlagen von Tonschiefer sind eine steil NW-fallende durchgreifende 1. Schieferung und eine 2. Schieferung ausgebildet, die mittelsteil nach SE einfällt. Das Runzellinear fällt nach SW ein. Dies ist typisch für den südlichen Taunus W Wiesbaden. Der Aufschluss liegt im steil aufgerichteten Frontbereich des Taunuskamm-Duplexsystems etwa 500 m SE der Taunuskammstörung, der heute steil stehenden Überschiebung der Taunuskamm- auf die Hintertaunus-Einheit. Es überwiegen Querklüfte. Einzelne steil nach NE einfallende Störungszonen zeigen an ihren Bewegungsflächen eine flexurartige Verbiegung mit Bewegungstendenz des NE-Teiles nach SE (rechtshändig).

Der Quarzit ist aus mittelkörnigem Quarzsand (300–400 µm Ø) hervorgegangen. Die Sandkörner waren ursprünglich gut gerundet und lassen oft breite, diagenetisch gebildete Anwachshüllen erkennen. Bei unmittelbarer Kornberührung ist eine innige Verzahnung feststellbar. Meist bildet jedoch ein feines Quarzpflaster (20–30 µm) mit etwas

Serizit das Bindemittel. Die ehemalige Tonfüllung in den Zwickeln ist in Serizit + Chlorit + Quarz umgewandelt. Das Gestein enthält außerdem Spuren von detritischem Muskovit, Zirkon und Turmalin. Die detritischen Quarzkörner sind stellenweise, örtlich auch vollkommen, rekristallisiert oder in Gegenwart von Schichtsilikaten durch Drucklösung deformiert. Detritische Muskovite aus diesem Aufschluss haben ein Alter von 459 Ma (mittleres Ordovizium) ergeben (Klügel et al. 1994).

Tonschiefer-Einlagerungen bestehen aus einem lockeren Gerüst von detritischem Quarz (30 µm) mit wenig detritischem Muskovit und Schwermineralen, wie Turmalin. Das ehemals tonige Bindemittel besteht gegenwärtig aus Serizit, Chlorit und Quarz. In diesem Grundgewebe sind neu gebildete Rutil-Nädelchen häufig. Der detritische Quarz zeigt stellenweise Rekristallisation und – in der Nachbarschaft von Schichtsilikaten – Drucklösung.

Die Herkunft des Detritus ist umstritten: stammt er wie die meisten unterdevonischen Klastika vom Old-Red-Kontinent im N oder – wie die Gedinne-Sedimente – von einem Liefergebiet im S? In jedem Fall sind die detritischen Glimmer kaledonischen Prozessen zuzuordnen. Entweder am Nordrand oder am Südrand von Avalonia.

Fuchs & Leppla (1930), Anderle & Meisl (1974), Ahrendt et al. (1977), Anderle et al. (1990), Hahn (1990), Klügel et al. (1994), Franke et al. (1996), Klügel (1997), Anderle (2008)

35 Wiesbaden, Wegböschung im Goldsteintal 440 m NW Hubertushütte

GK 25: 5815 Wehen, R 344640, H 5554430
UTM 32 446 350 E 5 552 650 N

Kellerskopf-Formation (Graue Phyllite) des Unterdevons

Grüngraue, graue, dunkelgraue, in wenigen Fällen auch violettgraue Tonschiefer, mit Zwischenlagen von grüngrauen, feinkörnigen, glimmerigen Sandsteinen und Quarziten (Leppla 1924a: 315).

Die Kellerskopf-Formation hat schon früh durch von Reinachs Faunenfunde Aufmerksamkeit erregt. Sie wurde erstmals von Leppla auf Blatt 5815 Wehen als Kartiereinheit dargestellt, noch bevor weitere Fossilien von Mitgliedern des Nassauischen Vereins für Naturkunde im Goldsteintal in Wiesbaden (Fuchs 1929) und von Angehörigen des Frankfurter Geologischen Instituts bei Niederjosbach und Eppenhain (Struve 1973) gefunden worden waren. Die Einschätzung des Alters der Fauna wechselte. Lange galt ein Gedinne-Alter als wahrscheinlich (Schmidt 1958). Der Fund einer *Dayia* durch Dahmer (1946) lenkte die Überlegungen zunächst in Richtung Ludlow, bis schließlich durch die Neubearbeitung der Gattung Dayia aus der Formation de Noulette bei Liçvin in Nordfrankreich und den Köbbinghäuser Schichten in Deutschland durch Alvarez & Racheboeuf (in Racheboeuf 1986), sowie ihre Identifizierung in den Schistes de Mondrepuis bei Muno im S Belgiens durch Godefroid (1995), die Entscheidung für oberstes Ludlow (Pridoli) möglich wurde. Die Kellerskopf-Formation ist damit die älteste marine Formation des Taunuskammes an der Grenze zum Vordertaunus. Der Name wurde von Leppla (1924a) eingeführt, nach dem Kellerskopf bei Wiesbaden-Naurod, an dessen Hängen die Formation aufgeschlossen ist.

Die Fauna enthält vor allem Brachiopoden, aber auch Korallen, eine Alge und Crinoidenstielglieder. Der Hinweis auf Graptolithen (Dahmer 1952) hat sich später als unzutreffend erwiesen (Michels 1960, Shirley 1962: 238). Für die Einstufung wichtig sind *Platyorthis verneuli, „Camarotoechia" aequicostata, Atrypa gedinniana, Delthyris dumontiana* bzw. *D. dumontiana taunica, Mutationella barroisi, Shaleria rigida* (vgl. Boucot 1960: 302) und *Dayia shirleyi* (nach Material aus der Formation de Noulette bei Liévin und den Köbbinghäuser Schichten von Alvarez & Racheboeuf in Racheboeuf 1986: 129 f. beschrieben).

36 Ehemaliger Quarzitsteinbruch am Kloppenheimer Rain zwischen Wiesbaden und Taunusstein, Gemarkung Wehen

GK 25: 5815 Wehen, R 344422, H 555722
UTM 32 444 170 E 5 555 440 N

Taunusquarzit des N Höhenzugs des Taunuskamms

Der N Höhenzug des Taunuskamms tritt hier im Relief nur schwach hervor. Hier wurde mittel- bis dickbankiger Quarzit mit einzelnen tonigen Zwischenlagen abgebaut. Verbreitet ist ebene Horizontalschichtung (Hahn 1990). Vereinzelt treten bogige Großrippelschichtung und auch sogenannte überkippte Schrägschichtung auf, bei der es sich um ein synsedimentäres Phänomen, gebildet im rasch geschütteten, reichlich Wasser führenden Sediment bei leichter Neigung der Sedimentoberfläche, handelt. (Abb. 38). Die Lagerung ist saiger. Die Schichtung fällt meist steil nach SSE ein. Die Schichtenfolge verjüngt sich nach SSE. Die vertikale Hauptkluftschar streicht nahezu N-S. Die Runzellineare auf den Schichtflächen fallen mit 14° nach WSW ein.

Anderle (2007)

Abb. 38. Steilstehender Taunusquarzit mit sogen. „überkippter Schrägschichtung" im ehem. Steinbruch Am Kloppenheimer Rain zwischen Wiesbaden und Taunusstein. Verjüngung der Schichtenfolge nach SE (links). Blick nach SW.

37 Klippen und Weganschnitt im Silberbachtal bei Eppstein-Ehlhalten

GK 25: 5816 Königstein, R 345588, R 556061
UTM 32 455 820 E 5 558 830 N

Bunte Schiefer des Gedinniums
Grüne quarzitische Sandsteine und violette Ton-Siltsteine im Wechsel

Die Korngrößenzusammensetzung der Sandsteine wechselt. Das Korngrößenmaximum liegt zwischen 100 und 150 µm. Die ursprüngliche Kornform ging durch mehr oder weniger vollständige quarzitische Verzahnung der Quarzkörner verloren. Das ehemalige Bindemittel war tonig. An seine Stelle trat ein neu gebildetes Quarzmosaik mit viel Serizit und Chlorit. Neben Quarz sind 8–10 Vol.-% detritische Plagioklase und Orthoklase vorhanden. Turmalin ist das häufigste Schwermineral und zeigt häufig authigenes Wachstum als Folge der hochgradigen Diagenese bzw. beginnenden Metamorphose. Als weiteres Schwermineral tritt Zirkon auf.

Die rot violetten, intensiv verfälteten Ton-Siltsteine bestehen neben den Phyllosilikaten Chlorit und Serizit ebenfalls vorwiegend aus Quarzkörnern zwischen 20 und 40 µm. Ehemalige detritische Muskovite blieben als solche erhalten. Biotite dagegen wurden abgebaut und in Chlorit, Serizit ± Hämatit umgewandelt. Die Violettfärbung ist auf ein Gemenge von Hämatit und feinstkörnigen Titanoxiden (Anatas?) zurückzuführen.

Ahrendt et al. (1977: 86)

38 Ehem. Steinbruch an der Straße von Eppstein-Ehlhalten nach Schloßborn

GK 25: 5816 Königstein, R 345500, H 556165 (Gemarkung Ehlhalten)
UTM 32 454 940 E 5 559 870 N

Bunte Schiefer des Gedinniums

Im Bereich einer an Querstörungen jung herausgehobenen schmalen Horstscholle am Westrand des Senkungsgebietes der Ems-Dombach-Scholle (NW-Fortsetzung der Kelkheim-Hornauer Bucht).

Graue Tonschiefer mit dünnen Sandbändern und Einlagerungen mittelbankigen grauen bis grünlich grauen quarzitischen Sandsteins, z. T. spitz auskeilend. Oberhalb im Wald hell grauer, bis grünlich grauer parallel geschichteter Quarzit mit überkippter Schrägschichtung (*overturned cross-bedding*).

Schichtung und 1. Schieferung fallen steil nach SE ein und sind durch die 2. Schieferung gewellt und gerunzelt. Es treten zwei sich spitzwinklig kreuzende Runzellineare auf, die flach nach NE einfallen.

Anderle & Meisl (1974)

39 Ehemaliger Quarzitsteinbruch am Romberg NW Königstein

GK 25: 5816 Königstein, R 346158, H 556217
UTM 32 461 520 E 5 560 390 N

Taunusquarzit des S Höhenzugs der Taunuskamm-Einheit

Der Taunusquarzit steht etwa saiger. Eine Wellung der Schichtflächen dürfte der B-Achse der 2. Deformation entsprechen. Ein älteres Kluftgefüge aus Diagonal- und Querklüften ist bei der Aufrichtung der Schichtenfolge rotiert worden. Der Aufschluss gehört zu dem S Quarzitstreifen, dem im SE Bunte Schiefer vorgelagert sind. Diese grenzen an die epimetamorphen Gesteine der Vordertaunus-Einheit.

Anderle (1976), Heinrichs (1978), Kubella (1951), Leppla (1922), Panzer (1923)

40 Ehem. Steinbruch am Osthang des Glaskopfs E Glashütten

GK 25: 5716 Oberreifenberg, R 345875, H 556499
UTM 32 458 690 E 5 563 200 N

Taunusquarzit-Formation der Siegenstufe in der Taunuskamm-Einheit

Es steht flach nach SSE einfallender hellgraubrauner bis weißer Quarzit mit Schrägschichtung an. Am NW oberen Ende des Bruches ist eine kofferartige Umbiegung der Schichtung aufgeschlossen. Hier ist auch ein großer, alter Harnisch auf einer Fläche zu sehen. Er ist stark verwittert und z. T. mit einer Fe/Mn-Oxid-Kruste überzogen. Die Harnischlineare sind 122/18 und 128/21. Vermutlich hat sich der Block nach SE bewegt. Der Großkreis der Pole der steil stehenden Klüfte ist mit 6° in Richtung 247° geneigt. Er zeigt ein breit ausgezogenes Maximum der Querkluftpole. Es repräsentiert mit im Mittel 13° nach NE einfallende Querklüfte. Das Hauptmaximum der Kluftpole liegt jedoch bei 16/74, repräsentiert also mit im Mittel 74° in Richtung 16° (nach NNE) einfallende Diagonalklüfte.

Der Aufschluss liegt nur rund 250 m W der Emstal-Störung, einer der großen Querstörungen des Taunus. Ihre postvariskische Aktivität ist durch mehrere Pseudomorphosenquarz-Gänge belegt, die sich über rund 8 km Länge auf der Störung aufreihen. Die Taunuskamm-Störung – die Überschiebung der Taunuskamm-Einheit auf die Hintertaunus-Einheit – erscheint an der Emsbach-Störung um mehr als 1 km rechtshändig versetzt. Auf dem gegenüberliegenden Talhang am Zacken stehen deshalb Porphyroid führende Gesteine des Unterems des Hintertaunus an. Der scheinbare Versatz entsteht hauptsächlich dadurch, dass die Kammüberschiebung in der abgesenkten Ems-Dombach-Scholle bei Glashütten flach liegt, während sie in der stark herausgehobenen Feldberg-Pferdskopf-Scholle im Osten steil nach SE einfällt. Der Bereich ist von Heinrichs (1968) neu kartiert worden. Seine Karte ist als Tafel 1 in den Erläuterungen zur 3. Auflage von Bl. 5716 Oberreifenberg wiedergegeben (Heinrichs 1978).

41 Brunhildisstein auf dem Großen Feldberg im Taunus, Gemarkung Schmitten-Arnoldshain

GK 25: 5716 Oberreifenberg, R 346140, H 556660
UTM 32 461 340 E 5 564 810 N

Sandstein-Einlagerung in den Bunten Schiefern des Gedinniums

Der Große Feldberg ist mit 878,5 m der höchste Berg im Taunus. Erstaunlicherweise besteht er nicht aus dem Rückenbildner Taunusquarzit, sondern aus grünlichgrauen quarzitischen Sandsteinen mit gelegentlichen kleinen Ballenstrukturen, die in die Bunten Schiefer eingelagert sind. Er ist aber Teil der besonders stark herausgehobenen Feldberg-Pferdskopf-Scholle. Diese streicht NNW-SSE und bildet ein markantes Querelement im Relief des Taunus. Zu dieser Bruchscholle gehören auch der Altkönig (798,2 m) aus Taunusquarzit im südlichen Taunuskamm sowie der Pferdskopf (662,8 m) und das Kuhbett (525,6 m) aus Schiefern und Sandsteinen des Unterems im Hintertaunus. Auf dem Brunhildisstein fasziniert zunächst die Aussicht über die Verebnungen und Bruchschollen des E Hintertaunus mit ihren tiefen Taleinschnitten, unter denen vor allem das Weiltal hervorsticht. Im Mittelgrund sieht man Oberreifenberg, dahinter Seelenberg. Diagonal von links (W) unten nach rechts (E) oben zieht der bewaldete SW-Rand der Feldberg-Pferdskopf-Scholle mit Weilsberg, Hühnerberg und Moosheck. Der flach gewölbte Hügel mit Aussichtsturm rechts im Hintergrund ist der Pferdskopf.

Die Felsklippen zeigen eine rund 30° nach SSE einfallende Schichtung, die von einer steiler SSE einfallenden, i. Allg. sehr unregelmäßigen, flaserigen Schieferung geschnitten wird. Die markanten Schnittkanten δ_1 fallen nach ENE ein. Milchquarz-Trümer finden sich vorzugsweise auf Längsklüften und in Fiederspalten.

Abb. 39. Sandstein-Einlagerung in den Bunten Schiefern des Gedinniums. Brunhildisstein auf dem Großen Feldberg im Taunus.

42 Aufschlüsse auf 1,5 km entlang der L 3004 (Kanonenstraße) NW Hohemark bei Oberursel

GK 25: 5717 Bad Homburg v. d. H.,
R 346616, H 556498 bis R 346535, H 556604
UTM 32 466 100 E 5 563 190 N

Taunusquarzit und Hermeskeil-Formation der Siegen-Stufe

In dem Straßenprofil sind im S (an dem Parkplatz) Glimmer führende quarzitische Sandsteine und Tonschiefer, die an das Unterems erinnern, in engen NW-vergenten Kleinfalten aufgeschlossen. Weiter im N folgen mittel- und dickbankige, auch massige Quarzite mit bogiger Schrägschichtung, die zum Taunusquarzit und danach zur Hermeskeil-Formation gehören und überwiegend steil nach SSE einfallen. Das Profil endet im Seitentälchen des Schellbachs W Lindenberg mit violetten Tonschiefern der Bunten Schiefer. Im mittleren Teil – zwischen km 1,1 und 1,6 – sind mehrere Kleinfalten aufgeschlossen. Es handelt sich um aufrechte Sättel und Mulden, aber auch leichte NW- und SE-Vergenz tritt auf. Auch im N, mehr als 200 m S des durch Netze gesicherten Abschnitts, findet sich eine aufrechte Mulde. Die B-Achsen der Falten fallen nach ENE ein. Die Aufschlüsse zeigen Details in einem Ausschnitt der südlichen Schuppe der Taunuskamm-Einheit. Dieser Bereich wird in Profil E bei Klügel (1997: Abb. 76) generalisiert wiedergegeben.

Auf der W Talseite stehen im Taunusquarzit mehrere Bohrbrunnen zur Trinkwasserförderung.

Abb. 40. 1,5 km entlang der L 3004 (Kanonenstraße) NW Hohe Mark. Taunusquarzit der Siegen-Stufe des Unterdevons. (Ein großer Teil des Profils ist heute durch Spritzbeton verdeckt).

43 Ehem. Steinbruch 500 m WNW Saalburg, Gemarkung Wehrheim-Obernhain

GK 25: 5717 Bad Homburg v. d. H., R 346862, H 557082
UTM 32 468 560 E 5 569 030 N

Taunusquarzit der Siegen-Stufe

Mittel- bis dickbankiger Quarzit, flach nach E bis SE einfallend. Eine steil nach E einfallende Abschiebung trennt einen Westteil, in dem die Schichtung westl. einer Flexur nach E, östl. davon nach SSE einfällt, von einem Ostteil, in dem die Schichtung nach SSE einfällt. Steilstehende, WNW-ESE streichende Klüfte zerlegen die Schichtfolge.

Ähnliche Verhältnisse zeigen Quarzitfelsen ca. 1 km weiter im SW am Weißestein (Höhe 550,7 m) unmittelbar N des Limes (R 346789, H 55 7015). Dickbankiger, teilweise schräggeschichteter Quarzit, flach SE-fallend, wird von 2 Scharen nahezu orthogonaler Diagonal- und einer Schar Querklüfte zerschnitten, die im Mittel senkrecht stehen. (Die Bezeichnung Weißestein steht in der TK 25-Ausgabe von 1995 an der falschen Stelle.)

44 Steinbruch Saalburg der Taunus-Quarzit-Werke, Friedrichsdorf-Köppern

GK 25: 5717 Bad Homburg v. d. H., R 347188, H 557195
UTM 32 471 820 E 5 570 160 N

Taunusquarzit der Siegen-Stufe

In diesem Großsteinbruch, der außer dem Kalksteinbruch Hahnstätten der einzige von diesem Format im Taunus ist, wird seit 1899 sehr reiner Quarzit zur Verwendung als Schotter sowie in der Feuerfestindustrie und der Industrie zur Herstellung optischer Gläser abgebaut. Heute gehört der Steinbruch zum Holcim-Konzern. 1950 wurden mit 150 Mann Belegschaft 400 t/Tag gefördert. Heute sind es mit 15 Mann 4000 t/Tag und mehr.

Die rund 400 Mio. Jahre alte Taunusquarzit-Formation gehört zur Siegen-Stufe des Unterdevons. Tektonisch ist sie Teil des Duplex der Taunuskamm-Einheit, zusammen mit den jeweils älteren Hermeskeil- und Bunte-Schiefer-Formationen. Nach Hahn (1990) handelt es sich um Sedimente aus Strand- und Küstennähe.

Im Steinbruch Saalburg stehen überwiegend mittel- bis dickbankige, weiße bis hellgraue Quarzite an. Die Korngrößen liegen i. Allg. im Feinsand-, in den tieferen Profilteilen auch im Mittel- bis Grobsandbereich. Quarz- (bis 2 cm) und Tongerölle (bis 5 cm) sind ebenfalls in den tieferen Teilen angereichert und bilden z. T. bis 35 cm mächtige Konglomerat-Lagen. Bis 80 cm mächtige weiße bis grüngraue, teilweise sandige Tonschiefer sind in die Quarzite eingelagert. Die Schichtung ist ausgebildet als ebene und

Abb. 41. Steinbruch Saalburg der Taunus-Quarzit-Werke (Fa. Holcim) in Köppern. Taunusquarzit, Siegen-Stufe, Unterdevon (Foto aus Rothe 2019).

unregelmäßige Horizontalschichtung, flache Schrägschichtung und trogförmige Megarippel-Schrägschichtung. Außerdem treten Wellenrippel- und Kleinrippel-Schrägschichtung sowie Schwermineral-Anreicherungen auf. Rinnenstrukturen sind verbreitet. Es gibt überkippte Schrägschichtung, Entwässerungsstrukturen, Kolke, Belastungsstrukturen, Rieselmarken, Hindernismarken, Strömungsstreifung. Hahn (1990: 64–67) bildet zwei Teilprofile von 76 m bzw. 65 m als Profilsäulen ab. Es sind Abfolgen sturmbeeinflusster Ablagerungen, bei denen Sedimente im Strandbereich durch Stürme erodiert und seewärts wieder sedimentiert wurden. Es gibt Anzeichen für oberes Strömungsregime und zeitweiliges Auftauchen. Die Konglomerat-Lagen können durch Anreicherung von Geröllen bei Ausspülung feinerer Korngrößen erklärt werden.

Nach Lotze (1968) macht stark zementierter, bankiger Quarzit ca. 85 % aller anstehenden Gesteine aus. Der Gehalt an klastischem und rekristallisiertem Quarz beträgt 90–96 Vol.-%. Die klastischen Quarzkörner sind in A und B des tektonischen Gefüges gelängt. Sekundärer Quarzzement hat ganze Quarzkorngruppen miteinander verschweißt. Er ist orientiert an die klastischen Körner angewachsen und löscht wie diese undulös aus. Ca. 4–8 Vol.-% Serizit ist neu gebildet, weniger als 1,5 Vol.-% sind klastische Muskovite. Die Gerölle der Konglomerat-Lagen bestehen u. a. aus Quarz, Kieselschiefer (?) und Quarzit. Schwerminerale sind i. W. Zirkon, Chromit und Rutil, außerdem Turmalin, Limonit und sehr selten Freigold-Flitter.

Abweichend von den Verhältnissen im übrigen Taunuskamm schwankt das Generalstreichen in dieser Bruchscholle E der Saalburg bis zu einer Linie Steinkopf-Mainzer Kopf um 80°. Im S des Aufschlusses liegt das Maximum der Schichtpole bei 167/46, die Schichtung fällt also mittelsteil mit 46° in Richtung 167° ein und ist normal gelagert. Die dominierenden Diagonalklüfte haben einen gemeinsamen Großkreis, der 21°

vom steiler einfallenden Großkreis der Schichtungs-Pole abweicht. Die D-Kluft-Maximumflächen bilden einen Winkel von 64°. Auf der Westseite der tieferen Sohlen treten auch Sättel im m-Bereich mit steiler Achsenebene auf sowie auf den höheren Sohlen im N auch NNW-fallende, normal gelagerte Schichtung. Tektonische Linsen sind durch feinsandig-schluffige Lagen getrennt. Es treten s-c-Gefüge im m-Bereich auf.

Kontaktdaten für Besuch das Steinbruches: Fa. Holcim Beton und Zuschlagstoffe GmbH, Ludwig-Rinn-Str. 59, 35452 Heuchelheim. Ansprechperson: Herr Dipl.-Geograph Thilo Orgis, Projektmanager Lagerstätten, Genehmigungen, Umweltschutz, Tel. 0641 9684153, Mail: thilo.orgis@holcim.com

Lotze (1968), Anderle & Eckert (1976), Hahn (1990)

4.3 Hintertaunus-Einheit

4.3.1 Wisper-Gebiet

45   Ehem. Schiefergrube Rosit NW Heidenrod-Nauroth im oberen Herzbachtal

GK 25: 5813 Nastätten, R 342430, H 555800
UTM 32 424 260 E 5 556 220 N

In der Grube wurden die Basis-Tonschiefer der unteren Kaub-Schichten abgebaut. Die Grube bestand von 1756 bis 1965. Von einem 150 m tiefen Schacht aus sind 5 Sohlen aufgefahren worden. Die Grube Rosit war zeitweilig die größte Abbaustelle in Hessen mit bis zu 300 Beschäftigten und einem Abbau von 5800 t Schiefer im Monat. Das Dach des Mainzer Doms ist mit Schiefer der Grube Rosit gedeckt. Der erste schriftliche Nachweis von Schieferabbau im Bereich der späteren Grube Rosit datiert aus dem Jahr 1741. Offiziell wurde der Schieferbruch 1756 in Betrieb genommen. Der Name Dachschiefer-Bergwerk Rosit wird erst zu preußischer Zeit, nach dem Ende des Herzogtums Nassau, amtlich. In der Wirtschaftskrise ab 1929 kommt es zu mehreren Stilllegungen und Wiederinbetriebnahmen. Danach steigt die Nachfrage nach Dachschiefer wieder. Ende 1940 erwirbt die Firma J. B. Rathscheck Söhne den nun als „Gewerkschaft Dachschiefergrube Rosit" geführten Betrieb. Die Grube ist da bereits bis zu einer 4. Sohle erschlossen. Es werden auch französische Kriegsgefangene beschäftigt. Der eigentliche Aufschwung beginnt erst nach Kriegsende, als eine Technisierung in allen Bereichen stattfindet. Zuletzt erstreckt sich die Grube über 5 Sohlen bis in 150 Meter Tiefe. Bis Ende 1963 wurde der Abbau jedoch unrentabel und die Schließung der Grube erfolgte im März 1964, die amtliche Entlassung aus der Bergaufsicht am 18. Mai 1965 (Mittmeyer 1978a, Dillmann & Stengel-Rutkowski in Mittmeyer 1978a, Klein 2003). Auf der Basis kleintektonischer Untersuchungen hat Engels (1986) ein Bild der Tektonik im Bereich der Grube entworfen. Sie ist durch NW-vergente, stark disharmonische Falten und zahlreiche Auf- und Überschiebungen gekennzeichnet.

Die weitgehend ebene Oberfläche der Halde erstreckt sich im Herzbachtal rund 500 m nach Süden. Dieser Teil der Halde steht seit 1997 unter Naturschutz. An ihrem Westrand führt jedoch ein Weg entlang. Es finden sich auch reichlich Schieferstücke auf dem Fahrweg und am Rand des früheren Abbaus NE des Fahrwegs. Es ist dunkelgrauer Tonschiefer mit mm-Quarzschluff-Lagen und -Bändern. Die Schieferung ist transversal. Fossilien fehlen. Wenige undefinierbare Marken finden sich. Bei rundlichen Brauneisen-Konzentrationen könnte es sich um verwitterten Pyrit handeln. Leppla (1904a) erwähnt von hier *Phacops ferdinandi, Chonetes semiradiata, Spirifer micropterus* (= *Subcuspidella incerta*) und *Spirifer arduennensis*. Im Internet werden Stücke mit *Zaphrentis* von der Grube Rosit angeboten.

46 Felsklippen an der Wispertalstraße (L 3033) gegenüber der Riesenmühle Gemarkung Heidenrod-Springen

GK 25: 5813 Nastätten, R 342678, H 555423
UTM 32 426 730 E 5 552 450 N

Bornich-Subformation, Unterems-Stufe
Graue Tonschiefer mit cm-dm Quarzit-Zwischenlagen

Die normal SE-fallende Schichtenfolge führt Milchquarz in Form der Kauber Walzen. S des Aufschlusses trennt eine unregelmäßig E-W verlaufende Störung (Dickschieder Diagonalsprung) den Bereich der Mittleren Kaub-Subformation im SW von der Bornich- und der Unteren Kaub-Subformation im NE (Mittmeyer 1978a). N dieser Störung sind den Schiefern zahlreiche Diabas-Gänge, meist als Lagergänge parallel der 1. Schieferung, eingeschaltet, die eine Kontaktmetamorphose in Form einer Frittung des Nebengesteins verursacht haben (Emmermann in Mittmeyer 1978a).

47 Felsklippen an der Straße nach Schlangenbad-Niedergladbach (L 3035) ca. 100 m SE der Wispertalstraße (L 3033), Gemarkung Bad Schwalbach-Langenseifen

GK 25: 5813 Nastätten, R 342549, H 555345
UTM 32 425 450 E 5 551 670 N

Mittlere Kaub-Subformation, Unterems-Stufe

Dunkelgraue Tonschiefer mit starker Faltung der 1. Schieferung (126/35), 2. Schieferung (136/65) und Quarztrümern in Form der Kauber Walzen. Eine kleine E-W-Störung (178/56) gehört vermutlich zu dem System der postvariskischen dextralen (E-W-) und sinistralen (N-S-) Seitenverschiebungen, das in der Region verbreitet ist (vgl. Engels 1987).

48 L 3033 in der Ortslage Heidenrod-Geroldstein im Wispertal

GK 25: 5813 Nastätten, R 342422, H 555294
UTM 32 424 180 E 5 551 160 N

Mittlere Kaub-Subformation, Unterems-Stufe

Wegen Brüchigkeit ist die SE-Böschung der Straße großflächig mit Stahlnetzen gesichert worden. Am W Ortseingang ist der Fels noch offen.

49 Böschung der Straße L 3031 ca. 1 km S der Ortslage Espenschied, am SW-Hang des Mühl-Berges

GK 25: 5813 Nastätten, R 342202, H 555243
UTM 32 421 980 E 5 550 650 N

Untere Kaub-Subformation der Ulmen-Unterstufe des Unterems

Dunkelgraue Tonschiefer mit einzelnen Kieselgallen und mit seltenen Einlagerungen cm-dm-mächtiger Schluff-Feinsandsteine, Glimmer führend, quarzitisch. Zonenweise Gefüge der 2. Deformation mit Quarzsträngen (Kauber Walzen). Flach SE-fallende Schichtung, 1. Schieferung mittelsteil SE-fallend, aber im Tonschiefer überwiegend Schichtung parallel Schieferung. 2. Schieferung steil SE-fallend, δ-Achsen SW-fallend, einzelne SE-fallende kataklastische Störungen.

Unmittelbar N der Spitzkehre (R 342258, H 555230) verläuft die Schieferung parallel zur Straße und fällt zu dieser hin ein. Hier ist ein Teilbereich der Felsböschung mit Ankern senkrecht zur Schieferung gegen Abrutschen gesichert.

50 Felsklippen an der Wispertalstraße (L 3033) ca. 1 km S der Laukenmühle gegenüber der Einmündung des Hohlwurzelgrabens (Gemarkung Lorch-Espenschied)

GK 25: 5913 Presberg, R 342176, H 555104
UTM 32 421 720 E 5 549 260 N

Kaub-Subformation, Unterems-Stufe

Dunkelgrauer Tonschiefer, feinen Glimmer führend, dünnplattig spaltend, vergitterter Schieferstollen. Die Schieferung fällt mit 50–60° nach ESE ein. An der Südseite der Felsnase bricht der Schiefer nach. Nach W zu ist die senkrechte Felsböschung bei der Anlage der Straße mit Schlägel und Eisen abgetragen worden, was wegen der schonenden Arbeitsweise Standsicherheit über einen längeren Zeitraum garantiert.

51 Ehem. Steinbruch im Werkerbachtal am Schanzberg ca. 1 km S Nastätten – Lipporn

GK 25: 5813 Nastätten, R 341871, H 555547
UTM 32 418 670 E 5 553 690 N

Bornich-Subformation der Ulmen-Unterstufe des Unterems

Graue Tonschiefer und quarzschluffige Tonschiefer mit detritischem Glimmer, mm-Quarzschluff-Lagen, vereinzelt Kieselgallen, mittelsteil – im mittleren Bruchteil – flach SE-fallende Schichtung, meist steil stehende Transversalschieferung, δ_1-Achsen überwiegend SW-fallend, steilstehende Klüfte. An den steil SW-fallenden Klüften (210-128/74-80) ist ein Knicksystem mit Relativbewegung der SW-Blöcke nach SE ausgebildet. An einer Probe aus diesem Aufschluss wurde eine Inkohlung von 5,61 % Rmax bestimmt (Wolf in Mittmeyer 1978a).

52 Ehem. Steinbruch im Odinsnack am S-Hang des Forstbach-Tals NE Bornich

GK 25: 5812 Sankt Goarshausen, R 341247, H 555597
UTM 32 412 430 E 5 554 190 N

Sauerthaler Schichten, Unterems-Stufe (GÜK 200 Bl. Ffm.-W)
Grauer Tonschiefer mit cm-Feinsandlagen

Die Aufschlusswand zeigt eine große NW-vergente Mulde der 1. Deformation, die von einer nach NW ansteigenden Aufschiebung zerschnitten wird. Im Liegenden der Aufschiebung ist die Lagerung normal (ss 105/36, s1 132/55), im Hangenden ist sie nach NW überkippt.

Zurru & Kruhl (2000: 59f.) beschreiben die Entstehung des 282 m ü. NN erreichenden Hügels Odinsnack durch Eintiefung von Forstbach und Harbach im Pleistozän. Der Harbach umfloss den Odinsnack ursprünglich im S und mündete westlich des Hügels in den Forstbach. Später verlagerte er seine Mündung in den Forstbach in den Bereich NE des Odinsnacks.

4.3.2 Aar-Gebiet

53 Mineralquellen von Bad Schwalbach

GK 25: 5814 Bad Schwalbach, R 3433460, H 5556070
UTM 324 334 10, E 55 542 90 N

In Bad Schwalbach treten zahlreiche Säuerlinge auf, von denen zehn künstlich gefasst sind. Geologisch sind sie nicht an spezielle Schichten oder an die Tektonik des

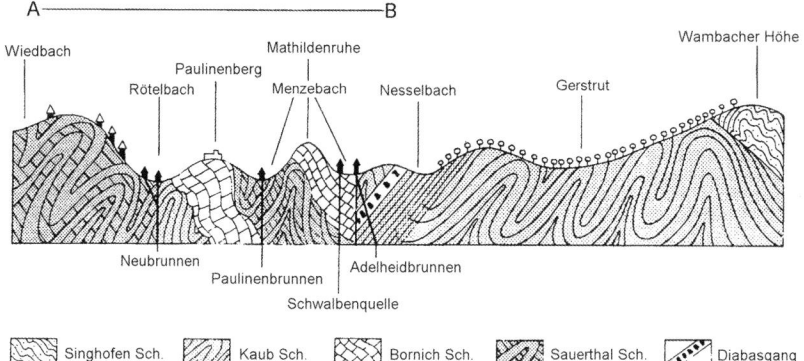

Abb. 42. Geologischer Schnitt durch Bad Schwalbach von NW (links) nach SE (Stengel-Rutkowski 1984).

variskischen Gebirges gebunden. Sie treten alle aus Hunsrückschiefern der Unteremsstufe aus.

Der Kurort liegt in der nach NW überkippten Laubach-Mulde aus Kaub-Schichten, die von einem Sattel aus Hennethal-Subformation (Sauerthaler-Schichten) und Bornich-Subformation flach von SE überschoben ist.

In größeren Baugruben der Stadt konnten die wichtigsten Mineralwasser-führenden Klüfte eingemessen werden. Es handelt es sich um etwa N-S (nach W einfallende) und etwa E-W (nach S einfallende) streichende Klüfte. ESE-WNW-Beziehungen bestehen zwischen den Hauptquellen und Satellitenquellen und zwischen den einzelnen gefassten Quellen. Es handelt sich ganz offensichtlich um sehr junge Klüfte, die im Zusammenhang mit dem Oberrheingraben und seiner Weiterentwicklung in den Taunus hinein zu sehen sind. Die gasförmige Kohlensäure vagabundiert im Erdmantel. Sie bedarf gasdurchlässiger Aufstiegsbahnen an der Oberfläche. Solche sind nur mit plattentektonischer Aktivität zu erwarten und ebenfalls sehr jung. Ein Zusammenhang mit neogenem Vulkanismus ist mangels entsprechender junger vulkanischer Erscheinungen im Taunus abwegig (die wenigen Basaltdurchbrüche im weiteren Umkreis sind Alttertiär und älter).

Der Westtaunus gehört zu den grundwasserärmsten Gebieten Westdeutschlands. Eine gewisse Kluftdurchlässigkeit für das Grundwasser besteht allenfalls in den obersten 30 m. Das aufsteigende Kohlensäuregas stößt also erst nahe der Oberfläche auf Grundwasser, oft auch gar nicht. Dann bläst das Gas als Mofette aus oder lässt das Bachwasser wallen und brodeln (Brodelbrunnen).

Der Gehalt der Säuerlinge an gelöster Kohlensäure liegt zwischen 1 und 3 g/l. Außerdem enthalten sie einen hohen Gehalt an gelöstem (zweiwertigem) Eisen, besonders hoch im Neubrunnen (32,5 mg/l) und Stahlbrunen (37,5 mg/l), beide im Rötelbachtal. Auch die Calcium- und Magnesium-Gehalte sind überdurchschnittlich hoch. Wir haben

Tab. 11. Daten einiger Bad Schwalbacher Quellen (nach Deutsches Bäderbuch 2008).

Bezeichnung der Brunnen	Lage R34/H55	Tiefe/Fassung m (f = 5–9)	Q l/ min	Eisen mg/l	Feststoffe mg/l	CO_2 mg/l
Weinbrunnen	3347/5509	f	70	17,1	1198	2790
Schwalbenbrunnen	3326/5445	93	54	24,5	1656	2090
Paulinenbrunnen	3309/5480	f	42	25	503	1192
Adelheidbrunnen	3331/5441	f	22	20	1126	1432
Ehebrunnen	3303/5450	f	21,6	20,5	758	1786
Neu=Liebesbrunnen	3275/5520	f	21	32,5	710	2460
Stahlbrunnen	3330/5540	f	14	37,5	709	2655
Brodelbrunnen	3400/5587	10,5	12	13,6	382	2330
Lindenbrunnen	3378/5560	f	6	9,5	1092	2251
Champagnerbrunnen	3347/5509	f	4,5	13	1183	2316

es mit Lateralsekretion zu tun, d. h. Kohlensäure und hoch aggressives Wasser lösen aus dem Hunsrückschiefer die entsprechenden Kationen heraus.

Historisch ist zu vermuten, dass schon den Römern die Säuerlinge bekannt waren, zumal nur zwei Kilometer N des Limes die Aar quert. J. Th. Tabernaemontanus heilte 1568 mit dem Wasser des Weinbrunnens (Aquae vinariae) Bischof Marquard v. Speyer und teilte 1581 und 1584 seine Erfahrungen in seinem Buch „New Wasserschatz" mit. 1581 wird daher als Geburtsjahr des heutigen Hessischen Staatsbades, das seit 1975 staatlich als Heilquelle anerkannt ist, angesehen.

Als Heilanzeigen werden Herz-, Kreislauf- und Gefäßerkrankungen; Stütz- und Bewegungserkrankungen; Frauenkrankheiten und Eisenmangelkrankheiten genannt.

Stengel-Rutkowski in Deutsches Bäderbuch, 2008, S. 911ff. Weiteres wichtiges Schrifttum: Frech (1912), Michels (1926), Bach (1955), Stengel-Rutkowski (1983, 1984, 1987, 2002, 2003), Born 1995

54 B 54 an der Einmündung des Laubachtals in das Aartal E Bad Schwalbach

GK 25: 5814 Bad Schwalbach, R 343562, H 555621
UTM 32 435 570 E 5 554 430 N

Kaub-Subformation des Hunsrückschiefers der Unterems-Stufe

Tonschiefer, hellgrau, intensiv D_2-zerschert, s_1 um die Vertikale, s_2 SW-fallend, Schnittkante δ_2 gering nach SW einfallend, typische Phyllittektonik im Sinne von Schroeder (1958). Der Bereich liegt im SE-vergenten Teil des Taunus.

55 Felsböschung an der B 54 Bad Schwalbach – Limburg bei km 17,5 schräg gegenüber Bahnhof Bad Schwalbach

GK 25: 5814 Bad Schwalbach, R 343428, H 555812 bis R 343465, H 555746
UTM 32 434 230 E 5 556 340 N

Bornich-Subformation und Kaub-Subformation des Hunsrückschiefers

Tonschiefer der mittleren Kaub-Subformation findet man hier an der Böschung der B 54 bzw. oberhalb im Hang gut aufgeschlossen. Phyllittektonik mit Transversalschieferung (s_1) und zweiter Schieferung (s_2). Die 1. Schieferung verläuft hier, bis auf die schwer zu findenden Faltenumbiegungen, weitgehend schichtparallel. S des Scheitels der 1. Schieferung fällt diese hier generell nach NNW ein. NW vom Schützenhof folgen auf eine deutlich aufgeschlossene Verwerfung stark gefaltete Ton- und Rauhschiefer der Bornich-Subformation mit vielfältigen, besonders in Verwerfungsnähe komplizierten tektonischen Gefügen.

Langheinrich (1964, 1977), Mittmeyer (1962), Anderle et al. (1977), Anderle & Mittmeyer (1988)

56 Aufschlüsse am Pfad zur Burgruine Adolfseck (Bad Schwalbach) im Aartal

GK 25: 5814 Bad Schwalbach, R 343435, H 555845
UTM 32 434 300 E 5 556 670 N

Der Aufschluss befindet sich im südlichen, steil stehenden Teil des Schuppenfächers der Hintertaunus-Einheit. Die durchdringende erste Schieferung fällt steil nach SE ein, die jüngere Runzelschieferung fällt mit mittleren Werten nach NW ein. Begleitende F2-Falten mit NW-fallender Achsenebene bilden knickungsartige Zonen oder Flexurzonen an Stelle von Abschiebungen. Die engen F1-Falten und die offenen F2-Falten sind nahezu homoaxial.

Der untere Aufschluss liegt in einem ehemaligen Südschenkel mit sehr spitzem Winkel zwischen Schichtung und Schieferung. Die 2. Schieferung liegt annähernd rechtwinklig zu s_1. Längs der s_2-Flächen ist die jeweils Hangende Scholle nach SE überscho-

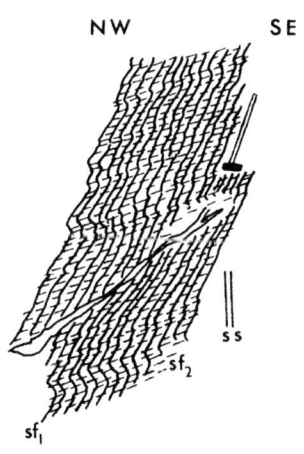

Abb. 43. Dunkle Tonschiefer der Kaub-Subformation, Hunsrückschiefer, mit Schieferungsgefüge und 2. Deformation. Am Pfad zur Burgruine Adolfseck [Arendt et al. (1977), G36].

ben. Im oberen Aufschluss stehen sandarme Tonschiefer mit erster und zweiter Schieferung an. Die hier auftretenden Falten der 2. Deformation besitzen monokline Symmetrie, wobei die kurzen Schenkel vielfach Anklänge an Knickzonen zeigen. Die Anlage dieser Falten erfolgte während der Rotation von s_1-Flächen. Eine Verminderung der lateralen Einspannung führte zu einem Aufblättern des geschieferten Schichtstapels und zur Anlage der monoklinen Falten von s_1 (Abb. 43).

Ahrendt et al. (1977), Sauerland (1980), Anderle et al. (1990)

57 Felsklippen am Parkplatz bei km 21,4 der B 54 im Aartal ca. 1 km SE Bad-Schwalbach-Hohenstein

GK 25: 5814 Bad Schwalbach, R 343345, H 556128
UTM 32 433 400 E 5 559 500 N

Tonschiefer mit dünnen quarzitischen Sandsteinbänken der Hennethal-Subformation (Sauerthaler Schichten) des Hunsrückschiefers

Im Kern des Schieferungsfächers im Hohensteiner Sattel treten Knickzonen und Falten der 2. Deformation auf, welche auf eine mehr oder weniger vertikale Haupteinengungsrichtung schließen lassen. Nach N folgt NW-Vergenz, nach S SE-Vergenz. Hier hat der Vergenzscheitel des Taunus seine nördlichste Lage.

Ahrendt et al. (1977: 151), Weber (1980)

58 Ehem. Steinbruch ca. 550 m S Kirche Hohenstein-Steckenroth, heute Grillplatz

GK 25: 5814 Bad Schwalbach, R 343764, H 556120
UTM 32 437 590 E 5 559 420 N

Tonschiefer des unterdevonischen Hunsrückschiefers mit Falten der 2. Deformation (F_2)

Die Aufschlüsse am östlichen Hang des Tälchens S Steckenroth sind typisch für einen Bereich südlich des Vergenzscheitels. Wo die Schichtung zu erkennen ist, fällt sie nach SSE ein. Sie bildet offene SE-vergente Falten (F_1). Die 1. Schieferung fällt immer steiler als 50° nach NNW ein und ist knickungsartig gefaltet (F_2). Die 2. Schieferung fällt mit mittleren Werten nach NW ein.

Weber (1980) nach Sauerland (1980) und eigene Beobachtungen

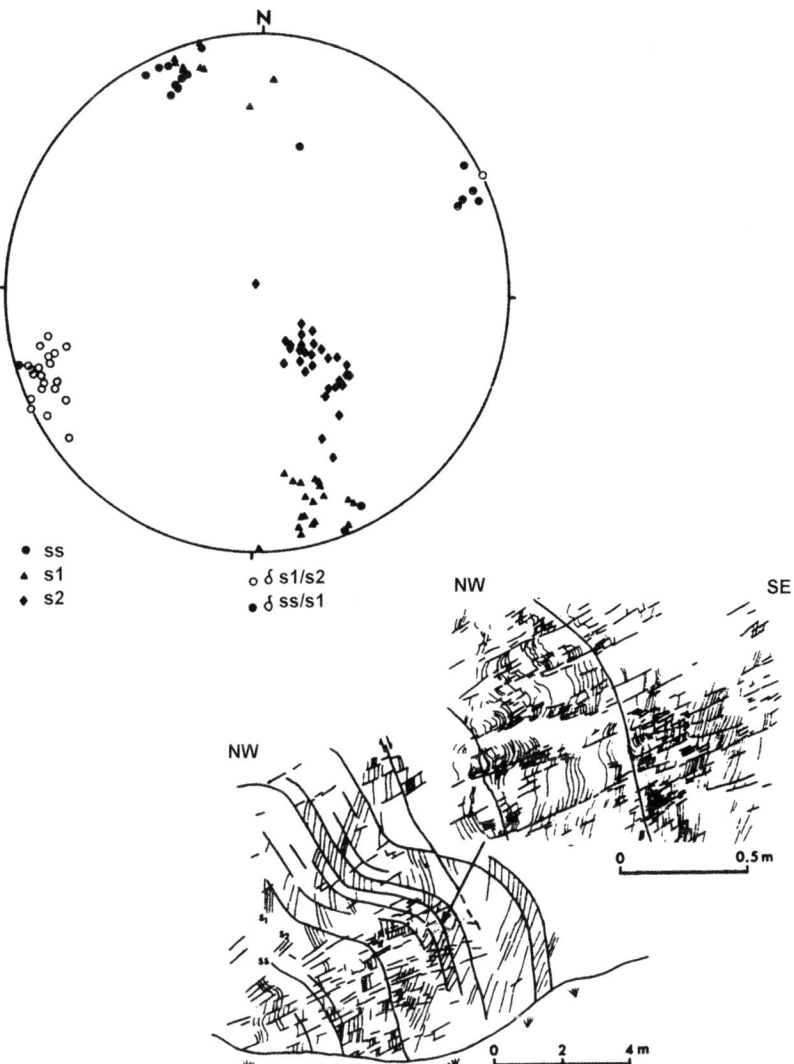

Abb. 44. Gefügediagramm des unterdevonischen Hunsrückschiefers mit Falten der 2. Deformation im ehem. Steinbruch S Hohenstein-Steckenroth (Sauerland 1980: Abb. 17).

59 Burg-Hohenstein, Felsböschung gegenüber Herrenmühle an der B 54 Bad Schwalbach – Limburg

GK 25: 5814 Schwalbach, R 343278, H 556280
UTM 32 432 730 E 5 561 020 N

Dunkle Tonschiefer mit Quarzitbänken der Bornich-Schichten des Hunsrückschiefers mit Quarzsegregationen

Die Gesteine zeigen NW-vergente Faltung und erste Schieferung mit einer Abfolge synkinematischer Quarzadern. Morphologie und Genese von SE-fallender Transversalschieferung (s_1) und steil NW-fallender zweiter Schieferung (s_2), zwei gleichalte Scha-

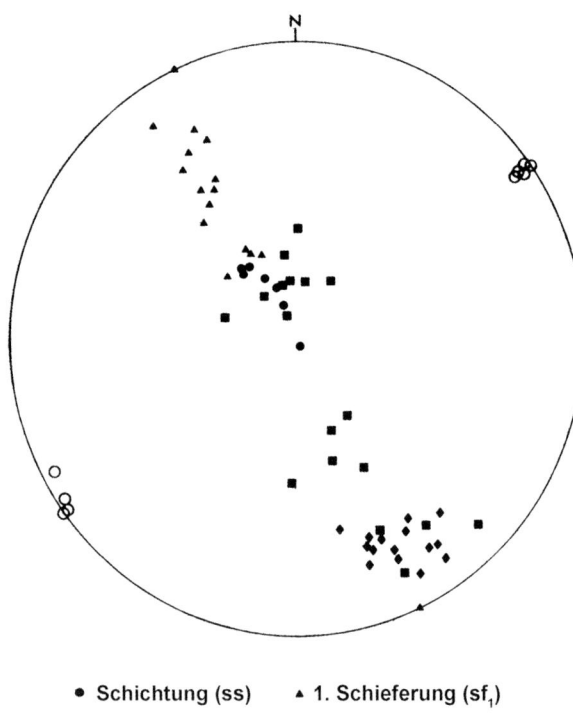

Abb. 45. s-Flächengefüge des Hunsrückschiefers an der Felsböschung gegenüber der Herrenmühle an der B 54 Bad Schwalbach – Limburg. Flächentreue Projektion, untere Halbkugel (Ahrendt et al. 1977, Abb. G35).

ren von Knickzonen, von denen eine Schar nach NW und eine Schar flach nach SE einfällt. Auf der erstgenannten Schar ist die Bewegung nach NW abschiebend, auf der zweiten nach SE abschiebend (Abb. 45). Diese Knickzonen sind spättektonisch angelegte Dehnungsstrukturen. Der Versatz in Richtung des Einfallens der Knickbänder zeigt späte tektonische Ausdehnung an (subvertikale Verkürzung während des Schwerkraft-Kollapses = *gravitational collaps*). Die tektonischen Ereignisse haben folgende Abfolge: 1. NW-vergente Faltung und Schieferung, 2. NW-fallende zweite Schieferung, 3. konjugierte Scharen von Knickbändern.

Ahrendt et al. (1977: 82 u. 151), Langheinrich (1964, 1977), Mittmeyer (1962), Sauerland (1980), Weber (1980), Anderle et al. (1990)

60 Heidenrod-Laufenselden, Felsböschung und ehem. Steinbruch an der B 54 ca. 700 m S Hof Neumühle im Aartal

GK 25: 5714 Kettenbach, R 343110, H 556410
UTM 32 431 050 E 5 562 320 N

Überschiebung der Hennethal-Subformation auf die Bornich-Subformation mit Begleitstrukturen im Bereich Deutschmannsberg–Streitlai

Ein auffälliges Element in der Tektonik des W Hintertaunus ist der stehende Sattel, welcher von der Aar zwischen Hohenstein und Streitlai durchschnitten wird. Er bildet die Front im Hangenden der Überschiebung der Hennethal-Subformation auf die Bornich-Subformation. In einem Gebiet NNW-vergenter Strukturen kann er nur als „störungsgebogene Falte" (*fault-bend fold*) im Sinne von Suppe (1983) interpretiert werden. Die Hangendscholle ist beim Gleiten über die Kante zwischen Rampe und (Schicht-) Fläche zu einem Sattel umgeformt worden (Abb. 46a – Profilansicht). Dies zeigt sich auch darin, dass die Transversalschieferung im NNW-Flügel des Sattels flacher nach SSE einfällt als im SSE-Flügel. Die Nordflanke dieses Großsattels ist in dem alten Steinbruch übersichtlich aufgeschlossen. Man erkennt dickbankige, NNW-fallende Rauhschiefer, wie sie für den tieferen Teil der Hennethal-Subformation typisch sind. Die Quarzitbänke der Bornich-Subformation im Liegenden der Überschiebung sind gefaltet und örtlich abgeschert und verdreht (Abb. 46b).

Wegen der faziellen Unterschiede zwischen Hennethal-Subformation und Bornich-Subformation ließ sich deren Grenze besonders gut kartieren. Die Hennethal-Subformation zeigt nur undeutliche Schichtung und eine weitständige Transversalschieferung, bedingt durch schlechte Entmischung der klastischen Komponenten und Bioturbation. Makrofossilien treten in der Regel nur einzeln auf. Der Ablagerungsraum war offensichtlich für längere Zeit von starken Strömungen verschont. Die stratigraphisch hangende Bornich-Subformation dagegen zeigt eine Trennung in schluffige Tonschiefer und quarzitische Sandsteinbänke (örtlich mit Ballenstrukturen), an die auch die Fossilansammlungen (Schalenbänke) gebunden sind. Dies sind Hinweise auf von Zeit zu Zeit stattfindende quarzklastische Schüttungen in ein Becken, verbunden mit stärkeren Strömungen.

Exkursionen

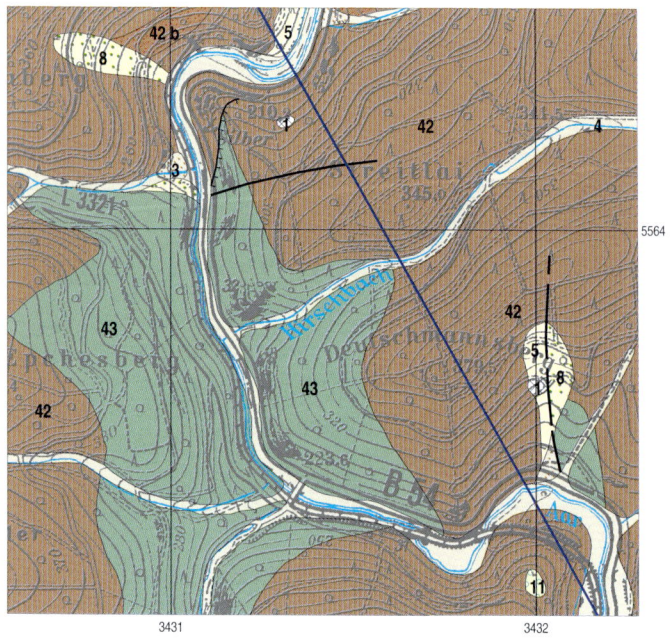

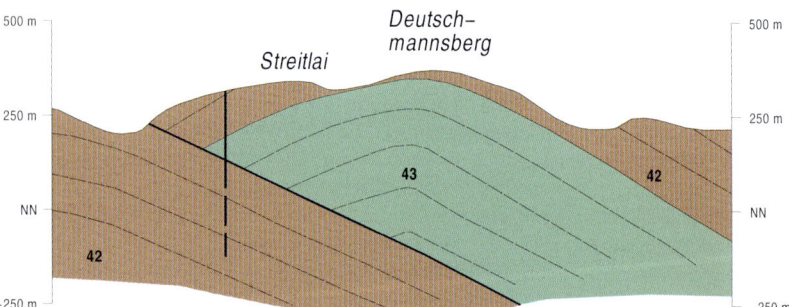

Abb. 46a. Geologische Situation mit Schnitt im Bereich Deutschmannsberg-Streitlai (Ausschnitt aus der Geologischen Karte von Hessen 1:25 000 Bl. 5714 Kettenbach mit Genehmigung des Hess.Landesamtes für Naturschutz, Umwelt und Geologie. Eingetragen ist die mineralisierte Störung der Grube Streitlai nach Anderle 2007.

Hintertaunus-Einheit

Quartär

1	Künstliche Aufschüttung	Erd- und Felsaushub, z.T. Bauschutt, Müll
3	Schwemmfächer	Schieferschutt, lehmig, locker gelagert
4	Ablagerungen in Talsohlen, Auenablagerungen	Lehm, teilweise kiesig-steinig
5	Löss, Lösslehm, Fließerde	Schluff, feinsandig, tonig, z.T steinig
6, 7, 8	Fließerde	6 mit Blockschutt aus Quarzit 7 mit gröberem Schutt hangaufwärts anstehender Gesteine 8 mit kleinstückigem Schutt hangaufwärts anstehender Gesteine
11	T5-Terrasse der Aar	Kies aus Milchquarz, Sandstein, Schiefer, Quarzit
12	T4-Terrasse der Aar	Kies aus Milchquarz, Quarzit, Sandstein, Schiefer, Brauneisenstein, Kieselschiefer, Basalt

Tertiär/Oligozän

17	Arenberg-Formation	Kies, gelb, sandig, überwiegend aus Milchquarz, seltener Quarzit, vereinzelt Kieselschiefer

Oberdevon

22	Pitzberg-Formation ('Dunkle Tonschiefer des tieferen Oberdevons')	Tonschiefer, dunkelgrau, z.T. mit Kieselschiefer, schwarz und Kalkstein-Lagen, graubraun
24	Roteisenstein-Lager	Roteisenstein, dunkelrot, massig bis bankig

Mitteldevon

26	Trachyandesit der *Givet-Adorf-Phase*	Trachyandesit, graugrün, aphyrisch, kleinkörnig
27	Metabasalt der *Givet-Adorf-Phase*	Decken- und Pillowlaven, geringmächtige Lagergänge und Gänge, alkalibasaltisch, dunkelgrün bis graugrün, porphyrisch (Plagioklas, Klinopyroxen, Olivin)
28	Zollhaus-Vulkaniklastit ('Schalstein') der *Givet-Adorf-Phase*	Alkalibasaltische Metavulkaniklastite; Hyaloklastite, z.T. Pillowfragmentbreccien, selten Lapilli- und Aschentuffe, graugrün, z.T. violett, z.T. umgelagert, meist ungeschichtet, geschiefert
32	Schiesheim-Formation	Tonschiefer, dunkelgrau, verwittert beige, hellgelblich bis -rötlich, feingebändert, im höheren Teil mit Einlagerungen von Kieselschiefer und Kalkstein

Unterdevon

33	Oberems, ungegliedert	Tonschiefer, dunkelgrau, sandflaserig, meist helloliv bis gelblichbraun verwitternd, fossilführend
42 b	Bornich Formation	Tonschiefer, dunkelgrau, meist schluffig-feinsandig, mit Einlagerungen von Quarzit, hellgrau, z.T. weiß, mit Ballenstrukturen, fossilführend; (b) Bankfolgen aus Sandstein und Quarzit
43	Sauerthal-Formation	Tonschiefer, dunkelgrau, schluffig-sandig, schlecht sortiert, oft bioturbat, gelegentlich Einlagerungen von Quarzit, hellgrau

———	Verwerfung	
⊢⊢⊢⊢⊢	Überschiebung	
———		Geologische Schnittlinie

Abb. 46a. Legende

Abb. 46b. Steinbruch wie **46a**. Abgescherte Quarzitbank in der Bornich-Subformation im Liegenden der Überschiebung an der Streitlai an der Böschung der B 54, Blick nach E.

Abb. 46c. Steinbruch wie Abb. 46a. Gefaltete und örtlich abgescherte Quarzitbänke der Bornich-Subformation im Liegenden der Überschiebung.

Abb. 46d. Steinbruch wie **46a**. Dickbankige, NNW-fallende Rauhschiefer der Unteren Hennethal-Subformation auf der Nordseite des Großsattels.

Eine postvariskische Mineralisation, die Quarz, Schwerspat, silberhaltigen Bleiglanz und Kupfererze führt, ist in der Grube Streitlai abgebaut worden, deren tiefer Stollen an der Böschung der B 54 mündet. Am Hang oberhalb finden sich zahlreiche Schachtpingen, vereinzelte Stollenmundlöcher und kleinere Halden als Zeugen dieses Bergbaus. Die mineralisierte Störung streicht rund 80° und dürfte saiger stehen. In einer N-S verlaufenden Rinne E des Deutschmannsbergs finden sich Blöcke aus Pseudomorphosen- und Kappenquarz, so dass hier eine postvariskische mineralisierte N-S-Störung angenommen wird (Abb. 46a). Solche Störungspaare sind – besonders im Osttaunus – verbreitet. Sie folgen einem konjugierten Bewegungssinn; N-S-Störungen sind linkshändig, E-W-Störungen rechtshändig. Daraus resultiert Einengung in 150°-Richtung.

Anderle & Mittmeyer (1988), Anderle (2007), Michels & Anderle (2010)

61 Ehem. Gemeindesteinbruch in Heidenrod-Laufenselden, Mühlhecke, NE H. 362,5

GK 25: 5713 Katzenelnbogen, R 342861, H 556449
UTM 32 428 560 E 5 562 700 N

Bornich-Subformation des Hunsrückschiefers der Unterems-Stufe

Schluffschiefer, hellgrau, oliv verwittert, mit Einlagerungen von Quarzitbänken bis über 2 m Mächtigkeit, z. T. schräggeschichtet und mit Dezimeter großen Ballenstrukturen.

62 Ehem. Steinbruch im Aartal am Abzweig von der B 54 nach Aar-Einrich-Reckenroth

GK 25: 5714 Kettenbach, R 343187, H 556617
UTM 32 431 820 E 5 564 380 N

Bornich-Subformation des Unterdevons

Hier stehen NE-einfallende sandig-tonig-schluffige Wechselfolgen der Bornich-Schichten an, die einzelne ergiebige Faunenlinsen eingeschlossen haben (heute abgesammelt). Mehrere ziemlich reine Quarzitbänke zeigen hell- bis weißgraue Farbe bei glasartigem Bruch.
Anderle & Mittmeyer (1988: 95)

63 Mühlhölle 1 km N Hohenstein-Holzhausen über Aar

GK 25: 5714 Kettenbach, R 343468, H 556504
UTM 32 434 630 E 5 563 250 N

Überschiebung der Hennethal-Subformation auf die Bornich-Subformation

Am E Hang des Michelbachtals ist N Holzhausen über Aar an der Mühlhölle die Überschiebung der Hennethal-Subformation auf die Bornich-Subformation aufgeschlossen. Eine Teilscholle des Wiesbaden-Diezer Grabens ist hier nach NE gegen die Daisbach-Hennethal-Störung verkippt, so dass die δ-Achsen eines flachen Sattels im Mittel 16° bzw. 17° nach ENE einfallen. Der Profilschnitt der GK 25 zeigt diesen Sattel, der im Scheitel durch die Überschiebung zerrissen ist. Anders als 4 km weiter W im Aartal ist hier im Hangenden der Überschiebung kein stehender Sattel ausgebildet. Die Schichtung fällt in der Regel bis zu 20° nach NE ein. Lediglich unmittelbar im Liegenden der Überschiebung herrscht das übliche SE-Fallen. Tonschiefer zeigen hier einen hohen Inkohlungsgrad von 9,0. Ihre organische Substanz ist in Graphit umgewandelt. Eine Überschiebung ist unmittelbar über der Stelle, wo der von der L 3373 nach E über den Michelbach führende Weg auf den hangparallelen Weg trifft, gut aufgeschlossen.

Abb. 47. Überschiebung der Hennethal- auf die Bornich-Subformation in der Mühlhölle N Holzhausen.

Am Westhang der Mühlhölle an der Kläranlage stehen die Schichten der Hennethal-Subformation in der typischen Fazies an. Es handelt sich um dickbankige bis klotzige Schluff-Feinsandschiefer. Bis 5 cm dicke Lagenharnische folgen der Schichtung, die in der Regel undeutlich ausgebildet ist. Eine weitständige, unregelmäßige Transversalschieferung quert die Schichtung. Quarzkörner im Grenzbereich Grobschluff/Feinsand sind im feinlinsigen Schieferungsgefüge angelöst. In den feinerkörnigen Abschnitten tritt Parallelschieferung auf. Mehrere flach SE-fallende streichende, spitzwinklig zur Schichtung verlaufende Störungen zerlegen die Schichtenfolge. Dünne Feinsandlagen sind tektonisch gestreckt.

Am Nordhang der Mühlhölle und am E Talhang unterhalb des von E einmündenden Schefterbaches folgen Aufschlüsse in der Bornich-Subformation. Es handelt sich hier um Schluff-Tonschiefer, z. T. feinsandig, in die sich nach oben (N) zunehmend Feinsand-Bänke einschalten. Die Quarzkörner in tonig-schluffiger Matrix sind eckig, die Bänke kaum geschiefert. Diese enthalten mm-Grabgänge, führen mm-große Crinoiden-Stielglieder und haben an ihrer Basis vereinzelt Ballen-/Kissenstrukturen. Mm-cm dicke Lagenharnische sind zu beobachten. Je nach Korngröße wechseln Transversal- und Parallelschieferung. Feinsand-Linsen und -lagen sind senkrecht B parallel der Schieferung gestreckt. Einzelne SE-fallende streichende Störungen können als Begleitelemente der Hauptüberschiebung aufgefasst werden.

64 Bohrkernlager des Hessischen Landesamtes für Naturschutz, Umwelt und Geologie, Wiesbaden, in Hünstetten-Limbach

GK 25: 5715 Idstein, R 344137, H 556813
UTM 32 441 320 E 5 566 340 N

Hier wird u. a. der Bohrkern des Bierstadt-Phyllits aufbewahrt, der das Typusmaterial der Formation darstellt.

Für Besichtigungen ist eine Anmeldung unter Tel. 0611/6 93 99 33 erforderlich.

65 Ehem. kleiner Steinbruch an der Teichkläranlage W Hünstetten-Strinz-Trinitatis

GK 25: 5714 Kettenbach, R 343895, H 556671
UTM 32 438 900 E 5 564 920 N

Überkippte Lagerung im SE-Flügel einer NW-vergenten Mulde der Spitznack-Subformation

Die Schichtung in dem dünn- bis mittelbankigen quarzitischen Feinsandstein erreicht in dem SE-Muldenflügel eine überkippte Lage bis 52° SE-Fallen. Die zwischen 12° und 50° SE-fallende Transversalschieferung durchschneidet die Schichtung, verbiegt sie in Art einer Knickung und zertrennt sie örtlich auch. Die Unterseiten von Sandsteinlagen erhalten dadurch eine Struktur, die an Rippeln erinnert. Als Lesesteine weisen solche Platten auf überkippte Lagerung im unmittelbaren Untergrund hin. Nicht nur in diesem Aufschluss, sondern in einem Streifen S des Fischbach-Tals und des Wallbach-Tals (Bl. 5715 Idstein) tritt überkippte Lagerung auf. Weitere kleine Aufschlüsse finden sich unmittelbar S der Ortslage Strinz-Trinitatis.

Abb. 48. Überkippte Lagerung im SE-Flügel einer NW-vergenten Mulde der Spitznack-Subformation, Ehem. Steinbruch an der Teichkläranlage W Strinz-Trinitatis.

66 Felsböschung 500 m SW Aarbergen-Daisbach an der Abzweigung der Straße nach Hennethal von der Straße Daisbach – Kettenbach

GK 25: 5714 Kettenbach, R 343590, H 556800
UTM 32 435 850 E 5 566 210 N

Dunkle Tonschiefer mit Quarzitbänken der Bornich-Subformation des Hunsrückschiefers

Die Aufschlüsse zeigen dunkelgraue Schiefer mit eingelagerten feinkörnigen Quarziten. Diese führen in benachbarten Aufschlüssen eine überwiegend aus Brachiopoden bestehende Fauna der Unterems-Stufe. Die Schiefer sind in mehreren, jetzt aufgelassenen Stollen als Dachschiefer abgebaut worden. Das dominierende s_1 in den Schiefern und die Achsenebenen kleiner NW-vergenter Falten in den nördlichen Aufschlüssen fallen mittelsteil nach SE ein. Eine selten entwickelte Runzelschieferung s_2 steht nahezu senkrecht. Steil NW-fallende Knickbänder zeigen Abwärtsbewegung der Hangendscholle. Die bis 1 m mächtigen, im Streichen rasch auskeilenden Quarzitbänke sind in asymmetrische disharmonische liegende Falten gelegt. Quarzfasern in einer Serie syn- bis postkinematischer Adern besitzen ein frühes Inkrement NW-wärtiger Streckung, gefolgt von N-S- und schließlich E-W-gerichteter Streckung der gesamten Schichtfolge (vergleiche mit den südlichen Einheiten). Nach Mittmeyer (1962) bilden Quarzitbänke der Bornich-Subformation stark NW-vergente bis liegende Falten an der NW-Flanke des Hohensteiner Sattels, welcher nach NW auf Singhofener Schichten des Unterems überschoben ist. Sauerland (1980: Abb. 7) interpretiert

Abb. 49. Dunkle Tonschiefer mit Quarzitbänken der Bornich-Subformation des Hunsrückschiefers im S-Teil des Aufschlusses.

das Faltenbild als Folge disharmonischer Faltung im steilen Schenkel eines NW-vergenten Sattels.

Mittmeyer (1962), Ahrendt et al. (1977), Sauerland (1980), Anderle et al. (1990)

67 Felsböschungen am ehem. Bahnhof, in der Bahnhofstraße und am Sportplatz in Aarbergen-Kettenbach

GK 25: 5714 Kettenbach, R 343351, H 556817; R 343382, H 556790; R 343378, H: 556812
UTM 32 433 460 E 5 566 380 N

Zerscherte Sandstein- und Quarzitbänke nahe einer Überschiebung

Bei Michelbacher Hütte quert eine Überschiebung das Aartal, die sich sowohl in der Beuerbach-Subformation in ihrem Liegenden, als auch in der Bornich-Subformation im Hangenden durch Deformation und Abscherung von Sandstein- und Quarzitbänken bemerkbar macht. In der Hangendscholle sind am NE-Ende des Sportplatzes Sandsteinbänke mit Rippelmarken zu B–B'-Falten (Sander 1948) umgeformt, an der Böschung der Bahnhofstraße, die aus dem Scheidertal hinauf in den alten Ortskern führt, sind bis mehrere Dezimeter mächtige Quarzitbänke mit Milchquarz-Durchtrümerung in einer Schiefermatrix zerrissen. In der Liegendscholle zeigt die Beuerbach-Subformation im Südteil der niedrigen, knapp 100 m langen Felsböschung am Bahngelände (Straße: Zum Scheidertal) Kleinfalten und parallel der Transversalschieferung aufschiebend abgescherte Sandsteinbänke. Weiter im N des Aufschlusses ist die Schichtenfolge ungestört bei flachem Einfallen nach SE.

Abb. 50a. Zerscherte Sandstein- und Quarzitbänke nahe einer Überschiebung. Beuerbach-Subformation im Liegenden, Bornich-Subformation im Hangenden. Felsböschungen am ehem. Bahnhof, in der Bahnhofstraße und am Sportplatz in Aarbergen-Kettenbach.

Abb. 50b. Kleinfalten und aufschiebend abgescherte Sandsteinbänke in der Beuerbach-Subformation. Felsböschung am ehem. Bahnhof in Aarbergen-Kettenbach (Straße „Zum Scheidertal").

68 Sauerbrunnen in Aarbergen-Rückershausen im Aartal ("Antoniussprudel")

GK 25: 5714 Kettenbach, R 343280, H 557030
UTM 32 432 750 E 5 568 510 N

Der Kohlensäuerling im OT Rückershausen der Gemeinde Aarbergen ist schon 1778 als vermutlich im Almendeland gelegen urkundlich genannt (Löhr & Schrader 1986) und später durch Stifft (1831) ausdrücklich als eine Quelle, die selbst die bekannten Säuerlinge von (Bad) Schwalbach an Qualität übertreffen würde, hervorgehoben worden. 1886 wurde die Quelle an Unternehmer aus Dortmund und Hahnstätten verpachtet, wobei vertraglich festgehalten worden ist, dass die Einwohner von Rückershausen aus der Quelle unentgeltlich Wasser zum privaten Gebrauch entnehmen dürfen. 1906 wurde die Quelle in einer Tiefe von 7 m u. Gel. neu gefasst. Das Rückershäuser Wasser wurde u. a. auch nach Frankreich, Belgien, Holland, England, Kanada und in die USA verschickt. Auf Ausstellungen in London, Brüssel und Frankfurt erhielt das Mineralwasser aus Rückershausen Goldmedaillen. In dieser Zeit erhielt der Säuerling den vermarktbaren Namen „Antoniussprudel". Im Jahr 1938 wurde die Fassung gesprengt, um dort ein Gefallenendenkmal zu errichten. Die Fassung war damit so stark geschädigt worden, dass sie auch nach dem Krieg, als man 1949/50 eine Wiederherstellung versuchte, nicht mehr das Sauerwasser in alter Qualität liefern konnte. Beobachtungen während einer Überschwemmungsperiode des Aartales am 30.1.1985 – der Wiesengrund war etwa 0,20 m überschwemmt – zeigten an zwei Nord-Süd verlaufenden Linearen aufgereihte Gasaustritte über fast 200 m Länge. Für eine Ersatzbohrung und neue Fassung sind danach gutachtlich Vorschläge gemacht, aber zunächst nicht verwirklicht worden. Erst 2006 wurde eine neue Fassung hergestellt.

Nach einer Analyse von 1996 enthält der Antoniussprudel 788 mg/l $^-HCO_3$ und 1200 mg/l freie gelöste Kohlensäure. Er ist in Flaschen abgefüllt relativ lange haltbar, ohne größere Mengen Eisenoxide abzuscheiden.

69 Ehem. Steinbruch am E Ortsrand von Hünstetten-Ketternschwalbach

GK 25: 5714 Kettenbach, R 343973, H 557016
UTM 32 439 680 E 5 568 370 N

Spitznack-Subformation der Unterems-Stufe

In dem ehem. Gemeindesteinbruch von Ketternschwalbach, in dem sich heute eine offene Halle für landwirtschaftliche Fahrzeuge befindet, ist eine Wechselfolge aus Tonschiefer mit dünnplattigem, Glimmer führendem Feinsandstein, wie sie typisch für die Spitznack-Subformation ist, aufgeschlossen. Höher im Profil sind meterdicke Quarzitbänke eingelagert. Eine Probe des Quarzits zeigt im Dünnschliff Quarzmittelsand, dessen Körner miteinander verzahnt sind. An Quarztrümchen sind verzahnte Korngrenzen, beginnende

Abb. 51. Spitznack-Subformation der Unterems-Stufe im ehem. Steinbruch am E Ortsrand von Hünstetten-Ketternschwalbach.

Subkornbildung und undulöse Auslöschung zu erkennen. Eine Probe des Tonschiefers ist fast frei von Quarzkörnern. Die plattigen quarzitischen Sandsteine sind für zahlreiche der älteren Häuser Ketternschwalbachs als Bausteine verwendet worden.

70 Ehem. kleiner Steinbruch und Wegböschung am W Fuß des Iltisberges S Burgschwalbach

GK 25: 5714 Kettenbach, R 343522, H 557155
UTM 32 435 250 E 5 569 550 N

Quarzit und Schluffschiefer der Oberems-Stufe, überschoben auf Tonschiefer des Mitteldevons

Im Süden NW-vergente (fast) liegende Falte im Emsquarzit. S davon entlang des Weges Schiefer mit Sandsteinen der Unterems-Stufe. Nach N entlang des Weges sandig-flaserige Schiefer des Oberems mit Fauna. An diesem Fundpunkt haben bereits Dahmer (1929) und Solle (1942a) gesammelt. Wegen der unmittelbaren Nachbarschaft von Gesteinen des Oberems und des Mitteldevons vermuteten sie eine Schichtlücke. Sie hatten die hier nicht aufgeschlossene, sich aber aus dem regionalen Zusammenhang ergebende Überschiebung des Unterdevons der Hintertaunus-Einheit auf das Mitteldevon der Lahn-Einheit noch nicht erkannt. Im Hangenden der Überschiebung wechseln hier auf kurze Entfernung mehrfach normale und überkippte Lagerung.

71 Ehem. kleiner Steinbruch dicht W der Straße Burgschwalbach-Panrod ca. 1,3 km S der Burg

GK 25: 5714 Kettenbach, R 343514, H 557126
UTM 32 435 090 E 5 569 470 N

Metabasalt in Schluff- und Tonschiefer im Hangenden einer größeren Überschiebung

An der SW-Wand oben steht gelboliver, blasiger (z. T. mit Calcitmandeln), geschieferter Metabasalt an, der von graugrünem Schluffschiefer überlagert wird. Die undeutliche Grenze der beiden Gesteine könnte der Schichtung des Schiefers folgen. Im tieferen NE-Teil des Steinbruchs steht graugrüner Tonschiefer an, etwas weiter unterhalb W des Forstwegs grauer, dünnplattiger Tonschiefer. Ob es sich bei dem Metabasalt um einen Gang im Bereich einer Störung handelt, wie sie hier im Hangenden der Überschiebung der Ems-Gesteine (Beuerbach-Subformation, Emsquarzit-Formation und Laubach-Schichten) auf die Schiesheim-Formation des Mitteldevons zu erwarten wäre, lässt sich ohne größere Schürfe nicht entscheiden.

4.3.3 Emsbach-Gebiet

72 Böschung der B 275 W Roßberg und SE-Hang der Hohelei ca. 1,5 km S Idstein-Oberauroff

GK 25: 5815 Wehen, R 344596, H 556278
UTM 32 445 910 E 5 561 000 N

Spitznack-Subformation mit Idstein-Porphyroid

Beiderseits des von Eschenhahn (Bl. 5815 Wehen) nach Oberauroff (Bl. 5715 Idstein) fließenden Baches streicht am S- und E-Hang der Hohelei und am W-Hang des Rossberges ein tektonisch mehrfach wiederholtes Porphyroid aus. Dies ergibt sich aus der typischen, gleich gerichteten Abfolge (mehrere Meter mächtige plattige Quarzite im Liegenden, feinsandig-schluffige Tonschiefer im Hangenden), der meist über 10 m erreichenden Mächtigkeit und – wie Kirnbauer (1987) festgestellt hat – der gleichen geochemischen Charakteristik. Die drei südlichen Lagen streichen in je 14 m Abstand aus.

Abb. 52. Lagerung und Schuppenbau der Schwall- und Spitznack-Subformation an der Böschung der B 275 am Westhang des Roßberges SW Eppstein. Die Störungen A, B, und C sind an der Böschung aufgeschlossen. Der Versatz des Porphyroids an der Störung C beträgt 120 bis 240 m, je nach Lage der Schichtung und Störung in der Tiefe. Die Diagramme (Projektion der unteren Halbkugel) zeigen das kleintektonische Flächen- und Achsengefüge der von den Störungen B und C begrenzten Teilbereiche. Sie sind entsprechend der Profilebene N 160 E angeordnet.

Hintertaunus-Einheit 163

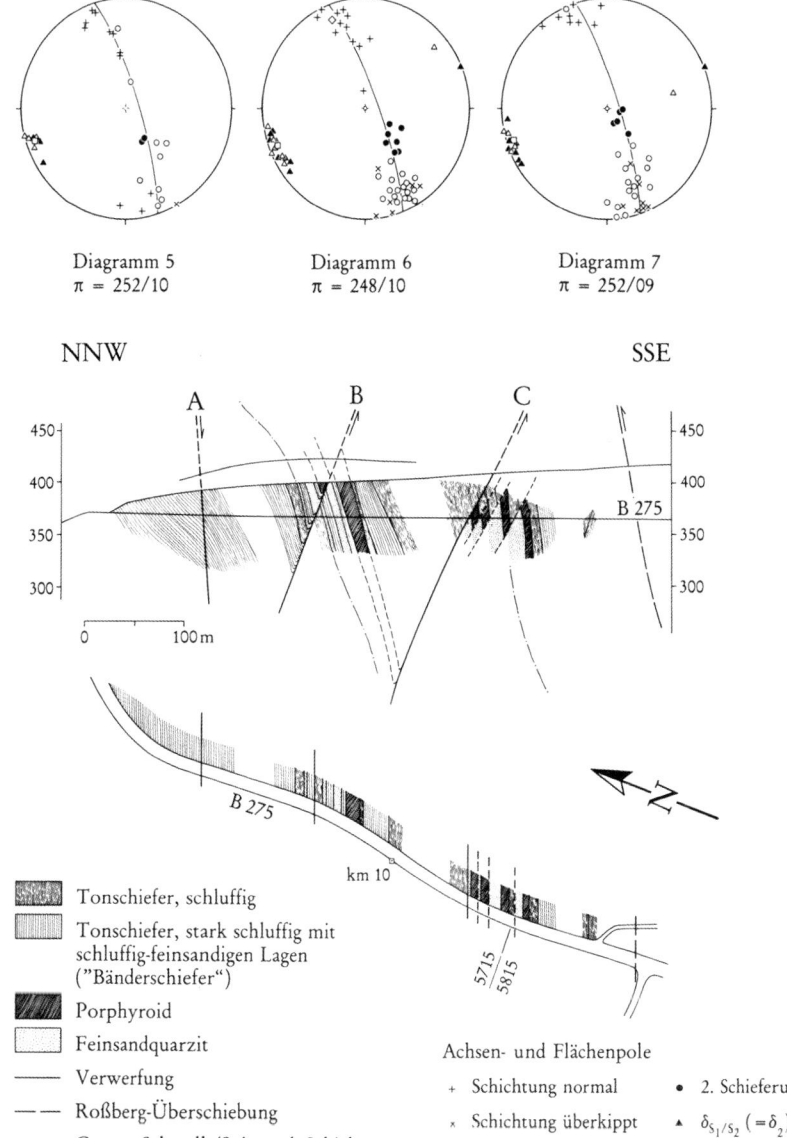

Diagramm 5
$\pi = 252/10$

Diagramm 6
$\pi = 248/10$

Diagramm 7
$\pi = 252/09$

Tonschiefer, schluffig

Tonschiefer, stark schluffig mit schluffig-feinsandigen Lagen ("Bänderschiefer")

Porphyroid

Feinsandquarzit

— Verwerfung

— — Roßberg-Überschiebung

— · — Grenze Schwall-/Spitznack-Schichten

Achsen- und Flächenpole

+ Schichtung normal
× Schichtung überkippt
○ 1. Schieferung
△ δ_{SS/S_1} $(=\delta_1)$

● 2. Schieferung
▲ δ_{S_1/S_2} $(=\delta_2)$
◆ Knickung
□ π

Sie sind steil gelagert. Das nördliche der drei Porphyroide ist W des Tals nochmals in der SE Hangrippe der Hohelei und in einem kleinen, für den Wegebau angelegten Steinbruch aufgeschlossen, wo es an steiler tektonischer Grenze an Quarzit im S anschließt. Die vierte, nördliche Lage streicht 200 m weiter N an der B 275 aus. Sie liegt normal, fällt steil nach SE ein und ist 14 m mächtig. Dieser Tuffit ist auf mindestens 8 km streichende Länge bis an den Ostrand der Idsteiner Senke zu verfolgen (Anderle 1991).

Das Flächen- und Achsengefüge der Hohelei (Diagr. Abb. 52) ist charakterisiert durch flach bis steil SE-fallende normale und steil NW-fallende überkippte Schichtung, steil NW-fallende 1. Schieferung, flach NW-fallende 2. Schieferung und um 12° SW-fallende Achsen. Ein ursprünglich NW-vergenter Falten- und Schuppenbau ist hier um B in eine gegenvergente Lage gedreht worden. Wir befinden uns südlich der Scheitellinie des Schieferungsfächers, der den gesamten Südrand des Taunus begleitet (Anderle 1987).

Anderle & Mittmeyer (1988: 93f.), Anderle (1991)

73 W-Hang des Rügerts zwischen Idstein-Ober- und Niederauroff

GK 25: 5715 Idstein, R 344578, H 556461 bis 344569
UTM 32 445 730 E 5 562 820 N

Obere Kaub-Subformation

Unterhalb Oberauroff quert das Tal des Auroffer Baches auf knapp 1,5 km Länge eine Folge milder bis schluffig-feinsandiger Tonschiefer, tonig-feinsandiger Schluffschiefer und hellgrauer, feinkörniger Quarzite. Schichtung ist nur selten deutlich zu erkennen. Ursache dafür sind geringe Unterschiede und allmähliche Wechsel in den Korngrößen und die starke Zerscherung parallel s_1 und s_2. Besonders die 2. Deformation war hier intensiv wirksam und hat das Gestein zu einem typischen B- bzw. R-Tektonit (mit Rotation älterer s-Flächen um B_2) umgeformt (Sander 1950: 264). Stellenweise sind feinkörnige Quarzite subparallel ss so zerschert worden, dass sie jetzt dünne, von s_2 begrenzte Platten bilden. Querklüfte sind durch die am Hang wirkende Schwerkraft dm-weit geöffnet worden.

Anderle & Mittmeyer (1988: 94), Anderle (1991)

74 Schieferfelsen unter dem Hexenturm und dem Schloss im Zentrum von Idstein

GK 25: 5715 Idstein, R 344788, H 556536
UTM 32 447 830 E 5 563 570 N

Kaub- und Schwall-Subformation der Unterems-Stufe

Zwischen Wolfsbach im E und Wörsbach im W treten im Burgfelsen von Idstein Kaub- und Schwall-Schichten zu Tage. Die reinen Tonschiefer der Kaub-Subformation bilden eine Einmuldung in den sandig-schluffigen Tonschiefern der Schwall-Subformation. In den Tonschiefern ist die intensive 1. Schieferung von einer engständigen 2. Schieferung überprägt. Runzelungen und Fältelungen im Sinne der Phyllittektonik prägen das Bild unter dem Hexenturm. Die 1. Schieferung steht hier im Großen und Ganzen saiger, Ausdruck der Tatsache, dass der Vergenzscheitel der 1. Deformation hier durchstreicht (vgl. Anderle 1991: Beiblatt Tektonik). Unverwitterte Tonschiefer der Kaub-Subformation aus der Baugrube für die Stadthalle Idstein erbrachten eine Mikroflora der *Emphanisporites annulatus-Camarozonotriletes sextantii*-Zone, die vom Unterems bis ins tiefe Oberems reicht (Reitz 1991). Die mehr feinsandig-schluffige Schwall-Subformation N unterhalb des Schlosses führt in Tonschieferlagen Quarz-Lagenharnische, an denen Überschiebung nach NW stattgefunden hat, wie die Schleppung der 1. Schieferung ausweist.

75 Felsklippe ca. 400 m E Hasenmühle zwischen Idstein-Heftrich und Schlossborn

GK 25: 5716 Oberreifenberg, R 345440, H 556338
UTM 32 454 340 E 5 561 60 N

Hellgrauer Quarzit und Tonschiefer der Singhofener Schichten, steile Schichtlagerung des Quarzits, um 70° SE einfallende Schieferung im Tonschiefer, 10–15° ENE-fallende δ_2-Achsen. Lage des Aufschlusses nahe N der Taunuskamm-Störung.

76 Ehem. Steinbruch am Hirtenstein 500 m S Idstein-Heftrich (Grillplatz)

GK 25: 5715 Idstein, R 345220, H 556434
UTM 32 454 340 E 5 561 600 N

Schwall-Subformation der Unterems-Stufe

Tonschiefer, grau, olivbraun verwittert, mit dm-starken Quarzadern auf N-S-Klüften und auf s_1. Die 1. Schieferung fällt in der Regel steil nach NW ein. Nur in der Zone mit engerständigem s_2 höher im Bruch ist sie in Falten der 2. Deformation in eine SE-fallende Lage rotiert. Die hier dominierenden Querklüfte fallen steil nach WSW ein. Entsprechend fallen die δ-Achsen flach nach ENE ein. Im höheren, südlichen Teil des Bruchs stehen sandige Schiefer mit NW-fallender Schichtung an.

Abb. 53. Schwall-Subformation der Unterems-Stufe im ehem. Steinbruch am Hirtenstein 500 m S Idstein-Heftrich (Grillplatz).

77 Halden der ehem. Bleierzgrube Idstein-Heftrich am Schlossershaag 1 km NE Heftrich

GK 25: 5716 Oberreifenberg, R 345330, H 556616
UTM 32 453 240 E 5 564 370 N

Das erst 1903 beim Wegebau entdeckte Vorkommen wurde zwischen 1912 und 1925 in bis zu 2 Schächten und drei Stollen abgebaut. Das Feld Bleierzwerke Heftrich war auf Pb, Cu, Zn und Ag verliehen. Zur Zeit der höchsten Förderung (im 1. Weltkrieg und unmittelbar danach) wurden 1918 180 t Pb-Konzentrat, 70 t Cu-Konzentrat und 40 t Zn-Konzentrat und 1922 424 t Pb-Konzentrat und 80 t Zn-Konzentrat gewonnen. Insgesamt wurden von 1912 bis 1924 1400 t Erz gefördert. Abgebaut wurde auf zwei parallelen NNW-SSE streichenden und 70–80° WSW einfallenden Gängen auf Störungszonen. Die Gänge erreichen eine Mächtigkeit von max. 10 m. Ein dritter Erz führender Gang weiter im ENE wurde erst nach der Betriebsperiode durch geophysikalische Untersuchungen entdeckt (D. Müller 1991). Die überwiegende Gangart ist postvariskischer Quarz mit zonar aufgebauten Kristallen bis 5 cm. Daneben kommen älterer feinkristalliner Quarz und Pseudomorphosenquarz (Quarz pseudomorph nach Schwerspat) vor. Die Gänge sind überwiegend brekziös ausgebildet; stängeliger Quarz und Erze umschließen Tonschiefer- und Sandstein-Bruchstücke. Bleiglanz ist stets grobkristallin als Glasurbleiglanz ausgebildet. Er ist z. T. silberreich. Daneben treten Antimonfahlerz (Tetraedrit), Kupferkies und Zinkblende auf. Selten sind Pyrit und Markasit (Schaeffer 1979, Müller 1991). Die Halde unterhalb des Wasserbehälters besteht aus dunkelgrauem, meist fein gerunzeltem Tonschiefer. Untergeordnet finden sich mit postvariskischem Quarz verheilte Brekzien aus verkieseltem Tonschiefer und meist feinkörniger postvariskischer Quarz.

Eine kleine Felsklippe befindet sich 125 m W der Halde, eine weitere ungefähr 750 m NW davon. Hier steht das Nebengestein der Gänge, siltige bis sandige Tonschiefer mit Zwischenlagen schräggeschichteter Sandsteine, an. In die Schichtenfolge eingelagert sind Porphyroide. Ein Porphyroid von ca. 10 m Mächtigkeit steht etwa 500 m NE des ehem. Bergwerks an. Die Schichtung ist normal SSE-fallend mit transversaler 1. Schieferung und flach bis mittelsteil NNW-fallender 2. Schieferung. Die δ-Achsen fallen mit bis zu 28° nach ENE ein. Dies ist ein Hinweis auf die (postvariskische) Verkippung einer Randscholle am Ostrand der Idsteiner Senke.

Zur Wasserversorgung von Idstein wurde 1993 bis 1996 der 110 m tiefe, inzwischen verfüllte Schacht der Grube aufgebohrt und zu einem Brunnen ausgebaut. Er brachte im zehnwöchigen Dauerpumpversuch 5 bis 6 l/s Wasser, das jedoch Arsen (kurzzeitig sogar über dem Grenzwert von 0,01 mg/l) gelöst enthielt (Stengel-Rutkowski 2002).

78 Ehemaliger Steinbruch am E Ortsausgang von Waldems-Esch (mit Grillhütte)

GK 25: 5715 Idstein, R 345184, H 556840
UTM 32 451 780 E 5 566 610 N

Singhofen-Formation der Unterems-Stufe

Die dunklen Tonschiefer zeigen auf Querklüften die mittelsteil SE-fallende 1. Schieferung und die steil NW-fallende 2. Schieferung und zugehörige Falten der 2. Deformation, bei der s_1 lokal nach SE überkippt worden ist. Die Achsen der 2. Deformation fallen hier am Ostrand der Idsteiner Senke der Regel für den Südtaunus entsprechend nach NE ein.

Anderle (1991), Kubella (1951), Stengel-Rutkowski (1967), Sauerland (1980), Weber (1980), Anderle (1991: Abb. 4, S. 32)

79 Aufschlüsse an der B 275 zwischen km 2,2 und dem ehem. kleinen Steinbruch E Waldems-Esch

GK 25: 5715 Idstein, R 345240, H 556900 bis GK 25: 5716 Oberreifenberg, R 345330, H 556872 UTM 32 452 340 E 5 567 210 N

Schluff- und Tonschiefer mit dünnen Quarzit-Bänkchen und Porphyroid der Spitznack-Subformation

Im Emsbachtal E Esch sind normal gelagerte Schichten der Spitznack-Subformation aufgeschlossen, die entlang der B 275 am besten zugänglich sind. Es handelt sich um teilweise sandig-schluffige Tonschiefer mit Einlagerungen plattiger quarzitischer Feinsandsteine. Selten sind synsedimentäre „Tropfen"bildungen aus Quarzsand. In die Schichtenfolge ist ein Porphyroid eingelagert. Es zeigt sich am besten höher am Hang in Lesesteinen, wo es über den Höhenrücken hinweg nach NE streicht. Seine Mächtigkeit dürfte 2–3 m betragen. Es führt Tonflatschen bis 2 cm und Quarz- sowie Feldspat-Einsprenglinge bis 2,5 mm. Es ist an der Basis am gröbsten. Die Schichtung fällt meistens normal nach SE ein mit einer steiler SE-fallenden Transversalschieferung und einer NW-fallenden 2. Schieferung. Diese ist mit Falten der 2. Deformation verbunden. In einem kleinen Steinbruch an der B 275 ist eine Meter große F_2 aufgeschlossen, die einen deutlichen Einfluss auf den Ausstrich des Porphyroids am Nordhang des Emsbachtals hat. Bedingt durch den kurzen flachen Schenkel dieser recht großen F_2 streicht das Porphyroid an der Straßenböschung weiter E aus, als es ohne diese Falte der Fall wäre. Der SE-vergente Sattel am E-Rand der F2 wird von einer Abschiebung parallel s_2 zerschnitten, die dünne Quarzitlagen im Tonschiefer um 26 cm verwirft.

Typisch für diesen Bereich am Westrand der Ems-Dombach-Scholle unmittelbar am Ostrand der Idsteiner Senke sind die bis über 20° NE-fallenden δ-Achsen. Diese Erscheinung kann auf antithetische Schollenkippung zurückgeführt werden.

Anderle (1991)

Abb. 54. Schluff- und Tonschiefer mit Quarzit-Bänkchen und Porphyroid der Spitznack-Subformation. Felsklippe an der B 275 zwischen km 2,2 und dem ehem. Steinbruch E Waldems-Esch.

80   Felsen an der Straße zwischen Wüstems und Glashütten-Oberems

GK 25: 5716 Oberreifenberg,
R 345705, H 556789
UTM 32 456 990 E 5 566 100 N

Postvariskischer Pseudomorphosenquarz-Gang Hoher Stein

Es handelt um den südlichsten Aufschluss in der Reihe der Pseudomorphosenquarz-Gänge, die dem SW-Rand der Feldberg-Pferds-

Abb. 55. Pseudomorphosenquarz-Gang Hoher Stein, Felsen an der Straße zwischen Wüstems und Oberems.

kopf-Scholle an der Grenze zur Ems-Dombach-Scholle aufsitzen. Der Gang besteht hier aus weißem, rotbraun gepunktetem, dichtem bis porösem, feinkörnigem Quarz. Die Salband parallele Bänderung fällt steil nach WSW ein. Der Gang ist von verschiedenen Kluftscharen zerlegt, die grob gesehen Flächenlagen des Nebengesteins entsprechen. Steil SE-fallende Klüfte entsprechen der Schieferung, steil NNW-fallende Klüfte der 2. Schieferung, steil ESE-fallende Klüfte einer der Hauptkluftscharen des Nebengesteins.

81 Felsklippen ca. 1.5 km SE Waldems-Reichenbach südl. Fl. Bremenwald

GK 25: 5716 Oberreifenberg, R 345645, H 557022
UTM 32 456 390 E 5 568 430 N

Singhofen-Formation der Unterems-Stufe

Sandige Tonschiefer mit Einlagerungen quarzitischen Sandsteins, intensiv geschiefert. Normal SSE-fallende Schichtung, steil SSE-fallende Transversalschieferung, 2. Schieferung steil NNW einfallend, δ_1- und δ_2-Achsen mit bis zu 30° nach ENE einfallend. In Tonschiefer-Zwischenlagen treten SE-vergente Kleinfalten der 2. Deformation auf. Milchquarz-Trümer quer zu s_1 und als Kauber Walzen sind ausgebildet.

Abb. 56. Singhofen-Formation der Unterems-Stufe in Felsklippen SE Reichenbach S Bremenwald.

82 Felsklippen SW Breiteberg N Waldems-Reichenbach oberhalb der B 275

GK 25: 5716 Oberreifenberg, R 345552, H 557247
UTM 32 455 460 E 5 570 680 N

Singhofen-Formation der Unterems-Stufe

Sandige Tonschiefer mit Einlagerungen quarzitischen Sandsteins, s_1 S-förmig verbogen, s_2 immer nur kurz. Einfallen der Schichtung flach SSE, normal gelagert, Transversalschieferung, 2. Schieferung steil NNW einfallend, δ_1-Achsen fallen bis 10° nach WSW, δ_2-Achsen bis 5° ENE. Im höheren Teil der Felsrippe treten Bankfolgen von Feinkornquarzit auf, deren dm-starke Bänke von einer steilstehenden Schieferung durchschlagen werden.

Abb. 57. Singhofen-Formation der Unterems-Stufe in Felsklippen SW Breiteberg N Waldems-Reichenbach oberhalb der B 275.

83 Ehem. Steinbruch am Häuserstein ca. 0,8 km NE Waldems-Steinfischbach

Bl. 5716 Oberreifenberg, R 345392, H 557174
UTM 32 453 860 E 5 569 950 N

Postvariskischer Pseudomorphosenquarz-Gang

Feinkörniger weißer, hellbrauner und rosa Gangquarz mit Brekzien aus Tonschiefer und (Kokarden-) Quarz, durchzogen von zahlreichen mit Quarz verheilten Rissen. Salband parallele Trennflächen fallen im Mittel mit 65° in Richtung 250° ein, entsprechen also der Querstörungs-Lage. Ein Harnisch auf einer dieser Flächen gehört nach den Abrissstufen zu einer Abschiebung. Quer zum Gang verlaufende Trennflächen stehen steil und streichen um E-W. Die Mächtigkeit des Ganges beträgt ca. 40 m, die Höhe der stehen gebliebenen Wände ca. 10 m.

Der Häuserstein gehört zu den Quarzgängen, die auf der Grenzstörung zwischen der Ems-Dombach- und der Feldberg-Pferdskopf-Scholle sitzen. Die Reihe dieser Quarzgänge reicht auf rund 12 km Länge von Oberems/Wüstems auf Bl. 5716 Oberreifenberg

Abb. 58. Postvariskischer Pseudomorphosenquarz-Gang. Ehem. Steinbruch am Häuserstein NE Waldems-Steinfischbach.

bis in den Herrenwald E Eisenbach auf Bl. 5615 Villmar. Der Gang ist am Häuserstein für Mühlsteine, zur Herstellung von Wegebaumaterial und zuletzt zur Herstellung von Grabsteinen abgebaut worden (Sterrmann 2006).

84 Idstein-Walsdorf, Felsklippen auf knapp 100 m Länge an der B 8 schräg gegenüber Morcher Mühle (SE Parkschleife)

Bl. 5715 Idstein, R 344983, H 557053
UTM 32 449 780 E 5 568 740 N

Spitznack-Subformation der Unterems-Stufe

Tonschiefer mit dünnen Feinsandlagen, oliv verwittert, im N überkippt, im S normale Lagerung. Schichtung durch relativ flach liegendes s_1 zerschert. Das steil stehende bis steil SSE-fallende s_2 ist zonenweise konzentriert. Von Quarzlinsen in besonders stark D2-deformierten Bereichen reichen Quarzlagen zwischen das benachbarte s_1. Flache Knickzonen verformen s_1 und s_2. Lokal tritt schubklüftungsartiges s_3 auf, das mit rund 40° nach SSE einfällt. Die Flächenpole der 3 Schieferungen liegen auf einem gemeinsamen Großkreis, mit der Achse B = 62/20, um welche sich auch die Schnittlineare von s_1 und s_2 bzw. von s_2 und s_3 anordnen. Das Achsenfallen nach NE mit Werten bis über

20° ist typisch für eine Bruchscholle am Ostrand der Idsteiner Senke. Ausgeprägte, steil SW-fallende Querklüftung mit braunen und rostfarbenen Bestegen. Besenstrukturen und Randklüfte als Folgen des Bruchvorgangs bei der Kluftbildung.

Eine 80 m tiefe Brunnenbohrung in der Nähe des Aufschlusses (Brg. 207 der GK 25) für den Trinkwasser-Brunnen Walsdorf 2 erbrachte beim Pumpversuch eine Leistung von 9 l/s bei einer Absenkung auf 27,80 m unter Flur. Dies ist Ausdruck der höheren Durchlässigkeit an Verwerfungen in der Nähe des Ostrandes der Idsteiner Senke (vgl. Anderle 1991: GK 25 und Beiblatt Tektonik).

85 Schieferfelsen unter dem Hutturm in der Hainstraße in Idstein-Walsdorf

GK 25: 5715 Idstein, R 344863, H 557082
UTM 32 448 580 E 5 569 030 N

Spitznack-Subformation der Unterems-Stufe

Im unteren Drittel des Aufschlusses stehen plattige Feinsandsteine an, darüber eine Wechselfolge aus dünn- bis mittelbankigen, glimmerführenden feinsandigen Schluffsteinen, die abwechselnd schwächer und stärker tonig sind. Darin einzelne, bis Dezimeter mächtige Feinsandsteinbänke. Die Schichtenfolge ist normal gelagert und fällt flach nach SE ein. Relativ wenige Querklüfte. Auf einigen von ihnen dünne Quarzbestege. Eine kleine Fossillage direkt unter dem Turm enthielt wenige *Arduspirifer ard. prolatestriatus, Plebejochonetes semiradiatus plebejus, P. sem. sem.* und Crinoiden-Stielglieder (Mittmeyer 1991: Tab. 3, Fp. 39).

Vom Turm hat man eine ausgezeichnete Übersicht über den zentralen Teil der Idsteiner Senke. Die hiesigen fruchtbaren Lößböden führten schon früh zu einer Besiedelung, was jungsteinzeitliche Funde der Bandkeramischen und der Rössener Kultur (ca. 5500–2200 v. Chr.) belegen (Bärwald 1991).

Der Aussichtsturm kann bestiegen werden. Lt. Anschlag: Fam. Fritz, Tel. 06434 7350.

86 E-Hang des Wörsbachtals N Hünstetten-Wallrabenstein zwischen St. Peters Mühle und Schornmühle

GK 25: 5715 Idstein, R 344536, H 557124 bis R 344494, H 557237
UTM 32 445 310 E 5 569 450 N

Spitznack-Subformation

Hier stehen dünn- bis mittelbankige, feinkörnige Quarzite (NE Engels Mühle mit Gezeitenschichtung), glimmerführende, unregelmäßig geschieferte Feinsandsteine (gelegentlich mit Strömungsrippeln und Grabgängen) und im höheren Teil auch schluffig-

Hintertaunus-Einheit

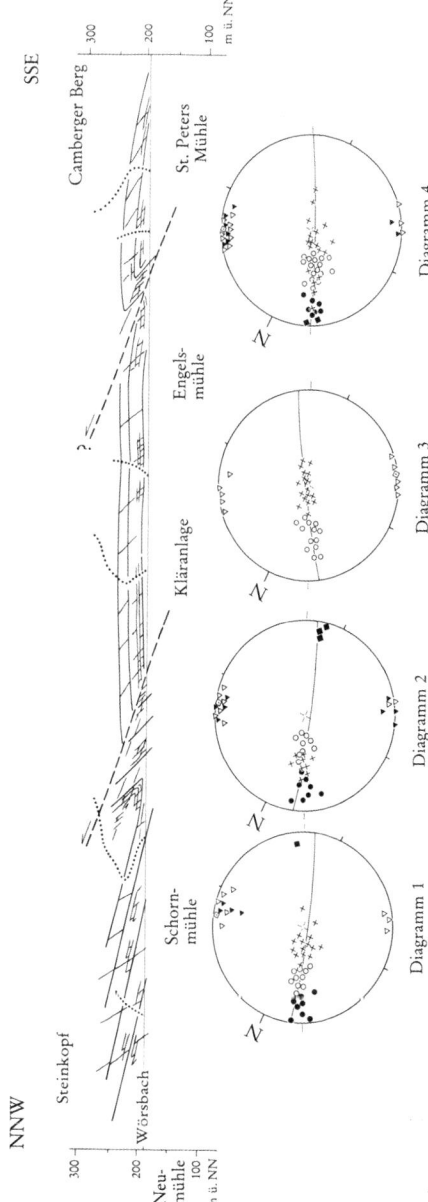

Abb. 59. Profil und Gefügediagramme zur Lagerung der Spitznack-Subformation am östlichen (rechten) Hang des Wörsbachtals N Hünstetten-Wallrabenstein. Die feinen Linien deuten die natürlichen Felsaufschlüsse an, die kräftigen Linien umreißen schematisch die sich daraus ergebenden Strukturen. Die Bruchberg-Scherrnholz-Überschiebung trennt die Bereiche 2 und 3. Die Diagramme (Projektion der unteren Halbkugel) zeigen das kleintektonische Flächen- und Achsengefüge für die Teilbereiche 1, 2, 3 und 4. Sie sind entsprechend der Profilebene N 155 E angeordnet. Die Punktreihen sind die Projektionen von Nebentälchen und Erosionsrinnen in die Bildebene (nach Anderle & Mittmeyer 1988: Abb. 6; verändert).

feinsandige Tonschiefer an. Überlagert wird die Schichtenfolge in etwa NN + 290 m vom Emsquarzit des Steinkopfes. Die Schichtlagerung ist flachwellig, besitzt aber eine ausgeprägte NW-Vergenz (Abb. 59). Die kurzen überkippten Schenkel zweier Falten zeigen eine Rotation der Schichtung bis zu 140° aus der Ursprungslage. Die Faltenscheitel sind sehr eng. In ihnen ist ss durch Scherung parallel s_1 nahezu völlig aufgelöst. Möglicherweise sind beide Falten mit flach nach NW gerichteten Überschiebungen verknüpft. Gegenüber St. Peters Mühle treten Lagenharnische auf. Es handelt sich um bis zu dm-starke, schichtparallele Bänder mit lagenweisem Wechsel miteinander verzahnter Quarzkörner unterschiedlicher Korngröße, Chlorit und Lösungshohlräumen (vielleicht ehemals Calcit), die parallel der Gefügerichtung a gestriemt sind. Sie kommen nur in den feinstkörnigen Gesteinslagen vor. Nach Koschinski (1979) wurden sie zu Beginn der Faltung aufgrund überhydrostatischer Porenwasserdrücke gebildet und besitzen im Taunus überwiegend Rekristallisationsgefüge, im Gegensatz zum N Rheinischen Schiefergebirge, wo Deformationsgefüge vorherrschen.

Das Gefüge von 4 Teilbereichen veranschaulichen die Diagramme der Abb. 59. Die Schichtung wurde oben schon erwähnt. Die 1. Schieferung fällt flach bis mittelsteil nach SE. Die 2. Schieferung tritt nur örtlich und meist nur in den tonigeren Gesteinen auf. Sie fällt hier steil SE, rotiert s_1 in aufschiebendem Sinne und führt Quarzausscheidungen in Form der Kauber Walzen, wie sie Engels (1955) vom Mittelrhein beschreibt. Bei den Achsen überwiegt flaches NE-Fallen. Steil einfallende Knickzonen in B zeigen, jeweils abwärtige Bewegung der N-Schollen (s. Sauerland 1980).

Anderle & Mittmeyer (1988: 95), Anderle (1991)

87 Ehem. Steinbrüche oberhalb der Straße SE Hünstetten-Beuerbach

GK 25: 5715 Idstein, R 344428, H 557180
UTM 32 444 230 E 5 570 010 N

Typlokalität der Beuerbach-Subformation und Überschiebungstektonik

An der Böschung E Beuerbach befinden sich 2 kleine ehem. Steinbrüche. In dem S Steinbruch (über der Straßenkurve) ist der tektonisch gestörte Grenzbereich zwischen dem höheren Teil der stratigraphisch liegenden Spitznack-Subformation (im S und der stratigraphisch hangenden Beuerbach-Subformation (im N) aufgeschlossen. Mehrere Aufschiebungen sind zu erkennen. Sie begleiten die Bruchberg-Scherrnholz-Überschiebung im Liegenden (Anderle 1991: Beiblatt Tektonik). Die flach liegende Beuerbach-Subformation wird von einer mittelsteil nach SSE einfallenden Aufschiebung mit bis zu 15 cm lockerer Störungsbrekzie nach S begrenzt. Darüber folgt bis zur nächsthöheren, flach SE-fallenden Aufschiebung ein intern sattelförmiger Gesteinskeil aus Schiefer und Schluffstein der Spitznack-Subformation. In dieser Falte der 2. Deformation mit SE-fallender Runzelschieferung s_2 ist die 1. Schieferung s_1 nach NW rotiert in eine schwach SE oder NW fallende Lage. Diese Struktur wird von einer flach lagernden Schichtenfolge überlagert.

88 Ehem. kleiner Steinbruch bei H. 458,6 N der Straße von Weilrod-Rod a. d. Weil nach Bad Camberg-Schwickershausen

GK 25 : 5615 Villmar, R 345227, H 557660
UTM 32 452 210 E 5 574 810 N

Spitznack-Subformation der Unterems-Stufe

Tonschiefer, grau, feinsandig mit Einlagerungen von mittelbankigem Sandstein. Die Straße (L 3030) erreicht hier ihren höchsten Punkt im Verlauf der Querung der Feldberg-Pferdskopf-Scholle zwischen Schwickershausen und Hasselbach. N der Straße erhebt sich das Kuhbett (525,6 m).

89 Felsen am Dombach unterhalb der Kirche von Bad Camberg-Schwickershausen

GK 25 : 5615 Villmar, R 344963, H 557540
UTM 32 449 580 E 5 573 610 N

Spitznack-Subformation der Unterems-Stufe

Tonschiefer, dunkelgrau mit dünnen Einlagerungen quarzitischen Sandsteins. Dünne Sandsteinlage stückweise entlang s_1 synthetisch rotiert (bezogen auf die NW-Vergenz). Die Schichtfolge wird von wenigen großen Klüften durchzogen. Einige davon klaffen dm-weit in Folge von Hangzerreißung.

4.3.4 Weil-Gebiet

90 Ehem. Steinbruch am Sängelberg N Schmitten-Oberreifenberg

GK 25: 5716 Oberreifenberg, R 345921, H 556841
UTM 32 459 150 E 5 566 620 N

Singhofen-Formation der Unterems-Stufe

Mittel- bis dickbankiger quarzitischer Sandstein mit Ballenstrukturen und Tonschiefer-Zwischenlagen. Flachwellige normale Lagerung mit SE-fallender Transversalschieferung, NW-fallende 2. Schieferung nur im Tonschiefer, δ_2-Achsen in der Regel ENE-fallend. Milchquarz ist auf Längs- und Querspalten abgeschieden. Beim Bruchvorgang entstandene Besen- oder Federstrukturen sind auf mehreren Kluftflächen ausgebildet.

Abb. 60. Singhofen-Formation der Unterems-Stufe im ehem. Steinbruch am Sängelberg N Oberreifenberg.

Einen Eindruck von der Lagerung im Großen vermittelt der Profilschnitt C-D auf der 3. Auflage der GK 25 (Mittmeyer 1978 b).

91   Felsklippen oberhalb der L 3004 E Schmitten-Arnoldshain (Zufahrt zur Evangelischen Akademie)

GK 25: 5716 Oberreifenberg, R 346168, H 556990
UTM 32 461 620 E 5 568 110 N

Singhofen-Formation der Unterems-Stufe

Feinsandig-schluffiger Schiefer mit Einlagerung eines Porphyroids. SE-fallende Schichtung undeutlich ausgebildet. Die dominante 1. Schieferung ist wellig gefaltet, die 2. Schieferung steil NNW-fallend, die δ_2-Achsen ENE-fallend. Einzelne Milchquarz-Stränge verlaufen im Streichen. Wenige weitständige Großklüfte durchschlagen die Felsklippen quer.

Hintertaunus-Einheit 177

92 Felsklippen S Weilrod-Finsternthal W Niedges Bach-Tal

GK 25: 5716 Oberreifenberg, R 345845, H 557279
UTM 32 458 390 E 5 571 000 N

Singhofen-Formation der Unterems-Stufe

Sandige Tonschiefer mit mm-Quarzschluff-Lagen, undeutliche Schichtung im N flach SSE-fallend, im S flach NNW-fallend, normal gelagert, steil SSE-fallende 1. Schieferung dominant, 2. Schieferung steil NNW einfallend, δ_1- und δ_2-Achsen mit bis zu 14° nach ENE einfallend.

93 Weilrod-Altweilnau, 800 m SE Landsteiner Mühle, Felsklippen am E-Hang des Weiltals oberhalb der L 3025 SE Weilrod-Altweilnau

GK 25: 5616 Grävenwiesbach, R 346016, H 557434
UTM 32 460 100 E 5 572 550 N

Vermutl. Spitznack-Subformation der Unterems-Stufe

Einlagerungen von graubraunen, mittel- bis dickbankigen Sandsteinen in grauem Tonschiefer, flach SE-fallende normal gelagerte Schichtung mit Transversalschieferung, 2. Schieferung im Tonschiefer steil NW-fallend, in diesen Bereichen F_2 mit flach liegendem s_1 und Quarzsträngen (Kauber Walzen), Achsenlage um die Horizontale pendelnd.

94 Weilrod-Altweilnau. Landsteiner Mühle, kleiner ehem. Steinbruch und Felsböschung N der Einmündung der L 3025 in die B 275

GK 25: 5616 Grävenwiesbach, R 345972, H 557477
UTM 32 459 660 E 5 572 980 N

Porphyroid in der Spitznack-Subformation der Unterems-Stufe

Man blickt auf die steil SSE-einfallenden Schieferungsflächen, nach denen das Porphyroid absondert. Es ist hellgrau, feinkörnig und durch mm-große Feldspäte fein gesprenkelt. Man findet es auf der W Seite des Aufschlusses. Ein mit 17° nach ENE einfallendes Harnischlinear zeigt nach Abrissstufen linkshändige Seitenverschiebung an. Kutscher & Pauly (1971) beobachteten hier bei der Verbreiterung der B 275 das Porphyroid und eine in losen Stücken gefundene Fossilbank. Die Umgebung des Aufschlusses hat bereits früher zahlreiche unteremsische Fossilien geliefert (vgl. Schlossmacher 1928).

95 Ehem. Steinbruch (z. T. verfüllt) westl. H. 426,3 W Usingen-Merzhausen

GK 25: 5616 Grävenwiesbach, R 346005, H 557603
UTM 32 459 990 E 5 574 240 N

Vermutl. Schwall-Subformation der Unterems-Stufe

Grauer quarzitischer Sandstein, mittel-, bis dickbankig, Falte (Sattel) der 1. Deformation, starkes Einfallen der Achsen. Die Schichtung ist normal und überkippt NE-fallend, die Achsen (δ_1, δ_2) fallen mit bis über 30° nach NE bis E ein. Eine Falte wird von mehreren 70–80° streichenden Störungen durchschnitten. Die Harnischlineare deuten auf Schrägverschiebungen. Die ungewöhnliche Lage der Gefügeelemente wird auf Schollenkippung am Ostrand der Feldberg-Pferdskopf-Scholle zurückgeführt.

Abb. 61. Vermutlich Schwall-Subformation der Unterems-Stufe im ehem. Steinbruch westl. H. 425,2 W Usingen- Merzhausen.

96 Felsklippen im Schnepfenbachtal in Waldabteilung 4 W Weilrod-Neuweilnau, Nähe Minigolfanlage

GK 25: 5616 Grävenwiesbach, R 345768, H 557606
UTM 32 457 620 E 5 574 270 N

Schwall-Subformation der Unterems-Stufe

Schluffstein, quarzitisch, grau mit Feinsandlagen, mehrere dm-mächtige Feinsandquarzit-Bänke mit feinstem detritischem Glimmer, einzelne Crinoiden-Stielglieder, normale und überkippte Lagerung, Hauptablösungsfläche ist die Transversalschieferung.

97 Felsklippen bei H. 299,0 an der L 3025 zwischen Forsthaus Gertrudenhammer und Weilbrücke, 0,8 km N Weilrod-Neuweilnau

GK 25: 5616 Grävenwiesbach, R 345764, H 557667
UTM 32 457 580 E 5 574 880 N

Schwall-Subformation der Unterems-Stufe

Feinsandstein, quarzitisch und Tonschiefer, feinsandig gebändert, vertikal nur geringe Korngrößen-Unterschiede, Hauptablösungsfläche ist die flaserige Transversalschieferung, in den Bänken Gradierung mit Abnahme der Korngröße nach oben, Feinsandbänke flachlinsig, rasch auskeilend, nur wenige größere Querklüfte.

Abb. 62. Schwall-Subformation der Unterems-Stufe. Felsklippen bei H. 299,0 an der L 3025 zwischen Gertrudenhammer und Weilbrücke.

98 Ehem. Steinbruch an der Straße NNE Weilrod-Cratzenbach (heute Grillplatz und Kletterfelsen) gegenüber der Parkschleife

GK 25: 5616 Grävenwiesbach, R 345665, H 557751
UTM 32 456 590 E 5 575 720 N

Spitznack-Subformation der Unterems-Stufe

Feinsandstein, grau, quarzitisch, dickbankig mit dünnen Zwischenlagen von Tonschiefer, z. T. als Rinnenfüllungen. Die Feinsandbänke sind dünn- bis feingeschichtet, führen feinen detritischen Glimmer, am Top der Bänke manchmal Zerstörung der Schichtung

Abb. 63. Spitznack-Subformation der Unterems-Stufe im ehem. Steinbruch an der Straße NNE Weilrod-Cratzenbach (Grillplatz und Kletterfelsen).

durch Bioturbation. Im mittleren Teil des Aufschlusses in rund 4 m Höhe Linse mit Fossilschalen, Klappen meist mit der Wölbung nach oben eingeregelt.

99   Weilrod-Hasselbach, ehem. kleiner Steinbruch 400 m E Eichelbacher Hof

GK 25: 5616 Grävenwiesbach, R 345435, H 557626
UTM 32 454 290 E 5 574 470 N

Spitznack-Subformation der Unterems-Stufe

Sandstein, quarzitisch, unrein, grüngrau, flaserig, schräggeschichtet. Fossillage rund 35 cm mächtig, dunkelbraun, bröselig zerfallen, Schalenpflaster aus Choneten, alle Klappen mit der Wölbung nach oben. Fundpunkt von Dahmer (1954). Eine E-W streichende Abschiebung im N Aufschlussbereich versetzt die Fossilbank um rund 50 cm. Dahmer beschreibt noch einen zweiten Fundpunkt in der Nähe.

100 Ehem. Steinbruch am Südende von Weilrod-Hasselbach (stark zugewachsen)

GK 25: 5616 Grävenwiesbach, R 345370, H 557770
UTM 32 453 640 E 5 575 910 N

Spitznack-Subformation der Unterems-Stufe

Plattige Wechselfolge aus Ton- und Schluffschiefer mit Sandsteinbänken, unrein, Glimmer führend, quarzitisch, Lagerung überkippt. Im N, höheren Teil des Aufschlusses absandende Fossilbank mit Tongeröllen, ca. 50 cm mächtig, überwiegend aus Choneten aufgebaut.

101 Felsklippen bei H. 263,0 am W-Hang des Eichelbergs am N Ortsausgang von Weilrod-Rod a. d. Weil

GK 25: 5616 Grävenwiesbach, R 345615, H 557875
UTM 32 456 090 E 5 576 960 N

Spitznack-Subformation der Unterems-Stufe

Feinsandstein, quarzitisch, dünnplattig, flachlinsig schräggeschichtet mit Zwischenlagen aus Tonschiefer. Höher am Hang Sandstein, dickbankig, schräggeschichtet. Sandstein mit feinem detritischem Glimmer. Fossilschalen an der Basis einer Sandsteinbank. (Weiter N ist die Felsböschung mit Drahtnetzen überspannt).

Unter dem Kirchenhügel in Weilrod-Rod a. d. Weil, an der Einmündung der Straße Niederrod in die L 3025 stehen flach gelagerte Feinsand-Quarzite an, mittel- bis dickbankig, feine Parallelschichtung, bioturbate Lagen.

Abb. 64. Spitznack-Subformation der Unterems-Stufe in den Felsklippen bei H. 263,0 am W-Hang des Eichelbergs am N Ortsausgang von Weilrod-Rod a. d. Weil.

102 Ehem. Steinbrüche am E Ortsrand von Weilrod-Oberlauken

GK 25: 5616 Grävenwiesbach, R 345973, H 557786
UTM 32 459 670 E 5 576 070 N

Vermutl. Spitznack-Subformation der Unterems-Stufe

Tonschiefer mit dünnen Sandsteinlagen und -flasern sowie (an den ersten Häusern des Ortes) quarzitischer Sandstein mit Tonschiefer. Die flach SE bis E normal einfallende Schichtenfolge mit SE-fallender Transversalschieferung wird von mehreren flachen, verquarzten Überschiebungen in dünne Schuppen zerlegt. Diese Störungen folgen sowohl der Schichtung, als auch der Transversalschieferung. Dabei tritt im Kleinen der Typus der störungsgebogenen Falten (*fault-bent folds* im Sinne von Suppe 1983) auf. Kurze, vertikale Spalten sind mit cm-dm-Milchquarz-Trümchen gefüllt.

Bemerkenswert sind die alten Linden an der Friedhofskapelle E über dem Ort.

Abb. 65. Vermutl. Spitznack-Subformation der Unterems-Stufe in den ehem. Steinbrüchen am E Ortsrand von Weilrod-Oberlauken.

103 Felsanschnitt an der Tankstelle am E Ortsausgang von Weilrod-Emmershausen Richtung Winden

GK 25: 5616 Grävenwiesbach, R 345600, H 558143
UTM 32 455 940 E 5 579 640 N

Singhofen-Formation der Unterems-Stufe

Quarzitischer Sandstein, hellgrau, Glimmer führend, Fossilbank, blaugrauer Tonschiefer, NW-vergenter Sattel, δ-Achsen ENE-fallend. Der Sattel ist schräg zu seiner Achse angeschnitten; im N Teil des Aufschlusses ist der normal gelagerte SSE-Flügel zu sehen, hinter dem Gebäude im S Aufschlussteil der überkippte NNW-Flügel. Hier ist auf der Unterseite der Sandsteinbänke der systematische Vorschub der jeweils hangenden Lamelle entlang den Flächen der 1. Schieferung zu sehen, wodurch ein Muster entsteht, dass man mit Oszillationsrippeln verwechseln könnte.

Abb. 66. Singhofen-Formation der Unterems-Stufe im Felsanschnitt an der Tankstelle am Ortsausgang von Weilrod-Emmershausen Richtung Winden.

104 Ehem. Steinbruch E der Bahn in Usingen-Wilhelmsdorf am Hohlberg (Grillplatz)

GK 25: 5616 Grävenwiesbach, R 346312, H 557959
UTM 32 463 060 E 5 577 800 N

Singhofen-Formation der Unterems-Stufe

Wechselfolge aus dunkelgrauem Tonschiefer und mittel- bis dickbankigem, plattigem, braungrauem Quarzit mit eingelagertem Porphyroid. Das Porphyroid – es steht in der NE-Ecke des Steinbruchs an – sondert plattig nach der Schieferung ab. Es ist an der Basis gröber und fossilführend und enthält rundliche Einschlüsse bis 1 cm Ø mit Feldspat.

105 Felsklippe Hirschsteinslai S Grävenwiesbach-Hundstadt (Naturdenkmal)

GK 25: 5616 Grävenwiesbach, R 346295, H 558062
UTM 32 462 890 E 5 578 830 N

Postvariskischer Pseudomorphosenquarz-Gang

Abb. 67. Postvariskischer Pseudomorphosenquarz-Gang, Felsklippe Hirschsteinslai S Grävenwiesbach-Hundstadt (Naturdenkmal).

Der NW-SE-streichende und steil SW-fallende Gang ist auf eine Länge von fast 1 km nachgewiesen. An seinem NW-Ende ragt der Gang als Härtling über die Umgebung auf. Die Länge der ca. 20 m mächtigen Felsklippen beträgt rund 250 m. Ein Teil davon ist früher als Schotter abgebaut worden.

Der Gang besteht aus mehreren Quarzgenerationen, darunter Pseudomorphosen nach Schwerspat und Kappenquarz-Rasen. Tektonisch zerlegt ist er im Wesentlichen nach drei Flächenrichtungen: parallel den Salbändern (NW-SE-streichend, steil SW-fallend), quer zu den Salbändern (NE-SW-streichend, steil NW- oder SE-fallend und NW-SE- bis N-S-streichend, mittelsteil nach NE- bis E-fallend). Einzelne Harnische auf Salband parallelen Flächen haben mittelsteil SE-fallende Rutschstreifen. Sie zeigen Schrägverschiebung auf dem Gang. Manche Trennflächen tragen schwarze Manganoxid-Krusten.

Michels (1928), Sterrmann (2006, 2007)

106 Felswand gegenüber Bahnhof Grävenwiesbach-Hundstadt (jenseits der Gleise)

GK 25: 5616 Grävenwiesbach, R 346227, H 558185
UTM 32 462 210 E 5 580 060 N

Singhofen-Formation der Unterems-Stufe

Wechsel aus Quarzit, hellgrau, dünnbankig; Feinsandschiefer, braun, dünnblätterig, Glimmer führend und Tonschiefer, dunkelgrau, feinsandig, Glimmer führend. Lagerung überwiegend normal. Am S-Ende des Profils ist jenseits einer streichenden Verwerfung ein 6 m langer Abschnitt überkippt. Schichtungsparallele Überschiebungen tragen dünne Mylonite (ähnlich den Wellmicher Überschiebungen am Mittelrhein nach Krumsiek 1970). Es treten schmale streichende Zonen mit steiler 2. Schieferung auf. Eine dieser Zonen ist an einer Abschiebung (132/52) ca. 1 m versetzt. Die 1. Schieferung ist schwächer ausgeprägt als die Schichtung und bildet meistens keine Ablösungsflächen. Mehrere steilstehende Störungen zwischen N-S- und E-W-Streichen haben geglättete Flächen ohne Schleppung. Unmittelbar am S-Ende des Aufschlusses entspringen dem Fels schwache Quellen.

Da die Bahnstrecke in Betrieb ist, dürfen die Gleise nicht überquert werden. Der Aufschluss kann nur vom Bahnsteig aus betrachtet werden.

Abb. 68. Singhofen-Formation der Unterems-Stufe. Felswand gegenüber Bahnhof Grävenwiesbach-Hundstadt.

107 Felsklippen S der Kläranlage W des Brühlbergs S Grävenwiesbach-Mönstadt

GK 25: 5616 Grävenwiesbach, R 345934, H 558328
UTM 32 459 280 E 5 581 490 N

Singhofen-Formation der Unterems-Stufe

Dunkelgrauer Tonschiefer mit Einlagerungen von hell bräunlichgrauem Quarzit. Überkippte Lagerung im N, am Südende des Profils entlang des Steinkratzbaches flache normale Lagerung. Eine steilstehende N-S-Störung ist linkshändig seitenverschiebend. N der Kläranlage sind am Ostende des Felsanschnittes Kleinfalten aufgeschlossen. Solche Falten sind typisch für Wechselfolgen unterschiedlich kompetenter Gesteine, wie hier Quarzit und Tonschiefer.

Abb. 69. Singhofen-Formation der Unterems-Stufe. Felsklippen N und S der Kläranlage W des Brühlbergs S Grävenwiesbach-Mönstadt.

108 Felsklippen und ehem. Steinbruch am Pfaffenstein ca. 1 km E Grävenwiesbach

GK 25: 5616 Grävenwiesbach, R 346272, H 558322
UTM 32 462 660 E 5 581 430 N

(500 m Fußweg von der Feldscheune E des Gewerbegebiets bis zur Eisenbahnbrücke)
Singhofen-Formation der Unterems-Stufe

Feinsandstein, Glimmer führend, plattig und Feinsandstein, tonig-schluffig; flach ESE-fallend, normal gelagert, d_1-Achsen ENE-fallend. Die große Q-Fläche der Steinbruchswand zeigt im höheren Teil NW-vergente Kleinfalten.

Höher am Hang: Feinkornquarzit, grau, Glimmer führend, mit Tonschiefer-Zwischenlagen, Kleinfalten, steil ENE-fallende Sattelachse. Eine steil ESE einfallende Verwerfung besitzt eine unregelmäßige Oberfläche und ist verquarzt.

109 Ehem. Steinbruch dicht W Höhe 407,3 östl. B 456 SE Weilmünster-Dietenhausen

GK 25: 5516 Weilmünster, R 346080, H 558602
UTM 32 460 740 E 5 584 230 N

Singhofen-Formation der Unterems-Stufe

Feinkornquarzit, hellgrau, dünn- bis mittelbankig, lebhaft schräggeschichtet und Tonschiefer, olivgrau verwittert. Stark NW-vergente Falten. Im Sattelscheitel *finite neutral point* der 1. Schieferung. Streichende, NNW-fallende Kleinabschiebung/Flexur mit Schichtausdünnung in der Hangendscholle ohne Zerreissen der Schichtung. Sehr flach nach WSW einfallende δ_1-Achsen.

Abb. 70. Singhofen-Formation der Unterems-Stufe. Ehem. Steinbruch dicht W Höhe 407,3 östl. B 456 SSE Weilmünster-Dietenhausen.

110 Ehem. Steinbruch S Höhe 369,0 E Weilmünster-Audenschmiede (Dietenhäuser Weg bis Waldrand, von hier ca. 1 km Fußweg)

GK 25: 5516 Weilmünster, R 345828, H 558619
UTM 32 458 220 E 5 584 400 N

Singhofen-Formation der Unterems-Stufe

Quarzitischer Sandstein, hellbraun, dünn- bis mittelbankig, flach schräggeschichtet. In der E-Ecke des Steinbruchs fast liegende NW-vergente Mulde, je Faltenflügel ca. 5 m aufgeschlossen. Auf L-Klüften leicht nach NW geneigte Quarzadern. Sehr flach nach ENE einfallende δ_1-Achsen.

111 Wegböschung und ehem. Steinbruch N Brühlberg, SE Weilmünster-Audenschmiede (Parkplatz im Wald 100 m hinter dem Friedhof)

GK 25: 5516 Weilmünster, R 345698, H 558559
UTM 32 456 920 E 5 583 800 N

Diabas und Ablagerungen der Oberems-Stufe

Der blasenreiche, geschieferte, gelblich oliv verwitterte Metabasalt wird überlagert von einem tonig-feinsandigen Schluffstein mit Fossilführung (Bruchschill, Brachiopoden, Crinoiden, Ostrakoden). Der Sandstein ist graugrün, ockerstäubig, dickbankig bis massig, leicht flaserig und Glimmer führend. In dem ehem. Steinbruch etwa 130 m weiter im E ist die Lagerung am Ostrand überkippt. Stofflösung und -abtransport parallel s_1 hat zur Abplattung von Fossilhohlräumen geführt. Härtere Einschlüsse sind parallel s_1 ausgeschwänzt. Die δ-Achsen fallen sehr flach nach ENE ein.

4.3.5 Usa-Gebiet

112 Ehem. Steinbruch am Sportplatz Neu-Anspach-Rod am Berg (Waldsiedlung)

GK 25: 5716 Oberreifenberg, R 346306, H 557367
UTM 32 463 000 E 5 571 880 N

Singhofen-Formation der Unterems-Stufe

Grauer Ton-/Schluffschiefer mit Einlagerungen von Feinsandstein, fossilführend, braun verwittert, dm-große Sackungsstrukturen, normal SE-fallende Schichtung parallel der 1. Schieferung, selten ausgebildete 2. Schieferung, steil SE-fallend, Deformation von s_1 durch aufschiebende Bewegung an s_2 zu F_2, gering nach ENE einfallende $δ_2$-Achsen. Wegen der in den Bruch einfallenden s-Flächen kommt es zu einem Zergleiten der Längswand des Steinbruchs.

Reichlich 100 m S des Sportplatzes befand sich an der Straße Brombach – Rod am Berg, am heutigen Wasserbehälter, die Grube des auf Blei verliehenen Feldes Steinergrund (R 346310, H 557348). Um 1910 und 1913–1919 wurden hier zwei nebeneinander liegende Schächte von je 30 m Tiefe abgeteuft. Der Gang sitzt einer WNW-ESE streichenden, z. T. sehr flach einfallenden Störung auf. Es fand sich meist nur in Quarz eingesprengter grobkristalliner Bleiglanz. Zu einer größeren Erzförderung ist es nie gekommen. Nach der Schließung 1919 wurde das Grubengebäude als Wasserwerk der Gemeinde Rod am Berg genutzt (Schaeffer 1979). Die aus Pikrit gebaute Fassade des Wasserbehälters trägt jedoch die Inschrift „Wasserwerk Rod a/ Berg 1914".

113 Ehem. Steinbruch am Westhang des Baudenbergs E Usingen

GK 25: 5617 Usingen, R 346844, H 557762
UTM 32 468 380 E 5 575 830 N

Singhofen-Formation der Unterems-Stufe

Feinsandige, oliv verwitterte Tonschiefer mit Quarzitlagen stehen normal gelagert, steil SSE-fallend hier an. Die Transversalschieferung steht fast saiger. Die δ_1-Achsen pendeln um die Horizontale. Die Schichtung ist durch eine streichende Aufschiebung (148/60) in der Liegendscholle zu einer Mulde geschleppt. Wenig NE des Steinbruchs streicht am NW-Hang des Baudenbergs ein Porphyroid aus.

Abb. 71. Aufschiebung in Singhofen-Formation der Unterems-Stufe. Ehem. Steinbruch am Westhang des Baudenbergs E Usingen.

114 Usingen, 3 km NE der Stadtmitte, Felsklippen E der Usa, 200 m flussabwärts der Hessenmühle

GK 25: 5617 Usingen, R 346962, H 557919
UTM 32 469 560 E 5 577 400 N

Singhofen-Formation der Unterems-Stufe

Feinsandsteine, hellgrau bis -braun, dünn- bis mittelbankig, plattig, flach schräggeschichtet, mit dünnen Tonschiefer-Zwischenlagen, vereinzelte Fossilien (*Arduspirifer arduennensis* ssp., Stücke von Crinoidenstielen). Im oberen Teil der Felsklippe unmittelbar N der fast E-W verlaufenden Rinne ist ein 3–3,5 m mächtiges Porphyroid eingelagert, das nicht in der GK 25 verzeichnet ist. Es ist grobkörnig und enthält dünne Einlagerungen quarzitischer Sandsteine und einzelne Fossilien. An einzelnen Sandsteinbänken sind streichende Abschiebungen mit dm-Versatz zu sehen. Da das Porphyroid in der Felsrippe südl. der E-W-Rinne nicht mehr auftritt, obwohl es im N bis unmittelbar an die Rinne heranreicht, ist hier eine E-W-Verwerfung zu vermuten. Dafür sprechen auch bis 3 dm große Milchquarzstücke im Schutt der Rinne. Sie sind derb, löcherig, mit länglichen Quarzkristallen und Tonschiefer-Einschlüssen.

Die normal gelagerte Schichtung fällt mit 20–38° nach SSE ein. Die Transversalschieferung fällt mit Werten um 50° nach SSE ein. In den Tonschiefer-Zwischenlagen fehlt sie meistens. Die δ_2-Achsen fallen mit 10–15° nach ENE ein. Eine steil NNW-fallende 2. Schieferung ist gelegentlich ausgebildet.

115 Felsen in Usingen-Kransberg N der Burg

GK 25: 5617 Usingen, R 347101, H 557909
UTM 32 470 950 E 5 577 300 N

Singhofen-Formation der Unterems-Stufe

Der Felssporn N der Burg besteht aus einer Wechselfolge quarzitischer Sandsteine und Tonschiefer in normaler Lagerung. Die Schichtung fällt flach nach SSE ein, die Transversalschieferung steil. Abweichend von der Regel des ENE-Achsenfallens E der Idsteiner Senke fallen die δ_1-Achsen zwischen 15° und 27° nach WSW ein. Dieses abweichende Achsenfallen und die relativ hohen Fallwerte könnten Hinweis auf eine Schollenkippung sein. Oberhalb des Hauses Hauptstr. 53 haben sich Felsblöcke aus dem Verband gelöst.

Abb. 72. Singhofen-Formation der Unterems-Stufe. Felsen in Usingen-Kransberg N der Burg.

116 Felsklippen E Holzbachtal ca. 1,5 km NW Wehrheim-Friedrichsthal

GK 25: 5617 Usingen, R 347204, H 557986
UTM 32 471 980 E 5 578 070 N

Sandige Tonschiefer mit Einlagerungen plattiger quarzitischer, mittel- bis dickbankiger Sandsteine mit sehr unregelmäßiger Transversalschieferung. Schichtung flach, 1. Schieferung steil SE-fallend, normal gelagert, δ_1-Achsen NE-fallend.

An dem hangparallelen Weg W unterhalb des Aufschlusses finden sich bei R 347186, H 557986 Haldenreste und eine Schachtpinge eines Versuches auf Bleierze der Grube Anna. Hier wurde 1903 bis 1906 ein 80 m langer Stollen nach N vorgetrieben. Auf der Gangstrecke wurde ein Gesenk von 16 m Teufe niedergebracht. Der Gang streicht NW-SE und fällt mit 50 bis 60° nach SW ein. Er wurde im Gesenk mit 1 bis 2 m Mächtigkeit angetroffen. Im Gang tritt Quarz mit Bleiglanz auf. Er wird von tonig zersetztem, gebleichtem Tonschiefer begleitet. Es traten Bleiglanz-Trümchen bis 1 cm Mächtigkeit auf. In Tagesschürfen wurden zusätzlich in 200 m Abstand 2 parallele E-W streichende Gänge gefunden (Köbrich 1936, Schaeffer 1979).

Der Weg bildete die Grenze zwischen dem Großherzogtum Darmstadt im E und dem Herzogtum Nassau im W, wie Grenzsteine von 1829 ausweisen.

117 Böschung der B 275 auf der N-Seite des Usa-Tals ca.1,5 km W Ober-Mörlen-Ziegenberg bei einem alten Steinbruch

GK 25: 5617 Usingen, R 347234, H 558113
UTM 32 472 280 E 5 579 340 N

Feinsandiger, grauer Tonschiefer mit Einlagerung Glimmer führenden Sandsteins, im Steinbruch mittel- bis dickbankiger, schräggeschichteter Quarzit mit Ballenstrukturen. Falten der 1. Deformation. Transversalschieferung SE-fallend, δ_1-Achsen flach WSW- bis flach ENE-fallend, δ_2-Achsen bis 30° ENE-fallend. Es sind 2 Störungen aufgeschlossen: Im W eine Abschiebung 65/80 und in der Mitte eine Aufschiebung 20/60. Im Ostteil des Bruches stehen schräggeschichtete Quarzite an.

Wegen des Anschnitts der Schichtenfolge im Streichen und des Einfallens von ss und s_1 in den Bruch hinein kommt es zu einem Zergleiten, das an der Nordwand des Bruches gut sichtbar ist. Diese Verhältnisse haben an der W benachbarten Straßenböschung durch die Auflockerung des Felsgefüges bei der Verbreiterung der B 275 zu Rutschungen geführt, die durch Gabionen (mit Steinen gefüllte Drahtkäfige) gesichert werden mussten.

Abb. 73. Feinsandiger, grauer Tonschiefer mit Einlagerung Glimmer führenden Sandsteins. Böschung der B 275 auf der N-Seite des Usa-Tals bei einem alten Steinbruch.

118 Buchstein/Eschbacher Klippen N Usingen-Eschbach

GK 25: 5617 Usingen, R 346720, H 558095
UTM 32 467 140 E 5 579 160 N

Der Buchstein ist Teil des Pseudomophosen- und Kappenquarzganges von Usingen, der sich nach NW im Kaiser-Friedrich-Felsen und nach SE im Unterstrütchen und – rechtshändig rund 400 m nach SW versetzt – im Wormstein fortsetzt. Am Unterstrütchen fand ein Abbau des sehr reinen Quarzes (> 99 % SiO_2) durch das Bremthaler Quarzit(sic!)werk als Rohstoff für die optische Industrie statt. Das Streichen des Ganges bewegt sich zwischen 110 bis 115° am Unterstrütchen und 130 bis 140° weiter im NW. Das Einfallen pendelt zwischen der Vertikalen und 85° nach SW. Harnischlineare auf SW-fallenden Flächen am Quarzgang zeigen Abschiebungen an. Der Gang lässt sich im Gelände 6 km weit verfolgen, wobei er an einigen Stellen über 20 m aufragt. Am Unterstrütchen erreicht er eine Mächtigkeit von 70–80 m. Der Quarz des Ganges besteht zum einen aus Pseudomorphosen von Quarz nach Schwerspat, zum anderen aus Quarz in eigener Kristallform. Das Nebengestein ist serizitisierter und kaolinitisierter Schiefer des Unterems, dessen Schichtung mit 30–40° und dessen Transversalschieferung mit 50–60° nach SE einfällt. Der etwa 12 m hohe, rund 90 m lange und 10–12 m mächtige Buchstein ist durch Quer- und Lagerklüfte zerlegt, die der Transversalschieferung und der Schichtung des Nebengesteins entsprechen (Michels 1928). Den inneren Aufbau des Ganges aus einem Wechsel von Pseudomorphosenquarz, Gangquarz und Kappenquarz mit Einschaltungen zersetzten Nebengesteins hat Solle (1941) rekonstruiert. Dieser Aufbau ist durch mehrmaliges Aufreißen der Gangspalte und anschließende Verfüllung

Abb. 74. Pseudomorphosen- und Kappenquarzgang von Usingen-Eschbach („Eschbacher Klippen"), aus Rothe (2019).

aus hydrothermalen Lösungen entstanden; zuerst Schwerspat, danach Verdrängung des Schwerspats pseudomorph durch Quarz, danach reiner Gangquarz, zwischenzeitlich Abreißen von Schollen des Nebengesteins und schließlich Bildung von Kappenquarzkristallen in offenen Spalten. Ein großer Kappenquarzblock vom Unterstrütchen liegt neben dem Museum Wiesbaden in der Rheinstraße.

Durch eine 81 m tiefe Brunnenbohrung im Buchstein wurde 1956/57 reichlich Trinkwasser erschlossen, da der Quarzgang, im Gegensatz zu den begleitenden Schiefergesteinen, reichlich Grundwasser führt (Kutscher 1963).

119 Ehem. kleiner Steinbruch bei HP. 279,9 W Butzbach-Maibach

GK 25: 5617 Usingen, R 346866, H 558245
UTM 32 468 600 E 5 580 660 N

Singhofen-Formation der Unterems-Stufe

Massige, geschlossene Schichtenfolge aus grauem, Glimmer führendem, quarzitischem Feinsandstein mit Zwischenlagen von Tonschiefer. Fossillagen in Schalenerhaltung. Normal gelagerte Schichtung flach NNW-fallend, Transversalschieferung flach bis mittelsteil SSE-fallend, die δ-Achsen fallen nur gering nach NE ein oder liegen horizontal.

Abb. 75. Singhofen-Formation der Unterems-Stufe. Ehem. kleiner Steinbruch bei HP. 279,9 W Butzbach-Maibach.

120 Felsklippen am Südhang des Bernhardskopfes N Usingen-Wernborn

GK 25: 5617 Usingen, R 346963, H 558133
UTM 32 469 570 E 5 579 540 N

Singhofen-Formation der Unterems-Stufe

Hier bilden auf fast 200 m Länge mehrere Felsklippen einen hervorragenden Aufschluss. Ein mehr als 8 m mächtiges Porphyroid wird überlagert von quarzitischen Sandsteinen. Das Porphyroid, das keine Schichtung zeigt, nur nach der Hauptschieferung s_1 ablöst, führt mm-große, eckige Feldspäte, Fossilien (Choneten und Crinoiden-Stielglieder) und vulkanogene Quarzkristalle. Die in Bankfolgen auftretenden Sandsteine sind parallel geschichtet, schräggeschichtet und zeigen Ballenstrukturen. Sie erinnern stark an Spitznack-Schichten. Die Schichtung ist flach normal gelagert und fällt meistens nach SSE, gelegentlich auch nach NNW ein. Die 1. Schieferung fällt steil nach SSE, die 2. Schieferung steil nach NNW ein. SE-vergente Falten der 2. Deformation verformen ss und s_1. Im Bereich SE-vergenter Falten der 2. Deformation treten Adern aus Milchquarz auf. Die δ-Achsen fallen bis 10° nach ENE ein.

121 Kleine Felsklippen am Westhang des Schweinskopfes W Butzbach-Münster

GK 25: 5617 Usingen, R 347159, H 558346
UTM 32 471 530 E 5 581 670 N

Singhofen-Formation der Unterems-Stufe

Hellgrauer Feinkornquarzit mit tonigen Zwischenlagen. Das Streichen weicht bei östlichem Einfallen von der Regel in N-S-Richtung ab. Das $\delta 1$-Achsenfallen erreicht 21° nach NE. Diese Abweichungen von der Regel sind Folge der Nähe des Aufschlusses zum Schweinskopf-Sprung, einer mineralisierten rechtshändigen Seitenverschiebung am Rand des Taunus zur Wetterau.

In unmittelbarer Nähe befindet sich auf einer Brunnenbohrung das Pumpwerk Münster-Wiesental 1963.

4.3.6 Solms- und Kleebach-Gebiet

122 Ehem. kl. Steinbruch S des Segelflugplatzes Butzbach-Pfingstweide

GK 25: 5517 Cleeberg, R 347334, H 558868
UTM 32 473 280 E 5 586 880 N

Emsquarzit der Oberems-Stufe

Am Nordrand eines flachen Rückens sind schluffig-tonige, unregelmäßig geschichtete Feinsandsteine und hellgrauer, fast weißer, Glimmer führender, mittelbankiger Feinkornquarzit aufgeschlossen. Die Schichtung fällt flach nach SE bis ESE ein. Steil stehende N-S-Störungen zeigen an flach einfallenden Harnischlinearen linkshändige Seitenverschiebungen.

123 Ehem. Gemeindesteinbruch am W Ortsrand von Langgöns-Oberkleen (Hof des Hauses Egerländer Straße 4)

GK 25: 5517 Cleeberg, R 347060, H 559186
UTM 32 470 540 E 5 590 060 N

Unterems-Stufe

Tonschiefer, dunkelgrau, bis stark schluffig-toniger Feinsandstein, fossilführend. Die Schichtung fällt mittelsteil nach SE ein. Es herrscht überwiegend Parallelschieferung. Zahlreiche Störungen zerlegen das Gestein. Die meisten Harnische sind verwittert.

Abb. 76. Unterems-Stufe. Ehem. Gemeindesteinbruch am W Ortsrand von Langgöns-Oberkleen (im Hof des Hauses Egerländer Str. 4).

Solle (1942b) stufte die damals noch viel besser aufgeschlossene Schichtenfolge im S des Profils nach Faunenfunden ins Unterems ein und korrigierte damit die Einstufung auf der GK 25.

Etwa 70 m weiter NW ist an der Ecke Egerländer Str./Wingertsberg noch ein Stück des Profils zu sehen, das die typische Lithologie und Schuppung zeigt.

124 Straßenanschnitt mit Unterems-Profil in Langgöns-Cleeberg (im W bis zur Bushaltestelle Forsthausstraße)

GK 25: 5517 Cleeberg, R 346898, H 559032
UTM 32 468 920 E 5 588 520 N

Dunkelgraue siliziklastische Sedimente der Unterems-Stufe. Siltschiefer mit Einlagerungen feinkörniger, Glimmer führender Sandsteine.

Entlang der Straße sind dunkelgraue, fein- bis mittelkörnige, teilweise glimmerreiche, im dm-Bereich gebankte Sandsteine angeschnitten, die mit dunkelgrauen Siltsteinen und siltigen Tonschiefern wechsellagern. Die Schichten liegen normal und fallen mit ca. 30° nach SE ein. Wellenrippeln auf den Schichtoberflächen mancher Sandsteinbänke, Flaserschichtung, Schrägschichtung, Ballenstrukturen und besonders das Auftreten mehrerer Schill-Lagen im SE des Aufschlusses mit typisch Rheinischer Fauna, d. h. vor allem mit stark berippten, dickschaligen Brachiopoden und mit Crinoiden-Stielgliedern, sprechen für einen flachmarinen Ablagerungsraum. Solle (1942b) hat 2 km NE von hier aus Steinbrüchen bei Oberkleen eine reiche Fauna des Unterems in ähnlicher stratigraphischer Position beschrieben. Lithologie und Fauna sind repräsentativ für das Unterems in dieser Gegend (Birkelbach et al. 1988, Anderle et al. 1990).

Die δ_1-Achsen fallen mit 20° nach ENE ein. Mehrere Störungen verlaufen im Streichen bei NNW- und SSE-Einfallen. Einzelne Störungen streichen um N-S. Sie fallen meistens flach ein. Die Harnischlineare fallen höchstens mit 37° ein. Sie zeigen überwiegend Abschiebungen in N Richtungen an. Glatte Klüfte tragen z. T. Bestege aus Milchquarz.

Am Straßenrand ist ein niedriger Fangzaun mit 5 horizontalen Holzbalken angebracht, der herabrutschende Gesteinsstücke von der Straße (K 365) zurückhält. Solche einfachen, in der Herstellung preiswerten Schutzanlagen sind der Anbringung großflächiger Stahlnetze aus ökologischen, ästhetischen und ökonomischen Gründen vorzuziehen.

125 Böschung an Höhe 346,6 W Waldsolms-Weiperfelden

GK 25: 5517 Cleeberg, R 346820, H 558724
UTM 32 468 149 E 5 585 450 N

Singhofen-Formation der Unterems-Stufe

An einer 100 m langen Felsböschung stehen dunkelgraue Tonschiefer mit Lagen hellgrauen, Glimmer führenden, dünnplattigen Feinkornquarzits an. Mehrere Störungen mit verwitterten Harnischen sind aufgeschlossen. Sie verlaufen im Streichen, quer zum Streichen und N-S. Soweit sich Harnischlineare einmessen lassen, fallen sie nicht steiler als 40° ein. Im Nordteil enthält das Profil eine verquarzte Aufschiebung mit überkippter Lagerung in der Hangendscholle. Der Aufschluss ist stark mit Brombeeren bewachsen und muss vor einer Exkursion in Teilen freigeschnitten werden.

126 Böschung der L 3053 ca. 2 km SE Waldsolms-Brandoberndorf (Am Stocker)

GK 25: 5517 Cleeberg, R 346616, H 558782
UTM 32 466 100 E 5 586 030 N

Singhofen-Formation der Unterems-Stufe

Dunkelgraue Tonschiefer mit cm-dm-starken Einlagerungen hellgrauen Feinkornquarzits und zwei Porphyroiden. Die Schichtenfolge ist verschuppt. Die Schuppen folgen im m- bis dm-Abstand aufeinander und waren besonders gut am Wechsel Porphyroid/Sandstein in dem kleinen Steinbruch zu erkennen (nicht mehr aufgeschlossen). In dem etwas größeren Steinbruch weiter im NW stehen im Hangenden des zweiten Porphyroids quarzitische Feinsandsteine mit kleinen Ballenstrukturen an. Die hellbraunen, dünn- bis mittelbankigen und plattigen Sandsteine sind schräggeschichtet. Sie zeigen kaum

Anzeichen von Schuppung. Die Schichtung fällt flach nach SSE ein und ist normal gelagert. Die δ_1-Achsen fallen nach ENE ein. Die Störungen verlaufen meist im Schichtstreichen. Ihre Harnische zeigen sowohl Auf- als auch Abschiebungen an. Der Aufschluss ist im Ostteil verstürzt.

127 Ehem. Bahneinschnitt W Hochhardt 1 km NE Waldsolms-Hasselborn

GK 25: 5517 Cleeberg, R 346476, H 558657
UTM 32 464 700 E 5 584 780 N

Quarzit der Singhofen-Formation der Unterems-Stufe

Auf rund 200 m Länge und bis zu 10 m Höhe steht hier Feinkornquarzit, hellgrau, Glimmer führend, nach Schrägschichtung und Ballenstrukturen normal gelagert, mit einzelnen Brachiopoden (Arduspiriferen, Choneten) an. Die Schichtung fällt flach nach ENE ein. Das Schichtpaket ist um 20–25° nach E gekippt, wie einzelne δ_1-Lineare zeigen. Zahlreiche Harnische, vor allem auf Schichtflächen, mit flach und mittelsteil nach N einfallenden Harnischlinearen, belegen ein Zergleiten des Gesteins in diese Richtung. Diese Bewegungsspuren dürften durch den Transport der Gießen-Decke, deren südlichste Erosionsreste heute nur rund 4 km weiter N zu finden sind, erzeugt worden sein. Einzelne steiler nach N und NNE einfallende Trennflächen haben Harnische mit flach ESE einfallenden Harnischlinearen und rechtshändiger Seitenverschiebung.

Nach der im Jahr 2000 erfolgten Wiederinbetriebnahme der Eisenbahnstrecke über Grävenwiesbach hinaus bis Brandoberndorf, steht dieser hervorragende Aufschluss für Exkursionen nicht mehr zur Verfügung.

4.4 Lahntaunus-Einheit

128 Ehem. kl. Steinbruch an der Neukauten-Mühle 1,5 km S Nastätten-Niederwallmenach

GK 25: 5812 Sankt Goarshausen, R 341457, H 555804
UTM 32 414 530 E 5 556 260 N

Spitznack-Subformation, Unterems-Stufe

Hier wurde mittel- bis dickbankiger, plattiger, flach gelagerter Quarzit abgebaut. Fossilführende Lagen sind eingeschaltet. Eine erste Fossil-Liste findet sich bei Fuchs (1899: 68). Choneten treten in einer Lage bankbildend auf. Bemerkenswert sind die großen Euryspiriferen (*E. assimilis*) und zahlreiche Arduspiriferen (*A. ard.* ssp.) Das Überwiegen der Anzahl der Stielklappen über Armklappen der Spiriferen zeigt Frachtsonderung durch Strömung an.

Fuchs (1899), Anderle (1966)

129 Ehem. Steinbruch an der B 274 gegenüber Bogeler Mühle, ca. 2,5 km SW Nastätten-Bogel

GK 25: 5812 Sankt Goarshausen, R 341296, H 556027
UTM 32 412 920 E 5 558 490 N

Spitznack-Subformation, Unterems-Stufe

Es handelt sich um dickbankige bis massige, schlecht entmischte, flaserige schluffig-tonige geschieferte Feinsandsteine mit dünn- bis dickbankigen, schräggeschichteten Schluff-Feinsandsteinen. In der NE Ecke des Aufschlusses ist eine Rinne mit primär-sedimentärer Diskordanz von 10 bis 15° eingetieft. In einzelnen Lagen findet sich Brauneisen nach Pyrit. Es treten mm-Grabgänge im Sediment auf. Aus einer großen Fossil-Linse direkt unter der Oberkante des Steinbruchs nennt Anderle (1966) u. a. Choneten, *Oligoptycherhynchus daleidensis, Hysterolites crassicostatus, Arduspirifer arduennensis ssp., Meganteris ovata, Pleurodictyum problematicum*. Bei den Spiriferen übertrifft die Zahl der Stielklappen die der Armklappen deutlich, was auf Frachtsonderung zurückgeht. Es handelt sich um eine flachmarine Fazies mit rascher Sedimentation, starker Strömung und Umlagerung.

130 Ehem. Steinbrüche im rechten Hang des Feuerbach-Tals 1 km E Braubach-Loreley-Nochern

GK 25: 5812 St. Goarshausen, R 340996, H 556071 bis R 341018, H 556092
UTM 32 409 920 E 5 558 930 N

Ehrental-Schichten, Unterems-Stufe (GÜK 200 Bl. Ffm.-W)
Feinkörniger Quarzit, graubraun, dünnplattig mit Schluff-Feinsand-Schiefer.

In dem zweiten Steinbruch talauf sind im Hangenden des Quarzits in einer Tonschiefer-Folge Meter große *ball-and-pillow*-Strukturen ausgebildet. An der früheren Verladestation im Süden und im dritten Steinbruch talauf steht graugrüner blasiger Diabas an, der früher hier abgebaut worden ist. Er ist in der GK 50 von Fuchs (1915) eingetragen. Die Aufschlüsse liegen unmittelbar E des Lierschieder Sprungs, einer der großen Querstörungen des Taunus, die auch postvariskisch aktiv war. Eine parallele Begleitstörung ist in dem ersten Steinbruch talauf aufgeschlossen, von der fiederartig N-S-Störungen abzweigen, die bis 50 cm mächtige (variskische) Milchquarzlinsen führen W des Lierschieder Sprungs (W des N-S verlaufenden Himmighofer Tals) stehen an der Straße nach Nochern graue feinsandige Schluffsteine/Schluffschiefer der Schwall-Schichten an.

131 Ehem. Steinbruch E Hof Schwall 1 km S Nastätten und Aufschlüsse am E Hang des Mühlbachtals bis zum Schwimmbad nach NW

GK 25: 5813 Nastätten, R 341946, H 556134
UTM 32 419 420 E 5 559 560 N

Typ-Profil der Schwall-Subformation (Mittmeyer 1978a, 2008) der Singhofen-Unterstufe des Unterems

Hell- bis dunkelgraue, dünnbankige Schluff-Feinsandsteine mit mm-cm-mächtigen Tonschiefer-Zwischenlagen in 2–3 cm Abstand. N des Steinbruchs auch dünn- bis mittelbankige Feinsandsteine mit Einlagerungen mittel- bis dickbankiger Feinsandsteine. Im S flache Lagerung, im N stellenweise nach NW überkippt. Mehrere kleine Auf- und Überschiebungen, lokale Kleinfalten, δ_1-Achsenfallen nach ENE bis über 20°. Die Gesteinsfolge ist durchgehend flaserig transversal geschiefert. Auffällig ist eine große, störungsartige, leicht unregelmäßige Fläche (30/90) mit Brauneisen-Besteg im Steinbruch sowie große, glatte Querklüfte (248/70) im Bereich des vorübergehenden NW-Fallens der Schichtung.

Im Talgrund ist zwischen Hof Schwall und Schwaller Mühle ein Sauerbrunnen gefasst. Er führt nach einer Analyse des Chemischen Labors Fresenius von 1958 2581 mg/l freie gelöste Kohlensäure, 1955 mg/l HCO_3-Ionen, 326,5 mg/l Ca^{2+}-Ionen und 196,2 Na^+-Ionen (Dillmann & Stengel-Rutkowski in Mittmeyer 1978a).

132 Singhofener Quarz-Kieswerk der Firma H. W. Schmitz W der B 260, 2 km NW Singhofen

GK 25: 5712 Dachsenhausen, R 341570, H 557300
UTM 32 415 660 E 5 571 210 N

Arenberg-Formation des Oberoligozäns

In der Kiesgrube W der B 260 am Korbacher Kopf steht unter ca. 2,50 m Löß/Lößlehm kantengerundeter bis gerundeter Quarzkies aus Milchquarz an. Der Kies ist schräggeschichtet. Er ist meist gelb, auch weiß, im höheren Teil des Profils treten ziegel- und rostrote Farben auf. Im tieferen Profilteil finden sich auf Schrägschichtungsblättern schwarze Fe-Mn-Oxide. Eingelagert sind bis 1,5 m mächtige flache Schluff-Tonlinsen. Solche Linsen können marine Mikrofauna führen. Das Material enthält ca. 10 % Feinkorn, das ausgewaschen wird. Die tertiären Schotter sind auf einer relativ ebenen Landoberfläche abgelagert worden, die heute hier in einem mittleren Niveau von 290 bis 295 m über NN liegt. Ihre Mächtigkeit kann über 30 m erreichen. Ihre Unterlage wird am Korbacher Kopf bei Singhofen von Resten der tonigen Verwitterungsrinde gebildet, deren Oberfläche durch die Kies und Sand transportierenden Flüsse im Oberoligozän unregelmäßig stark erodiert worden ist (Requadt & Buhr 1989: 338). Der Kies wird als

Abb. 77. Arenberg-Formation des Oberoligozäns. Singhofener Quarz-Kieswerk an der B 260 NW Singhofen.

Rundkorn abgegeben und auch zu Edelsplitt verschiedener Körnungen gebrochen. Die Aufbereitung befindet sich östlich der B 260.

Vor dem Besuch des Werks ist eine Anmeldung unter Tel. 02632/92730 in der Verwaltung in Andernach erforderlich.

133 Ehem. Steinbruch am Naturdenkmal „Zwillingsbuche" N der L 332 Nassau – Schweighausen

GK 25: 5712 Dachsenhausen, R 341207, H 557390
UTM 32 412 030 E 5 572 110 N

Weißelei-Formation der Unterems-Stufe in der Lahntaler Schuppe (Requadt 2008: 206)

Es handelt sich um schluffig-feinsandige, Glimmer führende Tonschiefer mit Einlagerungen hellgrauen, Glimmer führenden Feinkornquarzits in dm-m-mächtigen Bankfolgen. Die Schichtung ist normal gelagert, flach SE-fallend, die Transversalschieferung mittelsteil bis steil SE-fallend, die d_1-Achsen fallen 5–15° nach NE ein.

134 Sauerbrunnen in Aar-Einrich-Dörsdorf im Dörsbachtal

GK 25: 5714 Kettenbach, R 342963, H 556847
UTM 32 429 580 E 5 566 680 N

Der Dörsdorfer Säuerling entspringt aus mitteldevonischen Tonschiefern der Schiesheim-Formation. Seine Fassung befindet sich unmittelbar E des Dörsbachs in der Nähe der Dörsdorfer Kirche. Nach einer Analyse von 1996 führt der Dörsdorfer Sauerbrunnen 1421,5 mg/l $^-HCO_3$ und 825 mg/l freie gelöste Kohlensäure.

Abb. 78. Sauerbrunnen in Katzenelnbogen-Dörsdorf im Dörsbachtal.

135 Sandgruben auf dem Sandkopf NE Aar-Einrich-Berghausen

GK 25: 5714 Kettenbach, R 343010, H 557045
UTM 32 430 050 E 5 568 660 N

Aufgeschlossen sind Sande und Kiese vom Vallendarer Typus. Diese liegen hier um mehr als 400 m höher als in der Kiesgrube Hartmann S Balduinstein (Aufschl. 151). Das auf der heutigen Wasserscheide gelegene Vorkommen hat Rückenform und Mächtigkeiten von maximal 10 m. Darunter steht devonischer Schiefer mit weißer toniger Verwitterungsrinde an. Auffallend ist, dass auch an der höchsten Stelle große Blöcke (mehr als 70 cm Durchmesser) aus devonischem Quarzit liegen. Diese können nur aus einem heute nicht mehr vorhandenen höher gelegenen Gebiet der unmittelbaren Umgebung stammen, es sei denn, man nimmt an, die großen Blöcke wären trotz minimalen Gefälles von dem heute weiter N bis 420 m NN aufragenden Quarzitrücken (Ergenstein) hierher transportiert worden (was Solifluktion nahe legen würde). Der Kiesrücken trägt Nadelwald im Gegensatz zum benachbarten Gelände, das mit Laubwald bestanden ist. Der trockene Standort des Rückens ist durch eine Braunerde ausgezeichnet, die aus einem Solifluktionsschutt hervorging, der eine deutliche Komponente des allerödzeitlichen Laacher Bimstuffes enthält, also wohl als jungtundrenzeitlich anzusehen ist.

Semmel in Andres (1988)

136 Sauerbrunnen Mattenbach zwischen Sandkopf und Hubholz E Aar-Einrich-Berghausen

GK 25: 5714 Kettenbach, R 343063, H 557027
UTM 32 430 580 E 5 568 480 N

Abweichend von der Regel, dass Kohlensäure führende Quellen im Taltiefsten austreten, entspringt die Mattenbach in einer Höhe von etwa 310 m über NN aus Schalstein (metabasaltische Vulkaniklastite) am Hang W des Aartales, das hier bei Rückershausen eine Höhe von etwa 165 m über NN hat. Der Quellaustritt liegt auf der großen Verwerfung, die den Wiesbaden-Diezer Graben im W begrenzt. Der Aufstiegskanal dürfte durch Mineralausscheidungen isoliert sein, denn ca. 15 m N der Mattenbach entspringt eine Süßwasserquelle auf derselben Verwerfung. Nach einer Analyse von 1996 enthält die Mattenbach-Quelle 1369,4 mg/l HCO_3 und 3520 mg/l freie gelöste Kohlensäure.

137 Taunussprudel im Dörsbachtal ca. 1 km W Aar-Einrich – Berghausen

GK 25: 5713 Katzenelnbogen, R 342814, 556968
UTM 32 428 094 E 5 567 890 N

Die Fassung des Sauerbrunnens liegt NW der Gebäude des Getränkevertriebs unmittelbar am ehemaligen Mühlgraben. Sie kann zu Fuß über eine Brücke erreicht werden. Es handelt sich um einen Säuerling des Typs Ca-Mg-HCO_3 mit 1793 mg/l freiem Kohlendioxid und 1069 mg/l gelösten Mineralstoffen (Maier-Harth et al. in Requadt & Weidenfeller 2007), der früher hier abgefüllt wurde.

138 Ehem. Steinbrüche in Katzenelnbogen an der B 274 Richtung Rettert, Rheinstraße, von der Einmündung der Enrichstr. bis zur Straßenmeisterei

GK 25: 5713 Katzenelnbogen, R 342702, H 557051
UTM 32 426 970 E 5 568 720 N

Saurer Vulkanit (früher als Keratophyr bezeichnet). Typlokalität der Michert-Subformation der Steinkopf-Formation (Flick & Requadt in Requadt & Weidenfeller 2007).

Abb. 79. Saurer Vulkanit (früher als Keratophyr bezeichnet). Typlokalität der Michert-Subformation der Steinkopf-Formation. Ehem. Steinbrüche in Katzenelnbogen an der B 274 Richtung Rettert.

Das Gestein ist grünlich und dicht, oft an den Kanten durchscheinend und hornfelsartig. Es bricht scharf und splittrig, häufig muschelig. Das Gefüge der Grundmasse reicht von trachytisch geregelten Feldspatleisten über zunehmende Anteile von rekristallisiertem Glas in Zwickeln bis zu einem kryptokristallinen Gefüge aus rekristallisiertem Glas. Die wenigen Einsprenglinge von Alkalifeldspäten sind nach dem Karlsbader Gesetz verzwillingt. Quarz ist vielfach in den Zwickeln zwischen den Feldspatleisten und im ehemaligen Glas auskristallisiert. Fein verteilter Chlorit in winzigen Kristallen ist in der Grundmasse verbreitet und für den grünen Farbton verantwortlich. Eine tektonisch bedingte Flaserung ist sekundär durch Serizit nachgezeichnet. In geringem Maß ist eine oxidische Erzphase in Nestern angereichert. Pyrit tritt sporadisch, Zirkon nur akzessorisch auf (Flick & Requadt in Requadt & Weidenfeller 2007). In dem Aufschluss gegenüber der Einmündung der Enrichstraße in die Rheinstraße (Feuerwehr) ist eine E-W streichende, steil stehende rechtshändige Seitenverschiebung sichtbar mit Abrissstufen und kataklastischer Oberfläche (Fläche 180/80, Harnischlinear 260/04).
Flick (1977)

139 Felsklippe „Wildweiberhöhle" ca. 2 km ESE Aar-Einrich-Niedertiefenbach

GK 25: 5713 Katzenelnbogen, R 342346, H 556870
UTM 32 423 420 E 5 566 910 N

Typprofil der Katzenelnbogen-Formation (Taunusquarzit von Katzenelnbogen)

Der Aufschluss zeigt eines der schönsten Faltenbilder des südlichen Rheinischen Schiefergebirges (siehe dazu Abb. 6). Die Gesteinsfolge in diesem Aufschluss umfasst bankige bis plattige quarzitische Sandsteine, in die im oberen Teil dünne Tonschieferlagen und Aufarbeitungsniveaus mit Tonschieferflatschen (< 3 cm) eingelagert sind. Einzelne der Bänke sind weitständig geschiefert (Requadt & Weidenfeller 2007: 37 u. Abb. 6). Die Art der Bankabfolge lässt Gezeitenwechsel erkennen. Außerdem treten bogige Schrägschichtung, im Nordteil unten auch eine Rinnenfüllung und lokal mm-Grabgänge auf. Die stark disharmonischen Falten weisen als Besonderheit Vergenzwechsel auf. Dies fällt aus dem Rahmen des tektonisch streng geregelten, durchgehend NW-vergenten N Taunus. Faltung in geringer Krustentiefe könnte die Ursache dafür sein. Der Aufschluss ist in Rheinland-Pfalz als Geotop ausgewiesen.
  Literatur: Kegel (1913: 11f.), Requadt & Weidenfeller (2007)

140 Ehem. Steinbruch rd. 2 km SE Aar-Einrich-Niedertiefenbach, an der S-Flanke des Ringmauerberges

GK 25: 5713 Katzenelnbogen, R 342255, H 556776
UTM 32 422 510 E 5 565 970 N

Katzenelnbogen-Formation (Taunusquarzit von Katzenelnbogen)

Das 29 m mächtige Profil besteht aus einer Folge hellgrauer, dünn- bis mittelbankiger und feinsandiger Quarzite, zwischen deren Bänke sich in einzelnen Profilteilen zunehmend Tonschiefer-Zwischenmittel einschalten (Profilmeter 0–7, 10–12,5 und 15–21). Daneben treten einzelne mächtigere Tonfolgen auf (Profilmeter 14–25, 26–27 und 28–29). Die Quarzite enthalten in schnellem Wechsel ebene und trogförmige Megarippelschrägschichtung sowie Horizontalschichtung. Die Tonfolgen sind ungeschichtet, fein horizontalgeschichtet oder enthalten Linsen- und Kleinrippelschichtung, in deren Quarzitanteilen und auf Schichtflächen z. T. noch Wellenrippeln oder deren Internschichtung in Querschnitten erkennbar sind, so dass auf eine Entstehung unter oszillierenden Strömungen für diese Partien geschlossen werden kann. Es handelt sich um wellen- und sturmdominierte Sedimente eines flachmarinen Schelfs. Die Ton- und Schluffsteine wurden unterhalb oder an der Sturmwellenbasis aus der Suspension im Gefolge von Stürmen bei zeitweiliger Beeinflussung durch schwache bodenberührende Strömungen abgesetzt. Mächtigere Sandsteine werden aus 2D-, 3D-Megarippelschichtung, flacher Schrägschichtung und oberer, ebener Schichtung mit einzelnen Schwermineral-Anreicherungen aufgebaut. Die Transportrichtungen sind bipolar mit NW- und SE-gerichteten Strömungen (Hahn 1990: 96–98, 110–111). Diese mittelsteil nach SE einfallende Abfolge ist heute nur noch in Teilen aufgeschlossen.

Requadt, H. & Weidenfeller, M. (2007)

141 Rechter Hang des Dörsbachtals SE Reifenmühle, Aar-Einrich-Kördorf

GK 25: 5713 Katzenelnbogen, von R 342227, H 557195 bis 342260, H 557134
UTM 32 422 230 E 5 570 160 N

Ergeshausen-Formation mit Kördorf-Porphyroid (P13)

Abb. 80. NW-vergente Mulde in der Ergeshausen-Formation mit Kördorf-Porphyroid (P13) am rechten Hang des Dörsbachtals SE Reifenmühle, Aar-Einrich-Kördorf.

SE einer Aufschiebung folgen zunächst dominant transversal geschieferte tonig-schluffige Sandsteine der Ergeshausen-Formation, die weiter im Hangenden viele plattige, meist dünne Sandsteinbänke führen. Entlang des Pfades (K4 = schwarzer Punkt) südöstl. der Brücke über ein Seitental sind 2 NW-vergente enge Mulden aufgeschlossen.

Auf der gegenüberliegenden linken Seite des Dörsbachtals bildet N eines steil zum Dörsbach abfallenden Seitentals das Kördorf-Porphyroid (P13) Felsklippen (R 342253, H 557130), die wellig-plattig nach der Schieferung absondern. Das Gestein ist ein dunkelgrauer Schluffschiefer, in den hellbraune Einsprenglinge in die Schieferung eingeregelt sind. Bimsscherben und Resedimente sind selten. Terrigene Quarze überwiegen deutlich magmatische. Die Mächtigkeit beträgt im Dörsbachtal 8 bis 12 m. Das Porphyroid ist vom Westhang des Mühlbachtals auf Bl. 5712 Dachsenhausen über 9 km bis SE Kördorf zu verfolgen. NE Roth enthält das Porphyroid eine Fauna, die – neben Aviculiden – Mutationellen aus einer küstennahen Fazies führt. Wenig weiter talauf entlang des Dörsbachs befindet sich ein schöner Rastplatz mit Schutzhütte, Tischen und Bänken an der Stelle der früheren Jammertalsmühle.

Requadt & Weidenfeller (2007: 32f.)

142 Rechter Hang des Dörsbachtals SE Neuwagenmühle, Aar-Einrich-Kördorf

GK 25: 5713 Katzenelnbogen, von R 342212, H 557237 bis R 342227, H 557195
UTM 32 422 076 E 5 570 580 N

Roth-Formation mit Hasenmühle-Porphyroid (P11)

Der Rundweg K2, K4 verläuft vom Wanderparkplatz SW Kördorf im rechten Hang des Dörsbachtals nach SE durch unregelmäßig geschieferte, auch plattige Sandsteine mit Sackungsstrukturen (*ball-and-pillow*) der Roth-Formation, die große Ähnlichkeit mit der Lithofazies der Spitznack-Schichten besitzen. Bei R 342227, H 557195 ist oberhalb des Weges das Hasenmühle-Porphyroid aufgeschlossen. Das Gestein ist an der Typlokalität (R 342017, H 557016) dunkelgrau, körnig und führt eckige gelbbraune Komponenten (< 3 mm) als Einsprenglinge sowie einzelne schwarze Klasten (< 5 mm). Es enthält magmatische Klasten in Form von Bimsscherben und Hochquarzfragmenten sowie siliziklastische Resedimente, auch resedimentierte Porphyroid-Klasten. Das Gestein bricht grob nach den Schieferungsflächen, die eine schuppige bis genarbte Oberfläche haben. Die Mächtigkeit nimmt von 3 bis 4 m im Hasenbachtal auf ca. 6 m SE Reifenmühle, auf der rechten Seite des Dörsbachtals über dem Wanderweg, zu, wo es in einer untypischen, feinkörnigen Ausbildung ansteht. Hier folgt unter dem Porphyroid, das zum Teil deutlich geschichtet ist, eine Abfolge von plattigem quarzitischem Sandstein mit 20° SE-Einfallen. Unter einer internen Diskordanz mit einzelnen zerbro-

Abb. 81. Roth-Formation mit Hasenmühle-Porphyroid (P11) am rechten Hang des Dörsbachtals SE Neuwagenmühle, Aar-Einrich-Kördorf.

chenen Quarzitkomponenten beträgt das Einfallen 65°. Die Fossilführung ist lokal reichhaltig.

Requadt & Weidenfeller (2007: 23f.)

143 Ehem. Steinbruch mit Grillhütte bei Kördorf 500 m NE Neuwagenmühle, Aar-Einrich-Kördorf

GK 25: 5713 Katzenelnbogen, R 342234, H 557261
UTM 32 422 300 E 5 570 820 N

Typ-Lokalität des Neuwagenmühle-Porphyroids (P10) in der Roth-Formation

Das Porphyroid steht im linken Teil des Steinbruchs hinter der Grillhütte an. Es ist sehr feinkörnig ausgebildet und führt dunkelgraue Tonflatschen bis 1 cm Länge. Es wird überlagert von einem dünnbankigen cm-Wechsel aus hellgrauem, Glimmer führenden Schluffstein und dunkelgrauem Tonschiefer. Unterhalb der Winkellei im Dörsbachtal ist das Porphyroid dunkelgrau und führt in die Schieferung eingeregelte, braune eckige Komponenten (< 1 mm). Es spaltet nach der Schieferung, deren Flächen unregelmäßig schuppig ausgebildet sind. Die Schichtung ist zum Teil durch limonitisch angewitterte Streifen nachgezeichnet. Die Mächtigkeit beträgt im Steinbruch > 7 m. Das Liegende bilden z. T. plattige, hellgraue quarzitische Sandsteine. Das Porphyroid ist auf ca. 10 km vom Oberwald N Roth bis zum E Rand von Bl. 5613 Schaumburg zu verfolgen. Dort ist es als P 4 (?) dargestellt (Requadt 1990).

Requadt & Weidenfeller (2007: 22/23)

144 Rechter Hang des Dörsbachtals 200 m W Neuwagenmühle bei Aar-Einrich-Kördorf

GK 25: 5713 Katzenelnbogen, R 342178, H 557243
UTM 32 421 740 E 5 570 640 N

Typ-Lokalität des Touristenstein-Porphyroids (P8)

Das Porphyroid ist direkt oberhalb des Dörsbach-Mühlenwanderwegs in einem kleinen ehemaligen Abbau aufgeschlossen. Es ist dunkelgrau und führt hellere porphyrische Komponenten (< 1 mm) sowie weiße Bestege zwischen den Kornaggregaten. Die Schieferung ist dominant. Sie ist schuppig bis genarbt ausgebildet und glänzt matt. Magmatische Klasten wie Bimsscherben und Quarz sind häufig eingestreut. Die Mächtigkeit beträgt im Hasenbachtal 9 m und am Touristenstein weniger als 6 m.

Requadt & Weidenfeller (2007: 21)

145 Beilstein am rechten Hang des Dörsbachtales ca. 1 km SE Nassau-Attenhausen

GK25: 5713 Katzenelnbogen, R 3420840, H 5572840
UTM 32 420 797 E 5 571 050 N

Sandstein-/Schiefer-Wechselfolge der Attenhausen-Formation mit eingelagertem Metabasalt

Am Beilstein und an anderen Stellen in diesem Abschnitt des Dörsbachtals stehen cm- bis dm-Wechselfolgen von Feinsandstein und Tonschiefer an, die in der Regel mit 20° bis 30° normal nach SE bis SSE einfallen. Selten findet sich Fossilschill an der Basis der Sandsteinlagen, die sich gelegentlich zu mittel- bis dickbankigen Folgen zusammenschließen. Die δ_1-Achsen fallen mit maximal 10° nach ENE ein. Westlich des Beilsteins (R 342054, H 557289) ist in die unterdevonischen Sedimente ein Metabasalt eingelagert (Requadt & Weidenfeller 2004), der in einem Wasserriss und unmittelbar E davon in Felsklippen aufgeschlossen ist. Das grüngraue Gestein ist feinkörnig bis dicht und wird durch eine NW-fallende Schieferungsklüftung zerlegt. Flick (in Requadt & Weidenfeller 2007: 82) ordnet diese Lagergänge auf Grund ihrer mineralogischen Entwicklung dem Vulkanismus der Givet-Adorf-Phase zu. Mit Sicherheit geht der Name Beilstein auf dieses Gesteinsvorkommen zurück, denn im Gegensatz zu den unterdevonischen Quarziten ist der Metabasalt zur Anfertigung von Steinbeilen geeignet.

146 Felsen rechts vor der Einfahrt zur Altbäckersmühle im Hasenbachtal E der L323 /Singhofen und an dem Wanderweg an der rechten Hasenbachtalseite N der Mühle

GK 25: 5713 Katzenelnbogen, R 341978, H 557158 und R 341981, H 557155
UTM 32 419 740 E 5 569 790 N

Grenzstratotyp Attenhausen-/Roth-Formation mit *Limoptera*-Porphyroid (P7)

Der höhere Teil der liegenden Attenhausen-Formation ist gut aufgeschlossen an dem Zufahrtsweg zur Altbäckersmühle, der tiefere Teil der hangenden Roth-Formation mit sandigen Schiefern und Einlagerungen dünnbankiger Sandsteine steht an dem Wanderweg E der Mühle an.

Das Porphyroid ist eingelagert in quarzitische Sandsteine, die im Liegenden 3,5 m mächtig und bankig ausgebildet und im Hangenden als plattiger Sandstein mit Schiefereinschaltungen 2,3 m mächtig sind. Hier hat das Porphyroid eine Mächtigkeit von 11,25 m (vgl. 15 bis 16 m bei Kirnbauer & Wenndorf 1995: 108). Das frische Gestein ist dunkelgrau, seidig glänzend und führt lagig angeordnet braune Komponenten (< 1 mm), die sich in bis zu 5 cm dicken Lagen anreichern können. Hauptablösungsfläche ist die Schieferung, Schichtflächen sind selten ausgebildet. Die Schieferungsflächen sind uneben bis schuppig. Selten tritt in der Matrix etwas Karbonat auf. Örtlich ist das Gestein durch Tertiärverwitterung gelblich beige gebleicht. Die Schieferungsflächen sind durch Fe-Oxide gelbbraun gefleckt. Stellenweise reichliche Fossilführung. Die Bank ist über rund 8 km von Berg auf Bl. 5712 Dachsenhausen bis auf das Gebiet von Bl. 5613 Schaumburg zu verfolgen.

Requadt & Weidenfeller (2007:18/19/20)

147 Alei am rechten Hang des Dörsbachtals E gegenüber Kloster Arnstein, Nassau-Obernhof

GK 25: 5613 Schaumburg, R 341842, H 557530 [341840, 557629
UTM 32 418 380 E 5 573 510 N

Typ-Profil des Obernhof-Porphyroids (PIV)

Abb. 82. Typ-Profil des Obernhof-Porphyroids (P IV). Alei am rechten Hang des Dörsbachtals E Kloster Arnstein, Nassau.

Die Mächtigkeit dieses Porphyroids schwankt, abgesehen von primärem Schichtausfall, zwischen 6,5 m an der Alei und 12 m an der B 417 S Holzappel. Das Porphyroid bildet die Basis der Seelbach-Formation. Petrographisch ließ es sich nicht vom Winden- und Holzappel-Porphyroid unterscheiden (Requadt 1990: 16). Zu erreichen ist der Aufschluss an der Alei von Seelbach aus. Oberhalb der ersten Spitzkehre der Straße Seelbach – Obernhof zweigt an der Kapelle ein Fußweg nach S ab, der an der Jakobsruh die Alei erreicht.

Es stehen hier graue, olivgrau verwitterte Tonschiefer mit eingelagerten 5 bis 15 m mächtigen Abfolgen dünnbankiger, plattiger, schräggeschichteter, Glimmer führender, quarzitischer Sandsteine an. Die Lagerung ist normal flach SE-fallend. Tektonische Riffelung plattiger Lesesteine ist ein Hinweis auf lokal überkippte Lagerung. Bei einer Kontrollbegehung konnte das Porphyroid vom Autor nicht gefunden werden.

Der Ausblick von der Alei zeigt das Kloster Arnstein – auf einem Bergvorsprung zwischen Dörsbach und Lahn gelegen – und auf der Höhe jenseits der Lahn die Verebnungen der Lahn-Hauptterrasse.

148 Felsanschnitt südlich der Lahn gegenüber Bhf. Diez-Laurenburg

GK 25: 5613 Schaumburg, R 342216 , H 557759
UTM 32 422 120 E 5 575 800 N

Seelbach-Formation der Unterems-Stufe

Entlang der L 322 erstreckt sich auf über 600 m Länge von Bf. Laurenburg nach E eine Felsböschung. Die überwiegend SE-fallende Seelbach-Formation wird hier spitzwinklig zum Streichen geschnitten. Lediglich die letzten 100 (?200) m im E sind überkippt. Die Bankfolge besteht aus flaserigen, unregelmäßig geschieferten Sandsteinen. Einzelne Bänke zeigen bankinterne, synsedimentäre Schichtdeformationen; ein Hinweis auf rasche Sedimentation. Die Sandsteinbänke können bis 50 cm mächtig werden. Darin eingesenkt sind gelegentlich flache Rinnen, gefüllt mit tonigem Sediment. Requadt (1990) fand hier eine kleine Fauna mit *Bembexia alta, Goniophora schwerdi, Leiopteria* sp., *Nuculites persulcatus, Tolmaia erecta, Chonetes sarcinulatus, Cyrtina intermedia, Euryspirifer assimilis, Leptostrophia explanata, Mutationella schindewolfi, Oligoptyherhynchus daleidensis, Plebejochonetes plebejus, Plebejochonetes semiradiatus, Tenuicostella tenuicosta, Olkenbachia* sp., *Pleurodictyum problematicum* und Crinoiden-Stielgliedern. Diese Fauna ist typisch für die Singhofener Schichten der älteren Autoren.

Abb. 83. Seelbach-Formation der Unterems-Stufe. Felsanschnitt S der Lahn gegenüber Bhf. Laurenburg, Dietz-Laurenburg.

149 Profil an der Straße K37 von Diez-Steinsberg zum Wasenbachtal, oberhalb der untersten Spitzkehre

GK 25: 5613 Schaumburg, R 342488, H 557620
UTM 32 424 840 E 5 574 410 N

Seelbach- und Scheidt-Formation des Unterdevons, Rupbach-Schiefer des Mitteldevons

An der Straßen- und Wegböschung ist ein invers liegendes Profil von Schichten der Seelbach- und Scheidt-Formation bis in die Rupbach-Schiefer (zuvor Wissenbacher Schiefer) aufgeschlossen (Abb. 84). Die Abfolge bildet den NW-Flügel des Heckelmann-Sattels, dessen Kern von etwa 18 m mächtigen plattigen Siltschiefern mit Lagen von quarzitischem Sandstein aufgebaut wird. Sein Unteremsium-Alter ist durch eine Fauna Paulys (1958: Fossilliste 1, Fundpunkt 3) nachgewiesen.

Die Basis der Scheidt-Formation bilden unregelmäßig auf das Liegende übergreifende Schillkalke an der NW-Flanke und ein kalkiges Aufarbeitungsniveau auf der SE

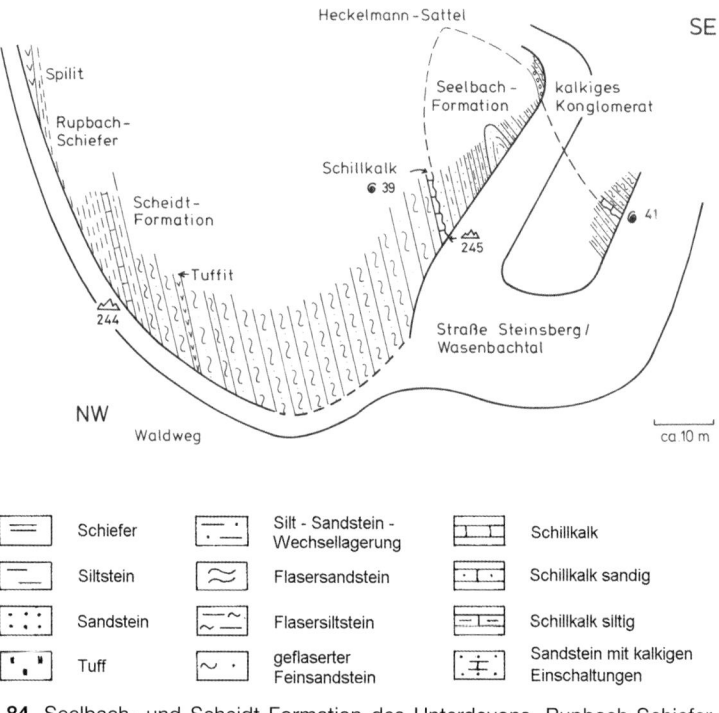

Abb. 84. Seelbach- und Scheidt-Formation des Unterdevons, Rupbach-Schiefer des Mitteldevons. Profil an der Straße Diez-Steinsberg ins Wasenbachtal.

Sattelflanke. Der Grenzhorizont schließt mit dem Liegenden eine Schichtlücke ein, die die Vallendar-Unterstufe des Unteremsiums und die untere Lahnstein-Unterstufe umfasst. Die Fauna der Schillkalke ließ sich mit Hilfe der Rhynchonellide *Oligoptycherhynchus hexatomus* (Schnur) neben anderen Oberems-Leitformen der oberen Lahnstein-Unterstufe zuordnen. Erstmals treten im Profil Conodonten mit der Gattung *Icriodus* der oberen *Polygnathus laticostatus-* bis unteren *Polygnathus serotinus*-Zone auf. Die Scheidt-Formation besitzt hier nur eine Mächtigkeit von 31 m. Sie wird von flaserigen, leicht kalkigen Sand- und Siltsteinen aufgebaut und führt im oberen Teil einen sauren Tuffit (Weddige & Requadt 1985: Abb. 2b).

Weddige & Requadt (1985: Abb. 2b), Flick et al. (1988: S. 171)

150 NE Ortsrand von Diez-Wasenbach

GK 25: 5613 Schaumburg, R 342650, H 557644
UTM 32 426 460 E 5 574 650 N

Weinähr-, Seelbach-, Scheidt-Formation und Wasenbach-Kalk des Unterdevons

Am Heckenweg steht eine steil bis überkippt lagernde Abfolge von Siltschiefern mit quarzitischen Sandsteinen des höchsten Teils der Weinähr-Formation an. Sie wird stratigraphisch von dem Porphyroid P 4 in inverser Position überlagert. Das Porphyroid ist schichtgebunden an der Basis der Seelbach-Formation eingelagert. Frische Proben des P 4 aus dem Adelheid-Stollen bei Laurenburg haben eine hellgraue geschieferte Matrix, in die helle Feldspatkristalle (Ø ca. 1 mm) sowie dunkelgraue, ovale Schieferkomponenten (Ø 0,5–2,5 cm) eingeregelt sind. Angewittert nimmt das Porphyroid eine weißgraue, z. T. rötliche Farbe an, in der die dunklen Komponenten fleckenartig verteilt sind. Die Feldspäte sind verbraunt oder oberflächlich ausgewittert. Die Zusammensetzung (Kirnbauer 1987) reicht von reinem Pyroklastit bis zum Tuffit mit unterschiedlich großem epiklastischem Anteil. In einem Kanalgraben war eine Wechsellagerung quarzitischer und tonig siltiger, an pyroklastischen Anteilen reicherer Lagen zu beobachten. Die pyroklastischen Bestandteile sind Albit, Quarz, pseudomorphe Glasscherben und Tuffit-Lapilli, während die epiklastischen Komponenten aus Quarz, Albit und detritischem Material, z. T. auch aus Bioklasten bestehen. Geochemisch lässt sich das P 4 von anderen Porphyroiden durch seine höheren K_2O-, Rb-, Na_2O- und Sr-Gehalte unterscheiden. Die Mächtigkeit beträgt in der Regel 10–12 m, lokal kann das P 4 auch auskeilen.

Am E Ortsausgang stehen Siltschiefer mit Lagen von quarzitischen Sandsteinen der Seelbach-Formation in normaler Lagerung über dem P 4 an. Die tektonische Beanspruchungszone ist bedingt durch eine Stauchung im Hangenden der Biebricher Aufschiebung. Diese verläuft im N Taleinschnitt in SW-NE-Richtung. An ihr wurden unteremsische Schichten auf den Wasenbach-Kalk des höheren Oberemsiums aufgeschoben. Es kann ein Schichtausfall bis zu 1000 m Mächtigkeit angenommen werden.

Auf der Nordseite des Taleinschnitts mit der Biebricher Aufschiebung (Abb. 84) sind an einer hangparallelen Straße die höchsten Schichten der Scheidt-Formation mit dem überlagernden Wasenbach-Kalk aufgeschlossen. In der sandflaserig-siltig ausgebildeten Scheidt-Formation ist mit einer Makrofauna aus grünlich grauen Siltsteinen Laubach- bis Untere Kondel-Unterstufe belegt (Requadt & Weddige 1978: 233–234). Mit der ersten mergeligen Kalklinse setzt darüber der Wasenbach-Kalk ein. Es handelt sich überwiegend um grünlich graue Tuffite mit Einschaltungen eines grünlich, z. T. hellgrauen, meist aber hellroten, flaserigen Crinoidenkalkes. Zum Teil sind kalkige, tuffitische, rote und grüne Schiefer und vereinzelte Siltsteine eingeschaltet. Die Mächtigkeit des Wasenbach-Kalkes beträgt nach einer detaillierten Profilaufnahme (Requadt & Weddige 1978: 197–198) ca. 80 m. Das Alter nach Conodonten (Faunen 228, 229, 297, 298, 323, 331 in Requadt & Weddige 1978: Tab. 3) umfasst obere *Polygnathus serotinus* bis *Polygnathus patulus*-Zone, die der Kondel-Unterstufe entsprechen. Die Fazies wird als Bildung einer Tiefschwelle (sensu Rabien 1956) aus Tuffen gedeutet, denen sich Crinoidenkalke in Sauerstoff-reichem Milieu (Rotfärbung) einschalteten. Ein weiteres Vorkommen ist aus dem Fachinger Erbstollen in ca. 1710 bis 1720 m Distanz vom Stollenmundloch (R 342835, H 558340) bekannt.

Flick et al. (1988: 168f.)

151 Kiesgrube Hartmann ca. 1,5 km S Diez-Balduinstein

GK 25: 5613 Schaumburg, R 342692, H 557754
UTM 32 426 870 E 5 575 750 N

Aufgeschlossen sind Kiese und Sande vom Typ der oligozänen Vallendarer Schotter bis 10 m Mächtigkeit. Die Sedimente zeigen schichtigen Aufbau mit allgemein schlechter Sortierung. Grobkiesige Schichten enthalten z. B. fast immer auch Sand-, Schluff- und Tonanteile, umgekehrt findet man relativ selten gut sortierte Sande ohne gröbere und feinere Kornanteile. Stellenweise ist Kreuzschichtung zu beobachten. Die Schichten halten selten über größere Entfernung durch. Am ehesten ist das bei tonigen Horizonten der Fall. Diese besitzen meist graue Farbe, manchmal auch rötliche Grundfarben mit grauer Streifung und Fleckung (Marmorierung). Die Kiese sind überwiegend gerundet, bei den Sanden dominieren dagegen scharfsplittrige Formen.

Petrographisch herrscht mit Anteilen von über 90 % der Quarz vor (Gangquarz als Liefergestein). Daneben kommen Quarzite, dunkle Kieselschiefer und rötliche Eisenkiesel vor. In den Tonlagen dominiert Kaolinit, begleitet von Chlorit und Illit. Auch die Schwermineralzusammensetzung ist sehr eintönig. Die für diese Untersuchungen herangezogene Feinsandfraktion (0,063 bis 0,2 mm) enthält weniger als 0,1 % Schwerminerale. Den größten Anteil nimmt innerhalb der transparenten Minerale der Zirkon ein, gefolgt von Turmalin und – deutlich zurücktretend – Rutil. Der größte Teil der Schwermineralfraktion besteht allerdings aus opaken Körnern. Bei diesen handelt es sich oft um aufgearbeitete Eisenschwarten, die nicht nur im anstehenden Devon, sondern auch in den Vallendarer Schottern selbst vorkommen und hier teilweise synsedimentär wieder aufgearbeitet worden sind. Aus diesen Ablagerungen wurden von Requadt Proben entnommen, die eine mitteloligozäne marine Mikrofauna enthielten (Sonne 1982).

Lahntaunus-Einheit 215

Der Anstieg zu den S Ausläufern des Rintstraßen-Rückens ist durch tertiäre Flächenreste gegliedert, auf denen verbreitet Vallendarer Kiese zu finden sind, oft nur als dünne Streu über dem Devon, oft auch als mächtigere Kiesdecke mit massiven Eisenschwarten.
Semmel in Andres (1988)

152 Aufschluss und Aussichtspunkt 1,5 km SE Diez-Cramberg

GK 25: Bl. 5613 Schaumburg, R 342625, H 557842
UTM 32 426 210 E 5 576 630 N

An diesem Punkt kann eine den Themenkomplex der quartären Talbildung an der unteren Lahn abschließende Übersicht gegeben werden. Gleichzeitig erfolgt eine Überleitung zum Problem der Deutung der Tertiärkiese vom Vallendarer Typus, die hier bei 260 m NN aufgeschlossen sind. Es handelt sich um fast reine Quarzkiese und Sande, auf deren spezielle Ausbildung, ihre typische räumliche Verbreitung und die Bedeutung für die Vorstellungen über die tertiäre Reliefentwicklung im Zusammenhang mit den Aufschlüssen 135 und 151 näher eingegangen wird.
Andres (1988)

153 Felsanschnitt gegenüber Bhf. Diez-Balduinstein

GK 25: 5613 Schaumburg, R 342666, H 557950
UTM 32 426 620 E 5 577 710 N

Scheidt-Formation der Oberems- und Seelbach-Formation der Unterems-Stufe

Die nahezu 150 m lange, etwa N-S verlaufende Felsböschung E der Straße gegenüber Bhf. Balduinstein zeigt im N dünngeschichtete, z. T. gradierte Sandsteine und Schluffsteine der Scheidt-Formation, auf die im S Sandsteine und Schiefer des höheren Teils der Seelbach-Formation, überlagert von der Basis der Scheidt-Formation, aufgeschoben sind. Der Bereich im Hangenden der Überschiebung ist gefaltet. Im dem kleinen Gastgarten des Gasthauses Hergenhahn ist in der Scheidt-Formation in der S Schuppe eine steil SE-fallende Abschiebung mit knickartiger Deformation der Schieferung im Liegenden aufgeschlossen.

Abb. 85. Felsanschnitt gegenüber Bhf. Diez-Balduinstein. Scheidt-Formation der Oberems- und Seelbach-Formation der Unterems-Stufe.

154 Sauerbrunnen „Alte Römer-Quelle" und „Johannisbrunnen" im Aartal S Burgschwalbach-Zollhaus

GK 25: 5714 Kettenbach, R 343342, H 557241
UTM 32 433 370 E 5 570 620 N

Die von der Interessengemeinschaft Zollhaus neu gefasste Alte Römerquelle, der Johannisbrunnen, die im Wasser der Aar an der Fußgängerbrücke aufsteigende Kohlensäure und weitere ungefasste Mineralwasser-Austritte am E Talrand gehören zu den im Westtaunus – im Gegensatz zum Osttaunus, wo sie fast völlig fehlen – verbreiteten Kohlensäure führenden Quellen. Diese Säuerlinge verdanken ihre Herkunft einer Dehnung der Erdkruste, die zur Gasdurchlässigkeit zwischen Erdmantel und Erdkruste geführt hat. Dass diese Prozesse noch im Gang sind, zeigt die auf Niederrhein-Gebiet und Westtaunus konzentrierte Erdbebenaktivität. In historischer Zeit spielten nur die Säuerlinge von Burgschwalbach und Rückershausen wirtschaftlich eine Rolle. Das Standrohr einer

Abb. 86. Geologische Situation mit Schnitt im Bereich Zollhaus-Burgschwalbach mit den Sauerbrunnen „Alte Römerquelle" und „Johannisbrunnen" im Aartal (Aufschluss 154) und dem Straßenanschnitt am N' Ausgang von Aar-Einrich-Burgschwalbach (Aufschluss 155).(Ausschnitt aus der Geologischen Karte von Hessen 1:25 000 Bl. 5714 Kettenbach mit Genehmigung des Hessischen Landesamtes für Naturschutz, Umwelt und Geologie). Nach Anderle 2007. Legende s. auch Abb. 46a.

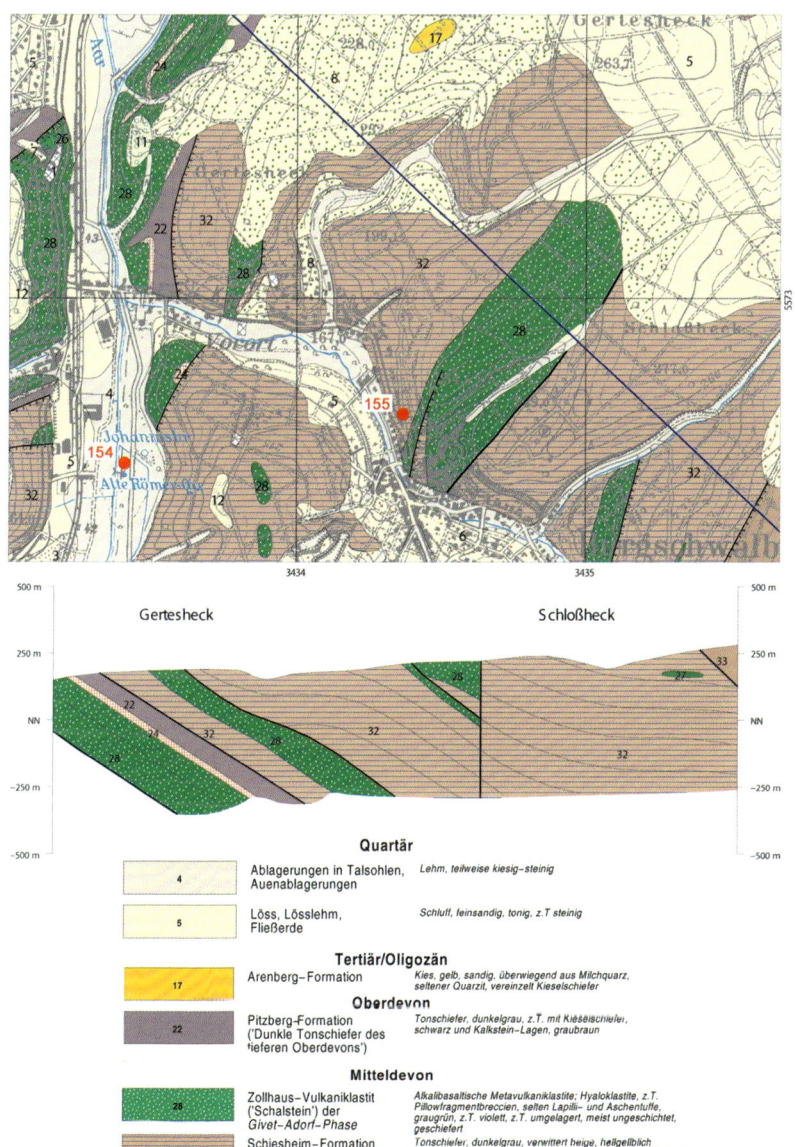

300,5 m tiefen Bohrung aus dem Jahr 1965 neben der Alten Römerquelle zeugt von dem Versuch, Kohlensäure zu erschließen (Carlé 1975). Das Bohrprofil besteht aus einem mehrfachen Wechsel von dunklem Tonschiefer und Schalstein. In 33 m Tiefe wurde unter einer Überschiebung der Schalstein erreicht, welcher NE der Bohrung den Hang des Aartals bildet (Abb. 86). Der Vergleich der chemischen Analysen von Alter Römerquelle und Johannisbrunnen mit derjenigen der Tiefbohrung zeigt eine Verdünnung der Wässer in den Brunnen. Außerdem stammen die Analysen der beiden Brunnen von 1996, als die Fassungen noch nicht erneuert waren.

Hinter dem Mühlgraben am Ostrand des Aartals stehen mitteldevonische feingebänderte Schiefer an. Die Schiefer sind auf den Schalstein überschoben. Mehrere Stollenmundlöcher am Hang und Schachtpingen der ehemaligen Grube Hartkopf mit zu Brauneisenstein verwittertem Roteisenerz auf der Höhe sind Reste eines früheren Bergbaus auf Eisenerze.

155 Straßenanschnitt am N Ausgang von Aar-Einrich-Burgschwalbach

GK 25: 5714 Kettenbach, R 343437, H 557260 und R 343465, H 557239
UTM 32 434 320 E 5 570 810 N

Mitteldevonische Schiesheim-Formation und überlagernder Schalstein mit Überschiebungstektonik. Faltenbilder und spätvariskische Überschiebungen mit Quarzausscheidungen.

Die feingebänderten Schiefer bei Schiesheim, Scholau und Burgschwalbach führen in ihrem höheren Abschnitt dünne Lagen aus Kieselschiefer und Kalkstein. Die Kalksteinlagen enthalten Conodonten, die als Alter Givet anzeigen (Weddige, briefl. Mitt. 2003). Sie werden von Schalstein überlagert. Bei Zollhaus handelt es sich meist um zu Glas abgeschreckte und feinkörnig zerbrochene Basaltlava, die den Hang eines untermeerischen Vulkans hinab geglitten und weit vom Ursprungsort abgelagert wurde, vermischt mit Kalkstein und Schiefer. Dieser hyaloklastische basaltische Vulkaniklastit ist meist durch Calcit verkittet. Auf einem Hügel aus Schalstein steht die Burg Schwalbach. Hinter der Burg zeigt die Felswand des Halsgrabens der Burg im Schalstein zahlreiche Pillow-Fragmente, Bruchstücke von „Kissen", wie sie bei der Reaktion der am Meeresboden austretenden Basaltlava mit dem Meerwasser entstehen. Ausführlich beschreiben die Entstehung dieser Gesteine Nesbor et al. (1993) und Behnisch (1993). Noch im Mitteldevon war das Meerwasser in diese vulkanischen Ablagerungen eingedrungen, hat das Eisen gelöst und es am Meeresboden als Hämatit, Magnetit und Pyrit zusammen mit Calcit und Quarz wieder ausgefällt. Dieses Erz wird als Roteisenstein bezeichnet und wurde früher bei Zollhaus abgebaut. Über dem Roteisenstein (hier dem sogen. Grenzlager) haben sich im tiefsten Oberdevon graue, grüne und rote Tonschlämme auf dem Meeresgrund abgelagert, die heute dünnspaltende Tonschiefer sind. Sie kommen bei Zollhaus, Hahnstätten und im Hohlenfels-Bachtal vor (Abb. 87).

An der Böschung der Fahrstraße zur Burg und an der Straße N Burgschwalbach ist die Schiesheim-Formation durch mehrere Aufschiebungen verkürzt. N Burgschwalbach treten zusätzlich zu den Aufschiebungen flache, teilweise gekrümmte Überschiebungen auf, die bereits vorhandene Falten- und Schuppenstrukturen zerschneiden. Sie müssen deshalb einer späten Phase der variskischen Einengungstektonik zugeordnet werden (Abb. 87). Im höchsten Teil der Schieferfolge unmittelbar unter dem Schalstein treten hier Lagen aus Kieselschiefer und Kalksteinbänke auf. Die Kieselschieferlagen bilden disharmonische Falten.
Anderle (2007)

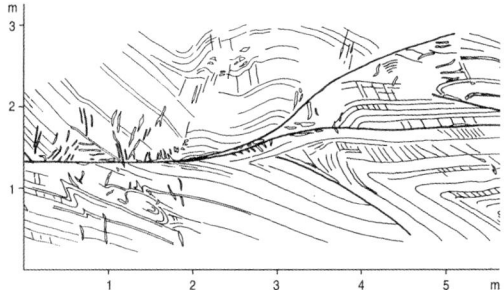

Abb. 87. Faltenbilder und spätvariskische Überschiebungen mit Quarzausscheidungen (Ausschnitt) in mitteldevonischer Schiesheim-Formation an der Straße nördlich Burgschwalbach, Blick nach E (Anderle 2007).

156 Großsteinbruch der Fa. Schaefer Kalk in Aar-Einrich-Hahnstätten

GK 25: 5614 Limburg an der Lahn, R 34 33 52, H 55 76 58
UTM 32 433 470 E 5 574 790 N

Mitteldevonischer Riffkalkstein, oberdevonisch-unterkarbonischer Erdbacher Kalk, präpaleozäne Mineralisation, paleozänes Höhlensediment, oligozäne Arenberg-Formation und Pleistozän-Profil

Das Kalkwerk Schaefer liegt rund 1,5 km N der Ortsmitte Hahnstätten unmittelbar W des Aartals. Hier befindet sich seit 1860 ein zunächst kleiner Steinbruch (Koch 1886a). Heute wird der Kalkstein in einem Großsteinbruch mit 8 Sohlen bis zu einer Tiefe von über 80 m unter Gelände (NN + 58 m) abgebaut (Abb. 88a).

An der Nordflanke der Katzenelnbogen-Hahnstättener Mulde reicht hier ein Riffkalkzug von Katzenelnbogen bis über die Aar nach NE. Der Kalkstein – er ist bei Hahnstätten mehr als 170 Meter mächtig – lagert auf Metatrachyt (Keratophyr). Er besteht im Wesentlichen aus biogenem Kalk. Abgebaut wird überwiegend ein hellgrauer Mikrit lagunärer Fazies mit gelegentlichen Einschaltungen von Crinoiden-, Stromatoporen-, Brachiopoden- und Mollusken-Schill. Die Riffe wurden zumeist von großen Stromatoporen (mögliche Verwandte der Schwämme) und nur vereinzelt von tabulaten und rugosen Korallen gebildet. Sie waren der Lebensraum zahlreicher Seelilien, Korallen, Muscheln, Brachiopoden, Tintenfische, Scaphopoden und Schnecken. Die diversen Tierarten besiedelten

Abb. 88a. Blick in den Steinbruch Hahnstätten der Fa. Schaefer Kalk. Mittel- bis oberdevonische Karbonate eines Riffkomplexes in der SW Fortsetzung der Lahnmulde. Foto freundlicherweise von der Firma durch Dipl.-Geol. Steffen Loos zur Verfügung gestellt.

sowohl das eigentliche Riff als auch die dahinter liegenden ruhigeren Flachwasserbereiche der Lagune, die immer wieder mit Riffschutt aufgefüllt wurden.

Aufgrund der Fossilfunde (Heidelberger 2001) lassen sich ein Riffbereich und ein sedimentärer Lagunenbereich unterscheiden, in denen zum Teil auch sehr verschiedene Tierarten gelebt haben. Die nachgewiesene Zahl alleine an Schnecken beläuft sich im Steinbruch Schaefer Kalk auf über 50 Arten. Im lagunären Flachwasserbereich von Hahnstätten überwiegen neben *Macrochilina schlotheimi*, *Paffrathopsis subcostata* und *Bellerophon lineatus* ganz eindeutig die Murchisonoidea in vielfältiger Ausprägung. Vor allem Exemplare der extrem variablen *Murchisonia bilineata* kommen hier hundertfach vor. Die Fossilien sind oft von außergewöhnlicher Größe, dabei aber relativ gut erhalten. Sie weisen nur selten Spuren von Schalenreparaturen oder Zerbrechungen auf. Das deutet darauf hin, dass das Wasser relativ ruhig war, und sie nicht weit von der Strömung transportiert worden sind. Es handelt sich um die reichhaltigste bislang bekannte mitteldevonische Gastropodenfauna in Deutschland. Zusammen mit den äußerst diversen Gastropodenarten findet man die Brachiopoden *Stringocephalus* sp. und *Uncites gryphus*, die eine Datierung ins mittlere Givetium erlauben. Außerdem trifft man auf die Muscheln *Megalodus abbreviatus* und *Mecynodus carinatus*.

Im Oberdevon starben die Riffe zu unterschiedlichen Zeitpunkten ab. Das endgültige Absterben erfolgte im obersten Adorfium (*linguiformis*-Zone) durch einen generellen Anstieg des Meeresspiegels infolge der weltweiten Krise der Adorf-Kellwasser-Events vor ca. 375 Millionen Jahren. Sie blieben bis ins Unterkarbon vor ca. 345 Millionen Jahren unter Meeresbedeckung. Allerdings bildeten sich Spalten, z. B. bei Erdbeben, in die Conodonten und der Schutt abgestorbener Seelilien hinein gespült wurden. Solche Kalksteine vom Typ des Erdbacher Kalkes (Krebs 1968) fanden sich in den vergange-

Abb. 88b. Fossillagen im Massenkalk. Steinbruch der Fa. Schaefer Kalk in Hahnstätten.

Abb. 88c. Unteres Paleozän-Profil im Steinbr. der Fa. Schaefer Kalk in Hahnstätten, aufgenommen 1995. Die Sporen führende graue Linse im rotbraunen Ton befindet sich links oberhalb der Person. Blick nach N.

nen Jahren auch an mehreren Stellen im Massenkalk von Hahnstätten. Es sind rötliche, plattige Schuttkalke, die nach Buggisch & Michel (2002) Conodonten der Adorf-Stufe, des höheren Oberdevons und des Unterkarbons I führen. Dieser Erdbacher Kalk ist das südwestlichste bisher bekannte Vorkommen unterkarbonischen Sediments im Rheinischen Sedimentationstrog (nach Heidelberger in Anderle et al. 2003a).

Tektonik, Mineralisationen, Karst und Höhlensedimente

Die tektonischen Störungen des Oberdevons (Spalten mit Erdbacher Kalk) spielten erneut eine Rolle bei der Bruchtektonik während der Kreidezeit. Im Nordteil des Steinbruchs ist eine verkarstete Störungszone mit Paleozän-Sedimenten zwischen NN + 85 m und NN + 135 m auf 300 m E-W-Erstreckung in einer maximalen Breite von 30 m durch den Kalkstein-Abbau angeschnitten worden. Diese Zone streicht etwa 95°. Durch das Auftreten mehrerer, unterschiedlich alter Mineralisationstypen (Paragenesen) lassen sich tektonische Ereignisse, Verkarstungsabläufe und Sedimentationsgeschehen im Hahnstättener Karsthohlraum in relativen zeitlichen Bezug zueinander setzen, so dass der komplexe zeitliche Ablauf rekonstruiert werden kann. Die Störungszone wird im N durch eine tektonische Brekzie begrenzt, deren scharfkantige Stücke durch hydrothermale Mineralausscheidungen verkittet sind. Diese „Störungsparagenese" besteht aus Dolomit, mehreren Calcit-Generationen, Quarz, Hämatit, Goethit und Jarosit. Sie war im gesamten bislang aufgeschlossenen Bereich der Störung nachgewiesen. Innerhalb der Störungszone bildete sich unter der Geländeoberfläche und unter dem Grundwasserspiegel ein Höhlensystem (Endokarst). Blöcke lösten sich von der Höhlendecke und stürzten auf den Höhlenboden (Inkasion). Die Oberfläche der in den Karsthohlraum gestürzten Kalksteinblöcke ist an zahlreichen Stellen mit Calcit III-Kristallen bewachsen (Karsthohlraumparagenese). Später bildete sich auf dem Kalkstein von der Geländeoberfläche aus ein Kegelkarst. Im Bereich der E-W-streichenden Störungszone treten auf dem Kegelkarst, an der Basis der oligozänen Sedimente, Eisen-Mangan-Vererzungen auf, auf die im 19. Jahrhundert das Eisen- und Manganerzbergwerk „Phönix" verliehen worden ist . Diese Eisen- und Manganerze sind durch mehrphasige und komplexe Verwitterungsprozesse aus den Ca-Mg-(Fe-Mn)-Karbonaten der Dolomitisierungs-Zonen entstanden (Kegelkarstparagenese) (Kirnbauer in Anderle et al. 2003b).

Die Paleozän-Sedimente

In die Höhle wurden nun im Paleozän feinkörnige Sedimente eingeschwemmt. Das paleozäne Alter der Höhlensedimente weist allen Vorgängen vor der Sedimentation (Seitenverschiebung, Brekzienbildung, hydrothermale Mineralisation der Brekzie) ein höheres Alter zu. Sie sind also deutlich älter als die Bildung des Oberrheingrabens, mit dem im Taunus solche Erscheinungen bisher in Verbindung gebracht wurden. Sie könnten den transpressiven Deformationen im Vorland der Alpenfaltung während der Oberkreide zugeordnet werden (Ziegler 1987, 1988).

Der 1995 noch rund 8 Meter mächtige Rest der Paleozän-Sedimente liegt horizontal über einer unregelmäßigen Massenkalk-Oberfläche in etwa 88,3 m ü. NN. Der untere Profilabschnitt besteht aus einer 5,6 m mächtigen Folge meist wenige Zentimeter dicker Lagen braunroten (auf den oberen 1,85 m rotbraunen) Tons, die jeweils mit einer millimeterfeinen Feinsandlage abschließen. Eingeschaltet sind 7 etwas mächtigere Lagen hellen Feinsands (meist weiß, aber auch hellbraun, bräunlichgelb, hellgrau, hellgelb). Diese sind 1 bis 3 cm, einmal auch 8 cm mächtig (Abb. 88c). Der obere, rund 2,3 m mächtige Profilabschnitt (heute nicht mehr erhalten) bestand überwiegend aus bräunlichgrauem, im unteren Teil auch rötlichbraunem Ton. An der Basis fand sich 20 cm schlecht gerundeter bräunlich-hellgrauer Fein- bis Mittelsand.

Mikrofloren der Paleozän-Sedimente

Von den beiden Profilabschnitten der in Hahnstätten angeschnittenen Höhle wurden höffig erscheinende Bereiche beprobt. Aus dem überwiegend braungrauen Oberen Profil wurden zwei besonders reichhaltige Mikrofloren eingehend bearbeitet. Das Untere Profil ist fast ausschließlich rötlich gefärbt, was für eine Erhaltung palynologischer Objekte wenig geeignet ist. Oxidation, wie sie mit der Farbe indiziert ist, wird von den Pollenwänden nicht vertragen. Gleichwohl konnte auch im Unteren Profil noch eine geeignete lokale dunkle Einschaltung gefunden und untersucht werden.

In den drei Mikrofloren von Hahnstätten konnten rund 90 verschiedene Gruppen von Pollenkörnern, Sporen sowie auch einige Algenformen des Süßwassers identifiziert werden. Die Benennung alttertiärer Pollen folgt einer künstlichen Nomenklatur, da ein eindeutiger Bezug zu einer Mutterpflanze häufig nicht hergestellt werden kann. Zur Aufstellung von Gattungen und Arten werden daher oft morphologische Besonderheiten der Formen berücksichtigt oder Namen von Persönlichkeiten oder Lokalitäten. So entstanden klingende Namen wie beispielsweise *Stephanoporopollenites hexaradiatus minnaensis* (ein stratigraphisch wichtiger Vertreter im Unteren Profil) und *Pompeckjoidaepollenites subhercynicus* (eine langlebige Art mit Reichweite von der Oberkreide bis ins Mitteleozän). Durch das Auffinden seltener, stratigraphisch besonders wichtiger Arten, gelang es, im Höhlenprofil von Hahnstätten einen Altersunterschied festzustellen. Demnach gehört das Untere Profil der Zone 7 a der genannten Gliederung an (Hannoversches Pollenbild) und damit in das jüngere tiefere Paleozän. Die Mikrofloren des Oberen Profils datieren in den Bereich der Zone 7 b (Viersener Pollenbild) bis 8 (Brandenburger Pollenbild) und damit in das mittlere Paleozän (vgl. Krutzsch 1966). Die Pollen-Zone 7 soll dem wärmsten Zeitabschnitt des Paleozäns entsprechen (mit Maximum in 7 a). Es wird angenommen, dass die Zeitabschnitte der maximalen Verbreitung des kretazischen Florenelementes ein warmes und humides Klima aufgewiesen haben. Zwischen diesen Zeiten vermitteln Abschnitte, in denen diese Formen qualitativ und quantitativ merklich zurückgehen, um im mittleren und endgültig im höheren Eozän zu verschwinden. Mikrofloren aus solchen Zwischenzeiten werden auch als Flankenfloren bezeichnet. Das Obere Profil von Hahnstätten hat ein typisches sog. Flankenelement geliefert (*Duplopollis golzowense*). Die Paleozän-Sedimente von Hahnstätten sind die ältesten bisher bekannten Tertiärsedimente im Rheinischen Schiefergebirge. Altersäquivalente der paleozänen Bildungen von Hahnstätten (mit entsprechenden Mikrofloren) sind u. a. von Wehmingen bei Sarstedt im Raum Hildesheim/Hannover sowie aus dem Untergrund von Brandenburg bekannt. Die Hahnstätten nächstgelegenen Paleozän-Vorkommen liegen in der Niederrheinischen Bucht (Hottenrott in Anderle et al. 2003a und b).

Die Kegelkarst-Oberfläche wird von 25–30 m mächtigen, weiß-gelb-rot gefärbten Schluffen mit ca. 1 m mächtigen Einlagerungen von Quarzkiesen überlagert. Eine Datierung dieser Sedimente liegt von hier bisher noch nicht vor. In der Umgebung werden sie in das Mittlere/Obere Oligozän eingestuft (Arenberg-Formation). Überlagert werden sie von einer Aar-Terrasse und Würm-Löß mit dem Eltviller Tuff.

Anderle (2007)

Semmel in Andres (1988: 83) hat von hier die pleistozänen Deckschichten beschrieben, die für eine aktuelle Exkursion entsprechend den veränderten Aufschlussverhältnissen neu gesucht werden müssten. Die Tertiärserie trägt eine pleistozäne Schotterterrasse. Im Ostteil des Steinbruchs ist die Tertiärserie von der Aar ausgeräumt worden. Hier sind die Karstschlotten von der T5-Terrasse (i.S. von Andres 1967) gekappt. Auf deren Kiesen liegt eine mächtige Lößdecke. Zuunterst liegt der älteste fossile Bt-Horizont. Im Löß darüber ist der Reinheimer Tuff ausgebildet (Ensling et al. 1984). Der Löß trägt den mittleren fossilen Bt-Horizont. In dessen hangendem Löß liegen über einer Humuszone mehrere Nassböden (Bruchköbeler Böden, i.S. von Bibus 1974). Darüber folgt der jüngste fossile Br-Horizont, der den Würm-Löß trägt. In diesem sind eine Humuszone, der Lohner Boden des Mittelwürms, Nassböden des Jungwürms und der Eltviller Tuff (Semmel 1967) ausgebildet. Früher war in einem jüngeren Erdfall auch noch der Laacher Bimstuff zu finden (Semmel 1963). Der heutige Oberflächenboden, eine Parabraunerde, ist am höheren Hang durch die Beackerung weitgehend erodiert worden. Am Unterhang liegt das korrelate, mehrere Meter mächtige Kolluvium.

157 Mensfelder Kopf NW Hünfelden-Mensfelden

GK 25: 5614 Limburg a. d. Lahn, R 343530, H 557930
UTM 32 435 250 E 5 577 510 N

Taunusquarzit der Siegen-Stufe

Der durch die Erosion als Härtling heraus präparierte Quarzit bildet hier einen besonders guten Aussichtspunkt im S des Limburger Beckens. Die Bänke des Quarzits fallen nach SE ein und erscheinen infolge semiarider Verwitterung im Tertiär rötlich. In streichender Verlängerung nach SW wurden von Kegel (1913) Leitfossilien der Siegen-Stufe – *Spirifer primaevus* Stein und *Rhenorensselaeria crassicosta* Koch – gefunden.

Der Ausblick zeigt die Verebnungen der wichtigsten Lahnterrassen (Andres 1967) sowie die Beckenränder. Von SE stößt die Idsteiner Senke („Goldener Grund") als altes Quer-Element, das Neogen reaktiviert wurde, in die Beckenlandschaft (Stengel-Rutkowski 1976).

Stengel-Rutkowski, W. (1988), Hahn (1990)

158 Ehemalige Ziegeleigrube Brechen-Niederbrechen dicht SW der A3

GK 25: 5614 Limburg an der Lahn, R 343942, H 558042
UTM 32 439 370 E 5 578 630 N

Zersetztes basaltisches Ergußgestein und quartäre Flußterrasse

Die Ziegelei – heute das Naturschutzgebiet „Die Reusch von Werschau" – schließt in ihrem N Teil ein basaltisches Ergussgestein auf, in dessen Umgebung der devonische Tonschiefer stark zersetzt wurde, teilweise zu weißem Ton, der aus gut kristallisiertem Kaolinit und Montmorillonit besteht. Vereinzelt kommen auch leuchtend rote Farben vor. Die Abfolge wird von der T5-Terrasse des Wörsbaches gekappt. Von E her ist die nächstjüngere T4-Terrasse in den Komplex eingeschnitten. In der Lößdecke über den Schotterterrassen sind stellenweise Reste des letztinterglazialen Bodens und der Mosbacher Humuszonen (Altwürm) aufgeschlossen. Außerdem kommen der Eltviller Tuff und der Laacher Bimsstuff vor. Für weitere wissenschaftliche Untersuchungen bieten sich die ständig wechselnden Abbauwände der dicht angrenzenden Grube der Kieswerk Werschau GmbH an.
  Semmel in Andres (1988: 83f.)

159 Kiesgrube der Fa. A. Kremer, rd. 1,3 km, NW Brechen-Niederbrechen

GK 25: 5614 Limburg a. d. Lahn, R 343948, H 558196
UTM 32 439 430 E 5 580 170 N

Sande und Kiese der Arenberg-Formation

Aufgeschlossen sind fluviatile Quarzsande und -kiese mit Zementationshorizonten aus Eisen- und Manganoxiden als Zeugen fossiler Grundwasserstände. Sie enthalten im höheren Teil einen roten Paläoboden als Zeichen für semiarides Klima und Meeresferne in diesem Abschnitt des jüngsten Oligozäns. Sie lagern unverwittertem und unzersetztem Schalstein bei ca. 180 m über NN auf. Durch junge Vertikaltektonik liegt die Auflagerungsfläche der Kiese auf dem paläozoischen Rumpf 1 km S bei Werschau an der A 3 15 m unter dem Wörsbachtal (etwa 125 m über NN) und steigt treppenartig nach S an. N der Ziegeleigrube Niederbrechen ist der Talboden des Wörsbaches in devonischen Gesteinen ausgebildet. Die Basis der Arenberg-Formation liegt hier um mehr als 50 m höher. Sie ist an der Zufahrt zum Kieswerk Kremer W Niederbrechen aufgeschlossen. Die Schotter sind hier nur noch ca. einen Meter stark erhalten, da sie von einem altpleistozänen Schotterkörper gekappt werden. Im Stadtgebiet von Limburg liegt die Auflagerungsfläche bei 80 m ü. NN (Limburger Graben).
  Stengel-Rutkowski, W. (1988), Semmel in Andres (1988: 83)

160 Ehemalige Roteisensteingrube „Altenberg" ca. 1,5 km S Weilmünster-Laubuseschbach

GK 25: 5616 Grävenwiesbach, R 345264, H 558360
UTM 32 452 584 E 5 581 810 N

In dem verfallenen Tagebau sind noch Reste eines verkieselten Roteisensteins aufgeschlossen. Früher war hier 1,5 m Wechsellagerung von Schiefer und Schalstein mit drei Roteisensteinflözchen à 0,1 m über 0,5 m zersetztem Schiefer mit Fossilien des Givet, einer 0,1 m Brauneisenkruste und dem 4 m mächtigen Hauptlager zu sehen. Das Hauptlager ruht auf zersetztem Schalstein. In der Tiefe ist es als Flusseisenstein (Kalkspat führender, unverkieselter Roteisenstein) ausgebildet. Es enthält 30 % Fe. Das Roteisensteinlager, meist flach NW-fallend, ist von mehreren E-W-streichenden Verwerfungen zerstückelt und wird im N durch eine 50° S-fallende Verwerfung gegen flach lagernde Tonschiefer mit Diabasmandelstein begrenzt. Eine Querstörung führt ein Gemenge von Rotkupfererz mit dichtem Malachit. Ein 750 m SW der Kirche von Laubuseschbach in 310 m über NN angesetzter Stollen führte in SE-Richtung bis unter den Tagebau und brachte auf 1,5 km Länge etwa 40 m Teufe ein. Der Stollen dient heute als Trinkwasserversorgungsanlage von Laubuseschbach. Er hat eine Schüttung von im Durchschnitt 6 l/s.

Bei diesen Erzen handelt es sich um Roteisenstein vom Lahn-Dill-Typ, dessen Entstehung auf vulkano-sedimentäre und diagenetische Prozesse im Zusammenhang mit dem submarinen basaltischen Vulkanismus zurückgeführt wird (Literatur dazu u. a. Flick et al. 1990).

161 Am Grauenstein S Weilburg-Bermbach (Wanderparkplatz an der B 456)

GK 25: 5516 Weilmünster, R 345434, H 559346
UTM 32 454 284 E 5 591 660 N

Verkieselte Konglomerate der Arenberg-Formation des Oberoligozäns

Die Konglomerate bestehen überwiegend aus gut gerundetem, z. T. recht grobem Gangquarz (Milchquarz), untergeordnet aus gebleichtem Kieselschiefer, Eisenkiesel und Quarzit. Die Verkittung mit Kieselsäure ist eine Folge jüngerer Tertiärverwitterung, möglicherweise in Zusammenhang mit einem damaligen Grundwasserstand. Am Grauenstein sind diese Tertiärquarzite früher zur Herstellung von Mühlsteinen abgebaut worden. Die Schotter liegen einer präoligozänen Landoberfläche auf. Diese ist postoligozän bruchtektonisch verstellt worden, woraus sich ihre heutige unterschiedliche Höhenlage erklärt; z. B. am Grauenstein in NN + 340 m, am Schiefergebirgsostrand bei NN + 230 m, im Limburger Becken bei NN + 110 m und tiefer, im Westtaunus bei NN + 260 m.

Ahlburg (1916, 1918 b), Anderle (1984), Stengel-Rutkowski (1970, 1976)

4.5 Gießen-Decke

162 Straßenaufschluss in Waldsolms-Kraftsolms NE der still gelegten ehem. Eisenbahnunterführung/Bahnhof Kraftsolms, Felsböschung an der bahnparallelen Straße

GK 25: 5516 Weilmünster, R 346160, H 559135 (R 346157, H 559136)
UTM 32 461 541 E 5 589 550 N

Phacoidischer Diabas und Solmsthaler Phyllite/ basische Vulkanite an der Basis der Gießen-Decke, vermutlich Mitteldevon.

Die bis zu 15 m hohe Felswand zeigt die basischen Vulkanite an der Basis der Gießen-Decke. Die Gesteine sind hier nicht direkt datiert, gehören aber nach Vergleichen mit ähnlichen Vorkommen im Nordteil der Gießener Grauwacke in das höhere Unterdevon oder tiefe Mitteldevon.

Die vulkanische Folge besteht hauptsächlich aus Pillow-Bruchstücken und untergeordnet hyaloklastitischen Brekzien.

Bei der Überschiebung nach NW auf das Vorland wurde das Gestein in Scherlinsen zerlegt und brekziiert (Abb. 89 unten). Bei den dunkleren, feinerkörnigen Säumen der Scherlinsen handelt es sich größtenteils nicht um Tuffmaterial, sondern um tektonischen Abrieb (Kataklasit-Zonen). Dieser tektonische Zustand ist charakteristisch für alle Vorkommen dieser Art am Südrand der Gießen-Decke. Das tektonische Gefüge aus Dehnungsrissen und Scherbändern zeigt Transport nach NW (Weck 1995). Die intensive Deformation geht auf die Position dieser Gesteine nahe der Basis der Gießen-Decke zurück.

Die phacoidförmigen Diabaskomponenten bestehen aus büscheligen Albitaggregaten in einer überwiegend aus Chlorit bestehenden feinkörnigen Grundmasse. Sie liegen in einer stark durchbewegten, vermutlich tuffitischen Grundmasse, in die feinkörnig rekristallisierte fossilleere Kalklinsen eingeschaltet sind. Das Gestein wurde von Flick (1970) ursprünglich als vulkanische Brekzie angesprochen.

Geochemische Daten (Platen 1990) zeigen REE-Spektren mit einem flachem Muster bzw. einer Abnahme der Leichten Seltenen Erden, wie sie für MOR-Basalte typisch sind. Ähnliche MOR-Basalte sind in der gesamten Region der Gießen-Decke zu finden, aber auch an tektonischen Klippen im Hintertaunus. Platen (1990) verfolgte solche MOR-Basalte bis in den Harz. Eine ausführliche Diskussion über die Geochemie der Basalte, deren Vergleich mit den Meta-Basalten parautochthoner Einheiten und deren Korrelation innerhalb der Rhenohercynischen Zone gibt Floyd (1995). Der Aufschluss wird als unterdevonischer Teil des Rheischen Ozeans interpretiert. Der nächste, 500 m weiter nördlich gelegene Aufschluss zeigt dieselbe Folge, nur stärker deformiert (Anderle & Dörr 2010).

S dieses Aufschlusses stehen entlang der Straße Schiefer der Solmstaler Schichten (Ahlburg 1918) an. Ihr phyllitischer Charakter ist weniger ausgeprägt als in den Aufschlüssen entlang der Eisenbahn N Kraftsolms. Eine stark verfaltete Kalksteinlage in den Schiefern erwies sich als fossilfrei (in Anderle & Dörr 2010).

Rund 500 m weiter S, am Südende des Ortes, sind an der Straßenböschung Teile derselben Gesteinsfolge in sehr viel besserer Erhaltung: Nahezu undeformierte Metaba-

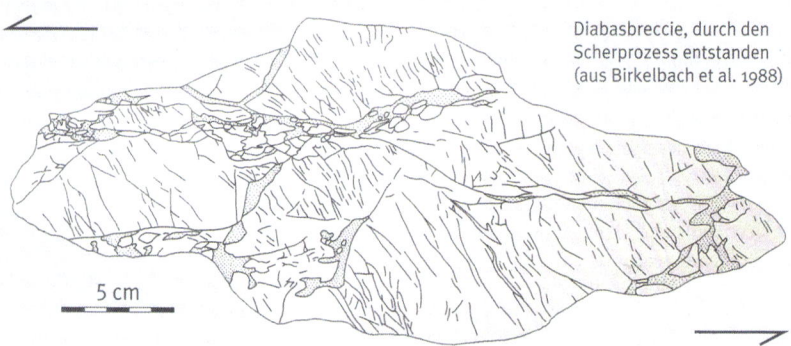

Diabasbreccie, durch den Scherprozess entstanden (aus Birkelbach et al. 1988)

5 cm

Abb. 89. Diabas (vergrünter Basalt) des Mitteldevons, durch Tektonik stark zerschert und anschließend zu einer Breccie verkittet. Basisbereich der Gießen-Decke, die hier nach NW auf Phyllite des Oberdevons (im Vordergrund) überschoben ist. Der Basalt der Gießen-Decke hat als fast einziges Vorkommen im gesamten Rheinischen Schiefergebirge die chemische Zusammensetzung von Ozeanbodenbasalten (MORB). Zusammen mit anderen Gesteinen ist er aus einem südlich des Taunus gelegenen, heute nicht mehr nachweisbaren Ozean als Decke hierher verfrachtet worden. Profil am alten Bahnhof Kraftsolms. (Foto m. Erl. aus Rothe 2019).

salte, Hyaloklastit-Brekzien und eingelagerte Schiefer. Einige der Liegendkontakte der Basaltströme zeigen noch thermale Kontakte. Die Schiefereinlagerungen zeigen sehr niedrige Deformation (*penetrative strain*) und sehr niedriggradige Metamorphose. N-fallende Abschiebungen gehen vermutlich auf ein spätes Stadium der Deckenüberschiebung zurück. Der Aufschluss zeigt einen schwach verformten Teil der Decke über dem stark zerscherten Basalteil.

Nach Untersuchungen von Wedepohl et al. (1983) entspricht der Chemismus demjenigen von heutigen Ozeanboden-Basalten, die möglicherweise als Reste eines Rhenoherzynischen Ozeans zu deuten sind (Grösser & Dörr 1986).

Ahrendt et al. (1977: 148), Birkelbach et al. (1988: 56), Franke (1990), Franke et al. (1996), Anderle & Dörr (2010: 97)

163 Aufschlüsse entlang der früheren Eisenbahn S Schöffengrund-Niederquembach

GK 25: 5516 Weilmünster, R 346068, H 559305
UTM 32 460 621 E 5 591 250 N

Solmsthaler-Schichten der Gießen-Decke

Phyllitische und phyllonitische Schiefer und mylonitische Grauwacken mit eingelagerten feinkörnigen Spiliten sowie mehreren Tufflagen.

Die Lagerung ist normal SE-fallend (NW-Vergenz). Die Gesteine zeigen zwei Scharen von Schieferungen. Die erste Schieferung (*slaty cleavage*) ist synkristallin. Sie ist für den phyllitischen Habitus verantwortlich. Damit verbunden ist die feinkörnige Quarzrekristallisation. An Hand der geringsten Korngrößen kann man nach Twiss (1977) den maximalen Stress auf 100–150 MPa schätzen. Die feinkörnige Quarzrekristallisation geht der Deckenbewegung voran. Die Spilite führen Pumpellyit, Prehnit und Quarz.

Weber (1980) S. 40, Abb. 40

164 E Ortsausgang von Schöffengrund-Niederquembach, Straßenböschung gegenüber dem Gasthaus „Zur Bernstadt", an der Straße nach Schwalbach

GK 25: 5516 Weilmünster, R 346132, H 559340
UTM 32 461 261 E 5 591 600 N

Phyllitartige Tonschiefer der Solmsthaler Schichten

In der Straßenböschung stehen dunkle, phyllitartige Tonschiefer an, die zu der Serie der Solmsthaler Phyllite gehören und vermutlich – wie auch die Diabase von Kraftsolms – mit der Gießen-Decke von S herantransportiert worden sind. Der phyllitische Glanz der Schieferflächen entsteht durch eine sehr gute Regelung, bzw. orientierte Neubildung der Tonminerale durch die erste Schieferung. Der Aufschluss zeigt kleine, offene Knickfalten, die die Schieferung deformieren und eine zweite Beanspruchung zeigen. Aus diesem Aufschluss konnte Reitz (1989) eine Mikroflora der oberen Ems-Stufe isolieren. Wenig phyllitisierte, sondern mehr kataklastisch deformierte Schiefer gehören eventuell in das Autochthon (s. Kap. Tektonik).

Birkelbach et al. (1988: 57)

165 Ehemaliger Steinbruch 0,7 km SE Schöffengrund-Niederquembach (mit Grillhütte)

GK 25: 5516 Weilmünster, R 346166, H 559298
UTM 32 461 601 E 5 591 180 N

Dichter Diabas in Solmsthaler Schichten

Aufgeschlossen ist ein dichter, sehr spröder, splittriger spilitischer Diabas, der von vielen unregelmäßigen Trennflächen mit Bewegungsspuren durchzogen ist. Im Aufschluss oben und rechts unten zeigt sich ein ausgeprägter Lagenbau mit flachen, spitzwinkligen Linsen. Einzelne Harnische zeigen Schrägabschiebungen an steil W-fallenden N-S-Flächen, andere rechtshändige Seitenverschiebungen an steil S-fallenden E-W-Flächen. Das magmatische Ausscheidungsgefüge der Spilite ist nur in Spuren erhalten; Albit, Plagioklas und diopsidischer Augit sind stark kataklastisch deformiert, zeigen undulöse Auslöschung und schwimmen in einer mylonitischen Matrix aus Prehnit, zwei Generationen Pumpellyit, Epidot, Chlorit, Leukoxen und Albit. Diese Mineralvergesellschaftung in der Matrix zeigt Drücke unter 2 kb und Temperaturen zwischen 320° und 350 °C an. Sie zeigen einen besonders ausgeprägten Mangel an Elementen der Seltenen Erden, was einen Trend zu Tholeyiten ozeanischer Rücken anzeigt.

Aus einem Aufschluss bei Niederquembach konnte Reitz (1989) eine Mikroflora der oberen Ems-Stufe aus den Solmsthaler Schichten isolieren. Es handelt sich um verruschelte und verquarzte, phyllitisch glänzende Tonschiefer mit gelegentlichen Einlagerungen zäher Grauwacken bis Quarzite. Die Phyllite haben eine gut entwickelte Schieferung, die auf Rekristallisation von Phyllosilikaten zurückgeht, und zeigen gelegentlich zwei Generationen homoaxialer synkristalliner Falten. Quarz ist stark undulös, Feldspat in den Grauwacken zerbrochen und boudiniert. Die Grauwacken sind stark mylonitisiert. Das phyllonitische Gefüge erhielten die Gesteine durch eine starke postkristalline Fältelung.

Verglichen mit den Gesteinen der Umgebung zeigen die Solmsthaler Schichten einen höheren Metamorphosegrad, ein höheres Alter der Rekristallisation und eine stärkere tektonische Deformation, wie sie ähnlich nur aus der Metamorphen Zone am Südrand des Taunus bekannt sind. Auf Grund dieses Befundes werden sie von der Göttinger Schule als allochthone Schubeinheit unter der Decke der Gießener Grauwacke aus dem Grenzbereich der Mitteldeutschen Kristallinzone zur Nördlichen Phyllitzone abgeleitet.

Ahlburg (1918a, b), Ahrendt et al. (1983), Engel et al. (1983), Kegel (1929), Weber (1978)

Gießen-Decke

166 Ehem. kleiner Steinbruch 0,4 km E Schöffengrund-Oberquembach S der Straße nach Oberwetz

GK 25: 5516 Weilmünster, R 346345, H 559255
UTM 32 463 390 E 5 590 750 N

Stark zerscherte mylonitische Schiefer, Grauwacken, Kieselschiefer und Gangquarz

Dies könnte die Überschiebung der Gießener Grauwacke sein, die N der Straße von Oberquembach nach Oberwetz ausstreicht. S des Aufschlusses liegen nach Flick (1970) Solmsthaler Schichten.

Weber (1980)

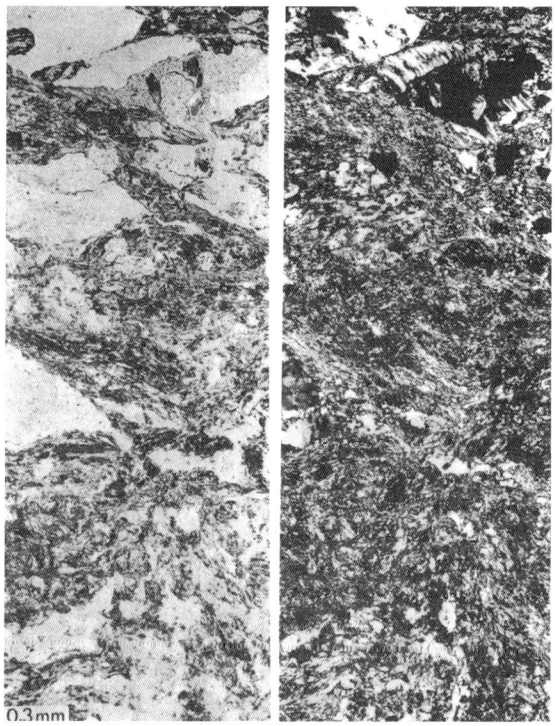

Abb. 90. Stark zerscherte mylonitische Schiefer, Grauwacken, Kieselschiefer und Gangquarz von der Überschiebungsfläche der Gießener Grauwacke. Linke Seite: // Pol.-Filter, rechte Seite: x Pol.-Filter (Weber 1980, Abb. 38).

167 Ehem. Steinbruch (Schießstand) 1 km N Schöffengrund-Niederwetz, E der Straße nach Nauborn, an der Kläranlage des Abwasserverbandes Wetzbachtal

GK 25: 5516 Weilmünster, R 346406, H 559581
UTM 32 464 000 E 5 594 010 N

Dickbankige turbiditische Gießener Grauwacke mit gering mächtigen Tonschieferlagen

In dem Steinbruch ist ein typischer Ausschnitt aus dem mehr proximalen Südteil der Gießener Grauwacke aufgeschlossen. In der Ostwand des Bruches ist eine NW-vergente liegende Falte annähernd senkrecht zur Faltenachse angeschnitten. Die flach liegende Schieferung ist in den pelitischen Lagen gut zu erkennen. In den Kieselschieferlagen zeigt sich bankinterne Deformation. Die Grauwackenbänke zeigen den für Turbidite typischen Aufbau (Gradierung, ebene Feinschichtung, Schrägschichtung). Nur basale Teile der Bouma-Sequenz sind entwickelt (meist Ta). Die Korngrößen an der Basis mancher Bänke erreichen einige Millimeter. Intraformationelle Schieferfetzen sind häufig.

Ahrendt et al. (1977: 148), Weber (1980: 37), Birkelbach et al. (1988: 57), Franke (1990), Franke et al. (1996: 56)
Vorsitzender des Schützenvereins: Tel. 06445/923535

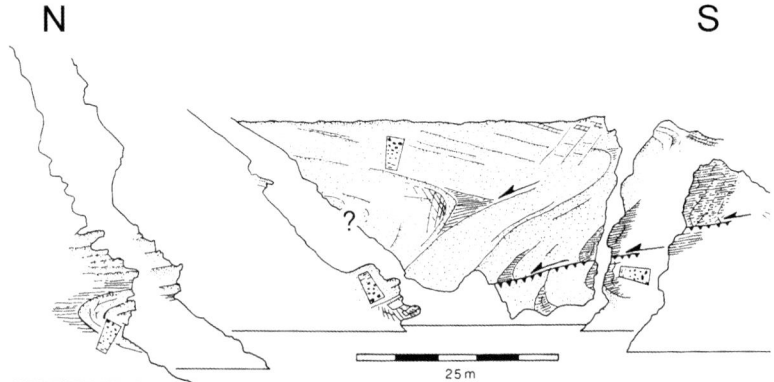

Abb. 91. Liegende Falte im Steinbruch Schöffengrund-Niederwetz mit Schießstand (Zeichnung nach Grote 1983 in Birkelbach 1988, Abb. 7).

168 Böschung des Sportplatzes S Wetzlar-Nauborn

GK 25: 5416 Braunfels, R 346352, H 559902
UTM 32 463 460 E 5 597 220 N

Oberes Mitteldevon bis Unterkarbon der Parautochthonen Lahn-Einheit

Der Aufschluss zeigt Falten im Meterbereich mit Transversalschieferung und Aufschiebungen. Das Profil beginnt im SE mit effusivem blasigem Metabasalt („Diabas-Mandelstein") und geschieferten Tuffen (Schalstein) mit Einlagerungen von Kalksteinen mit Riffkomponenten des höchsten Givets. Die Abfolge ist die SE-Flanke eines Sattels, der nach NW auf die typischen oberdevonischen Rotschiefer der Lahn-Einheit überschoben worden ist. Kalksteineinlagerungen sind diagenetisch in Lagen aus Kalkknoten umgeformt worden, die die ursprüngliche Schichtung markieren. Auf Störungen und Schieferflächen zirkulierende reduzierende Wässer haben das rote Pigment teilweise in grünes umgewandelt. Einige Kalkknoten enthalten Conodonten (bis zu 285 Arten in einem Knoten), die das gesamte Famenne umfassen. Eine größere Kalksteineinlagerung enthält Conodonten des mittleren Givets, was die Erosion eines Kalksteinriffs weiter im N während des Famennes beweist.

Die Famenne-Folge ist nicht als Ganzes gefaltet worden. Störungen und Aufschiebungen trennen unterschiedliche Einheiten roter Schiefer. Der Rotschiefer des tieferen Famennes zeigt mittleres bis geringes Einfallen mit offenen Falten. Er ist auf einen NW-vergenten Sattel mit steil NW-fallendem Schenkel aus Rotschiefer des höheren Famennes aufgeschoben. Eine Störung trennt den Sattel von undatiertem SE-fallendem

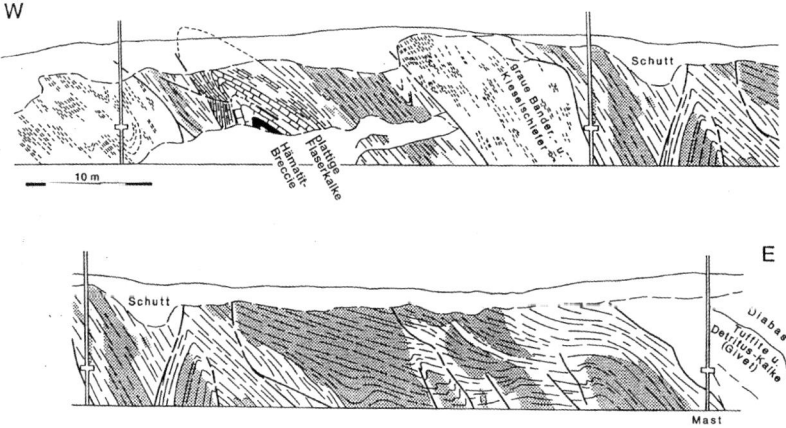

Abb. 92. Profil durch das obere Mitteldevon und Oberdevon am Sportplatz Nauborn; gerastert rotgefärbte Tonschiefer. Givet und Famenne der autochthonen Lahnmulde (aus Anderle 2010, TSK 13, Abb.11) (Birkelbach 1988, Abb. 9).

Rotschiefer. Der gesamte Rotschiefer ist überschoben auf graue Schiefer und Kieselschiefer vermutlich unterkarbonischen Alters, die wiederum auf einen NW-vergenten Sattel mit steil überkipptem Schenkel überschoben ist. Rotschiefer unbekannten Alters geht in feingebänderten grauen Schiefer des Frasne über. Der Sattelkern besteht aus einer Hämatit-Kalkstein-Brekzie und hemipelagischem Kalkstein. Diese gesamte Schuppenstruktur ist auf den Schalstein-Hauptsattel aufgeschoben, der unmittelbar im nächsten Aufschluss nach NW ansteht. Es gibt auch ein altes Stollenmundloch aus dem vergangenen Jahrhundert. Im Gebiet zwischen Wetzlar im NE und Weilburg ging Bergbau auf Roteisenstein im Hangenden der vulkanischen Gesteine des Givets um (s. auch Aufschluss 169).

169 Mehrere Aufschlüsse um den Nauborner Kopf bis zur Klippe Wilder Stein, Wetzlar-Nauborn

GK 25: 5416 Braunfels, R 346403, H 559929
UTM 32 463 970 E 5 597 490 N

Die Basisüberschiebung der Gießen-Decke und das unterlagernde Autochthon der Lahn-Einheit sind an mehreren Stellen um den Nauborner Kopf herum aufgeschlossen. Entlang der Theutbirg-Str. und am unteren W Hang gehen nach S zu dunkle Schiefer mit Kalkstein-Einlagerungen der Eifel-Stufe (Wissenbach-Schiefer) über in Schluffschiefer und Schluffsteine des Ems mit Brachiopoden: typische neritische Schelfsedimente. Die Abfolge fällt mittelsteil nach SE ein. Sie ist nach NW überkippt und über die Famenne-Schiefer des Fußballplatzes überschoben. Das obere Drittel des W Hanges und der S Hang des Nauborner Kopfes werden von der tektonischen Mélange und der Grauwacke des Frasne der Gießen-Decke eingenommen. Der beste Aufschluss der tektonischen Mélange befindet sich am Fuß der Klippe Wilder Stein. SE-fallende Eifel-Schiefer werden von intensiv zerscherten Silt- und Sandsteinen mit Resten von Brachiopoden abgeschnitten. Phacoide des quarzreichen Gesteins werden von dunklen

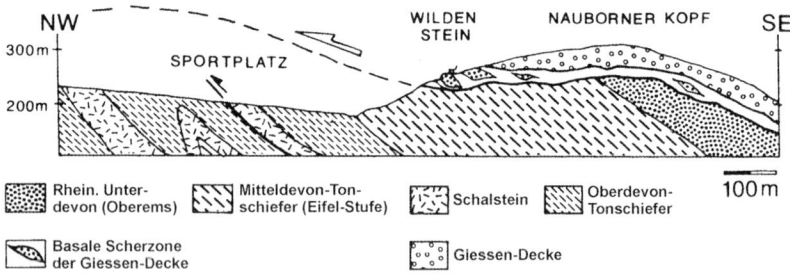

Abb. 93. Profil der Gießen-Decke und der Lahnmulde am Sportplatz Wetzlar-Nauborn aus Exk.-Führer TSK 13 (nach der Diplomarbeit von Dörr & Preiss 1982).

Schiefern umgeben. Der Gipfel der Klippe Wilder Stein ist ein Großphacoid aus Grauwacke des Frasne. Die Datierung mit Conodonten stammt von Weck (1994). 300 Meter E der Klippe fanden Grösser & Dörr (1986) in Schiefern Phacoide aus MOR-Basalt.

Die Gießen-Decke lagert diskordant auf Gesteinen unterschiedlichen Alters. Die kondensierten radiolaritreichen Pelite (4 bis 14 m mächtig) des Unter- und Mittel-Devons der Gießen-Decke stehen im Gegensatz zu den gleichalten, ca. 10 km mächtigen Rhenoherzynischen Schelfsedimenten, die sie unterlagern. Alle Gesteine zwischen der Frasne-Grauwacke auf dem Gipfel des Nauborner Kopfs und dem Eifel-Schiefer gehören zu einer Groß-Scherzone, die von Weck (1994) als Duplex mit 40–60° ESE einfallenden Schuppen interpretiert wird, woraus sich tektonischer Transport nach WNW ableiten lässt. Die vom Wilden Stein nach S führende Forststraße quert die tektonische Mélange und erreicht die intensiv zerscherte kataklastische Grauwacke (Niedrigtemperatur-Mylonit) am Südhang des Nauborner Kopfs.

Vom Gipfel der Klippe (mitten in den Ozeanboden-Sedimenten der Decke) blickt man nach W auf die Gesteine des Parautochthons der Lahn-Einheit am Sportplatz Nauborn; sie sind gleichalt, aber in der Schelffazies ausgebildet. Der Hügel 2 km NW vom Wilden Stein ist eine tektonische Klippe der Gießen-Decke.

Dörr in Anderle & Dörr (2010)

4.6 Lindener Mark

Lageplan siehe Abb. 18

170 Flacher ehemaliger Steinbruch im Gießener Bergwerkswald 300 m NE der B 49

GK 25: 5417 Wetzlar, R 3476355, H 5602900
UTM 32 476 285 E 5 601 100 N

Dalmaniten-Sandstein des Unterdevons

Es handelt sich um eine etwa 100 m mächtige Abfolge von unreinen Sandsteinen und Schiefern. Teilweise haben die Sandsteine einen höheren Kalkgehalt und enthalten kleine Gerölle von Sandsteinen und Schiefern, darunter phyllitische Tonschiefer. Es können auch Bioklasten, wie Crinoidenstielglieder und Bryozoenfragmente auftreten. Die Fauna aus dem Dalmanitensandstein (Kayser 1896) ist geprägt durch Korallen und Bryozoen sowie böhmische Trilobiten und Brachiopoden. *Cheirurus* (*Crotocephalina*) cf. *gibbus* (Beyrich) und *Reedops* cf. *sternbergi* (Hawle & Corda) sind auf das Pragium beschränkt. Der Dalmanitensandstein wird als Sediment des Übergangsbereiches zwischen rheinischer und hercynischer Fazies interpretiert (Bahlburg 1984).

Da der Dalmanitensandstein unscharf in die Lindener Schiefer übergeht, die im hohen Unterdevon einsetzen, kann er in die Ems-Stufe gestellt werden (Weyl 1980).

171 Alter Steinbruch an der Tonhalde im Gießener Naturschutzgebiet Bergwerkswald

GK 25: 5418 Gießen, R 347640, H 5603000
UTM 32 476 335 E 5 601 200 N

Aus diesem Steinbruch beschreiben Kegel (1953) und Bahlburg (1984, 1985) Ostrakodenkalk und Orthocerenkalk des Silurs. Nach Weyl (1980) ist der Ostrakodenkalk am besten in der NW-Ecke des Bruches in einer senkrechten Wand zu beobachten.

Der Kalkstein ist unten körnig, grau, ungeschichtet oder nur versteckt geschichtet, gelegentlich etwas dolomitisch, hier und da von Schwefelkiesputzen bis Nussgröße durchsetzt, oben besser geschichtet, dünnbankig, körnig, grau mit Einlagerung kieseliger Kalke, die sich zu unreinen dunklen Hornsteinlagen entwickeln können (Kegel 1953). Der Kalkstein ist ein feinkörniger Biosparit, der auf Grund des Vorkommens z. T. dicht gepackter kleiner Ostrakoden als rekristallisierter Wackestone und Packstone zu bezeichnen ist (Bahlburg 1985).

Fossilführung: schlecht erhaltene, kleine Ostrakoden und eine Fauna von Graptolithen, Trilobiten und Brachiopoden. Die Ostrakoden wurden von Schallreuter (1991, 1995, 1999, 2000, 2001) bearbeitet. Die Ostrakodenfauna zeigt nicht nur Beziehungen zu Baltoskandien und Böhmen sowie Podolien, sondern auch zu Nordamerika, stärker als andere silurische Faunen Europas (Schallreuter 1995). Stratigraphisches Alter: Silur (Wenlock bis Ludlow nach Kegel 1953, Jaeger 1962).

Nicht mehr aufgeschlossen ist der dem Ostrakodenkalk auflagernde Orthocerenkalk. Er steht nach Weyl (1980) in der Nordwand des Bruches an: „Kratzt man im oberen Teil des Hanges den oberflächlichen Verwitterungsschutt weg, so findet man Knollen eines dunklen Kalkes, die teilweise sehr fossilreich sein können".

Karbonatisch zementierter dunkler Siltschiefer, mit dünnen Bänkchen von dunklem Kalk sowie großen runden brotlaibförmigen Knollen eines dunkelblaugrauen bis schwarzen, teils dichten, teils aber auch gröberen Kalkes. Manche dieser Knollen sind in einzelnen Lagen gespickt mit Fossilresten (Kegel 1953, Bahlburg 1985). Fossilführung: in den Kalkknollen reichlich Orthoceren, daneben Graptolithen, Brachiopoden, einige Trilobiten und Muscheln. Stratigraphisches Alter: oberes Ludlow (Jaeger 1962, Bahlburg 1985).

172 Pinge im Wald an der Rehhecke ca. 0,6 km SE Oberhof, Gießen-Bergwerkswald

GK 25: 5418 Gießen, R 347795, H 560180
UTM 32 477 884 E 5 600 000 N

Steinberger Kalk des höchsten Unterdevons und tiefsten Mitteldevons

Es handelt sich um einen dunklen, knolligen biomikritischen Kalkstein, der in ca. 1 m Mächtigkeit aufgeschlossen ist. Er enthält eine reiche Fauna des böhmischen Faziesraums. Sie umfasst Trilobiten, Brachiopoden, Bryozoen und Muscheln. Charakteristisch sind u. a. *Nowakia acuaria* (Richter) und *Guerichina* cf. *strangulata* (Boucek) viel *Guerichina* cf. *africana* G. Alberti (Alberti 1983), die ein Oberpragium-Alter belegen sowie Scutelluidae, Cheiruridae und Phacopidae und das zum Teil häufige Auftreten von Ostrakoden der Familie Bolbozoidae. Die Fauna hat vielfältige Beziehungen nach Böhmen, zum Harz und nach Nordafrika (Alberti 1981, 1983). Sie repräsentiert in Übereinstimmung mit der Mikrofaziesanalyse einen höher subtidalen, ruhigen Sedimentationsraum (Bahlburg 1985).

Der Steinberger Kalk ist in die Lindener Schiefer eingelagert; eine Serie von Schiefern mit dünnen Kalkknollenlagen und dünnen Kalkbänkchen, teilweise auch mit sandigeren Partien. Die Lindener Schiefer gehen aus dem Dalmanitensandstein hervor und unterlagern den givetischen Massenkalk. Sie nehmen nach Kegel (1953) den obersten Teil der Ems-Stufe des Unterdevons und das untere Mitteldevon ein (nach Weyl 1980).

Literatur

Adeyemi, A. (1982): Vergleichende mikrothermometrische Untersuchungen an Flüssigkeitseinschlüssen aus hydrothermalen Mineralisationen der Rhenoherzynischen Zone. – Diss. Univ. Göttingen, 5 Bl. + 123 S.

AG Boden (2005): Bodenkundliche Kartieranleitung. – 5. Aufl., 438 S.; Hannover.

Ahlburg, J. (1916): Über das Tertiär und das Diluvium im Flussgebiete der Lahn. – Jb. Kgl. Preuß. geol. Landesanst. f. 1915, 34: 269–373.

Ahlburg, J. (1918a): Geol. Karte. Preuß. benachb. Bundesstaaten [1:25000], Lfg. 208, Bl. [5516] Weilmünster, Berlin.

Ahlburg, J. (1918b): Erl. geol. Karte. Preuß. benachb. Bundesstaaten [1:25000], Lfg. 208, Bl. [5516] Weilmünster, Berlin.

Ahlfeld, F. (1924): Das Kies- und Schwerspatvorkommen in der Hahnstätten-Katzenelnbogener Mulde. – Glückauf 60: 35–39.

Ahorner, L (1983a): Historical seismicity and present-day microearthquake activity of the Rhenish Massif, Central Europe. – In: Fuchs, K., v. Gehlen, K., Mälzer, H., Murawski, H. & Semmel, A. (Hrsg.), Plateau Uplift. The Rhenish Shield – A Case History, S. 222–227, Berlin-Heidelberg (Springer).

Ahorner, L., Baier, B. & Bonjer. K.-P. (1983b): General pattern of seismotectonic dislocation and the earthquake-generating stress field in Central Europe between the Alps and the North Sea. – In: Fuchs, K., v. Gehlen, K., Mälzer, H., Murawski, H. & Semmel, A. (Hrsg.), Plateau Uplift. The Rhenish Shield – A Case History, S. 187–197, Berlin-Heidelberg (Springer).

Ahrendt, H., Anderle, H.-J., Behr, H.-J., Meisl, S. & Weber, K. (1977): Tektonische Entwicklung des östlichen Rheinischen Schiefergebirges. – Exkursionsführer Geotagung ‹77, I, Exkursion G: 93–169; Göttingen.

Ahrendt, H., Clauer, N., Hunziker, J.C. & Weber, K. (1983): Migration of folding and metamorphism in the Rheinisches Schiefergebirge deduced from K-Ar and Rb-Sr age determinations. – In: Martin, H. & Eder, F.W. (Hrsg.), Intracontinental Fold Belts. Case Studies in the Variscan of Europe and the Damara Belt in Namibia, S. 323–338, Heidelberg (Springer).

Ahrendt, H., Hunziker, J.C. & Weber, K. (1978): K/Ar-Altersbestimmungen an schwach metamorphen Gesteinen des Rheinischen Schiefergebirges. – Z. dt. geol. Ges. 129: 229–247.

Albermann, J. (1939): Zur Geologie der Quarzgänge des Taunus und Hunsrück. – Diss. Univ. Bonn, 137 S.

Alberti, G.K.B. (1981): Beziehungen zwischen „hercynischen" Trilobiten-Faunen aus NW-Marokko und Deutschland (Unter- und Mittel-Devon). – Natur u. Museum 111: 362–369.

Alberti, G.K.B. (1983): Unterdevonische Nowakiidae (Dacryoconarida) aus dem Rheinischen Schiefergebirge, aus Oberfranken und aus N-Afrika (Algerien, Marokko). Mit Beiträgen zur Biostratigraphie des Unterdevons im Rheinischen Schiefergebirge. – Senckenbergiana lethaea 64: 295–313.

Anderle, H.-J. (1966): Geologische Untersuchungen im Lorelei-Gebiet (Bl. 5812 St. Goarshausen; Rheinisches Schiefergebirge), 97 S., 30 S. Profilbeschr. i. Anhang; Diplomarbeit Univ. Frankfurt a.M.

Anderle, H.-J. (1967): Neufassung der Spitznack-Schichten des Lorelei-Gebietes (Unter-Ems, Rheinisches Schiefergebirge). – Notizbl. hess. L.-Amt Bodenforsch. 95: 45–63.

Anderle, H.-J. (1968): Die Mächtigkeiten der sandig-kiesigen Sedimente des Quartärs im nördlichen Oberrhein-Graben und der östlichen Untermain-Ebene. – Notizbl. hess. L.-Amt Bodenforsch. 96: 185–196.

Anderle, H.-J. (1970): Outlines of the Structural Development at the Northern End of the Upper Rhine Graben. – In: Illies, J.H. & Mueller, S. (Hrsg.), Graben Problems, S. 97–102. Stuttgart (Schweizerbart).

Anderle, H.-J. (1974): Block tectonic interrelations between northern Upper Rhine Graben and southern Taunus Mountains. – In: Illies, J.H. & Fuchs, K. (Hrsg.), Approaches to Taphrogenesis, S. 243–253. Stuttgart (Schweizerbart).

Anderle, H.-J. (1976): Der Südrand des Rhenoherzynikums im Taunus. Vorläufige Mitteilung der Ergebnisse tektonischer Untersuchungen. – Geol. Jb. Hessen 104: 279–284.

Anderle, H.-J. (1984): Postvariszische Bruchtektonik und Mineralisation im Taunus – Eine Übersicht. – Schriftenr. Ges. dt. Metallhütt. u. Bergleute 41: 201–217.

Anderle, H.-J. (1987a): Das „unbekannte" Unterdevon im südlichen Rheinischen Schiefergebirge. – Zbl. Geol. Paläontol. Teil I, Jg. 1987, H. 2–3.

Anderle, H.-J. (1987b): Entwicklung und Stand der Unterdevon-Stratigraphie im südlichen Taunus. – Geol. Jb. Hessen 115: 81–98.

Anderle, H.-J. (1987c): The evolution of the South Hunsrück and Taunus Borderzone. – Tectonophysics 137: 101–114.

Anderle, H.-J. (1989): Schuppenbau und Gegenvergenz am Südrand des Rhenoherzynikums im Taunus (Rheinisches Schiefergebirge). – TSK III – 3. Symposium für Tektonik, Strukturgeologie, Kristallingeologie im deutschspachigen Raum, Kurzfassungen der Vorträge und Poster, Graz 19.–21. April 1990: 6–8.

Anderle, H.-J. (1991): Erläuterungen Geol. Karte Hessen 1:25 000, Bl. 5715 Idstein (2. Aufl.). – 239 S., Wiesbaden.

Anderle, H.-J. (1997): Neufunde von Basalten im Taunus. – Jb. Nass. Ver. Naturkde. 118: 103–104.

Anderle, H.-J. (1998a): 1.2 Taunus. – In: Kirnbauer, T. (Hrsg.): Geologie und hydrothermale Mineralisationen im rechtsrheinischen Schiefergebirge. – Jb. Nass. Ver. Naturkde., Sonderbd. 1: 28–33.

Anderle, H.-J. (1998b): Die Aufschlüsse beim Bau der Schnellbahntrasse Köln-Rhein/Main in Hessen. – Mitt. Nass. Ver. Naturkde. 41: 17–18.

Anderle, H.-J. (1998c): Die Gründung des Vereins Lahn-Marmor-Museum und die Lahn-Marmor-Tagung in Villmar. – Mitt. Nass. Ver. Naturkde. 41: 23–24.

Anderle, H.-J. (1998d): Geologische Exkursion zur Neubaustrecke der Deutschen Bahn AG im Taunus.– Exkursionsh. Nass. Ver. Naturkde. 5: 1–3.

Anderle, H.-J. (1998e): Geologischer Rundgang durch Idstein.– Exkursionsh. Nass. Ver. Naturkde. 11: 2–3.

Anderle, H.-J. (1999): Ein Pyritwürfel im Schiefer macht Bewegung an der Grenze Vordertaunus/Taunuskamm sichtbar. – Jb. Nass. Ver. Naturkde. 120: 141–145.

Anderle, H.-J. (2000): Gezeitensedimente in der Hermeskeil-Formation (Siegen-Stufe, Unterdevon) von Niedernhausen im Taunus (Bl. 5815 Wehen, Rheinisches Schiefergebirge). – Jb. Nass. Ver. Naturkde. 121: 83–94.

Anderle, H.-J. (2001): Vordertaunus (21) – Westfortsetzung NPZ. – In: Stratigraphische Kommission Deutschlands (Hrsg.), Stratigraphie von Deutschland II. Ordovicium, Kambrium, Vendium, Riphäikum. Teil II: Baden-Württemberg, Bayern, Hessen, Rheinland-Pfalz, Nordthüringen, Sachsen-Anhalt, Brandenburg. – Cour. Forsch.-Inst. Senckenberg (CFS) 234: 121–128.

Anderle, H.-J. (2002a): Die Idsteiner Senke. Geologie und Landschaft. – Jb. Rheingau-Taunus-Kreis 2003, 54: 116–119.

Anderle, H.-J. (2002b): Geologischer Spaziergang im Goldsteintal in Wiesbaden. – Exkursionsh. Nass. Ver. Naturkde. 26: 1–6.

Anderle, H.-J. (2002c): Zur Geologie des Hunsrückschiefers im Aartal bei Bad Schwalbach. – Exkursionsh. Nass. Ver. Naturkde. 29: 7–9.

Anderle, H.-J. (2003a): Das Silur im Taunus und in der Lindener Mark bei Gießen. Führer zur Exkursion am 18. Oktober 2003 in das Goldsteintal in Wiesbaden und die Lindener Mark bei Gießen. – Dt. Stratigr. Komm. i. Dt. Nationalkomitee b. d. IUGS Subkommission Proterozoikum-Silur. 25. Versammlung 17./18.10.2003 in Wiesbaden. 26 S.

Anderle, H.-J. (2003b): Hunderte Meter dicke Gesteinspakete. Zur Geologie des Hunsrückschiefers im Aartal bei Bad Schwalbach. – Jb. Rheingau-Taunus-Kreis 2004, 55: 52–54.

Anderle, H.-J. (2004a): Die Subkommission Proterozoikum-Silur der Stratigraphischen Kommission Deutschlands und die Glossare für Riphäikum, Vendium, Kambrium Ordovizium und Silur. – Mitt. Nass. Ver. Naturkde. 52: 27–28.

Anderle, H.-J. (2004b): Untergrund und Erdgeschichte Wiesbadens. – In: Streifzüge durch die Natur von Wiesbaden und Umgebung. – Jb. Nass. Ver. Naturkde., Sonderbd. 2: 1–9.

Anderle, H.-J. (2005): Geologische Exkursion an den Oberen Mittelrhein – Weltkulturerbe. – Exkursionsh. Nass. Ver. Naturkde. 37: 1–10.

Anderle, H.-J. (2006a): Taunus. – In: Deutsche Stratigraphische Kommission (Hrsg.), Stratigraphie von Deutschland VII: Silur. – Schriftenreihe dt. Ges. Geowiss. 46: 45–48.

Anderle, H.-J. (2006b): Ostrand Rheinisches Schiefergebirge. Lindener Mark bei Gießen, Damm-Mühle bei Marburg, Kellerwald. – In: Deutsche Stratigraphische Kommission (Hrsg.), Stratigraphie von Deutschland VII: Silur. – Schriftenreihe dt. Ges. Geowiss. 46: 49–56.

Anderle, H.-J. (2007a): Einblicke in die Geologie des Taunus zwischen Limburg und Wiesbaden (Exkursion B am 12. April 2007). – Jb. Mitt. Oberrhein. geol. Ver., N.F. 89: 123–149.

Anderle, H.-J. (2007b): Neues Mindestalter für die postvaristischen Quarzgänge des Taunus: Obereozän. – Jb. Nass. Ver. Naturkde. 128: 145–147.

Anderle, H.-J. (2008): Südtaunus. – In: Deutsche Stratigraphische Kommission (Hrsg.): Stratigraphie von Deutschland VIII: Devon. – Schriftenreihe dt. Ges. Geowiss. 52: 118–130.

Anderle, H.-J. (2009a): Basaltgänge. – In: Kümmerle, E. & Seidenschwann, G. (Hrsg.), Erläuterungen zur Geologischen Karte von Hessen 1:25 000, Bl. 5817 Frankfurt a.M. West – 3. Aufl., S. 28–30.

Anderle, H.-J. (2009b): Goethestein in Bingen neu gestaltet. – Mitt. Nass. Ver. Naturkde. 61: 10–11.

Anderle, H.-J. (2009c): Postvariscische Tektonik. – In: Kümmerle, E & Seidenschwann, G. (Hrsg.), Erläuterungen zur Geologischen Karte von Hessen 1:25 000, Bl. 5817 Frankfurt a.M West. – 3. Aufl., S. 80–86.

Anderle, H.-J. (2010a): Absage an vergitterte Felswände in Taunustälern. – Mitt. Nass. Ver. Naturkde. 62: 34–36.

Anderle, H.-J. (2010b): Lage und Bedeutung der bisher tiefsten Bohrung Wiesbadens. – Jb. Nass. Ver. Naturkde. 131: 77–86.

Anderle, H.-J. (2012a): Der alte Untergrund Wiesbadens. – In: Streifzüge durch die Natur von Wiesbaden und Umgebung. – 2. Aufl. Sonderbd. 2: 1–9.

Anderle, H.-J. (2012b): Heftpflaster statt Ganzkörperverband. Im Aar- und Wispertal vernichten Stahlnetze wertvolle Biotope auf Felsen. – Jb. Rheingau-Taunus-Kreis 63: 83–85.

Anderle, H.-J. (2021): Taunus. – In: Hessisches Landesamt für Naturschutz, Umwelt und Geologie (Hrsg.): Geologie von Hessen, S. 34–48. Stuttgart (Schweizerbart).

Anderle, H.-J. & Dörr, W. (2010): Taunus mountains and Lahn syncline: From the Frankfurt Ocean to the Giessen Nappe. Field Guide TSK April 11th 2010. – In: TSK 13, Conference Transcript, S. 86–106, Frankfurt a.M.

Anderle, H.-J. & Eckert, H.-U. (1976): B. Tektonik des Taunus. – Erläuterungen zur Geologischen Karte von Hessen 1:25 000, Bl. 5618 Friedberg, S. 88–96.

Anderle, H.-J. & Kirnbauer, T. (1993): Das Schwerspat-Vorkommen von Naurod im Taunus (Bl. 5815 Wehen) – eine prävaristische Gangmineralisation. – Geol. Jb. Hessen 121: 91–123.

Anderle, H.-J. & Kirnbauer, T. (1995): Geologie von Naurod im Taunus. – In: 650 Jahre Naurod 1346–1996. Nauroder Chronik bis zur Gegenwart, S. 85–103. Wiesbaden-Erbenheim (Breuer-Verlag).

Anderle, H.-J. & Meisl, S. (1974): Geologisch-Mineralogische Exkursion in den Südtaunus. Exkursion A1 am 1.10.1973. Geowiss. Tagung in Frankfurt a.M. – Fortschr. Miner. 51: 137–156.

Anderle, H.-J. & Michels, F. (2010): Geologische Karte von Hessen 1:25 000, Bl. 5714 Kettenbach. – 2. Aufl., Wiesbaden.

Anderle, H.-J. & Mittmeyer, H.-G. (1988): Unterems im Taunus zwischen Aartal und Idsteiner Senke (Exkursion E am 8. April 1988). – Jber. Mitt. Oberrhein. Geol. Ver., N.F. 70: 87–98.

Anderle, H.-J. & Radtke, G. (1999a): Die ICE-Neubaustrecke in Hessen: Neue Ergebnisse zur Geologie. – Schriftenreihe dt. geol. Ges. 7: 19.

Anderle, H.-J. & Radtke, G. (1999b): Geologische Aufnahme entlang der ICE-Neubaustrecke Köln-Rhein/Main. – In: Tätigkeitsbericht des HLfB 1996–1999. – Geologie in Hessen 5: 12–14.

Anderle, H.-J. & Radtke, G. (2000): Die ICE-Neubaustrecke Köln-Rhein/Main in Hessen: ein geologisches Schaufenster. – Mitt. Ges. Geol. Bergbaustud. Österr. 43: 19–20; Wien (Kurzfassung für gleichnamiges Poster zur Tagung Sediment 2000, 2.–3.6.2000 in Leoben).

Anderle, H.-J. & Radtke, G. (2001): Beobachtungen zur oligozänen Meeresküste in Wiesbaden – Küstensedimente beiderseits von Nero- und Rambachtal. – Jb. Nass. Ver. Naturkde. 122: 23–42.

Anderle, H.-J. & Sabel, K.-J. (2004): Erd- und Landschaftsgeschichte Wiesbadens – mit dem ESWE-Bus durch Zeit und Raum. – Exkursionsh. Nass. Ver. Naturkde. 35: 1–7.

Anderle, H.-J. & Stengel-Rutkowski, W. (1999): Rundgang um Zollhaus mit Erläuterungen zur Geologie, altem Bergbau und Sauerbrunnen. – Exkursionsh. Nass. Ver. Naturkde. 18: 1–7.

Anderle, H.-J. & Stengel-Rutkowski, W. (2005): Geologie und Geschichte im Nassauer Land – zentraler Taunus und südliches Limburger Becken. – Exkursionsh. Nass. Ver. Naturkde. 36: 1–7.

Anderle, H.-J. & Stengel-Rutkowski, W. (2010): Geologie und Geschichte rund um Wiesbaden-Dotzheim. – Exkursionsh. Nass. Ver. Naturkunde 53: 8 S., 2 Abb. (unveröffentlicht; enthalten auf einer DVD des Nass. Ver. Naturkunde, Wiesbaden).

Anderle, H.-J. & Thews, J.-D. (1969): Grabgänge dekaboder Krebse in oligozänen Sanden am Geiskopf bei Wiesbaden-Frauenstein (Bl. 5915 Wiesbaden). – Notizbl. hess. L.-Amt Bodenforsch. 97: 70–80.

Anderle, H.-J. & Tiedemann, J. (1992): Die Taunusquerung der geplanten DB-Neubaustrecke Köln-Rhein/Main – Strukturgeologie und Prognose der Teilkörperbeweglichkeit.– Felsbau 10: 120–127. Essen (Verlag Glückauf).

Anderle, H.-J., Bargon, E., Thiel, E. & Weidner, E. (1984): Ein zersetzter Basaltgang in Wiesbaden-Sonnenberg – seine geologische Stellung und bodenkundliche Bedeutung. – Geol. Jb. Hessen 112: 199–217.

Anderle, H.-J., Behr, H.-J., Langheinrich, G., Meisl, S. & Schreiner, M. (1977): Tektonische Entwicklung des östlichen Rheinischen Schiefergebirges (Verformungsanalyse, Kinematik der Orogenese). Metamorphose-Bedingungen am Südrand des Rheinischen Schiefergebirges (Taunus). – Exkursionsführer Geotagung ,77, I, Exkursion B: 59–92, 9 Abb.; Göttingen.

Anderle, H.-J., Bender, P. & Nesbor, H.-D. (2004): Neuaufnahme des Oberdevon-Profils von Freiendiez (Bl. 5614 Limburg an der Lahn). – Geol. Jb. Hessen 131: 183–189.

Anderle, H.-J., Bittner, R., Bortfeld, R., Bouckaert, G., Büchel, G., Dohr, G., Dürbaum, H.-J., Durst H., Fielitz, W., Flüh, E., Gundlach, T., Hance, L., Henk, A., Jordan, F., Kläschen, D., Klöckner, M., Meissner, R., Meyer, W., Oncken, O., Reichert, C., Ribbert, K.-H., Sadowiak, P., Schmincke, H.-U., Schmoll, J, Walter, R., Weber, K., Weihrauch, U. & Wever, Th. (1991): Results of the DEKORP1 (BELCORP–DEKORP) deep seismic reflection studies in the western part of the Rhenish Massif. – Geophys. J. 106: 203–227.

Anderle, H.-J., Ehrenberg, K.-H. & Meisl, S. (1972): Metamorphe Zone und Unterdevon im Taunus. – Jber. Mitt. Oberrhein. Geol. Ver., N.F. 54: 123–139.

Anderle, H.-J., Franke, W. & Schwab, M. (1995): Stratigraphy. – In: Dallmeyer, R.D., Franke, W. & Weber, K. (Hrsg.), Pre-Permian Geology of Central and Eastern Europe, S. 99–107. Berlin Heidelberg (Springer).

Anderle, H.-J., Heidelberger, D. & Hottenrott, M. (2003a): Das Kalkwerk Schaefer in Hahnstätten. – Exkursionsh. Nass. Ver. Naturkde. 34: 12 S., 5 Abb., 3 Taf. (unveröffentlicht; enthalten auf einer DVD des Nass. Ver. Naturkunde, Wiesbaden).

Anderle, H.-J., Hottenrott, M., Kiesel, Y. & Kirnbauer, T. (2003b): Das Paläozän von Hahnstätten im Taunus (Bl. 5614 Limburg a. d. Lahn): Untersuchungen zu Tektonik, Paläokarst, postvaristischer Mineralisation und Palynologie. – Courier Forsch.-Inst. Senckenberg 241: 183–207.

Anderle, H.-J., Massone, H.J., Meisl, S., Oncken, O. & Weber, K. (1990): Southern Taunus Mountains. – In: Franke, W. & Weber, K. (Hrsg.), Field Guide: Mid-German Crystalline Rise and Rheinisches Schiefergebirge. Int. Conference on Paleozoic Orogens in Central Europe, Göttingen-Giessen, Aug.-Sept. 1990, S. 125–148.

Anderle, H.-J., Reitz, E. & Winkelmann, M. (1998): First evidence of Early Ordovician Gondwana sediments in the Southeast Avalonia Taunus Mts.: The Bierstadt Phyllite. – Acta Univ. Carolinae, Geologica 42: 375–379.

Anderle, H.-J., Schindler, T., Wuttke, M. & Zinkernagel, U. (2011): Goethes „Urbreccie" – ein verkieselter Hangschutt im nordwestlichen Mainzer Becken (Tertiär, Paläogen; SW-Deutschland) und seine Genese. – Jb. Nass. Ver. Naturkde. 132: 61–102.

Andres, W. (1967): Morphologische Untersuchungen im Limburger Becken und der Idsteiner Senke. – Rhein-Main. Forsch. 61: 1–88.

Andres, W. & Semmel, A. (1988): Die Formenentwicklung im Bereich des Limburger Beckens und des westlichen Hintertaunus im Tertiär und Quartär (Exkursion D am 7. April 1988). – Jber. Mitt. oberrhein. geol. Ver., N.F. 70: 75–86.

Arndt, D., Bär, K., Fritsche, J.-G., Kracht, M., Sass, I. & Hoppe, A. (2011): 3D structural model of the Federal State of Hesse (Germany) for geopotential evaluation. – Z. dt. Ges. Geowiss. 164: 353–369.

Bahlburg, H. (1984): Fazies und Stratigraphie des Paläozoikums der Lindener Mark (Rheinisches Schiefergebirge) bei Giessen. – Diplomarbeit Univ. Hamburg, VI, 93 S.

Bahlburg, H. (1985): Zur faziellen Entwicklung des hercynischen Paläozoikums der Lindener Mark (Rheinisches Schiefergebirge) bei Gießen. – N. Jb. Geol. Paläont. Monatsh. 11: 643–651.

Baier, B. & Wernig, J. (1983): Microearthquake activity near the southern border of the Rhenish Massif. – In: Fuchs, K., Gehlen, K. v., Mälzer, H., Murawski, H. & Semmel, A. (Hrsg.), Plateau Uplift. The Rhenish Shield – A Case History, S. 222–227. Berlin-Heidelberg (Springer).

Baier, E. & Venzlaff, V. (1961): Über die Verquarzung von Barytgängen. – Notizbl. hess. L.-Amt Bodenforsch. 89: 365–376.

Bankwitz, P. & Bankwitz, E. (1984): Die Symmetrie von Kluftoberflächen und ihre Nutzung für eine Paläospannungsanalyse. – Z. geol. Wiss. 12: 305–334.

Bärwald, R. (1991): Archäologische Funde und Geländedenkmäler. – In: Erläuterungen geol. Karte v. Hessen 1:25 000, Bl. 5715 Idstein, 2. Aufl., S. 85–93.
Bauer, A. (1841): Die Silber-, Blei- und Kupfergänge von Holzappel an der Lahn, Wellmich und Werlau am Rhein. – Archiv Min., Geognosie, Bergbau u. Hüttenkde. 15: 137–209.
Bauer, H. (1990): Quarz-Kristalle aus dem mittelrheinischen Schiefergebirge. – Aufschluss, Sonderbd. 33: 199–206.
Baumann, H. & Illies, J. H. (1983): Stress fjeld and strain release in the Rhenish Massif. – In: Fuchs, K., Gehlen, K. v., Mälzer, H., Murawski, H. & Semmel, A. (Hrsg.), Plateau Uplift. The Rhenish Shield – A Case History, S. 177–186. Berlin-Heidelberg (Springer).
Becker, H. (1897): Eine geologische Karte des Taunus. – Verh. Ges. dt. Naturforsch. u. Ärzte 68 (2/1): 234–235, Leipzig.
Behnisch, R. (1993): Faziesabhängige Ablagerungsprozesse devonischer Vulkaniklastite im Schalstein-Hauptsattel (mittlere Lahn-Mulde). – Geol. Abh. Hessen 98: 89–149.
Behr, H.J. & Horn, E.E. (1984): Unterscheidungskriterien für Mineralisationen des varistischen und postvaristischen Zyklus, die aus der Analyse fluider Einschlüsse gewinnbar sind. – Schriftenr. Ges. dt. Metallhütten- u. Bergleute 41: 255–269.
Bender, P., Eder, W., Engel, W., Franke, W., Langenstrassen, F., Walliser, O.H. & Witten, W. (1977): Paläogeographische Entwicklung des östlichen Rheinischen Schiefergebirges, demonstriert an einem Querschnitt (Exk. A). – Exkursionsführer Geotagung 77, I: 1–57; Göttingen.
Bibus, E. (1971): Zur Morphologie des südöstlichen Taunus und seines Randgebietes. – Rhein-Main. Forsch. 74: 1–279.
Bibus, E. (1974): Abtragungs- und Bodenbildungsphasen im Rißlöß. – Eiszeitalter u. Gegenwart 25: 166–182.
Bierther, W. (1951): Devon? am Südrand des Rheinischen Schiefergebirges bei Lorsbach im Taunus. – Notizbl. hess. L.-Amt Bodenforsch. (VI) 2: 15–21.
Birkelbach, M., Dörr, W., Franke, W., Michel, H., Stibane, F. & Weck, R. (1988): Die geologische Entwicklung der östlichen Lahnmulde (Exkursion C am 7. April 1988). – Jber. Mitt. Oberrhein. geol. Ver., N.F. 70: 43–74.
Boom, G. van den & Krimmel, M. (1986): Geochemische Untersuchungen im Gebiet Lohrheim/Lahn unter Verwendung gasförmiger Elemente und Verbindungen. – Geol. Jb. D81: 3–19.
Bornhardt, W. (1910): Über die Gangverhältnisse des Siegerlandes und seiner Umgebung (Teil I). – Archiv Lagerstättenforsch. 2: I–XII, 1–415.
Bornhardt, W. (1912): Über die Gangverhältnisse des Siegerlandes und seiner Umgebung (Teil II). – Archiv Lagerstättenforsch. 8: I–VIII, 1–444.
Bottke, H. (1962): Zur geologischen und technologischen Beurteilung hessischer Felsquarzitvorkommen. – Notizbl. hess. L.-Amt Bodenforsch. 90: 327–340.
Boucot, A.J. (1960): Lower Gedinnian brachiopods of Belgium. – Mém. Inst. géol. Univ. Louvain 21: 279–344.
Brannath, A. & Smykatz-Kloss, W. (1995): Mineralogische Untersuchungen an einigen hessischen Mangan-Eisenerzvorkommen. – Chem. Erde 52: 3–31.

Brauns, C.M. & Schneider, J. (1998): Sideritgänge. – In: Kirnbauer, T. (Hrsg.), Geologie und hydrothermale Mineralisationen im rechtsrheinischen Schiefergebirge, S. 111–121.
Brauns, C.M. (1995): Isotopenuntersuchungen an Erzen des Siegerlandes. – Diss. Univ. Gießen, 144 S.
Breddin, H. (1930): Die Milchquarzgänge des Rheinischen Schiefergebirges, eine Nebenerscheinung der Druckschieferung. – Geol. Rdsch. 21: 367–388.
Breitkreuz, C. & Flick, H. (1997): Sedimentation am trachytisch/alkalirhyolithischen Inselvulkan von Katzenelnbogen/Steinkopf (Devon/Rheinisches Schiefergebirge). – Geol. Jb. Hessen 125: 5–16.
Buggisch, W. & Michel, S. (2002): Early Carboniferous (Mississippian) neptunian dykes in Middle Devonian reef limestones of the Hahnstätten quarry (Lahn syncline, Rheinisches Schiefergebirge). – Senckenbergiana lethaea 82: 495–513.
Buschendorf, F. (1952): Neue Erfahrungen in der Beurteilung gangförmiger Blei-Zink-Erzlagerstätten. – Erzmetall 5: 173–182.
Carlé, W. (1963): Salinare Tiefenwässer in Süddeutschland. – Heilbad u. Kurort 15: 230–234.
Carlé, W. (1975): Die Mineral- und Thermalwässer von Mitteleuropa. Geologie, Chemismus, Genese. – XXIV, 1–643. Stuttgart (Wiss. Verlagsgesellschaft)
Carls, P. (2001): Kritik der Plattenkinematik um das Rhenoherzynikum bis zum frühen Devon. – Braunschweiger geowiss. Arb. 24: 27–108.
Carls, P., Jahnke, H., Lusznat, M. & Racheboeuf, P. (1982): On the Siegenian Stage. – Cour. Forsch.-Inst. Senckenberg 55: 181–198.
Chelius, C. (1904): Der vulkanische Vogelsberg in seinen Beziehungen zu den Sol- und Heilquellen an seinem Rande. – Balneol. Ztg., wiss.-techn. Teil 15: 9–10.
Cloos, H. (1939): Hebung-Spaltung-Vulkanismus. Elemente einer geometrischen Analyse irdischer Großformen. – Geol. Rdsch. 30: 401–527.
Czysz, W. (1994): Wiesbaden in der Römerzeit. – 270 S., 191 Abb., 20 Farbtaf., Stuttgart (K. Theiss).
Czysz, W. (1995): Die Wiesbadener heißen Quellen von der Eiszeit bis zur Gegenwart. Geologie – Archäologie – Geschichte. – Jb. Nass. Ver. Naturkde. 116: 5–39.
Czysz, W. (2000): Vom Römerbad zur Weltkurstadt. Geschichte der Wiesbadener heißen Quellen und Bäder. – Schr. d. Stadtarchivs Wiesbaden 7: 1–402.
Czysz, W. (2002): Die Thermalquellen von Assmannshausen. – Mitt. Nass. Ver. Naturkde. 49: 10–11.
Czysz, W. (2004): 175 Jahre Nassauischer Verein für Naturkunde und Naturwissenschaftliche Sammlung des Museums Wiesbaden 1829–2004. – Jb. Nass. Ver. Naturkde. 125: XI, 1 372.
Dahmer, G. (1926): Die Fauna der Sphärosideritschiefer der Lahnmulde. Zugleich ein Beitrag zur Kenntnis unterdevonischer Gastropoden. – Jb. preuß. geol. L.-Anst. 46: 34–67.
Dahmer, G. (1929): Waren Hunsrück und Taunus zur Zeit der Wende Unterdevon-Mitteldevon Land? – Jb. preuß. geol. L.-Anst. Berlin 49: 1152–1162.
Dahmer, G. (1939): Die Fauna der Unterkoblenz-Schichten (Unter-Devon) von Oppershofen (Blatt Butzbach, Hessen). – Senckenbergiana 21: 119–134.

Dahmer, G. (1940a): Ein neu erschlossener Versteinerungs-Fundpunkt im Unter-Devon des östlichen Taunus. – Senckenbergiana 22: 136–159.

Dahmer, G. (1940b): Die Fauna der Unterkoblenz-Schichten vom Landstein im östlichen Taunus (Blatt Grävenwiesbach). – Senckenbergiana 22: 260–274.

Dahmer, G. (1942): Die Fauna der „Gedinne"-Schichten von Weismes in der Nordwest-Eifel (mit Anschluss der Anthozoen und Trilobiten). – Senckenbergiana 25: 111–156.

Dahmer, G. (1946): Gotlandium (Mittel-Ludlow) mit *Dayia navicula* im Taunus. – Senckenbergiana 27: 76–84.

Dahmer, G. (1952): Graptolithen aus den „Grauen Phylliten" des Taunus. – Notizbl. hess. L.-Amt Bodenforsch. (VI) 3: 82–86.

Dahmer, G. (1952): Neue Fossilfunde im Unter-Emsium (Unter-Devon) von Oppershofen (Wetterau). – Senckenbergiana 32: 337–342.

Dahmer, G. (1954): Zwei neue Fossilfundpunkte in den Singhofener Schichten (Unter-Emsium, Unter-Devon) des östlichen Taunus (Blatt Grävenwiesbach). – Notizbl. hess. L.-Amt Bodenforsch. 82: 38–45.

Davis, S.N., Wittemore, D.O. & Fabryka-Martin, J. (1998): Uses of Chloride/Bromide Ratios in Studies of Potable Water. – Ground Water 36: 338–350.

De la Vallee-Poussin, C. & Renard, A. (1877) : Note sur un fragment de roche tourmalinifère du poudingue de Boussale. – Bull. Acad. roy. Belg. 43: 359–372.

Deutsches Bäderbuch siehe Käss & Käss 2008.

Dittrich, D., Franke, W.R., Gad, J., Haneke, J., Requadt, H., Schäfer, P. & Weidenfeller, M. (2003): Geologische Übersichtskarte von Rheinland-Pfalz 1:300 000 (Landesamt für Geologie und Bergbau) Mainz.

Dombrowski, H.J. (1960): Probleme und Ergebnisse der Balneobiologie. – Münch. med. Wochenschrift 102: 526–529.

Dörr, W. & Preiss, R. (1982): Die Geologie des Nauborner Kopfes und seiner Umgebung. – Giessener Geol. Schr. 31: 1–224.

Dörr, W., Franke, W. & Kramm, U. (1992): Stammt der Andreasteich-Quarzit bei Gießen von Baltica oder Gondwana? U-Pb-Signaturen detritischer Zirkone. – Giessener Geol. Schr. 48: 43–59.

Duell, E. (2003): Kühler Wein und warmes Wasser. Bad Assmannshausen – ein historischer Rückblick. – Jahrbuch des Rheingau-Taunus-Kreises 2004, 55: 104–107.

Dufour, J. (1925): Die Grube „Königsberger Gemarkung" und ihre Beziehung zur Stratigraphie und Tektonik der östlichen Lahnmulde. – Diss. Univ. Gießen, 70 S.

Dumont, A. (1848): Mémoire sur les terrains ardennais et rhénan de l'Ardenne, du Rhin, du Brabant et du Condros. – 613 S., Bruxelles (Académie Royale de Belgique).

Durali-Müller, S. (2005): Roman lead and copper mining in Germany their origin and development through time, deduced from lead and copper isotope provenance studies. – Diss. Univ. Frankfurt a. M., XII, 128 S.

Ebert, A. & Anderle, H.-J. (1991): Geol. Karte Hessen 1:25 000, Bl. 5717 Idstein, 2. Aufl.

Eder, W., Engel, W. & Franke, W. (1977): Giessener Grauwacke (Aufschlüsse 15–17). – In: Bender, P., Eder, W., Engel, W., Franke, W., Langenstrassen, F., Walliser, O.H. & Witten, W. (1977): Paläogeographische Entwicklung des östlichen Rheinischen

Schiefergebirges, demonstriert an einem Querschnitt (Exk. A). – Exkursionsführer Geotagung 77, I: 1–57.

Ehrenberg, K.-H., Kümmerle, E., Kutscher, F. & Mittmeyer, H.-G. (1965): Darustwald-Schichten am Angstfels zwischen Bodental und Bächergrund (Unter-Devon, Mittelrheintal). – Notizbl. hess. L.-Amt Bodenforsch. 93: 334–337.

Ehrenberg, K.-H., Kupfahl, H.-G. & Kümmerle, E. (1968): Erläuterungen Geol. Karte Hessen 1:25 000, Blatt 5913 Presberg, 201 S.

Ehrendreich, H. (1959): Stratigraphie, Tektonik und Gangbildung im Gebiet der Emser Blei-Zinkerzgänge. – Z. dt. geol. Ges. 110: 561–582.

Einecke, G. (1906): Die südwestliche Fortsetzung des Holzappeler Gangzuges zwischen der Lahn und der Mosel. – Diss. Univ. Erlangen, 40 S.

Einecke, G. (1932): Der Bergbau und Hüttenbetrieb im Lahn- und Dillgebiet und in Oberhessen. – XVI, 778 S., Berg- und hüttenmännischer Verein, Wetzlar.

Elbert, W. (1990): Geologische Untersuchungen im Bereich der Bopparder Überschiebungszone – Rheinisches Schiefergebirge (TK 5612 Bad Ems und TK 5712 Dachsenhausen). – Diplomarbeit Univ. Frankfurt a. M., 150 S.

Emisch, M., Krieger, M., Petrak, R. & Rieker, E. (2003): Der Schatz aus der Tiefe. Ein Spaziergang zu den Thermalquellen in Wiesbaden. – 26 S., Wiesbaden.

Emmerich, K.- H. (1994): Podsole im Buntsandstein-Odenwald. – Geol. Jb. Hessen 122: 173–184.

Emmermann, K.-H., Hindel, R., Krimmel, M. & Zinner, H.-J. (1993): Sulfid-Baryt-Mineralisationen in der südwestlichen Lahnmulde. Ein Beitrag zur Genese und Prospektion synsedimentär-exhalativer Vorkommen im Rheinischen Schiefergebirge. – Mainzer geowiss. Mitt. 22: 7–38.

Engel, W., Franke, W., Grote, C. Weber, K., Ahrendt, H. & Eder, F.W. (1983): Nappe tectonics in the southeastern part of the Rheinisches Schiefergebirge. – In: Martin, H. & Eder, F.W. (Hrsg.), Intracontinental Fold Belts. Case Studies in the Variscan of Europe and the Damara Belt in Namibia, S. 323–338, Heidelberg (Springer).

Engels, B. (1955): Zur Tektonik und Stratigraphie des Unterdevons zwischen Loreley und Lorchhausen am Rhein (Rheinisches Schiefergebirge). – Abh. hess. L.-Amt Bodenforsch. 14: 1–96.

Engels, B. (1959): Über neue Ergebnisse kleintektonischer Untersuchungen im Rheinischen Schiefergebirge. – Geol. Rdsch. 48: 271–280.

Engels, B. (1986): Zur inneren Tektonik des Taunus (Rheinisches Schiefergebirge) aus der Sicht der Dachschiefergrube „Rosit". – Geol. Rdsch. 75: 635–645.

Engels, B. (1987): Über die Bedeutung der „Diagonalstörungen" im Hunsrückschiefer. – Geol. Jb. Hessen 115: 259–284.

Ensling, J., Gütlich, P. & Semmel, A. (1984): Datierungsversuche an hessischen Lößprofilen mit Hilfe der Mößbauer-Spektroskopie. – Geol. Jb. Hessen 112: 67–75.

Erlinghagen, K.-P. (1989): Fluid inclusion studies of siderite lodes of the Siegerland-Wied District (Rheinisches Schiefergebirge), FRG. – N. Jb. Min. Mh. 1989: 557–567.

Felix-Henningsen, P. (1990): Die mesozoisch-tertiäre Verwitterungsdecke (MTV) im Rheinischen Schiefergebirge. – Relief, Boden, Paläoklima 6: 1–192.

Felix-Henningsen, P. & Eberhardt, E. (2005): Exkursionsführer zur Jahrestagung der DBG 2005 in Marburg. – Mitt. dt. bodenkdl. Ges. 105: 164–175.

Felix-Henningsen, P. & Requadt, H. (1985): Mineralogische und geochemische Untersuchungen der mesozoisch-tertiären Verwitterungsdecke im Gebiet der südwestlichen Lahnmulde (Rhein. Schiefergebirge). – Geol. Jb. Hessen 113: 217–228.

Fenchel, W., Gies, H., Gleichmann, H.-D., Hellmund, W., Hentschel, H., Heyl, K.E., Hüttenhain, H., Langenbach, U., Lippert, H.-J., Lusznat, M., Meyer, W., Pahl, A., Rao, M.S., Reichenbach, R., Stadler, G., Vogler, H. & Walther, H.W. (1985): Sammelwerk Deutsche Eisenerzlagerstätten. 1. Eisenerze im Grundgebirge (Varistikum). 1. Die Sideriterzgänge im Siegerland-Wied-Distrikt. – Geol. Jb. D 77: 3–517.

Fiedler, L. (1993): Vom Faustkeil zur Klinge. Altsteinzeitliche Funde aus dem Wiesbadener Raum. – In: Verein f. Nass. Altertumskunde u. Geschichtsforschung (Hrsg.): 200 000 Jahre Kultur und Geschichte in Nassau, S. 11–16.

Flick, H. (1970): Zur Geologie der „Solmstaler Schichten" (südöstliche Lahnmulde, Rheinisches Schiefergebirge). – Unveröff. Dipl.-Arbeit; Clausthal-Zellerfeld.

Flick, H. (1977): Geologie und Petrographie der Keratophyre des Lahn-Dill-Gebietes (südliches Rheinisches Schiefergebirge). – Clausthaler geol. Abh. 26: 1–231.

Flick, H. (1979): Die Keratophyre und Quarzkeratophyre des Lahn-Dill-Gebietes. Petrographische Charakteristik und geologische Verbreitung. – Geol. Jb. Hessen 107: 27–43.

Flick, H. (1984): Kristallisation des Quarzes in kieselsäurereichen Schmelzen – Möglichkeiten seiner Verwendung als geologisches Thermometer und Barometer, insbesondere für Vulkanite. – Habil.-Schrift Univ. Heidelberg, 133 S.

Flick, H., Nesbor, H.D. & Behnisch, R. (1990): Iron ore of the Lahn-Dill type formed by diagenetic seeping of pyroclastic sequences – a case study on the Schalstein section at Gänsberg (Weilburg). – Geol. Rdsch. 79: 401–415.

Flick, H., Nesbor, H.D., Niemann, J., Requadt, H. & Stapf, K.R.G. (1988): Das Devon der südwestlichen Lahnmulde auf Blatt 5613 Schaumburg (Exkursion H am 9. April 1988). – Jber. Mitt. oberrhein. geol. Ver., N.F. 70: 161–190.

Floss, H. (1991): Die Adlerquelle – ein Fundplatz des mittleren Jungpaläolithikums im Stadtgebiet von Wiesbaden. – Archäol. Korrespondenzblatt 21: 187–201.

Floyd, P.A. (1995): Rhenohercynian fold belt autochthon and nonmetamorphic nappe units – igneous activity. – In: Dallmeyer, D., Franke, W. & Weber, K. (Eds.): Pre-Permian Geology of Central and Western Europe, p. 59–81, Berlin (Springer).

Franke, W. (1990): Lahn Syncline and Giessen Nappe. – In: Franke, W. & Weber, K. (Hrsg.), Field Guide Mid-German Crystalline Rise & Rheinisches Schiefergebirge. Int. Conference on Paleozoic Orogens in Central Europe, Göttingen-Giessen, Aug.-Sept. 1990, S. 149–169.

Franke, W. & Oncken, O. (1995): Zur prädevonischen Geschichte des Rhenoherzynischen Beckens. – Nova Acta Leopoldina, N.F. 71(291): 53–72.

Franke, W., Meischner, D. & Oncken, O. (1996): Geologie eines passiven Plattenrandes: Devon und Unterkarbon im Rechtsrheinischen Schiefergebirge. – Exkursionen Geol. Ver. 3: 1–74.

Franke, W.R. (1998): Geologische Übersichtskarte von Rheinland-Pfalz 1:100 000, Bl. C 5910 Koblenz.

Franke, W.R. & Anderle, H.-J. (2001): Geologische Übersichtskarte 1:200 000, CC 6310 Frankfurt a.M.-West.

Franzke, H.J. & Anderle, H.-J. (1995): Metallogenesis. – In: Dallmeyer, R.D., Franke, W. & Weber, K. (Hrsg.), Pre-Permian Geology of Central and Eastern Europe, S. 138–150, Berlin (Springer).

Frechen, J. (1953): Der rheinische Bimsstein. – 75 S., Wittlich (G. Fischer).

Freiling, H.-J. & Hottenrott, M. (1995): Mitteilung über zwei Vorkommen jüngeren Tertiärs (Ober-Oligozän, Pliozän) in Baugrunderkundungsbohrungen bei Limburg-Lindenholzhausen (Limburger Becken). – Jber. Wett. Ges. ges. Naturkde. 146/147: 169–183.

Fresenius, H. (1900): Chemische Untersuchung des Kiedricher Sprudels im Kiedrichthal bei Eltville am Rhein. – Jb. nass. Ver. Naturkde. 53: 1–21.

Fresenius, R. (1877): Analyse der warmen Quelle zu Assmannshausen.- Jb. nass. Ver. Naturkde. 29/30: 413–431.

Fresenius, R. & Schneider, W. (1962): Über die Zusammensetzung des Sinters des Kochbrunnens in Wiesbaden. – Heilbad u. Kurort 9: 1–166.

Fresenius, W., Kleinschmidt, G. & Schneider, W. (1978): Sanierung der Wiesbadener Thermen unter Berücksichtigung des Schutzes der Quellen, der Unterbindung von Verockerungen und der Verhinderung der Bildung von Oxidationsprodukten aus den primär vorhandenen Ammonium-Ionen. – Heilbad u. Kurort 30: 207–209.

Fricke, M. (1991): Bad Sodener Quellen 1991 – Status-Report. – 26 S., 175 Anl.; Bad Driburg (unveröff.).

Fried, G. (1984): Gestein, Relief und Boden im Buntsandstein-Odenwald. – Frankfurter geowiss. Arb. D4: 1–201.

Fritsche, J.- G., Kött, A., Kracht, M., Nesbor, H.-D. & Reischmann, T. (2012): Geologische und geothermische Ergebnisse aus dem Projekt „Mitteltiefe Erdwärmesonde Heubach" – Hintergrundinformationen. 7. Tiefengeothermieforum, Darmstadt, 08.10.2012.

Frotzscher, M. (2009): Geochemische Charakterisierung von mitteleuropäischen Kupfervorkommen zur Herkunftsbestimmung des Kupfers der Himmelsscheibe von Nebra. – Diss. Univ. Halle, IV, 142 S.

Fuchs, A. (1899): Das Unterdevon der Loreleigegend. – Jb. nass. Ver. Naturkde. 52: 1–96.

Fuchs, A. (1907): Die Stratigraphie des Hunsrückschiefers und der Unterkoblenzschichten am Mittelrhein nebst einer Übersicht über die spezielle Gliederung des Unterdevons mittelrheinischer Facies und die Faciesgebiete innerhalb des rheinischen Unterdevons. – Z. dt. geol. Ges. 59: 96–119.

Fuchs, A. (1915): Geologische Übersichtskarte der Loreleigegend (Mittelrhein) 1:50 000, Berlin (Preuß. Geol. L.-Anstalt). (Jahresangabe nach Kutscher 1953).

Fuchs, A. (1927): Erläuterungen geol. Karte Preuß. benachb. dt. Länder, Lfg. 253, Bl. Oberreifenberg, 2. Aufl., 48 S., Berlin.

Fuchs, A. (1929): Die unteren Gedinneschichten der Gegend von Wiesbaden. – Jb. nass. Ver. Naturkde. 80(II): 74–86.

Fuchs, A. & Leppla, A. (1930): Geol. Karte Preuß. benachb. dt. Länder, Lfg. 288, Bl. Bad Schwalbach, 2. Aufl., Berlin.

Fuchs, A. & Leppla, A. (1927): Geol. Karte Preuß. benachb. dt. Länder, Lfg. 253, Bl. Oberreifenberg, 2. Aufl., Berlin. [3. Aufl. Wiesbaden 1978].

Galladé, M. (1926): Die Oberflächenformen des Rheintaunus und seines Abfalles zum Main und Rhein. – Jb. nass. Ver. Naturkde. 78: 1–100.
Geisel, T. (1937): Das Usinger Becken und seine Randgebiete. – Jb. nass. Ver. Naturkde. 84: 80–197.
Geologische Übersichtskarte 1:200 000 (GÜK 200), Blatt CC 5510 Siegen; Hannover 1989.
Geologische Übersichtskarte 1:200 000 (GÜK 200), Blatt CC 6310 Frankfurt a.M.-West; Hannover 2001.
Geologische Übersichtskarte von Hessen 1:300 000 (GÜK 300), 4. Aufl., Wiesbaden 1989.
Gerner, M., Geib., B., Kirnbauer, T. & Kopp, K. (2000): Vom Schelmengraben zu Steinkopf – Erd- und Heimatgeschichte in und um Dotzheim. – Exkursionsh. nass. Ver. Naturkde. 20: 16 S., 3 Abb., 1 Tab. (unveröff.; enthalten auf einer DVD des Nass. Ver. Naturkde., Wiesbaden).
Giebeler, W. (1858): Die Tiefbohrung auf kohlensäurehaltiges Solwasser zu Soden. – Jb. Ver. Naturk. Herzogth. Nassau 13: 330–347.
Gladbach, J.B. (1701): Neue Untersuchung des vor 300 Jahren Kayserl. herrlich-Privilegierten, von vielen Jahren verdeckten nun wieder aufgesuchten Soder-Warmen Gesund-Brunnens. – 60 S., Frankfurt.
Godefroid, J. (1995): *Dayia shirleyi* Alvarez & Racheboeuf, 1986, un brachiopode silurien dans les „Schistes des Mondrepuis" à Muno (sud de la Belgique). – Bull. Inst. Sci. Nat. Belgique, Sci. de la Terre 65: 269–272.
Golwer, A. (2005): Die Heilquellen von Bad Soden am Taunus. – Geol. Jb. Hessen 132: 5–32.
Görke, T. (1992): Untersuchungen an fluiden Einschlüssen syn- bis postkinematischer Gangvererzungen im Bereich Hunsrück-Lahn (Rheinisches Schiefergebirge). – V, 48 S., Dipl.-Arb. Univ. Göttingen.
Gosselet, J. (1890): Deux excursions dans le Hunsrück et le Taunus. – Ann. Soc. geol. du Nord XVII: 300–342.
Grebe, H. (1881): Ueber die Quarzit-Sattel-Rücken im südöstlichen Theile des Hunsrück (linksrheinischer Taunus). – Jb. kgl. preuß. geol. L.-Anst. Bergakad. 1880: 243–259.
Grimm, K.I., Grimm, M.C., Radtke, G., Kadolsky, D., Schäfer, P., Franzen, J.L., Schindler, T. & Hottenrott, M. (2011): Mainzer Becken. – In: Deutsche Stratigraphische Kommission (Hrsg.), Stratigraphie von Deutschland IX. Tertiär, Teil 1. – Schriftenr. Dt. Ges. Geowiss. 75: 133–209.
Grösser, J. & Dörr, W. (1986): MOR-Typ-Basalte im östlichen Rheinischen Schiefergebirge. – N. Jb. Geol. Paläont. Mh. 1986(12): 705–722.
Grünhut, L. (1906): Über die Entstehung der Mineralquellen des mittelrheinischen Schiefergebirges. – Z. prakt. Geol. 14: 95, Berlin.
Haenel, M. (2009): Wasserquellen-Atlas (http://www.quellenatlas.eu).
Haenel, R. (1983): Geothermal Investigations in the Rhenisch Massif. – In: Fuchs, K., v. Gehlen, K., Mälzer, H., Murawski, H. & Semmel, A. (IHrsg.), Plateau uplift. The Rhenish Shield – A Case History, S. 228–246, Berlin (Springer).

Hahn, H.-D. (1990): Fazies grobklastischer Gesteine des Unterdevons (Graue Phyllite bis Taunusquarzit) im Taunus (Rheinisches Schiefergebirge). – 173 S., Diss. Univ. Marburg/L.

Hannak, W. (1959): Zur Geologie an der unteren Lahn zwischen Laurenburg und Bad Ems. – Notizbl. hess. L.-Amt Bodenforsch. 87: 293–316.

Hannak, W. (1965): Die Eisen-Mangan-Verteilung in der Karbonspat-Generation I der Blei-Zink-Erzgänge des südlichen Rheinischen Schiefergebirges. – Max Richter Festschrift, S. 203–223, Clausthal-Zellerfeld.

Hauter, B. (2013): Mineralisierungsprozesse der Salzquellen zwischen Bad Münster am Stein und Bad Nauheim. – Dipl.-Arbeit Joh. Gutenberg-Univ. Mainz (unveröff.).

Haverkamp, J. (1991): Detritusanalyse unterdevonischer Sandsteine des Rheinisch-Ardennischen Schiefergebirges und ihre Bedeutung für die Rekonstruktion der sedimentliefernden Hinterländer. – Diss. Univ. Aachen, 195 S.

Hedberg, H.D. (Hrsg., 1976): International Stratigraphic Guide. A Guide to Stratigraphic Classification, Terminology, and Procedure. – 200 S.; New York (Wiley).

Heidelberger, D. (2001): Mitteldevonische (Givetische) Gastropoden (Mollusca) aus der Lahnmulde (südliches Rheinisches Schiefergebirge). – Geol. Abh. Hessen 106: 1–291.

Hein, U.F. (1993): Synmetamorphic Variscan siderite mineralization of the Rhenish Massif, Central Europe. – Mineral. Mag. 57: 451–467.

Hein, U.F. & Behr, H. (1994a): Lagerstättenbildung durch Tectonic Brines-Überprüfung eines Modells synorogener variskischer Vererzungen Mitteleuropas. – Ber. Dt. Min. Ges., Beih. Eur. J. Min. 6(1): 356.

Hein, U.F. & Behr, H. (1994b): Zur Entwicklung von Fluidsystemen im Verlauf der Deformationsgeschichte des Rhenoherzynikums. – Göttinger Arb. Geol. Paläont., Sb 1: 191–193.

Hein, U.F. & Kirnbauer, T. (1996): Hydrothermaler Apatit in spätvariskischen Mineralgängen des südlichen Rheinischen Schiefergebirges: Verbreitung, Mineralogie und Geochemie. – Ber. Dt. Min. Ges., Beih. Eur. J. Min. 8(1): 141.

Heinrichs, T. (1968): Geologische Untersuchungen im Hochtaunus zwischen Falkenstein und Ober-Ems (Blatt 5716 Oberreifenberg und 5816 Königstein i. T., Rheinisches Schiefergebirge). – Dipl.-Arbeit Univ. Frankfurt, 141 S. (Unveröff.)

Heinrichs, T. (1978): Geologische Kartierung der Umgebung von Glashütten. Taf. 1. – In: Erl. geol. Karte 1:25 000, Bl. 5716 Oberreifenberg, 3. Aufl., 101 S.

Henningsen, D. (1961): Untersuchungen über Stoffbestand und Paläogeographie der Giessener Grauwacke. – Geol. Rdsch. 51: 600–626.

Henningsen, D. (1962): Die Lagerungsverhältnisse der Giessener Grauwacke. – Notizbl. hess. L.-Amt Bodenforsch. 90: 273–286.

Hentschel, H. & Meisl, S. (1964): Exkursion in das magmatogene Vordevon des Taunus am 9. September 1964 anläßlich der 42. Jahrestagung der dt. Mineral. Ges. in Wiesbaden. – Exkursionsheft („Erläuterungen zur Exkursion in den Taunus"), 17 S., Wiesbaden.

Hentschel, H. & Meisl, S. (1966): Exkursion in das magmatogene Vordevon des Taunus. – Fortschr. Min. 42: 321–333.

Herbst, F. & Müller, H.G. (1964): Raum und Bedeutung des Emser Gangzuges. – 72 S.; Bad Ems.

Herbst, F. & Müller, H.G. (1966): Der Blei-Zinkerzbergbau im Hunsrück-Gebiet. – 68 S.; Bad Ems.

Herrmann, F.-R. & Jockenhövel, A. (1990): Die Vorgeschichte Hessens. – 534 S., Stuttgart (Theiss).

Herrmann, F.-R. (1976): IX. Vor- und Frühgeschichte. – In: Erl. geol. Karte Hessen 1:25 000, Bl. 5618 Friedberg, S. 160–163.

Hertel, L. (1966): Die Fremdelementführung der Bleiglanze als Hilfe zur Bestimmung der Bildungstemperatur. – Erzmetall 19: 632–635.

Hessisches Landesamt für Naturschutz, Umwelt und Geologie (Hrsg.) (2021): Geologie von Hessen. Schweizerbart. Stuttgart.

Hoffmann, C. (1966): Geologische Beobachtungen im Taunus zwischen Saalburg und Hohemark. – Dipl.-Arbeit Univ. Frankfurt, 89 S. (Unveröff.)

Holl, H.-G. (1995): Die Siliziklastika des Unterdevon im Rheinischen Trog (Rheinisches Schiefergebirge). Detritus-Eintrag und P, T-Geschichte. – Bonner Geowiss. Schriften 18: 1–164.

Hölting, B. (1969a): Die Ionenverhältnisse in den Mineralwässern Hessen. – Notizbl. hess. L.-Amt Bodenforsch. 97: 333–351.

Hölting, B. (1969b): Über die Herkunft der Mineralwässer in Bad Kreuznach und Bad Münster am Stein. – Notizbl. hess. L.-Amt Bodenforsch. 97: 367–378.

Hölting, B. (1977): Bemerkungen zur Herkunft der Salinarwässer am Taunusrand. – Geol. Jb. Hessen 105: 211–221.

Holzapfel, E. (1892): Erl. geol. Specialkarte Preuß. Thüring. Staaten 1:25 000, Bl. [5712] Dachsenhausen, 23 S.; Berlin.

Holzapfel, E. (1893): Das Rheintal von Bingerbrück bis Lahnstein. – Abh. kgl. Preuss. Geol. L.-Anst., N.F. 15: 1–124 S.

Holzapfel, E. (1904):): Erl. geol. Karte Preuß. Thüring. Staaten 1:25 000, Lfg. 111, Bl. St. Goarshausen, 31 S.; Berlin.

Horn, M. (2001): Ordovizium. Andreasteich-Quarzit (-Formation). – In: Stratigraphische Kommission Deutschlands (Hrsg.), Stratigraphie von Deutschland II. – CFS 234: 131–132.

Horn, M. & Anderle, H.-J. (2001): Lindener Mark bei Gießen/Vogelsberg. – In: Stratigraphische Kommission Deutschlands (Hrsg.), Stratigraphie von Deutschland II. – CFS 234: 129–134.

Horn, P., Lippolt, H.J. & Todt, W. (1972): Kalium-Argon-Altersbestimmungen an tertiären Vulkaniten des Oberrheingrabens. I. Gesamtgesteinsalter. – Eclogae geol. Helv. 65: 131–156.

Hottenrott, M. (1993): Paläobotanik. – In: Weidenfeller, M., Requardt, H., Hottenrott, M., Krause, C. & Schäfer, P.: Das Marienfelser Becken im Känozoikum (Hintertaunus, Rheinisches Schiefergebirge). – Mainzer geowiss. Mitt. 22: 112–114.

Hottenrott, M. (2004): Über kalkfreies „Kalktertiär" im Untergrund von Wiesbaden. – Geol. Jb. Hessen 131: 11–25.

Hottenrott, M. (2007): Altersstellung der Mikrofloren aus der Miehlen-Formation. – In: Requardt, H. & Weidenfeller, M.: Geologische Karte von Rheinland-Pfalz 1:25 000, Erläuterungen Blatt 5713 Katzenelnbogen, 2. neu bearb. Aufl., S. 66–73.

Hottenrott, M. & Stengel-Rutkowski, W. (1990): Pliozän in einer Brunnenbohrung im Lahntal N Limburg-Eschhofen – ein Beitrag zur Pliozänstratigraphie in Hessen und zur jüngsten Vertikaltektonik im Limburger Becken. – Geol. Jb. Hessen 118: 155–166.

Huckriede, H., Wemmer, K. & Ahrendt, H. (2004): Palaeogeography and tectonic structure of allochthonous units in the German part of the Rheno-Hercynian Belt (Central European Variscides). – Int. J. Earth Sci. 93: 414–431.

Hüser, K. (1972): Geomorphologische Untersuchungen im westlichen Hintertaunus. – Tübinger geogr. Stud. 50: 1–184.

Hüser, K. (1973): Die tertiärmorphologische Erforschung des Rheinischen Schiefergebirges – Ein kritischer Literaturbericht. – Karlsruher geogr. H. 5: 1–135.

Illies, H. (1965): Bauplan und Baugeschichte des Oberrheingrabens. Ein Beitrag zum „Upper Mantle Project". – Oberrhein. geol. Abh. 14: 1–54.

Isert, F., Ahrens, W., Matthäy, F. & Michels, F. (1968): Beschreibungen rheinland-pfälzischer Bergamtsbezirke. Bd. 2. Bergamtsbezirk Diez. VI, 282 S.; Bad Ems.

Jacobi, H. (1935): Zur Geschichte der Homburger Mineralquellen. – Mitt. Ver. Gesch. Altertumskde. Bad Homburg 18: 1–264.

Jaeger, H. (1962): Das Silur (Gotlandium) in Thüringen und am Ostrand des Rheinischen Schiefergebirges (Kellerwald, Marburg, Gießen). – In: Erben, H.K. (Hrsg.), Symposium Silur/Devon-Grenze 1960, S. 108–135, Stuttgart (Schweizerbart).

Jakobus, R. (1992): Die Erzgänge des östlichen Taunus. – Geol. Jb. Hessen 120: 145–160.

Jakobus, R. (1993): Untersuchungen zur Genese und Ausbildung der postvaristischen Quarz- und Buntmetallerz-Gänge des Osttaunus. – 180 S., Diss. Univ. Frankfurt.

Jansen, E.M., Siemes, H. & Brokmeier, H.-G. (1998): Crystallographic preferred orientation and microstructure of experimentally deformed Braubach galena ore with emphasis on the relation to diffusional processes. – Mineralium Deposita 34: 57–70.

Jentsch, S. (1960): Die Moselmulde und ihre südöstlichen Randstrukturen zwischen Lahn und Westerwald. – Notizbl. hess. L.-Amt Bodenforsch. 88: 190–215.

Jentsch, S. & Röder, D. (1957): Zur Geologie des Taunusquarzits bei Bad Homburg. – Notizbl. hess. L.-Amt Bodenforsch. 85: 114–128.

Jung, H. (1954): Zur Tektonik des Devons im Rheingaugebirge im Rheindurchbruch bei Bingen – Rüdesheim. – 104 S., Diss. Univ. Bonn (Unveröff.).

Jung, H. (1955): Zur Tektonik des Devons im Rheingaugebirge im Rheindurchbruch bei Bingen-Rüdesheim. – Geol. Rdsch. 44: 223–265.

Käfer, N. (1994): Geologische Kartierung, bilanziertes Profil und strukturgeologische Untersuchungen der Taunuskamm-Einheit bei Schlangenbad (Südtaunus). – 209 S., Dipl.-Arbeit Univ. Würzburg (Unveröff.).

Kämmerer, D. (1998): Hydrogeologische Untersuchungen zur Grundwasserversauerung im südlichen Taunus. – Geol. Abh. Hessen 103: 1–125.

Käss, W. & Käss, H. (2008): Deutsches Bäderbuch. 2. Aufl., 1230 S., Stuttgart (Schweizerbart).

Kayser, E. (1884): Die Orthocerasschiefer zwischen Balduinstein und Laurenburg an der Lahn. – Jb. preuß. geol. L.-Anst. 1883: 1–56.

Kayser, E. (1886): Blatt Feldberg. – Erläuterungen geol. Specialkarte Preuß. Thüring. Staaten, Lfg. 31, 21 S.; Berlin.

Kayser, E. (1892): Erläuterungen geol. Specialkarte Preuß. Thüring. Staaten, Lfg. 44, Bl. Rettert, 28 S.; Berlin.

Kayser, E. (1896): Die Fauna des Dalmanitensandsteines von Kleinlinden bei Gießen. – Schr. Ges. Beförd. ges. Naturwiss. Marburg 13: 7–42.

Kayser, E. & A. Schneider (1886): Erläuterungen geol. Specialkarte Preuss. Thüring. Staaten 1:25 000, Bl. [5614] Limburg, 52 S.; Berlin.

Kegel, W. & Ahlburg, J. (1928): Geol. Karte Preuß. benachb. dt. Ländern, Lfg. 275, Bl. Wetzlar- Großen-Linden; Berlin.

Kegel, W. (1913): Der Taunusquarzit von Katzenelnbogen. – Abh. kgl. preuß. geol. L.-Anst., N.F. 76: 1–162.

Kegel, W. (1928): Über obersilurische Trilobiten aus dem Harz und dem Rheinischen Schiefergebirge. – Jb. preuß. geol. L.-Anst. 48: 616–647.

Kegel, W. (1929a): Das Obersilur (sio). – In: Erl. geol. Kte. Preuß. benachb. dt. Ländern [1:25 000], Lfg. 275, Bl. [5417] Wetzlar-Großen-Linden, S. 12–14; Berlin.

Kegel, W. (1929b): Geol. Karte Preuß. benachb. dt. Ländern, Lfg. 275, Bl. Kleeberg-Kirchgöns; Berlin. [2. Aufl. Wiesbaden 1979]

Kegel, W. (1929b): Erläuterungen zur Geol. Karte Preuß. benachb. dt. Ländern, Lfg. 275, Bl. Kleeberg-Kirchgöns, 50 S.; Berlin. [2. Aufl. Wiesbaden 1979]

Kegel, W. (1934): Geologie der Dill-Mulde. – Abh. preuß. geol. L.-Anst., N.F. 160: 1–48.

Kegel, W. (1953): Das Paläozoikum der Lindener Mark bei Gießen. – Abh. hess. L.-Amt Bodenforsch. 7: 1–55.

Kgl. Oberbergamt Bonn (Hrsg.) (1893): Beschreibung der Bergreviere Wiesbaden und Diez. – 254 S.

Kieper, J. & Brockamp, O. (1995): Hydrothermale Fluide am nördlichen Rheingraben: Zur Dolomitisierung grabennaher Massenkalke im Tertiär. – Z. dt. geol. Ges. 146: 386–398.

Kinkelin, F. (1913): Tiefe und ungefähre Ausbreitung des Oberpliocänsees in der Wetterau und im unteren Untermaintal bis zum Rhein. – Abh. Senckenb. Naturf. Ges. 31: 199–238.

Kirnbauer, T.(1987): Geologie, Petrographie und Geochemie der Pyroklastika des Unteren Ems/Unter-Devon (Porphyroide) im südlichen Rheinischen Schiefergebirge. – IX, 411 S., Diss. Univ. Freiburg i. Br.

Kirnbauer, T.(1991): Geologie, Petrographie und Geochemie der Pyroklastika des Unteren Ems/Unter-Devon (Porphyroide) im südlichen Rheinischen Schiefergebirge. – Geol. Abh. Hessen, 92: 1–228.

Kirnbauer, T. (1997a): Die Mineralisationen der Wiesbadener Thermalquellen (Bl. 5915 Wiesbaden). – Jb. nass. Ver. Naturkde. 118: 5–90.

Kirnbauer, T. (1997b): Forschungsgrabung in der Stollenhalde der Kupfererzgrube „Krämerstein" bei Naurod (Bl. 5815 Wehen). – Mitt. nass. Ver. Naturkde. 40: 23–25.

Kirnbauer, T. (Hrsg.) (1998): Geologie und hydrothermale Mineralisationen im rechtsrheinischen Schiefergebirge. – 328 S.

Kirnbauer, T. (2007): Rezente und fossile Mineral- und Thermalwasseraustritte am Taunusrand (Exkursion D am 12.4.2007). – Jber. Mitt. oberrhein. geol. Ver. N.F. 89: 167–192.

Kirnbauer, T. (2008): Hydrothermale Bildungen des Thermalwassersystems von Bad Nauheim (Wetterau) und dessen Alter. – Jber. Wetterau. Ges. ges. Naturkd. 158(2): 39–96.

Kirnbauer, T. (2012): Active and Fossil Ore-Forming Thermal Spring Systems at the Northern Margin of the Upper Rhine Graben (Germany). – Proceedings of the 1st Asia Africa Mineral Resources Conference 2011, S. 53–54; Fukuoka, Japan.

Kirnbauer, T. & Hucko, S. (2011): Hydrothermale Mineralisation und Vererzung im Siegerland. – Aufschluss 62: 257–296.

Kirnbauer, T. & Schneider, J. (1998): Submarin-hydrothermale Mineralisationen in Sedimenten. – In: Kirnbauer, T. (Hrsg.), Geologie und hydrothermale Mineralisationen im rechtsrheinischen Schiefergebirge, S. 97–105.

Kirnbauer, T. & Skerstupp, B. (2002): Gold im Taunus. – In: Lehrberger, G. & Völcker-Janssen, W. (Hrsg.), Gold in Deutschland und Österreich, S. 85–102; Korbach (Museumshefte Waldeck-Frankenberg 21).

Kirnbauer, T. & Wenndorf, K.-H. (1995): Die Fauna der Porphyroide bei Singhofen im Westtaunus (TK 25, Bl. 5713 Katzenelnbogen). – Mainzer geowiss. Mitt. 24: 103–154.

Kirnbauer, T., Hein, U.F., Schönig, P. & Schwenzer, S.P. (1998): Fluoritparagenese in Metarhyolithen. – In: T. Kirnbauer (Hrsg.), Geologie und hydrothermale Mineralisationen im rechtsrheinischen Schiefergebirge, S. 156–165.

Kirnbauer, T., Schneider, J. & Schwenzer, S.P. (1998): Hydrothermale Mineralisationen. Überblick. – In: Kirnbauer, T. (Hrsg.): Geologie und hydrothermale Mineralisationen im rechtsrheinischen Schiefergebirge, S. 84–97.

Kirnbauer, T., Wagner, T., Boyce, A.J. & Fallick, A.E. (2003): A geochemical window on the evolution of the thermal springs of Wiesbaden, Germany. – Ber. Dt. Min. Ges., Beih. Eur. J. Min. 15: 99.

Kirnbauer, T., Wagner, T., Taubald, H. & Bode, M. (2012): Post-Variscan hydrothermal mineralization, Taunus, Rhenish Massif (Germany): Constraints from stable and radiogenic isotope data. – Ore Geol. Rev. 48: 239–257.

Klein, U. (2003): 150 Meter tief, 10 Kilometer lang, Die Schiefergrube Rosit bei Heidenrod-Nauroth. – Jb. Rheingau-Taunus-Kreis 2004, 55: 55–57.

Kloppmann, W., Negrel, P., Casanova, J., Klinge, H., Schelkes, K. & Guerrot, C. (2001): Halite dissolution derived brines in the vicinity of a Permian salt dome (N German Basin). Evidence from boron, strontium, oxygen, and hydrogen isotopes. – Geochim. Cosmochim. Acta 65: 4087–4101.

Klügel, T. (1997): Geometrie und Kinematik einer variszischen Plattengrenze. Der Südrand des Rhenoherzynikums im Taunus. – Geol. Abh. Hessen 101: 1–215.

Klügel, T., Ahrendt, H., Oncken, O., Käfer, N., Schäfer, F. & Weiss, B. (1994): Alter und Herkunft der Sedimente und des Detritus der nördlichen Phyllit-Zone (Taunussüdrand). – Z. dt. geol. Ges. 145: 172–191.

Knetsch, G. (1939): Kohlensäure, Vulkane, Erzlagerstätten des Rheinischen Gebirges (Eine Karte tektonisch-magmatischer Konsequenzen). – Geol. Rdsch. 30: 777–789.

Köbrich, C. (1936): Hessische Erzvorkommen, Teil I: Die Nichteisenerze. – Handbuch hess. Bodenschätze 3: 1–111.

Koch, C. (1876): Neuere Anschauungen über die geologischen Verhältnisse des Taunus. – Ber. senckenb. naturforsch. Ges. 1875/76: 105–123.

Koch, C. (1880a): Geol. Specialkte. Preuss. Thüring. Staaten, 1:25 000 Bl. Wiesbaden. – Berlin.
Koch, C. (1880b): Geol. Specialkte. Preuss. Thüring. Staaten, 1:25 000 Bl. Königstein, Lfg. 15, Erl.: 46 S.; Berlin.
Koch, C. (1880c): Geol. Specialkte. Preuss. Thüring. Staaten, 1:25 000 Bl. Eltville, Lfg. 15, Erl.: 59 S.; Berlin.
Koch, C. (1880d): Geol. Specialkte. Preuss. Thüring. Staaten, 1:25 000 Bl. Langenschwalbach, Lfg. 15, Erl.: 30 S.; Berlin.
Koch, C. (1880e): Geol. Specialkte. Preuss. Thüring. Staaten, 1:25 000 Bl. Platte, Lfg. 15, Erl.: 37 S.; Berlin.
Koch, C. (1881a): Geol. Specialkte. Preuss. Thüring. Staaten, 1:25 000, Bl. Rödelheim, Lfg. 21; Berlin.
Koch, C. (1881b): Über die Gliederung der rheinischen Unterdevon-Schichten zwischen Taunus und Westerwald. – Jb. kgl. preuss. geol. L.-Anst. u. Bergakademie für 1880: 190–242.
Koch, C. (1882): Erl. geol. Specialkte. Preuss. Thüring. Staaten., Bl. Rödelheim, 17 S.; Berlin.
Koch. C. (1886a): Geol. Specialkte. Preuss. Thüring. Staaten, 1:25 000, Lfg. 31, Bl. Limburg; Berlin.
Koch. C. (1886b): Geol. Specialkte. Preuss. Thüring. Staaten, 1:25 000, Lfg. 31, Bl. Eisenbach; Berlin.
Kopp, K. (1986): Wasser von Taunus, Rhein und Ried. Aus zwei Jahrtausenden Wiesbadener Wasserversorgung. – 327 S. (Stadtwerke Wiesbaden AG).
Koschinski, G. (1979): Mikrostrukturelle und mikrothermometrische Untersuchungen an Quarzmineralisationen aus dem östlichen Rheinischen Schiefergebirge. – 146 S., Diss. Univ. Göttingen.
Kossmat, F. (1927): Gliederung des varistischen Gebirgsbaues. – Abh. Sächs. Geol. L.-Anst. 1: 1–39.
Krahn, L. (1988): Buntmetall-Vererzung und Blei-Isotopie im Linksrheinischen Schiefergebirge und in angrenzenden Gebieten. – Diss. TH Aachen, 175 S.
Krebs, W. & Wachendorf, H. (1974): Faltungskerne im mitteleuropäischen Grundgebirge – Abbilder eines orogenen Diapirismus. – N. Jb. Geol. Paläont. Abh. 147: 30–60.
Krebs, W. (1968): Die Lagerungsverhältnisse des Erdbacher Kalkes (Unterkarbon II) bei Langenaubach-Breitscheid (Rheinisches Schiefergebirge). – Geotekt. Forsch. 28: 72–103.
Krimmel, M. & Emmermann, K.-H. (1980): Geochemische Untersuchungen an Baryten. Ein Beitrag zur Genese der Baryte in Rheinland-Pfalz. – Mainzer geowiss. Mitt. 9: 127–166.
Kromer, J. (1990): Bad Soden am Taunus – Leben aus den Quellen, Bd. 1. – 428 S., Frankfurt a.M. (W. Kramer).
Kromer, J. (1991): Bad Soden am Taunus – Bestehen aus der Geschichte, Bd. 2. – 428 S., Frankfurt a.M. (W. Kramer).
Krümmer, A. (1912): Die Tektonik des Emser Gangzuges. – Z. prakt. Geol. 20: 301–319.
Krumsiek, K. (1970): Schichtenfolge, Sedimentation und Tektonik am Mittelrhein zwischen Ehrental und der Loreley. – 137 S., Diss. Univ. Bonn,

Krutzsch, W. (1966): Die Sporenstratigraphische Gliederung des Alttertiärs im nördlichen Mitteleuropa (Paläozän-Mitteleozän). – Abh. zentr. geol. Inst. 3: 309–379.

Kubella, K. (1951): Zum tektonischen Werdegang des südlichen Taunus. – Abh. hess. L.-Amt. Bodenforsch. 3: 1–81.

Kühn, R. (1965): Beitrag zur geochemischen Beurteilung der Wiesbadener Thermen nach den Gehalten an Br, Rb und Cs. – Kali u. Steinsalz 4: 204–207.

Kümmerle, E. (1976): Zur Geologie und Geschichte der Bad Nauheimer Sprudel. – Geol. Jb. Hessen 104: 253–270.

Kümmerle, E. (2002): Bergbau und Salzquellen im Kiedrichtal. – Rheingau Forum 11(4): 10–19.

Kümmerle, E. (2004): Ablagerungen der Tertiärzeit: Wo findet man die in Wiesbaden? – Jb. nass. Ver. Naturkde., Sonderbd. 2: 31–39.

Kümmerle, E. & Anderle (2006): Geologischer Rundgang durch Frauenstein. – Exkursionsh. nass. Ver. Naturkde. 44: 1–6.

Kümmerle, E. & Semmel, A. (1969): Geol. Kt. Hessen 1:25 000, Bl. 5916 Hochheim a.M., 3. Aufl.; Wiesbaden.

Kussmaul, H. & Fresenius, W. (1990): Isotopenuntersuchungen von Heil- und Mineralquellen im Bereich der Taunusrandverwerfung. – Heilbad u. Kurort 42: 298–301.

Kutscher, F. (1953): Zur Devongeologie auf Blatt Kestert im östlichen Hunsrück. – Notizbl. hess. L.-Amt Bodenforsch. 81: 129–137.

Kutscher, F. (1954): Angewandte erdmagnetische Messungen in Hessen. 2. Die erdmagnetische Vermessung der Basaltschlote von Naurod im Taunus (Rheinisches Schiefergebirge). – Jb. nass. Ver. Naturkde. 91: 37–46.

Kutscher, F. (1963): Die Brunnenbohrung für die Gemeinde Eschbach im Quarzgang am Buchstein (Taunus; Bl. 5617 Usingen). – Notizbl. hess. L.-Amt Bodenforsch. 91: 346–350.

Kutscher, F. & Mittmeyer, H.-G. (1970): Unterems-Faunen (Unter-Emsium, Unter-Devon) bei der Loch-Mühle nordwestlich Gemünden (Taunus, Bl. 5616 Grävenwiesbach). – Notizbl. hess. L.- Amt Bodenforsch. 98: 42–49.

Kutscher, F. & Pauly, E. (1971): Eine Fossilbank östlich der Landsteiner Mühle (Weiltal, Taunus). – Jb. nass. Ver. Naturkde. 101: 59–61.

Landesamt für Geologie und Bergbau Rheinland-Pfalz (Hrsg.) (2005): Geologie von Rheinland-Pfalz, 400 S., Stuttgart (Schweizerbart).

Langenstrassen, F. (1983): Neritic sedimentation of the Lower and Middle Devonian in the Rheinische Schiefergebirge east of the river Rhine. – In: Martin, H. & Eder, F.W. (Hrsg.), Intracontinental Fold Belts. Case Studies in the Variscan Belt of Europe and the Damara Belt in Namibia, S. 43–76, Berlin, Heidelberg (Springer).

Langheinrich, G. (1964): Vergleichende Untersuchungen über das Verhältnis der Schieferung zur Faltung unter Berücksichtigung des Stockwerkproblems. – N. Jb. Geol. Paläont. Abh. 120: 41–80.

Langheinrich, G. (1977): Zur Terminologie der Schieferungen. – Geol. Rdsch. 66: 336–352.

Lehmann, H. (1957): Tektonik, stratigraphische Probleme und Gangbildungen zwischen Braubach und Kestert am Mittelrhein. – VII, 117 S., Diss. Bergakademie Clausthal.

Leppla, A. (1900): Ueber meine Aufnahmen im westlichen Rheingau (Bl. Rüdesheim und Pressberg). – Jb. kgl. preuß. geol. L.-Anst. Bergakad. f. 1899(20): 76–84.
Leppla, A. (1904a): Geol. Kte. Preuss. benachb. Bundesstaaten, Lfg. 111, Bl. Preßberg-Rüdesheim, Erl.: 67 S.; Berlin.
Leppla, A. (1904b): Geol. Kte. Preuss. benachb. Bundesstaaten, Lfg. 111, Bl. Algenroth, Erl.: 21 S.; Berlin.
Leppla, A. (1908): Albert von Reinach†. – Jb. kgl. preuß. geol. L.-Anst. Bergakad. f. 1905(26): 663–675.
Leppla, A. (1913): Zur Geologie von Homburg v.d.H. – Jb. kgl. preuß. geol. L.-Anst. f. 1911(32) (I): 92–108.
Leppla, A. (1922): Geol. Kte. Preuss. benachb. Bundesstaaten, Lfg. 15, Bl. Königstein a. Taunus, 2. Aufl.; Berlin.
Leppla, A. (1924a): Tektonik und Stratigraphie des Taunus im Gebiet des Blattes Wehen (Platte) nördlich Wiesbaden. – Jb. preuß. geol. L.-Anst. f. 1923(44): 312–318.
Leppla, A. (1924b): Erläuterungen zur Geologischen Karte von Preußen, Bl. 5816 Königstein (2. Aufl.), 56 S.; Berlin.
Leppla, A. & Michels, F. (1972): Geol. Kte. Hessen 1:25 000, Bl. 5717 Bad Homburg, 2.Aufl., unveränderter Nachdruck von 1927; Wiesbaden.
Leppla, A. & Michels, F. (1927): Geol. Kte. Preuss. benachb. dt. Länder, Lfg. 253, Bl. Homburg v. d. Höhe – Ober-Eschbach; Berlin.
Leppla, A. & Steuer, A. (1922): Geol. Kt. Preuss. benachb. Bundesstaaten, Lfg. 15, Bl. Wiesbaden-Kastel, 2. Aufl.; Berlin. (3. Aufl. Wiesbaden 1971).
Leppla, A. & Steuer, A. (1923): Erl. geol. Kte. Preuss. benachb. Bundesstaaten, Bl. [5915] Wiesbaden-Kastel (2. Aufl.), 52 S., Berlin. (3. Aufl. Wiesbaden 1971).
Leppla, A., Michels, F. & Schlossmacher, K. (1930): Geol. Kte. Preuß. benachb. dt. Länder, Bl. Wehen, 2. Aufl.; Berlin.
Leppla, A., Michels, F., Schlossmacher, K., Steuer, A. & Wagner, W. (1930): Geol. Kte. Preuß. benachb. dt. Länder, Lfg. 288, Bl. 5914 Eltville, 2. Aufl.; Berlin.
Lepsius, R. (1900): Festschrift zur Weihe des neuen Soolsprudels zu Bad Nauheim. – 35 S.; Darmstadt.
Leydecker, G. (1986): Erdbebenkatalog für die Bundesrepublik Deutschland mit Randgebieten für die Jahre 1000–1981. – Geol. Jb. E 36: 3–83 S.
Lippolt, H.J. (1980): Regionale Geochronologie. – In: Kirsten, T. (Hrsg.), Geophysik in Heidelberg. Sitzungsber. Heidelb. Akad. Wiss., math.-nat. Kl., 1979/80(4): 252–262.
Lippolt, H.J. & Todt, W. (1978): Isotopische Altersbestimmungen an Vulkaniten des Westerwaldes. – N. Jb. Geol. Paläont. Mh. 1978: 332–352.
Lippolt, H.J., Baranyi, I. & Todt, W. (1975): Die Kalium-Argon-Alter der post-permischen Vulkanite des nord-östlichen Oberrheingrabens. – Aufschluß, Sonderbd. 27 (Odenwald): 205–212.
List, K. (1850): Ueber die chemische Zusammensetzung des Taunusschiefers. – Jb. nass. Ver. Naturkd. 6: 126–134.
List, K. (1852): Chemisch-mineralogische Untersuchung der Taunusschiefer. – Ann. Chem. Pharm. 81: 181–205 u. 257–289.

Logan, B.W. & Semeniuk, V. (1976): Dynamic metamorphism; process and products in Devonian carbonate rocks, Canning Basin, Western Australia. – Geol. Soc. Austr. Inc. Spec. Publ. 6: 1–138.

Loges, A., Wagner, T., Kirnbauer, T., Göb, S., Bau, M., Berner, Z. & Markl, G. (2012): Source and origin of active and fossil thermal spring systems, northern Upper Rhine Graben, Germany. – Appl. Geochem. 27: 1153–1169.

Lohest, M. (1885): De la présence de la tourmaline dans les roches poudingiformes du Gedinnien inférieur. – Ann. Soc. Géol. Belg. 12: 95–99.

Löhr, K. & Schrader, W.(1986): Der Antonius-Sprudel zu Rückershausen. – Heimatjahrbuch Rheingau-Taunus-Kreis 37: 71–75; Bad Schwalbach.

Lossen, C. (1867): Geognostische Beschreibung der linksrheinischen Fortsetzung des Taunus in der östlichen Hälfte des Kreises Kreuznach, nebst einleitenden Bemerkungen über das «Taunus-Gebirge» als geognostisches Ganzes. – Z. dt. geol. Ges. 19: 509–700.

Lossen, C. (1869): Metamorphische Schichten aus der paläozoischen Schichtenfolge des Ostharzes. – Z. dt. geol. Ges. 21: 281–340.

Lossen, C. (1883): Porphyroide unter besonderer Berücksichtigung der sogenannten Flaserporphyre in Westfalen und Nassau. – Sitzungs.-Ber. Ges. naturforsch. Freunde Berlin 1883: 154–178.

Lotze, J. (1968): Kleintektonische und gefügekundliche Untersuchungen am Taunusquarzit des östlichen Taunus. – 144 S., Diss. TU Berlin (unveröff.).

Ludwig, F. (2013): Geogene Hintergrundwerte der Hauptbestandteile und Spurenstoffe in hessischen Grundwässern. – Geol. Abh. Hessen 118: 1–165.

Ludwig, R. (1861): Die Mineralquellen zu Homburg vor der Höhe. – Notizbl. Ver. Erdk. u. mittelrhein. geol Ver., N.F. 3: 82–86, 1 Profil, 89–95, 98–104, 107–112, 115–117.

Lütkemeier, S. (1975): Grundwasserzirkulation im Schelder Wald (Hessen) unter Berücksichtigung möglicher Verschmutzung durch Deponien. – 123 S., Diss. TU Berlin.

Marsala, A., Wagner, T. & Wälle, M. (2013): Late-metamorphic veins record deep ingression of metamorphic water: A LA-ICPMS fluid inclusion study from the fold-and-thrust belt of the Rhenish Massif, Germany. – Chem. Geol. 351: 134–153.

Martin, G.P.R. (1963): Kleine Erdgeschichte der Taunuslandschaft. – Mitt. Ver. Gesch. Landeskde. 28: 1–110.

Martin, G.P.R. (1987): Ein Leben für die Wissenschaft. Erinnerungen an Dr. Friedrich Rolle (1827–1887). – In: Geol. Arbeitskreis d. Volkshochschule Bad Homburg (Hrsg.), Friedrich Rolle 1827–1887 ein Bad Homburger Naturforscher, S. 1–89.

Massonne, H.-J. (1995): Metamorphic Evolution. – In: Dallmeyer, R.D., Franke, W. & Weber, K. (Hrsg.), Pre-Permian Geology of Central and Eastern Europe, S. 132–137, Berlin, Heidelberg (Springer).

Maull, O. (1919): Die Landschaft um Marburg in ihren morphologischen Beziehungen zur weiteren Umgebung. – Jber. Frankf. Ver. Geogr. Statistik 81–83: 5–97.

Maurer, F. (1874): Paläontologische Studien im Gebiet des rheinischen Devon. – N. Jb. Min. Geol. Palaeont. 1874: 453–459.

Maurer, F. (1876): Paläontologische Studien im Gebiet des rheinischen Devon. 3. Die Tonschiefer des Rupbachtales bei Diez. – N. Jb. Min. Geol. Palaeont. 1876: 808–848.

Maurer, F. (1895): Paläontologische Studien im Gebiet des rheinischen Devon. 10. Nachträge zur Fauna und Stratigraphie der Orthocerasschiefer des Rupbachtales. – N. Jb. Min. Geol. Palaeont. 10: 613–756.

Maxeiner, K.-T. (1994): Geologische Untersuchungen der Dachschieferlagerstätte Langhecke bei Aumenau und Umgebung unter besonderer Berücksichtigung der Tektonik (Ober-Devon, Rheinisches Schiefergebirge). – 88 S., unveröff. Dipl.-Arbeit TH Darmstadt.

May, F., Hoernes, S. & Neugebauer, H.J. (1996): Genesis and distribution of mineral waters as a consequence of recent lithospheric dynamics: the Rhenish Massif, Central Europe. – Geol. Rdsch. 85: 782–799.

Meisl, S. (1970): Petrologische Studien im Grenzbereich Diagenese-Metamorphose. – Abh. Hess. L.-Amt Bodenforsch. 57: 1–93.

Meisl, S. (1988): Neuer Axinit-Fund im Taunus. – Fortschr. Miner. 66: 104.

Meisl, S. (1990): Metavolcanic rocks in the „Northern Phyllite Zone" at the southern margin of the Rhenohercynian Belt. – Field Guide Mid-German Crystalline Rise & Rheinisches Schiefergebirge, Int. Conf. on Paleozoic Orogens in Central Europe, Göttingen-Giessen, Aug.-Sept. 1990, S. 25–42.

Meisl, S. (1995): Igneous Activity. – In: Dallmeyer, R.D., Franke, W. & Weber, K. (Hrsg.), Pre-Permian Geology of Central and Eastern Europe, S. 118–131, Berlin, Heidelberg (Springer).

Meisl, S. & Ehrenberg, K.-H. (1968): Turmalinfels- und Turmalinschiefer-Fragmente in den Konglomeraten der Bunten Schiefer (Obergedinne) im westlichen Taunus. – Jb. nass. Ver. Naturkde. 99: 43–64.

Meisl, S. & Sachtleben, V. (1992) mit Beiträgen von Hentschel, G. & Medenbach, O.: Neue Axinit-Funde im Taunus bei Falkenstein, Bl. 5816 Königstein im Taunus. – Geol. Jb. Hessen 120: 99–116.

Meisl, S., Anderle, H.-J. & Strecker, G. (1982): Niedrigtemperierte Metamorphose im Taunus und im Soonwald. – Fortschr. Miner. 60(2): 43–69.

Merlot, C. (2008): 2000 Steine vom Wegesrand – die Sammlung des Landesgeologen Carl Koch im Museum Wiesbaden. – Jb. nass. Ver. Naturkde. 129: 37–72.

Meyer, D.E. (1970): Stratigraphie und Fazies des Paläozoikums im Guldenbachtal/SE-Hunsrück am Südrand des Rheinischen Schiefergebirges. – 307 S., Diss. Univ. Bonn.

Meyer, W. & Stets, J. (1975): Das Rheinprofil zwischen Bonn und Bingen. – Z. dt. geol. Ges. 126: 15–29.

Meyer, W. & Stets, J. (1980): Zur Paläogeographie von Unter- und Mitteldevon im westlichen und zentralen Rheinischen Schiefergebirge. – Z. dt. geol. Ges. 131: 725–751.

Meyer, W. & Stets, J. (1996): Das Rheintal zwischen Bingen und Bonn. – Slg. Geol. Führer 89: XII, 1–386, Stuttgart (Borntraeger).

Michels, F. (1922): Die Grube „Altenberg" bei Laubuseschbach im Taunus. – Z. prakt. Geol. 30: 13–15.

Michels, F. (1926a): Zur Tektonik des südlichen Taunus. – Sitzungsber. preuß. geol. L.-Anst. 1: 73–77.
Michels, F. (1926b): Der Ursprung der Mineralquellen des Taunus. – Natur u. Museum 56: 225–238.
Michels, F. (1927): Erl. geol. Kte. Preuß. benachb. dt. Länder 1:25 000, Lfg. 253, Bl. Homburg v. d. Höhe – Ober-Eschbach, 53 S.; Berlin.
Michels, F. (1928): Erl. geol. Kte. Preuß. benachb. dt. Länder 1:25 000, Lfg. 275, Bl. Usingen-Fauerbach, 56 S., Berlin [2. Aufl. Wiesbaden 1977]
Michels, F. (1931): Erl. geol. Kte. Preuß. benachb. dt. Länder 1:25 000, Lfg. 288, Bl. Eltville-Heidenfahrt, 79 S.; Berlin.
Michels, F. (1932): Erl. geol. Kte. Preuß. benachb. dt. Länder 1:25 000, Bl. [5815] Wehen (2. Aufl.), 56 S.;Berlin.
Michels, F. (1955): Zur Geologie der Wiesbadener Mineralquellen. – Z. dt. Geol. Ges. 106: 113–117.
Michels, F. (1960): Sind die „Grauen Phyllite" im Goldsteintal bei Wiesbaden devonisch oder silurisch? – Jb. nass. Ver. Naturkde. 95: 10–12.
Michels, F. (1961): Zur Geologie des Wiesbadener Raumes und seiner Mineralquellen. – Ärztl. Mitt. 46: 1214–1220.
Michels, F. (1962): Wiesbadens geologischer Weltruf. – Wiesbaden. Festliche Kur- und Kongreßstadt 6(21): 12–15.
Michels, F. (1963): Kraft aus der Erde schoß. – Wiesbaden. Festliche Kur- und Kongreßstadt 7(23): 4–6.
Michels, F. (1964): Von der Wiesbadener Thermalquellenspalte. – Jb. nass. Ver. Naturkd. 97: 37–40.
Michels, F. (1966): Die Wiesbadener Mineralquellen. – Jb. nass. Ver. Naturkde. 98: 17–54.
Michels, F. & Anderle, H.-J. (2010): Geol. Kte. Hessen 1:25 000 Bl. 5714 Kettenbach, 2. Aufl.; Wiesbaden.
Michels, F. & Thews, J.D. (1971): Die Thermalwasserbohrung Schützenhofquelle in Wiesbaden. – Jb. nass. Ver. Naturkde. 101: 75–81.
Michels, F. & Zöller, A. (mit Beitr. v. W. Wenz) (1930): Erl. geol. Kte. Preuß. benachb. dt. Länder 1:25 000, Lfg. 300, Bl. Frankfurt/Main-West(Höchst)-Steinbach, 96 S.; Berlin.
Michels, R. & Schmidt, S. (2000): Die Heilquellen des hessischen Staatsbades Bad Nauheim – Fakten und Daten im Überblick. – 116 S., Mainz.
Milch, L. (1889): Die Diabasschiefer des Taunus. –50 S., Diss. Univ. Heidelberg.
Mittmeyer, H.-G. (1962): Die Hunsrückschiefer des südlichen Aartales (Rheinisches Schiefergebirge). 76 S., Diss. Univ. Hamburg.
Mittmeyer, H.-G. (1965): Die Bornicher Schichten im Gebiet zwischen Mittelrhein und Idsteiner Senke (Taunus, Rheinisches Schiefergebirge. – Notizbl. hess. L.-Amt Bodenforsch. 93: 73–98.
Mittmeyer, H.-G. (1973): Die Hunsrückschiefer-Fauna des Wisper-Gebietes im Taunus (Ulmen-Gruppe, tiefes Unter-Ems, Rheinisches Schiefergebirge). – Notizbl. hess. L.-Amt Bodenforsch. 101: 16–45.
Mittmeyer, H.-G. (1974): Zur Neufassung der Rheinischen Unterdevon-Stufen. – Mainzer geowiss. Mitt. 3: 69–79.

Mittmeyer, H.-G. (1978a): Erl. geol. Kte. Hessen 1:25 000, Bl. 5813 Nastätten, 2. Aufl., 112 S.; Wiesbaden.
Mittmeyer, H.-G. (1978b): Erl. geol. Kte. Hessen 1:25 000, Bl. 5716 Oberreifenberg, 3. Aufl., 101 S.; Wiesbaden.
Mittmeyer, H.-G. (1982): Rhenish Lower Devonian biostratigraphy. – Cour. Forsch.-Inst. Senckenberg, 55: 257–270.
Mittmeyer, H.-G. (1983): Neuerkenntnisse zur Geologie des Unterdevons. – Erl. geol. Kte. Hessen 1:25 000, Bl. 5616 Grävenwiesbach, 2. Aufl., S. 44–50; Wiesbaden.
Mittmeyer, H.-G. (1991): Makrofaunen des Unterdevons auf Bl. Idstein.- In: Erl. geol. Kte. Hessen 1:25000, Bl. 5715 Idstein, 2. Aufl., S. 36–43; Wiesbaden.
Mittmeyer, H.-G. (2008): Unterdevon der Mittelrheinischen und Eifeler Typgebiete (Teile von Eifel, Westerwald, Hunsrück und Taunus). – In: Dt. Stratigraphische Komm. (Hrsg.): Stratigraphie von Deutschland VIII. Devon. – Schriftenr. dt. Ges. Geowiss. 52: 139–203.
Mordziol, C. (1908): Beitrag zur Gliederung und zur Kenntnis der Entstehungsweise des Tertiärs im Rheinischen Schiefergebirge. – Z. dt. geol. Ges. Monatsber. 60: 270–284.
Mosebach, R. (1954): Zur petrographischen Kenntnis devonischer Dachschiefer. – Notizbl. hess. L.-Amt Bodenforsch. 82: 234–246.
Müller, D. (1991): Die gangförmigen Buntmetallvererzungen (Pb, Cu, Zn und Ag) im Bereich des ehemaligen Bergwerks Hannibal bei Heftrich im Rheinischen Schiefergebirge (Taunus). – Jb. nass. Ver. Naturkde. 113: 33–44.
Müller, K.-H. (1973): Zur Morphologie des zentralen Hintertaunus und des Limburger Beckens. – Marburger geogr. Schr. 58: 1–112
Müller, K.-H. (1974): Zur Morphologie der plio-pleistozänen Terrassen im Rheinischen Schiefergebirge am Beispiel der Unterlahn. – Ber. Dt. Landeskde. 48: 61–80.
Müller, K.-H. (1975): Tektogenetische und klimagenetische Einflüsse auf die Talentwicklung an der Unteren Lahn. – Z. Geomorph., N.F., Suppl. 23: 75–81.
Mullis, J., Dubessy, J., Poty, B. & O'Neil, J. (1994): Fluid regimes during late stage of a continental collision: Physical, chemical and stable isotope measurement of fluid inclusions in fissure quartz from a geotraverse through the Central Alps, Switzerland. – Geochim. Cosmochim. Acta 58: 2239–2267.
Nesbor, H.-D. (1984): Geologische Kartierung in der Katzenelnbogen-Hahnstättener Mulde/südwestliche Lahnmulde (Südliches Rheinisches Schiefergebirge). – 84 S.; Dipl.-Arbeit Univ. Heidelberg (unveröff.)
Nesbor, H.-D. (2004): Paläozoischer Intraplattenvulkanismus im östlichen Rheinischen Schiefergebirge – Magmenentwicklung und zeitlicher Ablauf. – Geol. Jb. Hessen 131: 145–182.
Nesbor, H.-D., Buggisch, W., Flick, H., Horn, H. & Lippert, H.-J. (1993): Fazielle und paläogeographische Entwicklung vulkanisch geprägter mariner Becken am Beispiel des Lahn-Dill-Gebietes. – Geol. Abh. Hessen 98: 3–87.
Nickel, W. (1958): Silurisch-devonische Grenzschichten im Taunus (Graue Phyllite zwischen Wiesbaden und Ehlhalten). – 49 S., Dipl.-Arbeit Univ. Frankfurt.
Nierhoff, R. (1994): Metamorphose-Entwicklung im Linksrheinischen Schiefergebirge: Metamorphosegrad und -verteilung sowie Metamorphosealter nach K-Ar-Datierungen. – Aachener Geowiss. Beitr. 3: 1–159.

Nies, A. (1884): Exkursionen. – Ber. XVII. Versamml. Oberrhein. geol. Ver. Frankfurt a.M. am 17. April 1884: 16–17; Stuttgart.
Oczlon, M.S. (1994): North Gondwana origin for exotic Variscan rocks in the Rhenohercynian zone of Germany. – Geol. Rdsch. 83: 20–31.
Odernheimer, F. (Hrsg.) (1865): Das Berg- und Hüttenwesen im Herzogthum Nassau. Bd. 1: IV, 474 S., 11 Pläne; Wiesbaden (G.W. Kreidel).
Oncken, O. (1988): Geometrie und Kinematik der Taunuskammüberschiebung – Beitrag zur Diskussion des Deckenproblems im südlichen Schiefergebirge. – Geol. Rdsch. 77: 551–575.
Oncken, O. (1989): Geometrie, Deformationsmechanismen und Paläospannungsgeschichte großer Bewegungszonen in der höheren Kruste (Rheinisches Schiefergebirge). – Geotekt. Forsch. 73: 1–215.
Panzer, W. (1923): Studien zur Oberflächengestalt des östlichen Taunus. – Ber. Naturforsch. Ges. Freiburg 23: 1–48.
Pauly, E. (1958): Das Devon der südwestlichen Lahnmulde und ihrer Randgebiete. – Abh. Hess. L.-Amt. Bodenforsch. 25: 1–138.
Petrov, V.P. (1976): Natur und Alter der mächtigen Verwitterungskruste. Verwitterung und Mächtigkeit der Verwitterungsfolge. – Schriftenr. Geol. Wiss. 5: 147–154.
Petrov, V.P., Samotoin, N.D., Fin'ko, V.I & Cekin, S.S. (1978): Zur vertikalen Zonalität der Verwitterungskruste auf sauren Gesteinen. – Schriftenr. Geol. Wiss. 11: 219–232.
Pflug, H.D. (1959): Die Deformationsbilder im Tertiär des rheinisch-saxonischen Feldes. – Freiberger Forsch.-H. C71: 1–110.
Pilz, N. & Schneider, S. (1998): Grosse Heilwasseranalyse. Untersuchung und Begutachtung des Wassers vom Kochbrunnen in Wiesbaden vom 25. März 1998. – Bericht des ESWE-Laboratoriums, 17 S.; Wiesbaden (unveröff.).
Platen, K.-M. (1991): Geochemische Untersuchungen an Metabasalten aus dem Rhenohercynikum. – 133 S., Dipl.-Arbeit Univ. Giessen.
Plaumann, S. (1974): Bericht über Gravimetermessungen am Taunus-Südrand im Rahmen der Gemeinschaftsaufgaben durchgeführt durch das Niedersächsische Landesamt für Bodenforschung. – 10 S.; Hannover (Archiv HLUG, unveröff.).
Plaumann, S. (1991): Die Schwerekarte 1:500 000 der Bundesrepublik Deutschland (Bouguer-Anomalien), Blatt Mitte. – Geol. Jb. E46: 1–16.
Plesch, A. & Oncken, O. (1999): Orogenic wedge growth during collision – constraints on mechanics of a fossil wedge from its kinematic record (Rhenohercynian FTB, Central Europe). – Tectonophysics 309: 117–139.
Ploschenz, C. (1994): Quartäre Vertikaltektonik im südöstlichen Rheinischen Schiefergebirge begründet mit der Lage der Jüngeren Hauptterrasse. – Bonner Geowiss. Schriften 12: VII, 1–185.
Prinz-Grimm, P. & Grimm, I. (2002): Wetterau und Mainebene. – Slg. geol. Führer 93: IX, 1–167, Stuttgart (Borntraeger).
Rabien, A. (1956): Zur Fazies und Stratigraphie des Oberdevons in der Waldecker Hauptmulde. – Abh. hess. L.-Amt Bodenforsch. 16: 1–83.
Racheboeuf, P. (Hrsg.) (1986): Le Groupe de Liévin. Pridoli-Lochkovien de l'Artois (N. France). – Biostratigr. Paléozoique 3: 1–215.

Reichmann, H.(1967): Die Schichten des oberen Gedinnium im Mittelrheintal bei Aßmannshausen. – Notizbl. hess. L.-Amt Bodenforsch. 95: 13–23.
Reinach, A. v. (1890): Parallelisierung des südlichen Taunus mit den Ardennen und der Bretagne. – Z. dt. geol. Ges. 42: 612–613.
Reinach, A. v. (1900a): Über einige Versteinerungs-Fundpunkte im Bereich des Taunus. – Z. dt. geol. Ges. 52: 165–166.
Reinach, A. v. (1900b): Excursion in den vordern Taunus am Nachmittage des 15. September 1900. – 2 S.; Frankfurt a.M. (Gebr. Knauer).
Reinach, A. v. (1904): Über die zur Wassergewinnung im mittleren und östlichen Taunus angelegten Stollen. – Abh. kgl. preuß. geol. L.-Anst., N.F. 42: II, 64 S.
Reitz, E. & Schulz, K. (unveröff.): Mikrofloren (Sporen) des Unterdevons (Ems) auf Bl. Kettenbach. – Archiv HLUG Wiesbaden.
Reitz, E. (1989): Devonische Sporen aus Phylliten vom Südrand des Rheinischen Schiefergebirges. – Geol. Jb. Hessen 117: 23–35.
Reitz, E. (1991): Mikrofloren (Sporen) des Unterdevons (Ems) auf Bl. Idstein. – In: Erl. geol. Kt. Hessen, Bl. 5715 Idstein, 2. Aufl., S. 43–46; Wiesbaden.
Reitz, E., Anderle, H.-J. & Winkelmann, M. (1995): Ein erster Nachweis von Unterordovizium (Arenig) am Südrand des Rheinischen Schiefergebirges im Vordertaunus: Der Bierstadt-Phyllit (Bl. 5915 Wiesbaden). – Geol. Jb. Hessen 123: 25–38.
Renkhoff, O. (1980): Wiesbaden im Mittelalter. – VIII, 398 S., Wiesbaden (F. Steiner).
Requadt, H. (1990): Erl. geol. Kt. Rheinl.-Pfalz, Bl. 5613 Schaumburg, 2. Aufl., 212 S.; Mainz.
Requadt, H. (1991): Fazies und Paläogeographie des Devons in der südwestlichen Lahnmulde (Rheinisches Schiefergebirge). – Mainzer geowiss. Mitt. 20: 229–248.
Requadt, H. (2008): Südwestliche Lahnmulde (Rheinland-Pfalz). – In: Dt. Stratigr. Komm. (Hrsg.), Stratigraphie von Deutschland VIII. Devon. – Schriftenreihe dt. Ges. Geowiss. 52: 204–220.
Requadt, H. & Buhr, R. (1989): Gliederung und Paläogeographie der tertiären „Vallendarer Schotter" im Hintertaunus. – Z. dt. geol. Ges. 140: 333–342.
Requadt, H. & Stöhr, W.T. (1988): Tertiäre Terrassenschotter im Gebiet der unteren Lahn. – Mainzer geowiss. Mitt. 17: 313–340.
Requadt, H. & Weddige, K. (1978): Lithostratigraphie und Conodontenfaunen der Wissenbacher Fazies und ihrer Äquivalente in der südwestlichen Lahnmulde (Rheinisches Schiefergebirge). – Mainzer geowiss. Mitt. 7: 183–237.
Requadt, H. & Weidenfeller, M. (2004): Geol. Kt. Rheinl.-Pfalz 1:25 000, Bl. 5713 Katzenelnbogen, 2. Aufl.; Mainz.
Requadt, H. & Weidenfeller, M. (2007): Erläuterungen geol. Kt. Rheinl.-Pfalz, Bl. 5713 Katzenelnbogen, 2. Aufl., 240 S.; Mainz.
Reuss, A. (1889): Die Bohrungen bei Kiedrich. – Jb. nass. Ver. Naturkde. 42: 122–140.
Richardson, J.B. & McGregor, D.C. (1986): Silurian and Devonian spore zones of the Old Red Sandstone continent and adjacent areas. – Bull. geol. Surv. Can. 364: 1–79.
Richter, R. & Richter, E. (1925): Versteinerungen in der Taunusphyllit-Reihe des östlichen Taunus. – Senckenbergiana 7: 244–247.
Richter, R. & Richter, E. (1927): Über zwei für das deutsche Ordovicium bedeutsame Trilobiten. – Senckenbergiana 9: 64–82.

Rietschel, S. (1966): Die Geologie des mittleren Lahntroges. Stratigraphie und Fazies des Mitteldevons, Oberdevons und Unterkarbons bei Weilburg und Usingen (Lahnmulde und Taunus, Rheinisches Schiefergebirge). – Abh. Senckenb. Ges. Naturf. 509: 1–58.

Rietschel, S. & Stribrny, B. (1979): Zur Geologie und Stratigraphie der Hochweiseler Mulde (Bl. 5617 Usingen, östlicher Taunus, Rheinisches Schiefergebirge). – Geol. Jb. Hessen 107: 13–25.

Ritter, F. (1884): Ueber neue Mineralfunde im Taunus. – Ber. Senckenberg. Ges. Naturf. 1883/84: 281–297.

Röhr, C. (1985): Geologische Untersuchungen im unteren Mühlbachtal westlich Singhofen, Lahn-Taunus, Rheinisches Schiefergebirge (TK 5612 Bad Ems und TK 5712 Dachsenhausen). – 111 S., Dipl.-Arbeit Univ. Frankfurt a.M. (unveröff.)

Röhr, C. (2006): Geologische Karte des Oberrheingrabens. – http://www.oberrheingraben.de/Bilder/GK_ORG.pdf

Rolle, F. (1866): Uebersicht der geognostischen Verhältnisse von Homburg vor der Höhe und der Umgegend. – 32 S.; Homburg v.d.H. (Louis Schick).

Rose, O. (1936): Versteinerungen im Taunusquarzit des Rheintaunus. – Jb. nass. Ver. Naturkde. 83: 49–58.

Rosenberg, F. & Mittelbach, G. (1996): Geogene Arsenanreicherungen im Wiesbadener Bergkirchenviertel. – Geol. Jb. Hessen 124: 175–189.

Rosenberg, F., Mittelbach, G. & Kirnbauer, T. (1999): Geogene Arsengehalte im Bereich der Wiesbadener Thermalquellen. – In: Rosenberg, F. & Röhling, H.-G. (Hrsg.): Arsen in der Geosphäre. – Schriftenreihe dt. geol. Ges. 6: 101–105.

Rösler, A. (1953): Die Fauna aus den „Bornicher Schichten" (Unter-Devon) des Gemeinde-Steinbruches von Holzhausen a.d. Heide (Blatt Katzenelnbogen/Taunus). – Notizbl. hess. L.-Amt Bodenforsch. 81: 138–153.

Rösler, A. (1954): Das Unterdevon am SW-Ende des Taunusquarzit-Zuges von Katzenelnbogen (Rheinisches Schiefergebirge, Taunus), 1. Teil: Siegen-Stufe. – Notizbl. hess. L.-Amt Bodenforsch. 82: 112–137.

Rösler, A. (1956): Das Unterdevon am SW-Ende des Taunusquarzit-Zuges von Katzenelnbogen (Rheinisches Schiefergebirge, Taunus), 2. Teil: Ems-Stufe. – Notizbl. hess. L.-Amt Bodenforsch. 84: 32–84.

Rossbach, K. (1924): Geschichte der freien Reichsdörfer Sulzbach und Soden. – 130 S.; Bad Soden a. T.

Rothe, P. (1962): Mittel- und Oberdevon bei Aumenau (Südliche Lahnmulde, Rheinisches Schiefergebirge). Vorläufige Mitteilung über neue Ergebnisse zur Stratigraphie. – Notizbl. hess. L.-Amt Bodenforsch. 90: 175–178.

Rothe, P. (2019): Die Geologie Deutschlands. – 5. Aufl., 288 S.; wbg Academic, Darmstadt.

Sabel, K.-J. (1982): Ursachen und Auswirkungen bodengeographischer Grenzen in der Wetterau (Hessen). – Frankfurter geowiss. Arb. D3: 116 S.

Sachs, A. (1903): Apatit aus der Grube Prinzenstein bei St. Goar, Rheinpreussen. – Centralbl. Min. Geol. Paläont. 1903(13): 420–421.

Sachtleben, V. (1988): Das „Vordevon" des Falkensteiner Hains bei Königstein/Ts. – 135 S., Dipl.-Arbeit Univ. Mainz.

Sandberger, F. (1847): Übersicht der geologischen Verhältnisse des Herzogthums Nassau. – VIII, 1–44 S.; Wiesbaden (Kreidel).
Sandberger, F. (1850): Ueber die geognostische Zusammensetzung der Gegend von Wiesbaden. – Jb. Ver. Naturkde. Nassau 6: 1–26.
Sandberger, F. (1883): Ueber den Basalt von Naurod bei Wiesbaden. – Jb. k. k. geol. Reichsanst. 33: 33–60; Wien.
Sandberger, F. (1889): Über die Entwicklung der unteren Abtheilung des devonischen Systems in Nassau, verglichen mit jener in anderen Ländern. – Jb. nass. Ver. Naturkde. 42: 1–107.
Sandberger, F. (1895): Ueber Blei- und Fahlerz-Gänge in der Gegend von Weilmünster und Runkel. – Nassau. Sitzungsber. math.-physik. Cl. kgl. bayer. Akad. Wiss. München 25: 115–123.
Sandberger, G. & F. (1850–1856): Die Versteinerungen des Rheinischen Schichtensystems in Nassau mit einer kurzgefaßten Geognosie dieses Gebietes mit steter Berücksichtigung analoger Schichten in anderen Ländern. – XV, 564 S. u. Atlas mit 41 Taf.; Wiesbaden (Kreidel & Niedner).
Sander, B. (1948): Einführung in die Gefügekunde der geologischen Körper. Teil 1. – X, 216 S., Wien (Springer).
Sander, B. (1950): Einführung in die Gefügekunde der geologischen Körper. Teil 2. – XII, 409 S., Wien (Springer).
Sarholz, H.-J. (1995): Vorindustrieller Bergbau im Rhein-Lahn-Gebiet. – Bad Emser Hefte 149 (1+2): 68 S.
Sauerland, V. (1980): Tektonische Entwicklung des westlichen Taunus zwischen Taunus-Kammüberschiebung und Lahn-Mulde. – 94 S., Diss. Univ. Göttingen.
Savoric S. (1998): Seismizität und Seismotektonik in Hessen. – 93 S., Dipl.-Arbeit Univ. Frankfurt a.M.
Schachner-Korn, D. (1948): Ein metamorphes Erzgefüge. – Heidelberger Beitr. Min. Petrogr. 1: 407–426.
Schäfer, F. (1993): Lithologie, Gefüge und struktureller Bau des metamorphen Südtaunus (Nördliche Phyllitzone) im Bereich Eltville am Rhein – Schlangenbad. – 85 S.; Dipl.-Arbeit Univ. Würzburg (unveröff.).
Schäfer, P. (1993): Mikropaläontologische Untersuchungen. – In: Weidenfeller, M. & Requadt, H., Das Marienfelser Becken im Känozoikum (Hintertaunus, Rheinisches Schiefergebirge). – Mainzer geowiss. Mitt. 22: 111–112.
Schäfer, P. (2005): 2.7.3 Tertiäre Ablagerungen in Hunsrück, Taunus und Nordpfälzer Bergland, 2.7.4 Tertiär des Neuwieder Beckens, 2.7.5 Tertiäre Ablagerungen im Westerwald. – In: Landesamt Geol. Bergbau Rheinl.-Pfalz, Mainz (Hrsg.), Geologie von Rheinland-Pfalz, S. 219–230; Schweizerbart, Stuttgart.
Schaeffer, R. (1972): Mineralgänge und ehemaliger Erzbergbau im östlichen Taunus. – Aufschluß 23: 20–24.
Schaeffer, R. (1979): Untersuchungen an Erzgängen im östlichen Taunus. – Bundeswettbewerb „Jugend forscht", Wolfsburg 1969, 2. erw. Aufl., 129 S.; Braunschweig (unveröff.).
Schallreuter, R. (1991): Mikrofossilien aus dem Ostrakodenkalk (Silur) der Lindener Mark bei Gießen (Hessen). – N. Jb. Geol. Paläont. Mh. 1991: 105–118.

Schallreuter, R. (1995): Ostrakoden aus dem Ostrakodenkalk (Silur) der Lindener Mark bei Gießen (Hessen). – N. Jb. Geol. Paläont. Mh. 1995: 217–234.
Schallreuter, R. (1999): Weitere Mikrofossilien aus dem Ostrakodenkalk (Silur) der Lindener Mark bei Gießen (Hessen). – N. Jb. Geol. Paläont. Mh. 1999: 713–724.
Schallreuter, R. (2000): Silurische Ostrakoden Deutschlands. – N. Jb. Geol. Paläont. Abh. 218: 23–43.
Schallreuter, R. (2001): Ostrakoden aus dem Ostrakodenkalk (Silur) der Lindener Mark bei Gießen (Hessen) . – Paläont. Z. 74: 517–531.
Scharff, F. (1854/55): Aus der Naturgeschichte der Krystalle. – Abh. Senckenberg. naturforsch. Ges. 1: 258–306.
Scharff, F. (1860a): Die Quarzgänge des Taunus. – Notizbl. Ver. Erdkd. Mittelrhein. Geol. Ver., N.F. 2(39/40): 115–117, 123–126.
Scharff, F. (1860b): Über den Axinit des Taunus. – Notizbl. Ver. Erdkd. Mittelrhein. Geol. Ver., N F. 2(39): 6–7.
Scharff, F. (1868): Über den Sericit. – N. Jb. Min. Geol. Palaeont. 1868: 309–318.
Scharff, F. (1872): Die Fundstätten der Taunus-Mineralien. – Jber. Frankf. Taunus-Club 1: 21–30.
Scharpff, H.-J. (1968): VII. Hydrogeologie. – In: Erläuterungen Geol. Kte. Hessen, Bl. 5913 Presberg, S. 110–125; Wiesbaden.
Scharpff, H.-J. (1972): Die Mineralwässer der Wetterau (Hessen). Hydrogeologische und hydrochemische Untersuchungen im Niederschlagsgebiet der Nidda. – Diss. Techn. Hochschule Darmstadt, 256 S. http://tuprints.ulb.tu-Darmstadt.de/2887/1/scharpff-komplett-pdfA-kompr.pdf
Scharpff, H.-J. (1976): VII. Hydrogeologie. – In: Erläuterungen geol. Kte. Hessen, Bl. 5618 Friedberg, S. 115–150; Wiesbaden.
Schauf, W. (1898): Über Sericitgneiße im Taunus, mit besonderer Berücksichtigung der Vorkommnisse in der Sektion Platte. – Ber. Senckenb. naturforsch. Ges. 1898: 3–25.
Schlossmacher, K. (1919): Die Sericitgneise des rechtsrheinischen Taunus. – Jb. Kgl. Preuss. Geol. L.-Anst. Berlin 38: 374–433.
Schlossmacher, K. (1922): Keratophyre aus dem rechtsrheinischen Vordertaunus. – Jb. preuß. geol. L.-Anst. 41: 308–348.
Schlossmacher, K. (1928): Erl. geol. Kte. Preuß. benachb. dt. Länder, Lfg. 253, Bl. Grävenwiesbach, 47 S.; Berlin
Schlossmacher, K. (1950): Bericht über die Exkursion in die kristallinen Taunusgesteine. – Fortschr. Min., 27: 69–70.
Schmid, E. (2002): Untersuchungen zur niedriggradigen Metamorphose im Weiltal und Umgebung. – S. 53 110, Teil B, Dipl.-Arbeit Univ. Frankfurt a.M. (unveröff.).
Schmidt, C. (1886): Albit aus dem Sericitgestein von Eppenhain im Taunus. – Z. Kryst. 11: 597; Leipzig.
Schmidt, W. (1958): Die ersten Agnathen und Pflanzen aus dem Taunus-Gedinnium. – Notizbl. hess. L.-Amt Bodenforsch. 86: 31–49.
Schmidt, W. (1959): Grundlagen einer Pteraspiden-Stratigraphie im Unterdevon der Rheinischen Geosynklinale. – Fortschr. Geol. Rheinld. Westf. 5: 1–82.
Schneider, A. (1886): Mineralgänge und andere nutzbare Lagerstätten. – In: Erl. geol. Spec.-Kte. Preuß. Thüring. Staaten, Lfg. 31, Bl. Eisenbach, S. 22–32; Berlin.

Schneider, J. & Dopieralska, J. (2004): Das Alter der „Querquarze" im Rheinischen Schiefergebirge. – Ber. Dt. Min. Ges., Beih. Eur. J. Min. 16(1): 127.

Schneider, J. & Haack, U. (1997): Rb/Sr dating of silicified wall rocks of a giant hydrothermal quartz vein in the SE Rhenish Massif, Germany. – In: Papunen, H. (Hrsg.): Mineral deposits: Research and exploration. Where do they meet? – Proc. 4th Bienn. SGA meeting, Turku/Finland, 11–13 Aug. 1997, S. 971–972; Rotterdam.

Schneiderhöhn, H. (1912): Pseudomorphe Quarzgänge und Kappenquarze von Usingen und Niedernhausen im Taunus. – N. Jb. Min. Geol. Paläont. 1912(II): 1–32.

Schneiderhöhn, H. (1949): Schwerspatgänge und pseudomorphe Quarzgänge in Westdeutschland. – N. Jb. Min. Geol. Paläont. Mh. Abt. A, 1949: 191–202.

Schönhals, E. (1934): Das Auftreten der Mineralquellen bei Bad Nauheim, erläutert an Hand der neuen geologischen Spezialkartierung. – Z. dt. geol. Ges. 85: 545–553.

Schönhals, E. (1954): Die Böden Hessens und ihre Nutzung. – Abh. Hess. L.-Amt Bodenforsch. 2: 1–258.

Schöppe, W. (1911): Der Holzappeler Gangzug. – Archiv Lagerstättenforsch. 3: 1–96.

Schreier, A.N. (1993): Grundwasserdargebot und Grundwasserabflussverhalten im Taunushauptkamm bei Wiesbaden. – Diss. Univ. Mainz, 138 S.

Schroeder, E. (1958): Schiefergebirgstektonik und Grundgebirgstektonik in der Hirschberg-Greizer Zone (Ostthüringen). – Geologie 7: 465–483.

Schulze, E.-G. (1959): Zur Geologie am Mittelrhein zwischen Kestert und der Lorelei. – Notizbl. hess. L.-Amt Bodenforsch. 87: 246–267.

Schwarz, H.J. (1925): Geologische Untersuchungen in der Umgebung von Rodheim a. d. Bieber und Krofdorf (westlich von Gießen) mit besonderer Berücksichtigung der Grubenaufschlüsse. – Ber. oberhess. Ges. Natur- u. Heilkde, N.F., naturwiss. Abt. 10: 1–68.

Schwarz, J. (1991): Palynostratigraphie im Unterdevon des östlichen Taunus (Blatt 5716 Oberreifenberg und Blatt 5717 Bad Homburg vor der Höhe). – Geol. Abh. Hessen 93: 67–81.

Schwenzer, S.P, Kirnbauer, T, Kritsotakis, K., Schulz-Dobrick, B., Kersten, M., Horn, I. & Günther, D. (2000): LA-ICP-MS analysis of epithermal deposits from mineral water wells of Wiesbaden. – Ber. Dt. Min. Ges., Beih. Eur. J. Min. 12(1): 192.

Schwenzer, S.P., Tommaseo, C.E., Kersten, M. & Kirnbauer, T. (2001): Speciation and oxidation kinetics of arsenic in the thermal springs of Wiesbaden spa. – Fresenius J. Anal. Chem. 371: 927–933.

Sdzuy, K. (1957): Bemerkungen zur Familie Homalonotidae (mit der Beschreibung einer neuen Art von Calymenella). – Senckenbergiana lethaea 38: 275–290.

Sedgwick, A. & Murchison, R.I. (1842): On the distribution and classification of the older or Palaeozoic deposits of the north of Germany and Belgium, and their comparison with formations of the same age in the British Isles. – Trans. geol. Soc. London 6: 221–301.

Semmel, A. (1963): Mitteilung über ein Pleistozänprofil bei Hahnstätten. – Notizbl. hess. L.-Amt Bodenforsch. 91: 359–365.

Semmel, A. (1964): Junge Schuttdecken in hessischen Mittelgebirgen. – Notizbl. hess. L.-Amt Bodenforsch. 92: 275–285.

Semmel, A. (1967): Neue Fundstellen von vulkanischem Material in hessischen Lössen. – Notizbl. hess. L.-Amt Bodenforsch. 95: 104–108.

Semmel, A. (1968): Studien über den Verlauf jungpleistozäner Formung in Hessen. – Frankfurter geogr. H. 45: 1–133.

Semmel, A. (1972): Untersuchungen zur jungpleistozänen Talentwicklung in deutschen Mittelgebirgen. – Z. Geomorph. N.F., Suppl. 14: 105–112.

Semmel, A. (1978): Untersuchungen zur quartären Tektonik am Taunus-Südrand. – Geol. Jb. Hessen 106: 291–302.

Semmel, A. (1984): Geomorphologie der Bundesrepublik Deutschland. – Geogr. Z., Beih., 192 S., Stuttgart (Steiner).

Semmel, A. (1984): Geomorphologische Kriterien für junge Krustenbewegungen in den Mittelgebirgen. – Z. Geomorph., N.F., Suppl. 50: 79–90.

Semmel, A. (1999): Landschaftsentwicklung am Oberen Mittelrhein. – Schriftenr. dt. geol. Ges. 8: 127–149.

Semmel, A. (1999): Spezielle Formen quasinatürlicher Massenverlagerungen in Odenwald und Taunus. – Tübinger geowiss. Arb. D5: 213–229.

Semmel, A.. (2000): Holozäne Umweltentwicklung im Spiegel der Böden. – Bayer. Akad. Wiss. Rundgespräche Komm. Ökol. 18: 129–137.

Semmel, A. (2003): Der Laacher Bimstuff als Zeitmarke der Landschaftsentwicklung in der Wiesbadener Umgebung. – Jb. nass. Ver. Naturkde. 124: 95–109.

Semmel, A. (2012): Von der tertiären Rumpffläche zum akuten Rutschungshang – Zur Entwicklung der Wiesbadener Landschaft. – In: Streifzüge durch die Natur von Wiesbaden und Umgebung, Jb. nass. Ver. Naturkde, Sonderbd. 2: 53–62.

Shirley, J. (1962): Review of the correlation of the supposed Silurian strata of Artois, Westphalia, the Taunus and Polish Podolia. – Symposium Silur/Devon-Grenze 1960, S. 234–242; Stuttgart.

Slotta, R. (1983): Technische Denkmäler in der Bundesrepublik Deutschland, Teil 4. Der Metallerzbergbau (Bd. I+II). – Veröff. Dt. Bergb.-Mus. Bochum 26: 1520 S.; Bochum.

Smirnov, V.I. (1970): Geologie der Lagerstätten mineralischer Rohstoffe. – 562 S.; Leipzig (VEB Dt. Verl. F. Grundstoffindustrie).

Solle, G. (1941): Die Usinger Klippen, der schönste der Pseudomorphosenquarz-Gänge des Taunus. – Natur u. Volk 71: 19–29.

Solle, G. (1942a): Die Kondelgruppe (Oberkoblenz) im südlichen Rheinischen Schiefergebirge, VI-X. – Abh. Senck. naturforsch. Ges. 467: 157–240.

Solle, G. (1942b): Neue Einstufung des Oberkoblenz von Oberkleen (Taunus) und ihre paläogeographische Folgerung. – Senckenbergiana 25/26: 255–263.

Solle, G. (1950a): Beobachtungen und Deutungen zum Unterkoblenz in Taunus und Hunsrück. – Senckenbergiana 31: 185–196.

Solle, G. (1950b): Obere Siegener Schichten, Hunsrückschiefer, tiefstes Unterkoblenz und ihre Eingliederung ins Rheinische Unterdevon. – Geol. Jb. 65: 299–380.

Solle, G. (1970): Die Hunsrück-Insel im oberen Unterdevon. – Notizbl. hess. L.-Amt Bodenforsch. 98: 50–80.

Solle, G. (1972): Abgrenzung und Untergliederung der Oberems-Stufe, mit Bemerkungen zur Unterdevon-/Mitteldevon-Grenze. – Notizbl. hess. L. Amt Bodenforsch. 100: 60–91.

Sommermann, A.-E., Anderle, H.-J. & Todt, W. (1994): Das Alter des Quarzkeratophyrs der Krausaue bei Rüdesheim am Rhein (Bl. 6013 Bingen, Rheinisches Schiefergebirge). – Geol. Jb. Hessen 122: 143–157.

Sommermann, A.-E., Meisl, S. & Todt, W. (1992): U-Pb-Alter von Zirkonen aus Metavulkaniten des Südtaunus. – Geol. Jb. Hessen 120: 67–76.

Sonne, V. (1982): Waren Teile des Rheinischen Schiefergebirges im Tertiär vom Meer überflutet? – Mainzer geowiss. Mitt. 11: 217–219.

Sperling, H. (1957): Mikroskopische und geochemische Untersuchungen an Mineralkomponenten des Holzappeler Gangzuges. – Erzmetall 10(5): 219–225.

Sperling, H. (1958): Geologische Neuaufnahme des östlichen Teiles des Blattes Schaumburg. – Abh. hess. L.-Amt Bodenforsch. 26: 1–72.

Spies, E.-D. (1986): Vergleichende Untersuchungen an präpleistozänen Verwitterungsdecken im Osthunsrück und an Gesteinszersatz durch aszendente (Thermal-)Wässer in der Nordosteifel (Rheinisches Schiefergebirge). – 182 S., Diss. Univ. Bonn.

Spruth, F. (1974): Die Bergbauprägungen der Territorien an Eder, Lahn und Sieg. Ein Beitrag zur Industriearchäologie. – Veröfftl. Dt. Bergbaumuseum Bochum 6: 1–200.

Stahr, A. & Bender, B. (2007): Der Taunus – Eine Zeitreise. Entstehung und Entwicklung eines Mittelgebirges. – XIII, 253 S.; Stuttgart (Schweizerbart).

Stahr, A. (2014): Die Böden des Taunuskamms. Entwicklung, Verbreitung, Nutzung, Gefährdung. – 64 S.; München (Pfeil).

Steininger, F.F. & Piller, W.E. (1999): Empfehlungen (Richtlinien) zur Handhabung der stratigraphischen Nomenklatur. – Cour. Forsch.-Inst. Senckenberg 209: 1–19.

Stengel-Rutkowski, W. (1967): Einige neue Vorkommen von Natrium-Chlorid-Wasser im östlichen Rheinischen Schiefergebirge. – Notizbl. hess. L.-Amt Bodenforsch. 95: 190–212.

Stengel-Rutkowski, W. (1970): Bruch- und Dehnungstektonik im östlichen Rheinischen Schiefergebirge als Auswirkung des Oberrheingrabens. – Z. dt. geol. Ges. 121: 129–141.

Stengel-Rutkowski, W. (1976): Idsteiner Senke und Limburger Becken im Licht neuer Bohrergebnisse und Aufschlüsse (Rheinisches Schiefergebirge). – Geol. Jb. Hessen 104: 183–224.

Stengel-Rutkowski, W. (1984): Die eisenhaltigen Kohlensäuerlinge von Bad Schwalbach. – In: Bad Schwalbach – 400 Jahre Heilbad, S. 10–14, hrsg. v. Kulturvereinigung Bad Schwalbach e. V.

Stengel-Rutkowski, W. (1987): Die Säuerlinge des Westtaunus – Nachzügler eines neogenen Vulkanismus oder Vorboten zukünftiger tektonischer Aktivität? – Geol. Jb. Hessen 115: 331–340.

Stengel-Rutkowski, W. (1988): Die Geologie der näheren Umgebung der Stadt Limburg a. d. Lahn (Exkursion A am 5. April 1988). – Jber. Mitt. oberrhein. geol. Ver., N.F. 70: 19–27.

Stengel-Rutkowski, W. (1991): Hydrogeologie. – In: Erl. Geol. Kte. Hessen, Bl. 5715 Idstein, S. 180–198; Wiesbaden.

Stengel-Rutkowski, W. (1998): Vorkommen von basaltischem Schlackenagglomerat bei Heidenrod-Laufenselden, Rheingau-Taunus-Kreis (Rheinisches Schiefergebirge). – Jb. nass. Ver. Naturkde. 119: 63–70.

Stengel-Rutkowski, W. (2002): Die Mineralquellen im Rheingau. Ursprung und Wirkung. – Rheingau Forum 11(2): 15–25.
Stengel-Rutkowski, W. (2002): Trinkwasserversorgung aus Grubengebäuden des ehemaligen Bergbaus im Rheingau-Taunus-Kreis (Rheinisches Schiefergebirge). – Jb. nass. Ver. Naturkde. 123: 125–138.
Stengel-Rutkowski, W. (2004): Von Bächen, Quellen, Thermen und Stollen. – In: Streifzüge durch die Natur von Wiesbaden und Umgebung. – Jb. nass. Ver. Naturkde., Sonderbd. 2: 59–70.
Stengel-Rutkowski, W. (2007): Die eisenhaltigen Kohlensäuerlinge von Bad Schwalbach (Exkursion A am 10. April 2007). – Jber. Mitt. oberrhein. geol. Ver., N.F. 89: 117–122.
Stengel-Rutkowski, W. (2008): Hydrogeologischer Führer zu den Kochsalz-Thermen von Wiesbaden. – Jb. nass. Ver. Naturkde. 129: 103–116.
Stengel-Rutkowski, W. (2009): Hydrogeologischer Führer zu den Kochsalz-Thermen von Wiesbaden. – 26 S., Nass. Ver. Naturkde.; Wiesbaden.
Stenger, B. (1961): Stratigraphische und gefügetektonische Untersuchungen in der metamorphen Taunus-Südrand-Zone (Rheinisches Schiefergebirge). – Abh. hess. L.-Amt Bodenforsch. 36: 1–68.
Sterrmann, G. (2004): Die Quarzgänge von Wiesbaden. – In: Streifzüge durch die Natur von Wiesbaden und Umgebung. – Jb. nass. Ver. Naturkde., Sonderbd. 2: 11–15.
Sterrmann, G. (2006): Die Pseudomorphosen- und Kappenquarzgänge des Taunus. – 24 S.; Oberursel.
Sterrmann, G. (2007): Der Quarzgang „Hirschsteinlai" bei Hundstadt und die Quarzvorkommen von Nieder- und Oberlauken (Bl. 5616 Grävenwiesbach, Bl. 5617 Usingen). – Jb. nass. Ver. Naturkde. 128: 137–143.
Stets, J. & Schäfer, A. (2002): Depositional environments in the Lower Devonian siliciclastics of the Rhenohercynian Basin (Rheinisches Schiefergebirge, W-Germany) – case studies and a model. – Contr. Sedim. Geol. 22: 1–78.
Steuer, A. (1912): Über die Bildung von Mineral- und Grundwasser in der Wetterau. – J. Gasbeleuchtung u. Wasserversorgung 43: 1054–1057; München.
Steuer, A. (1917): Obersilur in der Lindener Mark. – Notizbl. Ver. Erdk. großherzogl. geol. Landesanst. Darmstadt f. 1916, F. 5, 2: 191–198.
Stifft, C.E. (1831): Geognostische Beschreibung des Herzogthums Nassau, mit besonderer Beziehung auf die Mineralquellen dieses Landes. – XII, 606 S., Wiesbaden (Schellenberg).
Stober, I. & Bucher, K. (2005): The upper continental crust and its fluid: hydraulic and chemical data from 4 km depth in fractured crystalline basement rocks at KTB test site. – Geofluids 5: 125–140.
Stober, I. & Jodocy, M. (2011): Hydrochemie der Tiefenwässer im Oberrheingraben – Eine Basisinformation für geothermische Nutzungssysteme. – Z. geol. Wiss. 39: 39–57.
Stolz, C. (2008): Historisches Grabenreißen im Wassereinzugsgebiet der Aar zwischen Wiesbaden und Limburg. – Geol. Abh. Hessen 117: 1–138.
Strauß, M. (1997): Inkohlungsuntersuchungen an einem Profil im südlichen Taunus. – 88 S., Dipl.-Arbeit TH Aachen (unveröff.).

Struve, W. (1962): Einige Trilobiten aus dem Ordovizium von Hessen und Thüringen. – Senckenbergiana lethaea 43: 151–180.
Struve, W. (1973): Die ältesten Taunus-Fossilien. – Natur u. Museum 103: 349–359.
Struve, W. (1975): Die ältesten Fossilien Hessens. – Natur u. Museum 105: 268–282.
Suppe, J. (1983): Geometry and kinematics of fault-bend folding. – Am. J. Sci. 283: 684–721.
Tecklenburg, T. (1889): Handbuch der Tiefbohrkunde, 3: Das Diamantbohrsystem. – VIII, 153 S.; Berlin.
Theobald, G. & Rössler, C. (1851): Uebersicht der wichtigsten geognostischen und orgetognostischen Vorkommnisse der Wetterau und der zunächst angrenzenden Gegenden. – Jber. Wetterauer Ges. ges. Naturkd. 1850/51: 75–195.
Thews, J.-D. (1965): Die im Kreisgebiet gewinnbaren Grundwassermengen. – In: Main-Taunus-Kreis, Kreisentwicklungsplan, Beih. 8, Wasserversorgung und Abwasserbehandlung, S. 45–67; Frankfurt a.M.
Thews, J.-D. (1977): Die Mineralwasservorkommen im Rheingau/Hessen. – Geol. Jb. Hessen 105: 185–210.
Thews, J.-D. (1996): Erläuterungen zur Geologischen Übersichtskarte von Hessen 1:300 000 (GÜK 300 Hessen), Teil 1: Kristallin, Ordoviz, Silur, Devon, Karbon. – Geol. Abh. Hessen 96: 1–237.
Thiemeyer, H. (1988): Bodenerosion und holozäne Dellenentwicklung in hessischen Lößgebieten. – Rhein-Main-Forsch. 105: 1–174.
Tommaseo, C. & Kersten, M. (2001): EXAFS spectroscopy of innersphere Si sorption by hydrous ferric oxides. – Ber. Dt. Min. Ges., Beih. Eur. J. Min. 13: 188.
Tommaseo, C., Schwenzer, S.P. & Kerstsen, M. (2000): As speciation in waters and on goethite precipitates of the Wiesbaden thermal spa. – Ber. Dt. Min. Ges., Beih. Eur. J. Min. 12: 215.
Toussaint, B. (2013): Die Wiesbadener heißen Quellen – wo sind sie geblieben, woher kommen Salz und Wärme? – Jb. nass. Ver. Naturkde. 134: 5–80.
Turk, P.-G., Lohse, H.-H., Schürmann, K., Fuhrmann, U. & Lippolt, H.J. (1984): Petrographische und Kalium-Argon-Untersuchungen an basischen tertiären Vulkaniten zwischen Westerwald und Vogelsberg. – Geol. Rdsch. 73: 599–617.
Twiss, R.J. (1977): Theory and applicability of a recrystallized grain size paleopiezometer. – Pure Appl. Geophys. 115: 227–244.
Umweltamt Wiesbaden (Hrsg.) (2003): Der Schatz aus der Tiefe. Ein Spaziergang zu den Thermalquellen in Wiesbaden. – 26 S.; Wiesbaden.
Unfricht, M. & Zsótér, M. (1987): Der Werlau-Wellmicher-Gangzug. Geschichte. – Emser Hefte 8(3): 11–38.
Wagner, T. (1999): Spätvaristische hydrothermale Mineralisationen im Rheinischen Schiefergebirge. – Freiberger Forschungsh. C478: 1–194.
Wagner, T., Kirnbauer, T., Boyce, A.J. & Fallick, A.E. (2005): Barite-pyrite mineralization of the Wiesbaden thermal spring system, Germany: a 500-kyr record of geochemical evolution. – Geofluids 5: 124–139.
Wagner, W. & Michels, F. (1930a): Erl. geol. Kte. Hessen 1:25 000, Bl. Bingen-Rüdesheim, 167 S.; Darmstadt.
Wagner, W. & Michels, F. (1930b): Geol. Kte. Hessen 1:25 000, Bl. Bingen-Rüdesheim; Darmstadt.

Weber, K. (1972): Kristallinität des Illits in Tonschiefern und andere Kriterien schwacher Metamorphose im nordöstlichen Rheinischen Schiefergebirge. – N. Jb. Geol. Paläont. Abh. 141: 333–363.

Weber, K. (1978): Das Bewegungsbild im Rhenoherzynikum – Abbild einer varistischen Subfluenz. – Z. dt. geol. Ges. 129: 249–281.

Weber, K., Anderle, H.-J. & Meisl, S. (1980): Guide to excursion (Rheinisches Schiefergebirge, April 12–14, 1980). International Conference on the Effect of Deformation on Rocks, 65 S.; Göttingen.

Weck, R.A. (1994): Tektonik und Anchimetamorphose im südöstlichen Rheinischen Schiefergebirge (Lahnmulde/Taunus-Antiklinorium). – VIII, 158 S., Diss. Univ. Gießen.

Weddige, K. & Requadt, H. (1985): Conodonten des Ober-Emsium aus dem Gebiet der Unteren Lahn (Rheinisches Schiefergebirge). – Senckenbergiana lethaea 66: 347–381.

Wedepohl, K.H., Meyer, K. & Muecke, G.K. (1983): Chemical composition and genetic relations of Meta-Volcanic rocks from the Rhenohercynian Belt of Northwest Germany. – In: Martin, H. & Eder, F.W. (Hrsg.): Intracontinental Fold Belts, S. 231–256, Berlin, Heidelberg (Springer).

Weidenfeller, M., Requadt, H., Hottenrott, M., Krause, C. & Schäfer, P. (1993): Das Marienfelser (Miehlener) Becken im Känozoikum (Hintertaunus, Rheinisches Schiefergebirge). – Mainzer geowiss. Mitt. 22: 99–140.

Wenckenbach, F. (1861): Beschreibung der im Herzogthum Nassau an der Lahn und dem Rhein aufsitzenden Erzgänge. – Nass. naturwiss. Jb. 16: 266–303.

Wendler, R. (1971): Magnetische Strukturen im südlichen Hessen. – Notizbl. hess. L.-Amt Bodenforsch. 99: 373–382.

Wenndorf, K.-W. (1990): Homalonotinae (Trilobita) aus dem rheinischen Unterdevon. – Palaeontographica, Abt. A, 211: 1–184.

Wenz, W. (1914): Grundzüge einer Tektonik des östlichen Teiles des Mainzer Beckens. – Abh. Senckenb. naturforsch. Ges. 36: 73–107.

Werding, L. (1967): Kalkig entwickeltes Mittel- und Oberdevon im östlichen Taunus. – Senckenbergiana lethaea 48: 147–161.

Werner, D. & Doebl, F. (1974): Geothermal anomalies and consequences for diagenesis and thermal waters. – In: Illies, J.H. & Fuchs, K. (Hrsg.), Approaches to Taphrogenesis. Inter-Union Commission on Geodynamics, Sci. Rep. 8: 182–191, Stuttgart (Schweizerbart).

Werner, R. (1977): Geomorphologische Kartierung erläutert am Beispiel des Blattes 5816 Königstein im Taunus. – Rhein-Main. Forsch. 86: 1–164 S.

Werner, W. (1988): Synsedimentary Faulting and Sediment-Hosted Submarine Hydrothermal Mineralization – A Case Study in the Rhenish Massif, Germany. – Göttinger Arb. Geol. Paläont. 36: 1–206.

Werner, W. (1989a): Contribution to the genesis of the SEDEX-type mineralizations of the Rhenish Massif, Germany – implications for future Pb-Zn exploration. – Geol. Rdsch. 78: 571–598.

Werner, W. (1989b): Synsedimentary Faulting and Sediment-Hosted Submarine- Hydrothermal Mineralization in the Late Paleozoic Rhenish Basin (Germany). – Geotekt. Forsch. 71: 1–305.

Werner, W. (1990): Examples of structural control of hydrothermal mineralization: Fault zones in epicontinental sedimentary basins – A review. – Geol. Rdsch. 79: 279–290.

Weyl, R. (Hrsg.) (1980): Geologischer Führer Gießen und Umgebung, 2. Aufl., neubearb. v. F. Stibane, 193 S.; Gießen.

Wierich, F. (1999): Orogene Prozesse im Spiegel synorogener Sedimente – Korngefügekundliche Liefergebietsanalyse siliziklastischer Sedimente im Devon des Rheinischen Schiefergebirges. – Marburger Geowiss. 1: 1–244.

Wiesner, J. (1949): Die Mineral-Quellen von Bad Soden. – 33 S.; Bad Soden.

Winchester, J.A. & Floyd, P.A. (1977): Geochemical discrimination of different magma series and their differentiation products using immobile elements. – Chem. Geol. 20: 325–343.

Winkelmann, M. (1997): Palynostratigraphische Untersuchungen am Südrand des Rheinischen Schiefergebirges (Südtaunus, Südhunsrück). – VII, 164 S.; Diss. Univ. München.

Winkler, H.G.F. (1979): Petrogenesis of Metamorphic Rocks. – 5. Aufl., 348 S., Berlin, Heidelberg (Springer).

Wirth, H. (1957): Beitrag zur Geologie des Vordertaunus im Gebiet von Eppenhain. – 52 S., Dipl.-Arbeit Univ. Frankfurt (unveröff.).

Wirth, H. (1960): Stratigraphische und fazielle Untersuchungen im Vordertaunus. – Notizbl. hess. L-Amt Bodenforsch. 88: 146–166.

Witte, W.(1926): Die Eisen- und Manganerzlagerstätte bei Oberrosbach, Provinz Oberhessen. Ein Beitrag zur Kenntnis der Verwitterungslagerstätten und zur Tektonik des Rheinischen Schiefergebirges an seinem Ostrande. – N. Jb. Min. Geol. Paläont. 53, A: 271–322.

Yoder, H.S. & Eugster, H.P. (1955): Synthetic and natural muscovites. – Geochim. Cosmochim. Acta 8: 225–280.

Zeiler, P. & Wirtgen, P. (1851): Singhofen. – Jb. Ver. Naturkde. Herzogthum Nassau 7: 285–292.

Ziegler, P.A. (1987): Late Cretaceous and Cenozoic intra-plate compressional deformations in the Alpine foreland – a geodynamic model. – Tectonophysics 137: 389–420.

Ziegler, P.A. (1988): Evolution of the Arctic-North Atlantic and the western Tethys. – Mem. Am. Ass. Petrol. Geol. 43: 1–196.

Zöller, L. (1983): Das Tertiär im Ost-Hunsrück und die Frage einer obermitteloligozänen Meerestransgression über Teile des Hunsrücks (Rheinisches Schiefergebirge). – N. Jb. Geol. Paläont. Mh. 1983: 505–512.

Zurru, M. & Kruhl, J.H. (2000): Die Loreley. Steinalt und faltig – jung und schön! Geologie und Landschaftsentwicklung im Herzen des Rheinischen Schiefergebirges. – 70 S., Garching (Selden u. Tamm).

Sachregister

(zusammengestellt von Hans-Jürgen Scharpff)

Bei Themenkreisen mit hoher Zahl zusammengehörender Begriffe wird nach Oberbegriffen (z. B. Deformation, Fossilien, Grundwasser/Hydrogeologie, Grundwasser/Mineralwasser, Minerale, Quarz, Schiefer etc.) und Unterbegriffen (Einzelarten und Typzuordnung mit Spiegelstrichen) unterschieden.

Aartal-Sattel 16, 22
Aar-Terrasse 224
Absenkung 61
Abspülungsprozesse 8
Abtragung, holozäne 82
Achsenebene 120, 126, 141, 147, 158
Achsenfallen 171, 190, 195, 200
Achsenfläche 25, 98
Achsengefüge 162, 164, 173
Achsenlage 177
Ackerterrassen 8, 11
Adorf, Adorfium 53, 54, 220
Adorf-Kellwasser-Event 220
Akratothermen 130
Alkalirhyolith 36
Alleröd 83, 203
allochthoner Scherkörper v. Nordrand Gondwanas 50, 51, 53
Almendeland 160
Alpenfaltung 222
Altersbestimmung
– Alter, absolut 9, 17, 34, 37, 55, 72, 74, 79, 103, 106, 109, 115, 133
– Alter der Basalte 59, 60
– Altersdaten, palynologische 14
– Bleiisotope 68
– C/O Isotopenuntersuchungen 75
– Isotope 66, 68, 70, 74
– K/Ar-Alter Gießen-Decke 53, 55
– K/Ar-Altersdatierung 37, 38, 53, 55, 68, 72, 79, 110, 130
– Mineralisationsalter 64, 68, 79, 130, 133
– Quartärbeginn 9
– Rb/Sr-Altersdatierung 68
– Sm/Nd-Altersdatierung 74
– U/PB-Altersdatierung 115
– Zerrklüfte, Bildungsalter 74
Alttertiär 55, 79, 145, 223
Altvariskische Bewegungen 52
Altwürm 225
Anchimetamorphose 27
Andreasteich-Quarzit-Formation 51
Anker (Sicherung) 143
Anwachssäume, synkinematische 110
Apophysen 106, 107, 120
Arenberg-Formation 55, 56, 57, 58, 60, 62, 200, 201, 219, 224, 225, 226
Arenberg-Mächtigkeit 58
Arenig 31
Armorika 31
Artefakte 103
Äskulapnatter 131
asymmetrische Formen (Falten, Tallagen) 8, 10, 16, 23, 24, 84, 105, 106, 110, 114, 119, 120, 158
Attenhausen-Formation 209
Auenlehm 10, 11, 86

Sachregister

Aufarbeitungsniveau 205, 212
Aufrichtung der Schichtenfolge 136
Aussichtspunkte 7, 112, 137, 172, 210, 215, 224, 235
Autochthon 15, 53, 55, 227, 230, 233, 234
Autochthon der Lahn-Einheit 234
Avalonia 14, 15, 31, 133

Bäche, kaltzeitlich 10
Badewesen
– Aeskulap-Therme Schlangenbad 132
– Badewesen 102, 118, 124
– Heilanzeigen (Bäder) 132, 146
– Kurbetrieb 118
– Thermalbad 118, 132
Ballen/Kissenstrukturen (*ball-and-pillow*) 45, 47, 136, 137, 151, 153, 155, 156, 175, 191, 194, 196, 197, 198, 199, 207, 218
Barytrosen 80
Basalt
– Basalt 18, 54, 58, 59, 106, 107, 108, 113, 128, 227, 228, 235
– Basaltdecke 64
– Basaltdurchbrüche 145
– Basaltgänge 58, 60, 106
– Basaltglas-Grundmasse 106
– basaltische Einzelformen 38, 58, 60, 83, 84, 106, 107, 225
– Basalt-Konzentrationen 58
– Basaltkuppe 128
– Basaltlava 218
– Basaltschlote 106
– Basaltstrom 229
– Basalt, vergrünt 228
– Basaltvorkommen 58, 60, 62, 105, 128
– MOR-Basalte 54, 227
Basanitischer Nephelinit 128
Basisüberschiebung der Gießen-Decke 234
Bausteinverwendung. 161
Beckenlandschaft 7, 84, 86, 224
Beckensedimente 15, 66

Bergbau
– Basaltabbau 106
– Bergaufsicht 141
– Bergbau, Bergbauspuren 50, 57, 65, 66, 68, 69, 106, 109, 110, 141, 154, 192, 208, 218, 222, 234
– Dachschieferbergbau 25, 276
– Erzbergbau 77
– Gold (Schurf-Verleihung) 71
– Pingen 236
– Schächte 52, 108, 123, 127, 141, 154, 166, 188, 218
– Schachtpinge 154, 191, 218
Besenstruktur d. Klüftung 172
Besteg 67, 197, 208
Beuerbach-Subformation 30, 48, 159, 162, 174
Bewegungsmerkmale 61, 62, 79, 109, 114, 120, 121, 132, 144, 151, 154, 174, 188, 198, 230
Biebricher Aufschiebung 66, 69, 213
Bierstadt-Phyllit-Formation 14, 31, 156
Bilanzierte Querprofile 18, 20, 38, 41, 99
Bildungsdrücke 68, 73
Bildungstemperaturen 68, 73, 74, 78
Bimsscherben 206, 207, 208
Bindemittel (Quarzit-) 133, 135
Bioklasten 46, 213, 235
Biosparit 51
Biostratigraphie 12, 13
Bitumenkoks 30
Blockdiagramme 110
Boden/Bodentyp
– Basislage des Bodens 82, 84, 85
– Bioturbation 45, 151, 180
– Böden 10, 81, 84
– Bodenbildung, fersialitische 85
– Bodenkarten 87
– Boden, letztinterglazialer 225
– Bodenverlust 86, 87
– Bruchköbeler Böden 224
– Bt-Horizont 224
– Fließerde 82
– Fossile Bodenreste 86

Sachregister

- Frostmusterboden 84
- Gelisolifluidale Deckschicht 83
- Hakenschlagen (Boden) 81, 82, 85
- Kaolin, Kaolinisierung 46
- Kolluvium 81, 84, 86, 224
- Kryoturbation 10, 81, 82, 85, 86
- Lockerbraunerde 84
- Lohner Boden (Mittelwürm) 224
- Lößböden 86, 172, 224, 225
- Mittellage des Bodens 82
- Mixed-layer-Zone 85
- Moder/Rohhumus 85
- Mosbacher Humuszonen 225
- Mull (Humus) 86
- Mulm 50
- Nassböden 224
- Oberboden 85
- Parabraunerde 10, 84, 86, 203, 224
- Podsol 84
- Pseudogley 86
- Ranker 84
- Rigosol 87
- Rosseln 84
- Schwarzerde (Tschernosem) 86
- Sickerwasser i. Hangschutt 88
- Solifluktion 10, 81–86, 203
- Staunässe 85
- Tiefumbruchböden 85, 87
Böhmen 45, 236, 237
Bohrkernlager des HLNUG 156
Bohrungen
- Bohrpfähle 117
- Bohrungen 24, 28, 31, 38, 57, 58, 61, 88, 89, 96, 97, 98, 102, 103, 104, 116, 117, 122, 124, 130, 160, 218
Boppard-Dausenauer Überschiebungszone 66, 67
Boppard-Görgeshausener Überschiebungszone 72
Bornich-Schichten 15, 150, 155
Bornich-Subformation 16, 22, 45, 142, 144, 145, 147, 151, 154, 155, 156, 158, 159
Bouma-Sequenz 232
Braunkohle 117

Brekzien
- Brekzie 76, 77, 166, 170, 222, 227
- Hyaloklastische Brekzie 218, 227, 229
- Schlotbrekzie 106
- Störungsbrekzie 174
Brockentuff 107
Brom, Beleg f. Sole-Wanderung 96
Bruchberg-Scherrnholz-Überschiebung 173, 174
Brunnen
- Bohrbrunnen 88, 89, 138
- Bohrbrunnen-Ergiebigkeit 89
- Brunnen 89, 90, 96, 102, 122, 123, 124, 125, 127, 130, 146, 166, 172, 218
- Brunnenbohrung, Tiefbohrung 62, 131, 172, 193, 195
- Brunnendaten 93, 96
- Brunnenstandorte, günstigste 90, 91
- Brunnenstandort-Findung 89
- Grundwassermessstellen 90
Bunte-Schiefer-Formation 12, 15, 16, 17, 19, 26, 37, 41, 87, 99, 122, 128, 129, 130, 135, 136, 137, 138, 139

Caradoc 51
Chattium 57
Chloritisierung 46
Chloritthermometrie 67
cold working 119
Cordierit-Sillimanit-Gneis 107
crack-seal-Gefüge 74
Crinoidenkalk 214
Cyrenenmergel 57, 101

Daisbach-Hennethal-Störung 155
Dalmaniten-Sandstein 235
Darustwald-Schichten 44
Dazit, Rhyodazit 34
DB-Neubaustrecke 19, 33
debris flow 54
Deckenbewegung 229
Deckennatur Gießener Grauwacke 53
Deckenüberschiebung 229
Decken- und Schuppenstapel 78

278 Sachregister

Dedolomit 75
Deformation
– Bruchschollen, -Tektonik 9, 60, 61, 62, 64, 137
– Bruchstaffel 111
– d1-Achsen 187
– D1-Deformation 68, 69, 71, 187
– D2-Deformation 68, 69, 71, 146, 171
– Defomation, niedrig (*penetrative strain*) 229
– Deformationsgefüge 69, 174
– Deformationslamellen 53, 54
– Dehnungsstrukturen, -klüfte, -risse 126, 151, 227
– Einengungstektonik 219
– Falten 1. Deformation 147, 148
– Falten 2. Deformation 23, 25, 121, 147, 148, 149, 165, 167, 177, 188, 194
– Flexur(-Zonen) 132, 139, 147, 187
– Hauptdeformation (D1) 16, 68, 70
– Interndeformation 53, 54
– Rückfalte 16, 25
– Rückrotation 69
– Runzellinear 105, 135
– s1 17, 23, 63, 67, 68, 70, 71, 72, 101, 105, 109, 119, 120, 144, 146, 147, 150, 158, 164, 165, 167, 169, 170, 171, 174, 175, 177, 188, 191, 194
– s1/s2 17, 23, 68
– Sattel 22, 130, 145, 151, 154, 155, 167, 174, 178, 183, 187, 233
– Schichtdeformationen, synsedimentär 21, 49, 66, 167, 211
– Tektonische Riffelung 210
– Variskische Deformation 16, 74
– Verwerfung 58, 63, 121, 147, 185, 187, 189, 203, 226
– Zwischendeformation D1/D2 69
Delle, morphol. 10, 86
Delta-Achsen 143, 155, 165, 166, 167, 183, 188, 193, 194
Detritusanalyse 37, 46, 133
Diabas
– Deckdiabas 68

– Diabas 53, 54, 142, 188, 199, 228, 229, 230, 233
– Diabas-Gänge 142
– Diabaskomponenten 227
– Diabas-Mandelstein 233
– Diabas, phacoidischer 227
Diagramme 162, 173, 174
Dickschieder Diagonalsprung 142
Disharmonische Falten 98, 141, 158, 205, 219
Diskordanz (auch primär sedimentäre) 199, 207
D-Kluft-Maximumflächen 141
Dolomit 51, 75, 77, 78, 222, 236
– Mangan 75
Dolomitisierung 75, 78
Dolomitisierungs-Zonen 222
Dolomit, metasomatisch 75
Drucklösung 25, 52, 111, 119, 133
Druckschatten, -höfe 106, 111, 114, 115, 126
Dryas 83
Duplex (Schuppenstapel) 16, 17, 41, 54, 126, 130, 132, 139, 235

Ebene der Hauptkluftmaxima 128
Edelsplitt 201
Ehrental-Schichten 199
Eifel (Gebirge) 56
Eifel-Stufe 65, 234
Einschlüsse 30, 77, 79, 106, 109, 184, 188
Einsprenglinge 36, 37, 47, 98, 101, 104, 105, 106, 109, 115, 121, 167, 204, 206, 207
Eisenbahnstrecke Grävenwiesbach 198
Eisenbahn-Tunnel 16, 19, 22, 28, 31, 38, 59
Eisen (III)-Hydroxid 117
Eltviller Tuff (Tephra) 81, 83, 84, 85, 224, 225
Emser Tönnchen 67
Emsquarzit 15, 44, 48, 66, 161, 162, 174, 195
Emsquarzit-Formation 48, 87, 162

Sachregister

Emstal-Störung 136
Endokarst 222
Entwässerungsstrukturen 140
Eozän 56, 59, 106, 128, 223
epiklastisch 46, 213
Epimetamorphe Gesteine 136
Eppenhainer Mélange 113
Eppsteiner Scherzone 27, 71
Eppstein-Formation 14, 26, 28, 37, 95, 110, 111
Erdbacher Kalk 219, 220
Erdbeben 216, 220
Erdfall 224
Erdkruste 8, 9, 20, 65, 216
Ergeshausen-Formation 206
Erosionsreste d. Gießen-Decke 198
Erosionstäler, steile 131
Eruptivgesteins-Bänderung 109, 115
Eruptivgesteinsstruktur 121
Erz
– Antimonfahlerz (Tetraedrit) 166
– Arsenopyrit 74
– Bleierz 191
– Bleiglanz 67, 76, 77, 154, 166, 188, 191
– Bleiglasur 77
– Brauneisen-Bestege 129, 142, 200
– Brauneisenerz 109, 142
– Buntkupferkies 34, 108
– Buntmetallerz 70, 74, 79
– Buntmetallerzgänge 70, 74
– Chalkopyrit 70, 71, 73, 74, 76, 77, 108, 117
– Eisenkiesel 103, 109, 214, 226
– Eisen-Mangan-Erz 50, 222
– Eisenoxide und -hydroxide 103
  Eisenschwarten 214, 215
– Erze auf Trümern 70
– Erzgänge 66
– Erzgefüge, striemig 67
– Erzsattel 67
– Fahlerz 34, 67, 75, 77, 108, 117
– Fe/Mn-Oxidkruste 136
– Flusseisenstein 226
– Fördermenge 66

– Glasurbleiglanz 166
– Gold 71
– Hämatit (Eisenglanz, Roteisenstein) 70, 71, 74, 75, 85, 98, 100, 105, 108, 109, 119, 129, 135, 218, 222, 226, 234
– Konzentrat (Pb, Cu, Zn) 166
– Kupfererz 34, 108, 115
– Kupferkies 34, 67, 76, 108, 117, 166
– Kupfermineralisationen 71
– Magnetit 68, 106, 107, 218
– Magnetkies 107
– Manganerz 50
– Manganoxidbestege (-Krusten) 129, 184, 225
– Massivsulfid-Lagerstätten 66
– Nester 204
– Opakes Erz/Körner 46, 214
– Pb-Zn-Cu-Erzgänge 66, 75, 76, 77, 78
– Pyrit 38, 65, 67, 70, 71, 73, 74, 77, 80, 103, 115, 117, 142, 166, 199, 204, 218
– Roherz 66
– Rotkupfererz 226
– Salbänder 69, 71, 72, 73, 79, 108, 109, 169, 170, 184
– Schwefelkies 51, 117, 236
– Silber 67, 77, 154, 166
– Sulfiderz 66, 68
– Verhüttung 11
Erzgebirgische Strukturen 52
Erzlagerstättentyp
– Holzappel-Werlauer Gangtypus 67
– Mineralisationstyp 78, 222
– Sulfid-Baryt-Mineralisationen 66
– Typ Birkenkopf 68, 74
– Typ Lahn-Dill 226
– Typ Lindener Mark 50, 75
– Typ Meggen/Rammelsberg 66, 68
– Typ Rio Tinto 66
– Vererzungstyp 67, 77

Falte, Faltung
– Faltenscheitel 174
– Falten-/Schichtenumbiegung 136

- Faltenumbiegung 147
- Falte, störungsgebogen (*fault-bend fold*) 16, 22, 151, 182
- Faltung 53, 55, 110, 142, 150, 159, 174, 205
- Faltung intrafolial 115
- Fließfalten 36, 109
- Homoaxiale synkristalline Falten 147, 230
- Kleinfalten 98, 120, 138, 159, 169, 186, 187, 200
- Rückfalte 16, 25
- Schleppfalte 17, 22, 165, 185
- Überkippte Falte 53, 54
Famenne 54, 233, 234
Farbstreifung 101, 115
Fazies
- Alluvialfläche 15
- Auftauchbereich 21, 49, 140
- Beckenelemente 7, 15, 21, 49, 56, 62, 63, 66, 100, 151
- Belastungsstrukturen 140
- Brandungsmerkmale 128
- Fauna, böhmische 45, 235, 236
- Festland 8, 54
- Festlandzeit Kreide-Tertiär 55
- Flachmeer-Ablagerungen 14, 15, 48, 199
- Flachwasserablagerung, rheinisch, marin 51
- Fluviatile Sedimente 10, 55, 56, 57
- Gezeitenmerkmale 15, 43, 44, 48, 172, 205, 237
- Hindernismarken 140
- Hochflutablagerungen 81, 82
- Hochgebiet (Sedimentations-) 45
- Höhlendecke 222
- Höhlensedimente (Paläozän) 55, 78, 219, 222
- Hunsrückschiefer-Fazies 71, 72, 78
- Kolk 140
- Küstendelta 15
- Lagune 220
- Luv-Lee-Effekt (Löß-Ablagerung) 84
- Meeresspiegel-Höhen 15, 44, 55, 57, 220
- Mikrofaziesanalyse 237
- Neritische Elemente 48, 234
- Olisthostrom 50
- Ozean, rhenohercynisch 15
- Rieselmarken 140
- Rinnenstrukturen 48, 140, 179
- Rutschung, submarin 46
- Schelfsedimente, rhenohercynisch 234, 235
- Schwemmfächer 86
- Sedimente, Küstenferne 15
- Sedimente, Küstennähe 15, 57
- Stillstands-Tone, Tiden-Fazies 45
- Strömungen, bodenberührend 205
- strömungsintensive Zeit 15, 151
- Strömungsregime 140
- Strömungsstreifung 140
- Sturmmerkmale 43, 48, 140, 205
- Submariner Vulkanismus 226
- Submarines Relief 66
- Taunus-Insel 21
- Tiefenwasser-Neubildung 95
- Tiefschwelle, Ozean- 214
- Transportrichtung (Strömungen) 206
- Turbidit 50, 53, 54, 232
- Turbidit-Gradierung, Schichten- 117, 179, 232
- Vulkaninseln 21, 49, 66
- Wissenbacher Fazies 66
- Wissenbacher Schiefer 65
Fe-Dolomit 75
Fels-Einschlüsse aus Oberem Erdmantel 107
Felsklippen, Felswände 45, 83, 98, 101, 105, 109, 111, 119, 121, 122, 129, 135, 137, 142, 143, 147, 148, 150, 151, 158, 159, 165, 166, 168, 169, 170, 171, 176, 177, 178, 179, 181, 184, 185, 186, 189, 191, 192, 193, 194, 195, 197, 205, 206, 209, 211, 215, 218, 227
Felsokeratophyr 25, 36, 70, 101, 107, 109

Sachregister

Fe-Mg-Ca-Karbonate 73
Feuerfestindustrie 139
Fiederspalten 137
finite-neutral-point 187
Flächenpole 171
Flächenschar 105
Flaserschichtung 196
Flowerstruktur 22
Flugsand 81
Fluide, Fluidsysteme 68, 73, 78
Fluidvermischung 73, 76
Flüssigkeitseinschlüsse 25, 67, 73, 77, 79
Foliation 119
Formation de Noulette 133, 134
Fossilien
– Acritarchen 14, 24, 31
– *Acrospirifer primaevus* 42, 44
– Agnathen 41, 44
– Algenformen 56, 223
– *Arduspirifer* 172, 189, 199
– Armklappen 198, 199
– *Atrypa gedinniana* 134
– *Bellerophon lineatus* 220
– *Bembexia alta* 211
– Brachiopoden (-Schill) 15, 38, 40, 48, 52, 134, 158, 188, 196, 198, 219, 220, 234, 235, 236, 237
– Bryozoen 235, 237
– „*Camarotoechia*" *aequicostata* 134
– *Camarozonotriletes sextantii* 165
– Cheiruridae 237
– *Cheirurus* (*Crotocephalina*) cf. *gibbus* 235
– Choneten 180, 181, 194, 198, 199
– *Chonetes semiradiata* 142
Conodonten 53, 54, 213, 214, 218, 220, 222, 233, 235
– Crinoiden 156, 172, 178, 188, 194, 196, 211, 219
– Cypricardellen-Bänke 48
– *Cyrtina intermedia* 211
– *Cyrtospora cristifera* 38
– *Dayia navicula* 40
– *Dayia shirleyi* 15, 39, 40, 134

– *Dayia tenuisepta* 40
– *Delthyris dumontiana taunica* 134
– *Delthyris dumontianus* 15
– *Digonus rudersdorfensis* 44
– *Duplopollis golzowense* 223
– *Emphanisporites annulatus* 165
– *Euryspirifer assimilis* 198, 211
– Euryspiriferen 198
– *Euryspirifer paradoxus* 49
– *Fascistropheodonta sedgwicki* 44
– Fauna, benthonisch 51
– Faunenlinsen 155
– Fischreste 44
– Flankenfloren (Mikrofloren) 223
– Foraminiferen 57
– Fossilfundort 51, 184, 188, 195
– Fossilhohlräume 188
– Fossillagen 177, 180, 181, 183, 193, 221
– Fossilquerschnitte 129
– Fossilschalen, -schill 180, 181
– *Goniophora curvatolineata* 44
– *Goniophora schwerdi* 211
– Grabgänge 156, 172, 199, 205
– Graptolithen 52, 134, 236
– Großphacoid 235
– *Guerichina* cf. *africana* 237
– *Hysterolites crassicostatus* 199
– *Hysterolites hystericus* 44
– *Icriodus* 213
– *Istrograptus transgrediens* 52
– Korallen 134, 219, 235
– *Leiosphaeridia* 31
– *Leptostrophia explanata* 211
– *Lophosphaeridium* 31
– *Macrochilina schlotheimi* 220
– *Mecynodus carinatus* 220
– *Megalodus abbreviatus* 220
– *Meganteris ovata* 199
– Mikrofauna 200
– Mikroflora 56, 165, 230
– Mikrofloren von Hahnstätten 56, 223
– Mollusken-Schill 219
– *Murchisonia bilineata* 220
– Murchisonoidea 220

– *Mutationella barroisi* 134
– *Mutationella schindewolfi* 211
– Mutationellen 206
– *Nonion nonionoides* 57
– *Nowakia acuaria* 237
– *Nowakia* aff. *praecursor* 45
– *Nuculites persulcatus* 211
– *Oligoptycherhynchus daleidensis* 199
– *Oligoptycherhynchus hexatomus* 49, 213
– *Oligoptyherhynchus daleidensis* 211
– *Olkenbachia* sp. 211
– Orthoceren 236
– Ostrakoden 51, 188, 236, 237
– *Paffrathopsis subcostata* 220
– Pflanzenfunde 54
– Phacopidae 237
– *Phacops ferdinandi* 142
– *Platyorthis verneuli* 134
– *Plebejochonetes semiradiatus* 172, 211
– *Plebejochonetes semiradiatus plebejus* 172, 211
– *Pleurodictyum problematicum* 199, 211
– Pollen 56, 223
– Pollenbild, Brandenburger 56, 223
– Pollenbild, Hannoversches 56, 223
– Pollenbild, Viersener 223
– *Polygnathus laticostatus* 213
– *Pompeckjoidaepollenites subhercynicus* 223
– *Pristiograptus dubius* 52
– *Proschizophoria personata* 44
– *Pteraspis* 41
– *Pteronites longialata* 44
– *Reedops* cf. *sternbergi* 235
– *Rhenorensselaeria crassicosta* 42, 44, 224
– Rynchonelliden 51
– Scaphopoden 219
– Schalenbänke 45, 48, 151
– Schalenpflaster 180
– Scutelluidae 237
– Seelilien 219, 220

– *Shaleria rigida* 134
– *Spirifer arduennensis* 142
– *Spirifer micropterus* 142
– *Spirifer primaevus* 224
– Sporenflora 38, 41, 42, 56, 221, 223
– Sporomorphen 57
– *Stelliferidium* 31
– *Stephanoporopollenites hexaradiatus minnaensis* 223
– Stielklappen 198, 199
– *Stringocephalus* sp. 220
– *Subcuspidella incerta* 142
– *Tenuicostella tenuicosta* 211
– *Tolmaia erecta* 211
– Trilobiten 51, 52, 235, 236, 237
– *Uncites gryphus* 220
– Vertebratenreste 42
– *Zaphrentis* 142
Frachtsonderung 198, 199
Frankental-Mulde 23
Frasne 53, 54, 234, 235
Frittung 142
Füllungsrichtung der Spalten 73

Gabionen 191
Gänge
– Baryt-Gangmineralisationen 68
– Basaltgänge 58, 60, 106
– Bestege 67, 197, 208
– Calcitgänge 71
– Diabas-Gänge 142
– Emser Gangzug 66, 68
– Emser Hauptbesteg 79
– Fächerstellung d. Pseudomorphosenquarz-Gänge 76
– Gangarten 67, 76, 77
– Gänge 58, 66, 67, 68, 70, 75, 76, 77, 78, 79, 88, 109, 123, 162, 166, 169, 170, 171, 184, 188, 191, 192, 216
– Gangfüllung 67, 69
– Gangmineralisation 69, 79
– Gangmittel 66, 69
– Gangspalte 192
– Gangstrecke 191
– Gangsysteme 90

Sachregister

- Gangtrümer 69, 70, 71
- Gangtyp 77, 78
- Gangzug 67, 68
- Holzappel-Werlauer Gangtypus 67
- Kappenquarzgang 192, 193
- Länge der Gangzüge 76
- Metabasalt-Gang 68
- Pseudomorphosenquarz-Gänge 64, 75, 76, 77, 78, 79, 101, 108, 136, 168, 170, 171, 184
- Quarz-Ankerit-Gänge 75, 77, 78
- Quarzgänge 62, 67, 68, 75, 76, 77, 78, 79, 90, 101, 108, 130, 170, 192, 193
- Quarzgänge mit Pb-Zn-Cu-Erzen 75, 76, 77, 78
- Schwerspatgang 105
- Siegerland-Emser Gangtypus 67
- Usinger Quarzgänge 76, 77, 79

Gasdurchlässigkeit Erdmantel u. -kruste 216
Gastropodenfauna, mitteldevonisch 220
Gedinne 12, 26, 41, 130, 133
Gefügediagramme 173
Gefügemerkmale 65, 129
Gegenvergenz 129
Gesenk 191
Gesteinseinschlüsse 107
Gießen-Decke 14, 15, 32, 51, 52, 53, 54, 97, 198, 227, 228, 229, 234, 235
Gießener Grauwacke 52, 53, 54, 72, 76, 227, 230, 231, 232
Givet-Adorf-Phase 209, 220, 233
Glasherstellung 76
Glimmerdiorit 107
Gneis 36, 68, 91, 97, 101, 102, 105, 107
Goethe, J.W.v. 101
Gondwana 14, 50, 51
Göttinger und Gießener Schulen 53
Grabstein-/Mühlstein-Steinbruch 171
Graphit aus organischer Substanz 155
Graphit-Reflexionswerte 29, 30
Graukalk 75
Grauwacke 37, 52, 54, 55, 229, 230, 231, 234, 235

Grenzsteine Großherzogtum Darmstadt/Herzogt.Nassau 191
Grillplatz 148, 165, 167, 179, 180, 184, 208, 230
Großeinheiten, tektonische
- Bopparder Doppelmulde 66
- Breithardt-Senke 9
- Butzbacher Becken 64
- Elzer Graben 62
- Ems-Dombach-Scholle 63, 135, 136, 167, 169
- Feldberg-Pferdskopf-Scholle 7, 40, 60, 64, 136, 137, 169, 170, 175, 178
- Hahnstätter Mulde 65
- Hohe-Wurzel-Horst 60
- Homburger Bucht 64, 122
- Homburger Graben 122
- Hornauer Bucht 64
- Horst von Oppershofen 64
- Idsteiner Senke 4, 7, 8, 9, 44, 45, 60, 61, 62, 63, 64, 76, 84, 90, 105, 108, 164, 166, 167, 172, 190, 224
- Katzenelnbogen-Hahnstätter Mulde 219
- Kelkheim-Hornauer Bucht 114, 135
- Köhlerberg-Horst 64, 121, 122
- Lahnmulde 21, 65, 69, 72, 74, 75, 77, 78, 88, 220, 234
- Lahntaunus-Einheit VII, 17, 49, 198
- Laubach-Mulde 145
- Limburger Becken 7, 9, 58, 60, 62, 84, 224, 226
- Limburger Graben 225
- Maisborn-Gründelbach-Mulde 66
- Marienfelser Becken 7, 60, 63
- Marienfelser Sprung 63
- Martinsthaler Scherzone 27
- Mittelrhein-Graben 63
- Moselmulde 27, 28, 66
- Münzenberger Horst 80
- Nastätter Mulde 28
- Niederrheinische Bucht 107
- Oberrheingraben 4, 59, 60, 61, 65, 94, 95, 96, 106, 112, 113, 130, 131, 145, 222

- Oppershofen-Rockenberger Horst 80
- Osttaunus 20, 21, 25, 26, 27, 43, 49, 60, 61, 62, 63, 64, 77, 154, 216
- Rambach-Nauroder Scherzone 26, 70, 106, 107
- Rintstraßen-Rücken 7, 215
- Senke von Breithardt 62
- Staufen-Horst 64
- Steinberg-Scholle 113
- Strukturfächer 16, 17, 21, 23, 25
- Strukturhoch Katzenelbogen-Mensfelden 21, 49
- Taunuskamm-Einheit 8, 16, 17, 26, 27, 39, 99, 100, 105, 113, 114, 126, 129, 132, 136, 138, 139
- Usinger Becken 7, 64, 122
- Vogelsberg-Senke 64
- Wiesbaden-Diezer Graben 22, 58, 60, 62, 64, 155, 203

Großklüfte 176
Großkreis der Schichtungspole 136, 141, 171
Großmulde 22
Gruben (Bergbau-)
- Anna bei Wehrheim-Friedrichsthal 191
- Basaltbruch 106, 108
- Bergbau-Halden 84, 154, 166
- Bleierzgrube Heftrich 166
- Eisen-Manganerzgrube Bergwerkswald 50
- Grube Alte Hoffnung bei Langenaubach 77
- Grube Bergmannstrost Braubach/Bad Ems 66
- Grube Friedrichssegen Braubach/Bad Ems 66
- Grube Gute Hoffnung Wellmich/Ehrenthal 66, 68, 73
- Grube Horchberg bei Ehr 69
- Grube Königsstiel bei Braubach 66
- Grube Krämerstein (Cu, Nauod) 71, 108
- Grube Morgenröthe bei Dahlheim 66
- Grube Phönix (Eisen-Manganerz-) 222
- Grube Rohberg bei Naurod 68
- Grube Rosenberg bei Braubach 66, 80
- Grube Rosit Dachschiefer bei Nauroth 141, 142
- Grube Streitlai (Bleiglanz, Kupfererz) 154
- Kiesgrube 57, 200, 202, 214, 225
- Kiesgrube Hartmann, Diez-Balduinstein 202, 214
- Kiesgrube Kremer Brechen-Niederbrechen 225
- Kiesgrube Kremer b. Werschau 57, 225
- Kiesgrube Wasenbach 57
- Kupfererzgrube Königstein 70
- Kupfererzgruben 70, 71
- Manganerz-Grube Ober-Rosbach 47
- Quarzitwerk Bremthal 192
- Quarzitwerk Unterstrütchen 192
- Roteisensteingrube Altenberg 226
- Sandgruben (Sandkopf) 202
- Schwerspat-Bergwerk Kiedrich 98
- Singhofener Quarz-Kieswerk 200, 201
- Ziegeleigrube Brechen 225

Grundwasser/Hydrogeologie
- Brunnenergiebigkeit 89
- Ca-Mg-HCO_3-Wässer 91, 203
- Einzugsgebiet, Wasser- 89, 95
- Grundwasserbeschaffenheit 91
- Grundwasser-Härtegrade 91
- Grundwasserleiter 87
- Grundwasserneubildungsraten 89
- Grundwasserspiegel 222
- Grundwasserstände (u. a. fossile) 225
- Hangschuttquellen 91
- Hydrogeologie 87, 118
- Kalk-Kohlensäure-Gleichgewicht 117
- Karstgrundwasserleiter 88
- Kluftdurchlässigkeit 87, 145, 172
- Kluftgrundwässer 91
- Kluftgrundwasserleiter 88
- Porenwasserdrücke 174
- Pumpversuche 90, 166, 172

- Quellen 76, 96, 102, 103, 116, 117, 118, 122, 124, 127, 130, 131, 145, 185, 203, 216
- Schachtbrunnen 125
- Schächte 125
- Sickerfassung 88, 91
- Taunusquarzitwässer 91
- Tiefengrundwässer 91
- Transmissivitäten 90
- Trinkwassergewinnung 88
- Trinkwasserqualität 88
- Trinkwasserschutz 88
- Trinkwasserstollen 88
- Trinkwasserversorgung 166
- Wasserdurchlässigkeit 87
- Wasserergiebigkeit d. Stollen 88, 89
- Wassergewinnungsanlagen 90
- Wasserscheide 202
- Wasserstollen 89
- Wasserwerk 188

Grundwasser/Mineralwasser
- Akratothermen 130
- Aufstiegsbahnen (Sole/Kohlensäure) 61, 80, 95, 145, 203
- Bad Nauheimer Sole 125
- Hauptquellspalte, Solewanderung 124
- Heilquellen 92
- Heilwasser 92, 118
- Herkunft der Salinarwässer 96
- Herkunft d. Mineralwässer 95
- Hydraulik (Thermen) 131
- Kochbrunnen Wiesbaden 102, 103
- Mineralquellen 97, 103, 122, 124, 144
- Mineralwässer 91, 92, 95, 96, 117, 126
- Mineralwasseraustritt 92, 116
- Mineralwasser Versand 98
- Mineralwasservorkommen 90
- Natrium-Chlorid-Konzentrationen 96
- Salzsole (Herkunft) 95
- Salzwasser-Aufstieg 61, 72, 78, 80, 92, 95, 96, 124
- Säuerlinge, Sauerbrunnen 123, 144, 160, 200, 202, 203, 210, 216
- Sole 117, 124, 125

- Thermalquellen 80, 91, 92, 95, 96, 97, 102, 103, 104, 116, 124, 127, 130, 131
- Thermalwassersystem 80, 93, 131
- Thermalwasser-Temperaturen 73, 95, 102, 131

Halbhöhenbreiten Hbrel. (Metamorphosegrad) 28
Hämatit-Kalkstein-Brekzie 234
Härtling 8, 84, 184, 224
Hebung/Senkung d. Taunus 80, 103, 113
Heckelmann-Sattel 212
Hellenberg-Tunnel 60
Hennethal-Subformation (Sauerthaler Schichten) 15, 16, 22, 30, 45, 145, 148, 151, 154, 155, 156
Hermeskeil-Formation 15, 19, 41, 42, 87, 128, 138
Hermeskeilsandstein 19
Hessisches Landesamt für Bodenforschung (HLfB) 1, 56
Hintertaunus 4, 7, 14, 15, 16, 17, 20, 22, 23, 25, 27, 28, 30, 35, 44, 45, 47, 48, 49, 59, 60, 62, 72, 75, 76, 84, 85, 88, 97, 120, 132, 136, 137, 141, 151, 227
Hintertaunus-Schuppenstapel VII, 17, 20, 27, 44, 45, 48, 49, 72, 75, 76, 97, 132, 136, 141, 147, 161
Historisch (Prä-, Früh-)
- Artefakte 103
- Bandkeramische Kultur 125, 172
- Bronzezeit 11, 122, 125
- Eisenzeit 122, 125
- Frankengräber 122
- Glockenbecherkultur 125
- Hallstattzeit (-Siedlung, Bronzezeit) 11, 122
- Jugendstil 102, 125
- Kelten 66, 125
- Latènezeit 125
- Limes, römisch 11, 139, 146
- Oberflächenformung, Historisch 11
- Reibstein (paläolithisch) 103
- Ringwall 112
- Römer 11, 102, 139, 146

- Römische Badeanlagen 102
- Römische Kastelle 11
- Rössener Kultur 172
- Steinbeil-Eignung d. Gesteins 209
- Steinwerkzeuge, jungpaläolithisch 102
- Steinzeit 125
- Urnenfelderkultur 125
Hochdruck-Metavulkanit 116
Hochschollen 21, 49, 60, 64
Hofheimer Kies 113
Hohenrhein-Schichten 15
Hohensteiner Sattel 148, 158
Hohlenfels-Störung 22
Höhlenprofil Hahnstätten 223
Hohlwege 8
Holozäne Sedimente 81
Horizontalschichtung 134, 140, 205
Hornstein 51, 236
Hunrückschiefer-Formation 45, 87
Hunsrück-Taunus-Südrandstörung 9
Hydrobien-Schichten 113
Hydrothermale Mineralisationen 65

Ignimbrit 14, 36, 105
Illit-Kristallinität 27
Inkasion 222
Inkohlung 28, 30, 144, 155
Inkohlungswerte Rmax 28, 30, 144
Inselbogen-Charakteristik 14, 105
Interessengemeinschaft Zollhaus 216
Internschichtung, Wellenrippel- 205
Intersertalgefüge 24

Kaledonische Prozesse 133
Kalinatronkeratophyr 121
Kalkknollen 52, 236, 237
Kalkknoten 233
Kalklinsen 214, 227
Kalkphyllit 100
Kalksinter 117
Kalkstein 51, 75, 124, 218, 219, 222, 234, 236
Kaltzeit 9, 10, 82, 84
Karbonatisierung 46
Karsthohlraum, Hahnstättener 222

Karsthohlraumparagenese 222
Karstschlotten 224
Kartierungen 12, 48, 60, 64, 81, 108, 133, 136, 151
Katzenelnbogen-Formation 21, 49, 205
Katzenelnbogen-Schwelle 21
Kauber Walzen 25, 71, 120, 142, 143, 169, 174, 177
Kaub-Subformation 15, 28, 30, 44, 46, 141, 142, 143, 145, 146, 147, 164
Kegelkarst (-paragenese) 57, 222, 224
Kellerskopf-Formation 15, 18, 39, 40, 113, 133
Keratophyr 34, 203, 204, 219
Kies
- Flussschotter 57
- Kies 57, 58, 101, 202, 214, 215, 224, 225
- Kieselgesteine in Bunten Schiefern 129
- Kieslagen im Taunusquarzit 43
- Kiesrücken (Vallendarer Typ) 203
- Kiesterrassen 10
Kieselgallenschiefer 15, 143, 144
Kleintektonik 162, 173
Kletterfelsen 179, 180
Kluftdiagramm 63
Kluftflächen, -systeme 87, 175
Klüftung 87, 209
Köbbinghäuser Schichten 133, 134
Kohlenmeilerstandorte 11
Kohlensäure (CO_2) 61, 91, 97, 103, 117, 118, 123, 125, 126, 127, 131, 145, 146, 160, 200, 202, 203, 216
- CO_2-Aufstiegsspalten 61
- Dörsdorfer Säuerling 202
- Gasaustritte (Kohlensäure) 160
- Herkunft der Säuerlinge 216
- Johannisbrunnen im Aartal 216
- Rückershäuser Wasser 160
- Sauerbrunnen Mattenbach 203
- Säuerlinge, Sauerbrunnen 117, 118, 123, 145, 146, 160, 200, 202, 203, 216
- Sprudel 116, 117, 118, 124, 125

– Taunussprudel Dörsbachtal 203
– Mofette 145
Köhlerei 11
kompaktive Entwässerung 66
Kompetente/inkompetente Gesteine 16, 22, 88, 186
Kondel-Unterstufe 214
Konglomerate 9, 41, 43, 129, 139, 140, 226
Kontaktmetamorphose 142
Kornformregelung (Auslängung) 67, 69
Korngrößenpolarität 14
Korrosionsbuchten i. Kristall 105
Kreide 55, 79, 222
Kreidezeit 65
kretazische Elemente 56
Kreuzschichtung 214
Krofdorf-Formation (Frasnium) 53, 54

Laacher-See-Tephra 81, 83, 203, 224, 225
Lagergänge 142, 209
Lagerzonen 66
Lahn-Einheit 28, 161, 233, 235
Lahnstein-Unterstufe 213
Lahntaler Schuppe 201
Lahnterrassen 62, 210, 224
Landoberfläche 200, 226
Lapilli 46, 213
Lateralsekretion 146
Laubach-Schichten 15, 162
Lesesteine 26, 47, 51, 63, 157, 167, 210
Liebig, Justus von 124
Liefergebiet südlich 41
Lierschieder Sprung 63, 199
limonitisch 208
Lindener Mark 49, 50, 51, 52, 53, 97, 235
Linguiformis-Zone 220
Lochkovium 52
Lockersedimentablagerungen 81
Lohrheim-Formation 21, 49
Lorsbach-Formation 9, 14, 22, 28, 30, 37, 38, 87, 95, 113, 116

Löß
– Löß 10, 83, 84, 86, 91
– Lößlehm 83, 84, 85, 101, 200
– Rohlöß 86
Lösungshohlräume 174
Lösung u. Wiederausscheidung Quarz 24
Ludlow 40, 52, 133, 236

Mächtigkeiten 9, 10, 15, 38, 41, 42, 45, 46, 47, 48, 51, 54, 55, 57, 65, 67, 68, 69, 70, 71, 73, 75, 76, 81, 82, 83, 84, 86, 91, 100, 108, 109, 129, 130, 132, 139, 155, 158, 159, 162, 166, 167, 170, 172, 178, 184, 189, 191, 192, 194, 199, 200, 201, 202, 205, 206, 207, 208, 209, 210, 212, 213, 214, 215, 222, 224, 226, 232, 235, 236
Mächtigkeit Spaltenfüllungen 73
Mafit 34
Magmatisches Ausgangsgestein 34, 36
Makrofauna, marin 39
Mammolshainer Scherzone 27
Marmor 107
Massenkalk 49, 50, 55, 57, 61, 65, 75, 78, 88, 91, 124, 221, 222, 237
Mélange 16, 26, 99, 100, 234, 235
Metaandesit 17, 24, 26, 34, 70, 98, 99, 101, 106, 107, 108, 113, 114, 118, 121, 122
Metabasalt 38, 68, 162, 188, 209, 229, 233
Metagrauwacke 14, 110
Metallgehalt aus Wechselwirkung Fluid/Nebengestein 78
Metamorphes saures Effusivgestein 105
Metamorphose 16, 17, 23, 25, 27, 28, 67, 68, 98, 101, 111, 135, 229
Metamorphosegrad 27, 28, 53, 55, 230
Metapelit 14, 24, 26, 31, 38, 91, 95, 100, 110, 115, 117
Metarhyolith 17, 24, 26, 34, 65, 70, 74, 79, 100, 101, 104, 105, 106, 107, 109, 115, 121
Metarhyolith-Mylonit 100

Metasediment 14, 17, 24, 25, 69, 71, 100, 111
Metatrachyt 21, 49, 121, 219
Metavulkanit 14, 17, 18, 24, 25, 26, 34, 36, 62, 68, 70, 87, 91, 95, 100, 104, 106, 115, 118, 119, 120, 122
Michert-Subformation 203, 204
Mikrit 219, 236
Minerale
– Ägirinaugit 106
– Aktinolith 17, 34, 98, 101, 107
– Aktinolithasbest 71
– Albit 17, 34, 37, 46, 70, 71, 72, 73, 74, 98, 100, 101, 102, 105, 108, 111, 113, 118, 213, 230
– Albitisierung, Plagioklas- 34, 98, 100, 101, 104, 109, 119
– Albitkristalle 70, 227
– Alkalifeldspat 204
– Allophan 84
– Almandin 107
– Amphibol 113, 118
– Anatas 74, 135
– Andesit 34
– Ankerit 67, 75, 77, 78, 79
– Apatit 46, 72, 73, 74, 106, 110, 111
– Aragonit 80
– Arsen 117, 166
– Augit 106, 107, 230
– Axinit (-Porphyroblasten) 70, 71, 119
– Azurit 108
– Baryt 68, 69, 70, 71, 76, 77, 80
– Barytlinsen 65
– Bavenit 74
– Bertrandit 74
– Biosparit 236
– Bornit 71, 108
– Bournonit 67
– Brom-Konzentrationen 96
– Bronzit 107
– Brookit 74
– Calcit 25, 34, 70, 73, 75, 76, 77, 78, 80, 110, 118, 174, 218, 222
– Calcitmandeln 162
– Calciumoxid 117
– Chalcedon 76, 80
– Chalkopyrit 70, 71, 73, 74, 76, 77, 108, 117
– Chalkosin 71
– Chlorit 17, 34, 53, 55, 70, 71, 72, 74, 98, 101, 102, 105, 107, 110, 111, 113, 115, 118, 133, 135, 174, 204, 214, 227, 230
– Chromdiopsid 107
– Chromit 140
– Chrysokoll 108
– Cordierit 107
– Covellin 34, 71
– Crossit 17
– Cuprit 108
– Dedolomit 75
– Diallag 107
– Doppelender-Kristalle (Schwimmer) 73
– Eisenspat 117
– Epidot 17, 34, 53, 55, 70, 71, 98, 102, 105, 113, 118, 230
– Feldspat 36, 43, 109, 121, 167, 184, 204, 230
– Ferroaxinit 71
– Fluorit 70, 71, 74, 100
– Freibergit 67
– Galenit 66, 67, 70, 74, 80
– Gangartminerale, grobkristallin 77
– Gangquarz 170, 192, 214, 226, 231
– Gersdorffit 77
– Glasscherben, pseudomorphisiert 46, 129, 213
– Glas (vulkanisch) 46, 213
– Glimmer, kambrisches K/Ar-Alter 110
– Goethit 75, 80, 109, 222
– Granat 107
– Graphit 30, 107, 155
– Hämatit 70, 71, 74, 75, 85, 98, 100, 105, 108, 109, 119, 129, 135, 218, 222, 234
– Hornblende 107
– Hyacinth 107
– Hyalith 103
– Illit 27, 79, 214

Sachregister

- Ilmenit 74, 107
- Inertinit 29, 30
- Jarosit 222
- Kalifeldspat 17, 34, 101, 104, 105, 107, 109, 110, 111, 115, 119
- Kalium-Hellglimmer 27
- Kalkspat 108, 117, 226
- Kaolin 63
- Karlsbader Zwilling 121, 204
- Kieselsäure 103, 226
- Klinozoisit 17, 34, 98
- Kutnahorit 75
- Leukoxen 46, 105, 109, 115, 230
- Limonit 109, 140
- Malachit 108, 226
- Mandelräume 34
- Markasit 66, 74, 77, 80, 166
- Melnikovit-Pyrit 66
- Mikroklin 17
- Mikrolith 111
- Mn-Calcit 75
- Monazit 46
- Montmorillonit 58, 225
- Mullit 107
- Muskovit 46, 70, 74, 79, 110, 111, 130, 133, 135, 140
- Nephelin 106, 128
- Olivin 106, 107, 128
- Opal 80, 103
- Orthoklas 71, 107, 135
- Phänokristall 105, 119
- Picotit 107
- Plagioklas 34, 98, 101, 104, 105, 107, 109, 110, 113, 115, 119, 128, 230
- Prehnit 53, 55, 229, 230
- Pumpellyit 53, 55, 229, 230
- Pyrargyrit 77
- Pyrit 38, 65, 67, 70, 71, 73, 74, 77, 80, 103, 115, 117, 142, 166, 199, 204, 218
- Pyromorphit 67
- Pyroxen 34, 128
- Pyrrhotin 67, 74
- Rhodochrosit 75
- Rutil 17, 46, 74, 107, 110, 111, 129, 133, 140, 214
- Sanidin 107
- Schörl 17, 129
- Seltene Erden 67, 73, 230
- Semigraphit 30
- Serizit (Phengit) 17, 24, 37, 38, 53, 55, 69, 70, 79, 98, 101, 102, 105, 107, 110, 111, 113, 115, 118, 129, 133, 135, 140, 204
- Siderit 67, 68, 75
- Sillimanit 107
- Sphalerit 66, 70, 74, 77, 80
- Stilpnomelan 17, 34, 101, 102, 115, 119
- Strontium 68, 117
- Tennantit 77, 117
- Tetraedrit 67, 77, 166
- Titanaugit 106
- Titanit 17, 34, 46, 74, 105, 107, 113, 115, 118
- Titanit-Anatas 105
- Turmalin 46, 110, 111, 129, 133, 135, 140, 214
- Zinkblende 67, 166
- Zinnober 80
- Zirkon 46, 51, 110, 111, 129, 133, 135, 140, 204, 214

Mineralisation auf Querspalten 72
Mineralisationen 65, 69, 70, 71, 72, 73, 74, 75, 76, 77, 78, 79, 80, 95, 109, 154, 219, 222
Mineralisationen, submarin-hydrothermal 66
Mineralisationen, synorogen 70, 72
Mineralisationsperiode 68
Mineralisationsphase 76
Mineralisationstemperaturen 79
Mineralisationstyp 76, 78
Mineralisation Sulfate 76, 78
Miozän 55, 58, 60, 113
Mitteldeutsche Kristallinzone 14, 61, 230

Mitteldevon 15, 21, 30, 38, 49, 66, 124, 161, 162, 202, 212, 218, 219, 220, 227, 228, 233, 236, 237
Mitteloligozäne Mikrofauna 214
Mittelozeanischer Rücken 54
Mittelrheintal 4, 25, 28, 41, 43, 45, 48, 60, 63, 68, 74, 126, 174, 185
Mühlstein-Produktion 171, 226
Mulde 22, 28, 49, 66, 126, 130, 138, 144, 157, 187, 189, 206
Muschelkalk 61
Mylonit 18, 26, 39, 53, 54, 100, 106, 107, 185, 235
mylonitisch 26, 100, 106, 113, 229, 231
Mylonitisierung 26, 53, 54, 70, 230

Na-Ca-Brines 78
$NaCl-CaCl_2$-Lösungen, pulsierende Mischung 77
NaCl-reiche Tiefenwässer 92
Nahe-Gruppe 113
Nassauischer Verein f. Naturkunde 13, 39, 104, 108, 133
Natriumhydrogenkarbonat 127
Natrolith 106
Natronkeratophyr 34
Naturschutz, Geotop 57, 87, 106, 107, 109, 128, 142, 184, 201, 205, 236
Nauroder Baryt 68, 69
Naurod-Rambacher Scherzone 18
Neogen 9, 145, 224
Neubildungen, metamorph 34
Neutronenaktivierungsanalyse 96
Niedrigdruck-Metapelit 116
Nordafrika 237
Nördliche Phyllitzone (NPZ-Scherzone) 14, 16, 26, 31, 39, 230
N-S-Klüfte 119, 165
N-S-Störungen 116, 154, 186, 195
NW-vergenter Falten- u. Schuppenbau 22, 126, 158, 164, 183

Oberdevon 14, 38, 49, 54, 88, 218, 220, 222, 228, 233

Oberems 22, 44, 161, 165, 168, 170, 213, 215, 216
Oberems-Leitformen 213
Oberems-Stufe 48, 188, 195
Oberkarbon 8
Oberpragium 237
Oberrhein-Vulkanit-Gruppe 59
Odinsnack 144
Old-Red-Kontinent 14, 133
Oligozän 55, 56, 57, 60, 65, 200, 201, 224, 226
Olivin, -fels, -gabbro 107
Olivinnephelinit 106, 107
Optische Gläser 139
Ordovizium 31, 49, 51, 98, 110, 111, 114, 119
Orthocerenkalk-Formation 51, 52, 236
Ostrakodenkalk 51, 52, 236
Oxidationszone 67, 108
Ozeanboden (-Basalte, -Sedimente) 15, 228, 229

Paläogeographie d. Unterdevons 15
Paläolithikum (Gravettien) 103
Paleozän 14, 51, 55, 61, 78, 219, 221, 222, 223, 225
Paleozän v. Hahnstätten 55
Parautochthon 15, 227, 235
Par-Autochthone Lahn-Einheit 233
Parautochthon unter Gießen-Decke 15, 235
Pechelbronn-Formation 113
Pelit 14, 15, 24, 26, 27, 232
Periglazialraum 10, 81, 83
Perm 8, 9, 79
Permafrost 82
Phänoklasten 111
Phycoden-Gruppe 37
Phyllit, gneisig 37, 111
Phyllittektonik 146, 147, 165
Phyllosilikate 17, 24, 100, 111, 135, 230
pila-Bank 48
Pillow (-Fragmente) 218, 227
Plagioklasverdrängung 109
Plattentektonik 14

Sachregister

Pleistozäne Deckschichten 224
Pleistozäne Hebung 63
Pleistozäner Schotterkörper 225
Pleistozän-Profil 219
Pliozän 55, 58
Pliozänsee 58
Pollenzonen 56
Polygnathus patulus-Zone 214
Polygnathus serotinus-Zone 213
Porphyroblasten 71, 119
Porphyroide
– Hasenmühle-Porphyroid (P11) 207
– Holzappel-Porphyroid 210
– Idstein-Porphyroid 162
– Kördorf-Porphyroid (P13) 206
– *Limoptera*-Porphyroid (P7) 209
– Neuwagenmühle-Porphyroid (P10) 208
– Obernhof-Porphyroid (P4) 210, 213
– Porphyrisches Gefüge 115
– Porphyroide 46, 47, 63, 136, 164, 166, 167, 168, 176, 177, 184, 188, 189, 194, 197, 213
– Touristenstein-Porphyroid (P8) 208
Postvariskische Entwicklung 55
Postvariskische Mineralisationen 75
Präboreal 82
Pragium 235
präorogen 65, 68
Präpaleozän 219
Pridoli 133
Pseudomorphosen-Felsrippen 76
Pyroklastisches Gefüge 213
Pyroklastit 105, 213

Quartär 4, 9, 49, 62, 65, 80, 81, 83, 86, 103, 122, 215, 225
Quartäre bis rezente Mineralisationen 80
Quarz
– Bergkristall 72, 73, 74
– Fadenquarz 73, 74
– Faserquarz 73, 74, 115
– Feldspat-Quarzpflaster 115
– Hochquarz 46
– Kappenquarz 76, 109, 154, 184, 192
– Kokardenquarz 109, 170
– Milchquarz 25, 69, 73, 117, 137, 142, 159, 169, 175, 176, 182, 194, 197, 200, 226
– Porphyrquarz 36
– Pseudomorphosenquarz 64, 75, 76, 77, 78, 79, 101, 108, 109, 136, 166, 168, 170, 171, 184, 192
– Quarzadern 122, 126, 165, 187
– Quarzadern, synkinematisch 70, 115, 150
– Quarz-Albit-Lagen 25, 36
– Quarz-Albit-Trümer 109
– Quarz-Ankerit-Gänge 75, 77, 78
– Quarzbestege 119, 172
– Quarz-Calcit-Lagen 25
– Quarzfeinsandsteine 45
– Quarz-Feldspatadern 113, 119
– Quarz-Feldspat-Verwachsungen 129
– Quarzgenerationen 184
– Quarzharnisch 120
– Quarzkies 58, 200, 215
– Quarzkorngruppen 140
– Quarzmosaik, Quarzpflaster 109, 132, 135
– Quarzmylonit 100
– Quarzrekristallisation 100, 106, 229
– Quarzsegregation 150
– Rauchquarz 74
– Sekundärer Quarzzement 140
– Skelettquarz 73
– Sternquarz 109
– Turmalin-Quarz-Knauern 130
– Zepterquarz 73
Quarz-Albit-Serizit-Neubildungen 111
Quarzit
– Quarzitbänke 15, 132, 150, 151, 154, 155, 158, 159, 160
– Quarziteinlagerungen 41
– Quarzitische Sandsteine 24, 48, 87, 129, 135, 137, 138, 161, 189, 190, 194, 205, 208, 209, 210, 213
– Quarzitische Verzahnung 132
– Quarzitrücken 4, 64, 202
– Tertiärquarzit 80, 226

Quarzkeratophyr 37, 88
Quarzschluffstein 45
Quellsinter 96, 117, 125
Querdepression, morphologische 61
Querelement, tektonisch 137
Quersenke 6

Radiolarit 53, 54, 235
Reflexionspleochroismus 30
Reflexionswerte d. Inkohlung 29, 30
Reinheimer Tuff 224
Rekristallisation 53, 54, 66, 67, 69, 111, 113, 133, 174, 230
Relief (Landschaft) 4, 7, 8, 60, 86, 130, 134, 137, 215
Reliefumkehr 130
Resedimente 206, 207
Retrograde Bedingungen/Entwicklung 110
Rheinhochwasser 127
Rheinisches Massiv 57
Rhenohercynikum 14, 15, 54, 71, 227, 235
Rhyodazit 34, 36, 105, 121
Riff 49, 78, 219, 220, 233
Riffkalkstein, -zug 75
Riftzone 130
Rippel (-marken)
– Großrippelschichtung 134
– Großrippel-Schrägschichtung 43, 132
– Kleinrippelschichtung 205
– Kleinrippel-Schrägschichtung 140
– Megarippeln 43, 140
– Megarippel-Schrägschichtung 43, 140, 205
– Oszillationsrippeln 183
– Rippelmarken 159
– Rippeln, Schichtungsstrukturen 157
– Strömungsrippeln 172
– Wellenrippeln 140
Rosseln 84
Rossert-Metaandesit-Formation 23, 34, 119, 122
Rossert-Scherzone 26
Rossstein-Kettenbach-Überschiebung 27

Rotation 148, 164, 174
Roth-Formation 63, 207, 208, 209
Rotierte Schichtfolge 175
Rotliegend 4, 9, 14, 61, 79, 112, 113
Rumpfflächen, -Landschaft 7, 8, 84, 85
Rumpfstufe 8, 9
Runsen 8, 11, 86
Runzellinear 105
Rupelium 57
Rupel-Transgression 57
Rutschstreifen 184
Rutschung 101, 191

Saar-Nahe-Senke/Trog 14, 61
Saline 117, 123, 125
Salzgewinnung 117, 123, 125
Salzkonzentration 74
Salzpfanne 125
Salzwiesen 124
Sandlöß 81
Sandstein
– Feinsandstein 48, 132, 143, 157, 160, 167, 172, 179, 181, 187, 188, 189, 193, 195, 197, 199, 200, 209
– Grobsandstein 42, 139
– Sandstein 19, 42, 43, 51, 80, 82, 84, 90, 113, 135, 137, 159, 166, 175, 178, 180, 181, 182, 183, 187, 188, 191, 194, 196, 197, 205, 206, 207, 209, 212, 215, 235
Saprolith 11, 31, 38, 85
Satteldolomit-Kristalle 75
Sauerthaler Schichten 15, 45, 144, 148, 155
Saxothuringikum 14
s-c-Gefüge 69, 141
Schalstein 30, 203, 218, 219, 225, 226, 233
Schalstein-Hauptsattel 234
Scheidt-Formation 212, 213, 215, 216
Scherbänder, Scherlinsen 69, 111, 114
Schichten von Oignies 130
Schichtlücke 161, 210, 213
Schichtsilikate 119

Schiefer, Schieferung
- 1. Schieferung (*slaty cleavage*) 229
- Achsenebenenschieferung 25, 126
- Adorf- (Frasne-) Schiefer 54
- Alaunschiefer 54
- Crenulationsschieferung 111
- Dachschiefer 141, 158
- Federstrukturen auf Kluftflächen 120, 175
- Graue Schiefer des Frasne 234
- Grünschiefer 34, 68, 70, 98, 101, 108, 114, 121
- Hauptschieferung 16, 17, 23, 24, 25, 36, 68, 101, 105, 110, 111, 112, 113, 115, 119, 120, 122, 194
- Hauptschieferung Hinter-Ts. + Ts.-Kamm 17, 23, 63, 67, 68, 70, 71, 72, 101, 105, 109, 119, 120, 122, 144, 147, 150, 158, 164, 165, 167, 169, 170, 171, 174, 175, 177, 188, 191, 194
- Hauptschieferung Vordertaunus (älter, intensiver) 17, 23, 68
- Hunsrückschiefer 15, 16, 20, 27, 28, 44, 45, 46, 63, 71, 72, 78, 145, 146, 147, 148, 149, 150, 155, 158
- Intraformationelle Schieferfetzen 232
- Kalkschiefer 38
- Kieselgallen(-schiefer) 15, 143, 144
- Kieselschiefer 41, 43, 53, 54, 129, 140, 214, 218, 219, 226, 231, 232, 234
- Kulm-Kieselschiefer 52
- Lindener Schiefer 235, 237
- Parallelschieferung 156, 195
- Phyllitische, Phyllonitische Schiefer 229
- Rauhschiefer 147, 151, 154
- Rotschiefer 233
- Runzellinear 120, 132
- Runzelschiefer 17, 23, 25, 114, 115, 119, 122, 147, 158, 174
- Rupbach-Schiefer 212
- Sackungsgefüge in Schiefern 15
- Scharen (Kluft-, Schieferungs-, Knickzonen) 111, 119, 139, 151, 229
- Scheitel des Schieferungsfächers 25, 60, 164
- Schiefer 8, 21, 30, 41, 43, 45, 49, 53, 54, 82, 84, 87, 100, 130, 141, 143, 158, 161, 165, 174, 176, 192, 199, 202, 209, 214, 215, 218, 226, 227, 229, 230, 231, 233, 234, 235, 237
- Schieferfelsen 164, 172
- Schieferstollen 143
- Schieferung 16, 24, 25, 60, 69, 70, 105, 108, 109, 110, 111, 112, 113, 114, 115, 119, 121, 129, 132, 135, 142, 143, 147, 148, 150, 156, 164, 165, 166, 167, 169, 170, 174, 175, 176, 177, 183, 184, 185, 187, 188, 190, 191, 194, 206, 208, 209, 215, 229, 230, 232
- Schieferung, flaserig 137, 161, 179, 199
- Schieferung, penetrativ 111, 229
- Schieferungsfächer 148, 164
- Schieferungsgänge 67
- Schieferungsgefüge 147, 156
- Schieferungsklüftung 209
- Schieferung, synmetamorph 24
- Schiefrigkeit 17, 23, 63, 67, 68, 70, 71, 72, 101, 105, 109, 111, 119, 120, 122, 144, 146, 147, 150, 158, 164, 165, 167, 169, 170, 171, 174, 175, 177, 188, 191, 194
- Schluffschiefer 155, 161, 162, 164, 181, 188, 199, 206, 234
- Serizitschiefer 70
- Siltschiefer 52, 196, 212, 213, 236
- Tonschiefer 21, 22, 38, 39, 41, 42, 45, 47, 48, 49, 53, 54, 65, 124, 128, 129, 132, 133, 135, 138, 139, 141, 142, 143, 144, 146, 147, 148, 150, 151, 155, 156, 158, 160, 161, 162, 164, 165, 166, 167, 168, 169, 170, 171, 174, 175, 177, 179, 181, 182, 183, 184, 185, 186, 187, 189, 190, 191, 192, 193, 195, 197, 199, 200, 201, 205, 208, 210, 218, 225, 226, 229, 230, 233, 235
- Tonschiefer-Zwischenmittel 205

- Transversalschieferung 45, 47, 144, 147, 150, 151, 156, 157, 159, 167, 169, 170, 175, 177, 178, 182, 189, 190, 191, 192, 193, 201, 206, 233
- Turmalinschiefer 41, 129, 130
- Vergenzscheitel d. Schieferung 129, 148, 165

Schiesheim-Formation 21, 49, 162, 202, 218, 219
Schistes de Mondrepuis 133
Schlägel und Eisen 143
Schlotbrekzie (-füllung) 106
Schlot (Vulkan-) 58, 106, 107, 108
Schnittlinear (Delta 2) 101, 112, 114, 120
Schollenkippung 167, 178, 190
Schollentektonik 60
Schollentreppe 63, 64
Schöllerdiagramm 92
Schotter 55, 139, 184, 200, 214, 225, 226
Schotterterrasse 224, 225
Schrägaufschiebung 67, 76
Schrägschichtung 42, 44, 126, 129, 132, 134, 135, 136, 138, 140, 196, 198, 205, 232
Schrägverschiebung 184
Schubklüftung 171
Schuppe 17, 19, 39, 41, 108, 126, 130, 138, 215
Schuppengrenze 16, 21
Schuppenstapel (Duplex) 16, 17, 19, 21
Schuppentektonik 19
Schuttdecke 82, 83
Schuttkalk 222
Schwall-Subformation 46, 164, 165, 178, 179, 200
Schweinskopf-Sprung 195
Schwerkraft-Kollaps 151
Schwerkraft (Öffnung durch ...) 164
Schwerminerale 133, 135, 140, 205, 214
Seelbach-Formation 210, 211, 213, 215, 216
Seitenverschiebung 16, 26, 61, 177, 195
Semiarides Klima (Tertiär) 224

Senken 4, 7, 8, 9, 44, 57, 60, 61, 62, 63, 122
Serizitbesteg 69
Serizitgneis 36, 68, 91, 97, 101, 102, 105
Serizitisierung 100
Serpentin 106
s-Flächengefüge 150
Sideritgänge 67
Siegen-Stufe 15, 41, 42, 43, 126, 128, 130, 138, 139, 140, 224
Silur 15, 34, 37, 39, 40, 98, 101, 104, 105, 109, 110, 114, 120, 121, 236
Silurische Fauna Europas (typische ...) 236
Singhofen-Formation 15, 44, 47, 63, 158, 165, 167, 169, 170, 175, 176, 177, 183, 184, 185, 186, 187, 188, 189, 190, 193, 194, 195, 197, 198, 201, 211
Sinter, Sinterkrusten 103
SiO_2 (-gehalte) 66, 76, 80, 103, 121, 128, 192
Sodener Mineralpastillen 117
Solmsthaler Phyllite 53, 54, 227, 229
Solmsthaler Schichten 53, 229, 230, 231
Soonwald 9, 35, 42, 112
Sortierung Sediment-Komponenten 214
Spaltenbildung durch Dehnung 74
Spaltenfüllungen 24, 73, 74, 80, 88, 103, 182, 193, 220, 222
Spaltrisse 109
Spätvariskische Mineralisationen 72
Spätvariskische Relaxation/Extension 74
Speicherkapazität, Wasser- 87
Spilit 229, 230
Spitznack-Subformation 22, 28, 48, 72, 157, 160, 161, 162, 167, 168, 171, 172, 173, 174, 175, 177, 179, 180, 181, 182, 194, 198, 199, 207
Sprödbruch 53, 54, 111
Spurenelemente d. Quellsinterkruste 117
Standsicherheit (Fels-) 143
Steinberger Kalk 236, 237

Sachregister

Steinbrüche
- Großsteinbruch Saalburg Fa. Holcim Köppern 141
- Großsteinbruch Fa. Schaefer-Kalk Hahnstätten 55, 219, 220, 221
- Steinbrüche 18, 22, 34, 37, 43, 52, 55, 75, 78, 98, 101, 104, 105, 106, 107, 114, 115, 116, 120, 121, 122, 126, 128, 129, 132, 135, 136, 139, 140, 144, 148, 149, 151, 154, 155, 157, 160, 161, 162, 164, 165, 167, 168, 170, 171, 174, 175, 176, 177, 178, 179, 180, 181, 182, 184, 186, 187, 188, 189, 191, 192, 193, 194, 195, 197, 198, 199, 200, 201, 203, 204, 205, 208, 219, 220, 221, 230, 231, 232, 235, 236
- Steinbruch Rompf Ruppertshain 34

Steinkopf-Formation 21, 49, 203, 204
Steinsalz
- Steinsalzlagerstätten 95
- Zechsteinsalinar Osthessen 95

Stollen 107, 116, 143, 154, 158, 166, 191, 212, 226, 234
- Bergwerkstollen 52, 88, 98, 108
- Mineralwasserstollen 88, 117, 131
- Schieferstollen 143
- Stollenmundlöcher 154, 218, 234
- Stollen, Wasser-Schüttmenge 88
- Trinkwasserstollen 41, 88, 89
- Wasserlösestollen 88

Störungen fiederartig 199
Störungsparagenese 222
Störungssprunghöhe Marienfelser Sprung 63, 122
Strain-Ellipsoid 115
Streckungsfaser 111
Streckungslinear 16, 26, 100, 106, 114
Stringocephalenkalk 50
Subduktion, Ozean- 14
Sulfatreduktion, biologische 66
Sulfide 70, 71, 74, 76, 77, 80
Sulfidlinsen 65
synorogene Bildungen 70, 72
synsedimentärer Aufbruch 21, 49

synsedimentär überkippte Schrägschichtung 134
Talbildung, quartäre 215
Taleinschnitt, steil eingetieft 7, 137
Talquerschnitt, asymmetrisch 10
Taunus-Großbau 16
Taunuskamm VII, 4, 8, 9, 15, 16, 17, 19, 20, 23, 26, 35, 38, 39, 41, 42, 43, 47, 59, 60, 62, 72, 76, 83, 84, 88, 97, 99, 100, 105, 113, 114, 118, 126, 129, 130, 132, 134, 136, 137, 138, 139, 140, 165
Taunuskamm-Störung 47, 136, 165
Taunusquarzit 15, 17, 21, 22, 41, 43, 64, 72, 88, 89, 95, 126, 128, 129, 130, 132, 134, 136, 137, 138, 139, 140, 205, 224
Taunusquarzit-Formation 16, 17, 19, 43, 49, 87, 88, 136, 139
Taunusrandverwerfung 9
Taunus-Soonwald-Einheit 27
Taunus-Südrand 12, 14, 16, 17, 23, 25, 31, 37, 58, 61, 80, 95, 100, 101, 112, 113, 116, 122, 129, 130, 164, 230
Taunussüdrandstörung 100, 101
Tephra, (Laacher-See-Tephra) 81, 82, 83, 84, 85
Terrassenkies 10
Tertiärsande, -kiese 113, 215
Tertiärsedimente 55, 56, 63, 64, 103, 223
Tertiär-Vulkanite 58
Thermometrie, Chlorit- 67
Tholeyit 230
Tiefschollen 9, 21, 49, 57, 60, 62, 63, 64
Tonflatschen 167, 205, 208
Tongerölle (im Taunusquarzit) 139
Tonschiefer-Einschlüsse 189
Tonschiefergallen 43
Top-nach-NW-Bewegung 126
Top-nach-W-Bewegung 126
Trachyandesit 34
Trachytische Gefügereste im Metavulkanit 119
Transgression, post-kaledonisch 15
Transgressions-Vermutung 52

Trennflächen-bezogene Elemente
- Ablösungsflächen 24, 105, 115, 185
- Abschiebung 21, 49, 64, 69, 76, 139, 147, 167, 170, 180, 185, 189, 191, 192, 197, 198, 215, 229
- Aufschiebung 75
- Bewegungsspuren 198, 230
- Diagonalklüfte 105, 115, 119, 120, 128, 136, 141
- Diagonalsprung 142
- Diagonalstörungen 62
- Diskontinuität, lithostratigraphisch 26
- Foliation 26, 113, 114, 115, 119
- Fugen 72
- Graben 9, 11, 21, 49, 62, 64, 102, 113, 116
- Grabenschultern 62, 63
- Grabenversenkung m. Staffelbrüchen 62
- Harnisch 61, 120, 121, 136, 170, 177, 178, 184, 192, 195, 197, 198, 204, 230
- Horst 8, 62, 64
- Kataklase 109, 227
- Kauber Walzen 25, 71, 120, 142, 169, 174, 177
- Kluftgefüge 101, 105, 110, 115, 136
- Kluftschar 169
- Klüftung 88, 171
- Knickzonen 144, 148, 151, 171, 174
- Lagenharnische 70, 156, 165, 174
- Längsklüfte, -spalten 137
- Querklüfte 9, 61, 101, 110, 114, 119, 120, 132, 136, 139, 164, 165, 172, 179, 200
- Querstörungen 61, 111, 114, 122, 124, 129, 135, 136, 199, 226
- Randklüfte 120, 172
- Randstaffel 113
- Rutschflächen 101, 184, 191
- Schersinnindikatoren 26
- Scherung 61, 100, 111, 159, 164, 174
- Scherzone 16, 18, 22, 26, 27, 53, 54, 72, 105, 111, 235
- Schubklüftung 171
- Sinistrale Scherung 100, 106, 114
- Sinistrale Schrägabschiebung 26
- Sinistrale Seitenverschiebung 26, 69
- Sprung 63, 122, 195, 199
- Sprunghöhe 63, 122
- Staffelbruch 61
- Störung 9, 61, 64, 73, 75, 78, 100, 143, 154, 156, 162, 178, 182, 185, 191, 195, 197, 198, 222, 233
- Störungspaare 154
- Tektonische Linsen 141
- Verschiebung 72, 78, 79, 111, 121, 126, 142, 178, 184, 195, 198, 204, 222, 230
- Verwerfung 58, 63, 64, 90, 95, 96, 121, 147, 172, 185, 187, 189, 203, 226
- Zerrklüfte 72, 73, 74
- Zerscherung 164

Tropenklima 8
Trümer 68, 137, 169
Tuffit 164, 213
Tuffmantel 106, 107
Tuff von Bermbach 60
Tundrenzeit 83, 203
Turmalinfels 41, 129

Überdeckungsmächtigkeit 28
Überkippte Lagerung 157, 186
Überkippter Muldenflügel 186
Überkippte Schichtung 135
Überschiebung der Gießener Grauwacke 231
Überschiebungen, spätvariskische 218, 219
Überschiebungsweite 16, 19, 21
Überschiebung (-szone) 16, 22, 26, 28, 49, 66, 67, 72, 106, 126, 132, 136, 151, 154, 155, 156, 159, 161, 162, 165, 173, 174, 215, 218, 227, 231
Ulmen-Unterstufe 45, 143, 144
Undulöse Auslöschung 53, 54
Unterdevon 15, 16, 37, 38, 42, 45, 48, 56, 66, 68, 69, 71, 72, 78, 89, 90, 91, 92, 105, 110, 122, 124, 133, 138, 139, 140, 148, 149, 155, 161, 209, 212, 213, 227, 235, 236, 237

Sachregister

Unterems-Stufe 14, 28, 30, 38, 44, 45, 47, 68, 69, 136, 137, 138, 142, 143, 144, 146, 155, 158, 160, 161, 164, 165, 167, 169, 170, 171, 172, 175, 176, 177, 178, 179, 180, 181, 182, 183, 184, 185, 186, 187, 188, 189, 190, 192, 193, 194, 195, 196, 197, 198, 199, 200, 201, 211, 215, 216
Unterkarbon 38, 44, 49, 54, 68, 220, 233

Vallendarer Schotter 202, 214, 215
variskische Gebirgsbildung 8, 55, 63, 101, 108
variskische Suturzone 31
Verebnungen 7, 64, 137, 210, 224
Vergenz 25, 129, 138, 148, 165, 174, 175, 229
Verkippung (Randscholle) 166
Verschiebungsweite 126
Vertikaltektonik, junge 225
Vertikalversätze 60
Verwitterung
– Abspülungsprozess 8
– Abtragung 8, 63, 82, 109
– Abtragungsprodukte 9, 14, 65
– Alaunverwitterung 38
– Chemische Verwitterungsprozesse 8, 222
– Erosionsanfälligkeit 83
– Erosionsrest 57, 64
– Erosionsrinne 173
– Erosionsschäden 86
– Frostsprengungsverwitterung 10
– Hangzerreißung 175
– Hydrolytische Silikatverwitterung 8, 55
– Tertiärverwitterung 210, 226
– Verkarstung 222
– Verwitterungsdecke 63, 85
– Verwitterungsflecken 129
– Verwitterungsrinde 51, 200, 202
– Verwitterungsschicht 55
– Verwitterungsschutt 236
– Verwitterungszone 24, 25, 89

– Verwitterung, tropisch 85
– Verwitterung vd. 50
Viersener Pollenbild 56
Violettfärbung 135
Vitrinit-Reflexionsvermögen 27
Vordertaunus VII, 4, 12, 14, 16, 17, 18, 19, 20, 22, 23, 25, 26, 28, 30, 31, 34, 35, 36, 37, 38, 39, 58, 68, 70, 71, 72, 75, 76, 79, 97, 99, 100, 104, 105, 106, 111, 113, 114, 118, 129, 134, 136
Vordertaunus-Schuppenstapel 17
Vordevon (n. KOCH) 12
Vulkangebiet 46
Vulkaniklastite 21, 46, 49, 77, 203, 218
Vulkanismus, saurer 21, 49, 58, 145, 209
Vulkanitvorkommen 59

Wackestone/Packstone 51
Wadern-Formation 113
Warmgradierung 125
Wasenbach-Kalk 213
Wegebaumaterial 164, 166
Weinähr-Formation 213
Weinberge 87, 101, 126
Weißlei-Formation 201
Wellmicher Überschiebungen 185
Wellmich-Werlauer Revier 74
Wenlock 52, 236
Westerwald 7, 56, 60, 62, 67
Westerwald-Vulkanit-Gruppe 60
Westtaunus 16, 21, 26, 28, 57, 58, 59, 61, 62, 63, 68, 72, 145, 216, 226
Wiesbaden-Metarhyolith-Formation 34, 36, 37, 87, 97, 100, 102, 104, 105, 120, 121
Wirtschaftskrise 1929 141
Wörsbach-Terrasse 225
Würgeser Tiefscholle 62

Xenolithe 106, 108

Zechstein 79
Zerrklüfte 72, 73, 74
Zr/TiO_2-Nb/Y-Diagramm 36, 121

Ortsregister

(zusammengestellt von Hans-Jürgen Scharpff)

Bei den Kommunen ist hinter dem Ortsnamen deren Organisationsebene vermerkt. Die Gliederung ist in Hessen und Rheinland-Pfalz staatlich unterschiedlich definiert.
Hessen: Gemeinde/Stadt, zusammengesetzt aus Ortsteilen (**OT**) bzw. Stadtteilen, z. T. mit Zusatzname (z. B. Kreisstadt).
Rheinland-Pfalz: Der Großverbund gliedert sich jweils nach Verbandsgemeinden (**VG**) und zughörigen Ortsgemeinden (**OG**).
Die Kürzel **VG** und **OG** informieren somit auch zur Landeszugehörigkeit der Kommune. Zur leichteren Zuordnung sind diese Orte jeweils noch einmal gesondert alphabetisch und mit Querverweis („siehe") zur namengebenden Hauptkommune aufgeführt.

Aar 4, 144, 146, 151, 216, 219, 224
Aarbergen, Gemeinde
– Daisbach, OT 22, 62, 158
– Hausen über Aar, OT 48
– Kettenbach, OT 27, 30, 159, 160
– Michelbach, OT 7, 155
– Panrod, OT 162
– Rückershausen, OT 91, 160, 203, 216
Aar-Einrich, Verbandsgemeinde
– Berghausen, OG 202, 203
– Berndroth, OG 48
– Burgschwalbach, OG 161, 162, 216, 218, 219
– Dörsdorf, OG 202
– Eisighofen, OG 48
– Hahnstätten, OG 22, 55, 57, 61, 78, 139, 160, 218, 219, 220, 221, 222, 223
– Katzenelnbogen, Stadt 74, 203, 204
– Kördorf, OG 206, 207, 208
– Lohrheim, OG 65
– Niedertiefenbach, OG, 205
– Reckenroth, OG 155
– Schönborn-Bärbach, OG 57

Aartal 7, 16, 22, 27, 29, 45, 146, 147, 148, 155, 159, 160, 203, 216, 218, 219
Adelheid-Stollen b. Laurenburg 213
Adolfseck, OT, siehe Bad Schwalbach 147
Aeskulap-Therme Schlangenbad 132
Alte Burg Eltville 16, 26
Altenhöfe 6
Altenstein 6
Altkönig 6, 112, 137
Altweilnau, OT, siehe Weilrod 48, 177
Antoniussprudel 160
Arenberg 55, 56, 200, 201, 224, 225
Arnoldshain, OT, siehe Schmitten 137, 176
Assmannshausen, OT, siehe Rüdesheim 23, 41, 91, 127, 131
Attenhausen, OG, siehe Bad Ems-Nassau 209
Atzelberg 6
Audenschmiede, OT, siehe Weilmünster 187, 188
Aulhausen, OT, siehe Rüdesheim 41

Ortsregister

Auringen, OT, siehe Wiesbaden 31, 33
Auroffer Bach 164

Bächersgrund, OT, siehe Lorch 126
Bad Camberg, Stadt
– Bad Camberg, OT 30, 48, 90, 91, 175
– Oberselters, OT 91
– Schwickershausen, OT 175
Bad Ems-Nassau, Verbandsgemeinde
– Attenhausen, OG 209
– Bad Ems, Stadt 48, 66
– Dausenau, OG 66
– Nassau, Stadt 4, 66, 108, 141, 191, 210
– Obernhof, Kloster Arnstein, OG 210
– Scheuern, OG 66
– Schweighausen, OG 7, 201
– Singhofen, OG 57, 66, 200, 201, 209
Bad Homburg, Stadt
– Bad Homburg, OT 4, 34, 42, 88, 91, 95, 96, 121, 122, 123, 124
– Kirdorf, OT 34
Bad Nauheim, Kreisstadt
– Bad Nauheim, OT 4, 80, 91, 95, 96, 124, 125, 126
Bad Schwalbach, Kreisstadt
– Adolfseck, OT 147
– Bad Schwalbach, OT 4, 27, 91, 144, 145, 146, 147, 150
– Langenseifen, OT 142
Bad Soden a.Ts., Stadt
– Bad Soden, OT 37, 58, 91, 95, 96, 116, 118
Balduinstein, OG, siehe Diez 202, 214, 215, 216
Bärbach, OG, siehe Aar-Einrich 57
Beilstein, OG, siehe Nassau-Attenhausen 209
Belzbach 101
Berghausen, OG, siehe Aar-Einrich 202, 203
Bergwerkswald, OT, siehe Gießen 50, 235, 236
Bermbach, OT, siehe Weilburg 60, 226
Berndroth, OG, siehe Aar-Einrich 48

Beuerbach, OT, siehe Hünstetten 174
Bierstadt, OT, siehe Wiesbaden 24, 31
Böhmen 45, 236, 237
Bogel, OG, siehe Nastätten 199
Bornich, OG, siehe Loreley 144
Brandoberndorf, OT, siehe Waldsolms 197, 198
Braubach, OG, siehe Loreley 66
Braunfels, Stadt
– Braunfels, OT 27, 58
– Schlossberg, OT 60
Brechen, Gemeinde
– Niederbrechen, OT 225
– Werschau, OT 57, 225
Breithardt, OT, siehe Hohenstein 9
Bremthal, OT, siehe Eppstein 31, 108
Brunhildisstein 137
Buchstein/Eschbacher Klippen 192, 193
Burgberg Falkenstein 4
Burgberg Königstein 4
Bürgel 4
Burg Hohenstein 150
Burgkopf 60
Burgruine Adolfseck 147
Burg Schwalbach 218
Burgschwalbach, OG, siehe Aar-Einrich 161, 162, 216, 218, 219
Butzbach, Stadt
– Butzbach, OT 48, 64, 194, 195
– Maibach, OT 193, 194
– Münster, OT 195

Cleeberg, OT, siehe Langgöns 196
Cramberg, OG, siehe Diez 57, 215
Cratzenbach, OT, siehe Weilrod 179, 180

Daisbach 4, 7
Daisbach, OT, siehe Aarbergen 22, 62, 158
Dattenbach 4, 7
Dausenau, OT, siehe Bad Ems-Nassau 66
Deutschmannsberg 45, 151, 154
Dietenhausen, OT, siehe Weilmünster 187

Diez, Verbandsgemeinde
– Balduinstein, OG 202, 214, 215, 216
– Cramberg, OG 57, 215
– Diez, Stadt 62, 212
– Laurenburg, OG 211
– Steinsberg, OG 212
– Wasenbach, OG 57, 213
Dombach 175
Dörsbach 4, 202, 206, 208, 210
Dörsdorf, OG, siehe Aar-Einrich 202
Dotzheim, OT, siehe Wiesbaden 36, 100, 101

Ehlhalten, OT, siehe Eppstein 71, 135
Ehr, OG, siehe Nastätten 68, 69
Eibelshausen, siehe Eschenburg 61
Eichelbacher Hof 180
Eichelberg 6
Eichkopf 6
Eisenbach 171
Eiserne Hand 7, 19
Eisighofen, OG, siehe Aar-Einrich 48
Elsterbach 7
Eltville a. Rh., Stadt
– Eltville, OT 16, 26
– Erbach, Kloster Eberbach, OT 129
– Rauenthal, OT 37, 71
Emmershausen, OT, siehe Weilrod 183
Emsbach 4, 136, 162, 167
Eppenhain, OT, siehe Kelkheim 16, 26, 34, 36, 37, 39, 71, 79, 109, 113, 114, 133
Eppstein, Stadt
– Bremthal, OT 31, 108
– Ehlhalten, OT 71, 135
– Eppstein, OT 22, 31, 38, 110, 111, 112, 135, 162
– Niederjosbach, OT 34, 133
– Vockenhausen, OT 71
Erbacher Kopf 6
Erbach, OT, siehe Eltville 129
Erbsenacker b. Naurod 18, 34, 58, 59, 106, 107, 113
Ergenstein 7, 202
Erlenbach 4, 7

Eschbach, OT, siehe Usingen 122, 192, 193
Eschenburg, Gemeinde
– Eibelshausen, OT 61
Eschenhahn, siehe Idstein 162
Esch, OT, siehe Waldems 23, 167, 168
Espenschied, OT, siehe Lorch 143
Ev. Akademie Arnoldshain 176

Fachinger Erbstollen 214
Falkenstein, OT, siehe Königstein 23, 34, 71, 118, 119
Feldberg, Großer 9, 40, 112, 137
Feldberg, Kleiner 9
Feuerbach 199
Finsternthal, OT, siehe Weilrod 177
Fischbach 37, 38, 70, 71
Fischbacher Kopf 37, 115
Fischbach, OT, siehe Kelkheim 37, 38, 70, 71, 115
Fischbach-Tal b.Strinz-Trinitatis 157
Forstbach 48, 144
Forsthaus Gertrudenhammer 179
Friedrichsdorf, Stadt
– Köppern, OT 75, 139, 140
Friedrichsthal, OT, siehe Wehrheim 191

Geisenheim, Stadt
– Geisenheim, OT 34, 91
Georgenborn, OT, siehe Schlangenbad 90, 101
Gickelsburg 6
Gießen, Universitätsstadt
– Bergwerkswald, OT 50, 235, 236
– Gießen, OT 4, 50, 51, 52, 75, 124, 236
– Kleinlinden, OT 51
Glashütten, Gemeinde
– Glashütten, OT 136, 168
– Oberems, OT 165, 168, 170, 213
– Schloßborn, OT 165
Glaskopf 6, 136
Goldbach (Schwarzbach) 4
Goldener Grund 84, 224
Goldsteintal, OT, siehe Wiesbaden 12, 39, 40, 104, 133

Ortsregister

Graueberg 6
Grauer Kopf 7
Grauer Stein von Bremthal 108
Grauer Stein von Naurod 108
Grauer Stein b. Schlangenbad 90
Grävenwiesbach, Gemeinde
– Grävenwiesbach, OT 186
– Hundstadt, OT 184, 185
– Mönstadt, OT 186
Greifenstein, OT, siehe Beilstein, 209
Grundscheidbach 7

Haidtränktal 43
Hallgarten, OT, siehe Oestrich-Winkel 34, 71
Hallgarter Zange 6
Harbach 144
Harz 16, 227, 237
Hasenbachtal 207, 208
Hasselbach, OT, siehe Weilrod 175, 180, 181
Hasselborn, OT, siehe Waldsolms 198
Hausen über Aar, OT, siehe Aarbergen 48
Heftrich, OT, siehe Idstein 165, 166
Heidenrod, Gemeinde
– Heidenrod, OT 143
– Laufenselden, OT 7, 151, 155
– Nauroth, OT 141
– Springen, OT 142
Hellenberg b. Niedernhausen 60, 109
Hellenberg-Tunnel 60
Hennethal, OT, siehe Hohenstein 158
Hirschsteinslai 184
Hirtenstein 165
Hof Hasselhecke 7
Hofheim, Kreisstadt
– Hofheim a.Ts., OT 9, 112, 113
– Kapellenberg, OT 112, 113
– Lorsbach, OT 9, 27, 38, 113
Hohe Kanzel 6
Hohelei 162, 164
Hohe Mark, OT, siehe Oberursel 138
Hohenstein, Gemeinde
– Breithardt, OT 9

– Burg-Hohenstein, OT 16, 22, 30, 148, 149, 151, 155
– Hennethal, OT 158
– Hohlenfels, OT 57, 218
– Holzhausen über Aar 45, 155
– Steckenroth, OT 148, 149
Hohe Wurzel (Katzenlohe u- Rotes Kreuz) 6, 85
Hohlenfelsbachtal 218
Holzbach 45, 191
Holzhausen a.d.Haide, OG, siehe Nastätten 7
Holzhausen über Aar, OT, siehe Hohenstein 45, 155
Hörkopf 59, 128
Hundstadt, OT, siehe Grävenwiesbach 184, 185
Hünerberg 4, 71
Hünfelden, Gemeinde
– Mensfelden, OT 74, 224
Hünstetten, Gemeinde
– Beuerbach, OT 174
– Hünstetten, OT 160, 161
– Ketternschwalbach, OT 160, 161
– Limbach, OT 156
– Strinz-Trinitatis, OT 157
– Wallrabenstein, OT 22, 48, 62, 172, 173

Idstein, Stadt
– Eschenhahn, OT 162
– Heftrich, OT 165, 166
– Idstein, OT 30, 48, 62, 81, 84, 101, 157, 164, 165, 166
– Oberauoff, OT 162
– Walsdorf, OT 171, 172
In den Weiherswiesen 98

Judenkirsch 101
Judenkopf 4, 37

Kalsmunt 60
Kalte Herberge 6
Kanonenstraße 138
Kapellenberg b. Hofheim 112, 113

Katzenelnbogen, Stadt, siehe Aar-Einrich 74, 203, 204
Katzenlohe 6
Kelkheim, Stadt
– Eppenhain, OT 16, 26, 34, 36, 37, 39, 71, 79, 109, 113, 114, 133
– Fischbach, OT 37, 38, 70, 71, 115
– Kelkheim, OT 135
– Ruppertshain, OT 16, 26, 34, 39, 71, 113, 114
Kellerskopf 4, 41
Kemeler Heide 7
Kemeler Rücken 60
Kettenbach, OT, siehe Aarbergen 27, 30, 159, 160
Ketternschwalbach, OT, siehe Hünstetten 160, 161
Kiedricher Bach 97
Kiedrich, Stadt
– Kiedrich, OT 34, 41, 91, 97, 98, 131
Kirchgöns, Gemeinde
– Kirchgöns, OT 64
Kirdorfer Bach 122, 123
Kirdorf, OT, siehe Bad Homburg 34
Kleebach 4, 195
Kleinlinden, OT, siehe Gießen 51
Kloppenheimer Rain 134
Kloster Eberbach, OT, siehe Eltville 129
Köhlerberg 4, 64, 121, 122
Kolbenberg 6
Königstein a.Ts., Stadt
– Falkenstein, OT 23, 34, 71, 118, 119
– Königstein, OT 20, 23, 34, 36, 71, 112, 119, 136
– Mammolshain, OT 70
Köppern, OT, siehe Friedrichsdorf 75, 139, 140
Kördorf, OG, siehe Aar-Einrich 206, 207, 208
Kraftsolms, OT, siehe Waldsolms 227, 228, 229
Kransberg, OT, siehe Usingen 190
Krausaue 34, 37, 88
Krofdorf-Gleiberg, Gemeinde
– Krofdorfer Forst, OT 54

Kronberg i.Ts., Stadt 23, 34, 36, 37, 71, 95, 105, 112, 120, 121
Kuhbett 7, 137, 175

Lahn 4, 7, 12, 49, 54, 59, 62, 63, 64, 65, 67, 91, 210, 211, 215, 226, 233
Landstein 48
Langenhain-Ziegenberg, siehe Ober-Mörlen 191
Langenseifen, OT, siehe Bad Schwalbach 142
Langgöns, Gemeinde
– Cleeberg, OT 196
– Oberkleen, OT 48, 195, 196, 197
Laubach 214
Laubuseschbach, OT, siehe Weilmünster 226
Laufenselden, OT, siehe Heidenroth 7, 151, 155
Laurenburg, OG, siehe Diez 211
Liederbach 4
Liederbach a.Ts., Gemeinde
– Liederbach, OT 4
Limbach, OT, siehe Hünstetten 156
Limburg, Kreisstadt
– Limburg OT 7, 12, 83, 84, 225
Limes 11, 139, 146
Lipporn, OG, siehe Nastätten 144
Löhnberg, Gemeinde
– Selters, OT 91
Lohrheim, OG, siehe Aar-Einrich 65
Lorch, Stadt
– Bächersgrund, OT 126
– Espenschied, OT 143
Loreley, Verbandsgemeinde
– Bornich, OG 144
– Nochern, OG 199
– St. Goarshausen, OG 4
Lorsbach, OT, siehe Hofheim 9, 27, 38, 113

Maibach, OT, siehe Butzbach 193, 194
Main 4, 87, 112, 117
Mainebene 4, 100
Mainzer Becken 57, 58, 61, 100

Mainzer Dom 141
Mammolshain, OT, siehe Königstein 70
Mattenbach 203
Medenbach, OT, siehe Wiesbaden 33, 38, 78
Mensfelden, OT, siehe Hünfelden 74, 224
Mensfelder Kopf 7, 224
Merzhausen, OT, siehe Usingen 178
Michelbach 7, 155
Michelbach, OT, siehe Aarbergen 7, 155
Miehlen, OG, siehe Nastätten 57
Mönstadt, OT, siehe Grävenwiesbach 186
Mühlen
– Altbäckersmühle 209
– Bogeler Mühle 199
– Hammermühle 27
– Hasenmühle 165, 207
– Herrenmühle 150
– Hessenmühle 189
– Jammertalsmühle 206
– Landsteiner Mühle 177
– Morcher Mühle 171
– Neumühle/Aartal 151
– Neuwagenmühle 207, 208
– Reifenmühle 206, 207
– Riesenmühle 142
– Schornmühle 172
– Schwaller Mühle 200
– St. Peters Mühle 172, 174
– Straßenmühle 101
– Wambacher Mühle 132
Mühlhölle N Holzhausen 155, 156
Münster, OT, siehe Butzbach 195
Münzenberg, Stadt 4, 64, 80

Nastätten Verbandsgemeinde
– Bogel, OG 199
– Ehr, OG 68, 69
– Holzhausen a. d. Haide, OG 7
– Lipporn, OG 144
– Miehlen, OG 57
– Nastätten, Stadt 28, 200
– Niederwallmenach, OG 198

Nauborner Kopf 234, 235
Nauborn, OT, siehe Wetzlar 232, 233, 234, 235
Naurod, OT, siehe Wiesbaden 34, 39, 58, 59, 60, 68, 70, 71, 105, 106, 107, 108, 113, 134
Nauroth, OT, siehe Heidenroth 141
Neu-Anspach, Gemeinde
– Rod am Berg, OT 188
Neumühle, OT, siehe Schlangenbad 98
Neuweilnau, OT, siehe Weilrod 178, 179
Nidda 4
Niederbrechen, OT, siehe Brechen 225
Niederems, OT, siehe Waldems 23
Niederjosbach, OT, siehe Eppstein 34, 133
Niedernhausen, Stadt 16, 19, 42, 108
Niederquembach, OT, siehe Schöffengrund 229, 230
Niederselters, OT, siehe Selters (Ts.) 90, 91
Niedertiefenbach, OG, siehe Aar-Einrich 205
Niederwallmenach, OT, siehe Nastätten 198
Niederwetz, OT, siehe Schöffengrund 232
Nochern, OG, siehe Loreley 199
Nordafrika 237

Oberems, OT, siehe Glashütten 165, 168, 170, 213
– Oberauoff, OT, siehe Idstein 162
Oberkleen, OT, siehe Langgöns 48, 195, 196, 197
Oberlauken, OT, siehe Weilrod 182
Ober-Mörlen, Gemeinde
– Langenhain-Ziegenberg, OT 191
Obernhain, OT, siehe Wehrheim 139
Obernhof, OG, siehe Bad Ems-Nassau 210
Oberquembach, OT, siehe Schöffengrund 231
Oberreifenberg, OT, siehe Schmitten 137, 175, 176

Ober-Rosbach, OT, siehe Rosbach v. d. H. 75
Oberselters, OT, siehe Bad Camberg 91
Oberursel (Ts.), Stadt
– Hohemark, OT 43, 138
Oestrich-Winkel, Stadt
– Hallgarten, OT 34, 71
– Oestrich, OT 4, 128
Oppershofen, OT, siehe Rockenberg 80

Panrod, OT, siehe Aarbergen 162
Pfaffenwiesbach, OT, siehe Wehrheim 44
Pferdskopf 7, 40, 137
Pfingstweide b. Butzbach 48, 195

Rabenkopf 6, 128, 129
Rambach, OT, siehe Wiesbaden 18, 70, 105, 106
Rassel 6
Rauenthal, OT, siehe Eltville 37, 71
Reckenroth, OG, siehe Aar-Einrich 155
Reichenbach, OT, siehe Waldems 169, 170
Rhein 4, 42, 69, 87, 126, 127, 129, 131
Ringenkopf 6
Rockenberg, Gemeinde 80
Rod a. d. Weil, OT, siehe Weilrod 175, 181
Rod am Berg, OT, siehe Neu-Anspach 188
Rosbach v.d.H., Stadt
– Ober-Rosbach, OT 75
Roßberg 162
Rossert 4, 26, 34, 71
Rosskopf 6
Rotes Kreuz 6
Rückershausen, siehe Aarbergen 91, 160, 203, 216
Rüdesheim a.Rh., Stadt
– Assmannshausen, OT 23, 41, 91, 127, 131
– Aulhausen, OT 41
– Rüdesheim, OT 34, 88, 127, 128
Rügert b. Idstein 164

Rupbach 212
Ruppertshain, OT, siehe Kelkheim 16, 26, 34, 39, 71, 113, 114

Saalburg bei Bad Homburg 7, 43, 64, 122, 139, 140
Sandkopf 202, 203
Sängelberg 7, 175, 176
Schefterbach 156
Scheidertal 159
Scheuern, OG, siehe Bad Ems-Nassau 66
Schläferskopf 7
Schlangenbad, Gemeinde
– Georgenborn, OT 90, 101
– Neumühle, OT 98
– Schlangenbad, OT 16, 26, 34, 42, 43, 90, 91, 99, 130, 131, 132
– Wambach, OT 43, 132
Schlossberg Braunfels 60
Schloßborn, OT, siehe Glashütten 165
Schloss Vollrads 128
Schmitten, Gemeinde
– Arnoldshain, OT 137, 176
– Oberreifenberg, OT 137, 175, 176
Schnepfenbachtal 178
Schöffengrund, Gemeinde
– Niederquembach, OT 229, 230
– Niederwetz, OT 232
– Oberquembach, OT 231
Schönborn-Bärbach, siehe Aar-Einrich 57
Schrenzen 48
Schulberg 104
Schulwald-Tunnel 15, 28, 31, 33, 38
Schwarzbach (Goldbach) 4, 37
Schweighausen, OG, siehe Bad Ems-Nassau 7, 201
Schwickershausen, OT, siehe Bad Camberg 175
Segelflugplatz Butzbach 195
Selters, OT, siehe Löhnberg 91
Selters (Ts), Gemeinde
– Niederselters, OT 90, 91
Silberbachtal 135

Ortsregister

Singhofen, OG, siehe Bad Ems-Nassau 57, 66, 200, 201, 209
Sodenia Therme 117, 118
Solmsbach 4
Sonnenberg, OT, siehe Wiesbaden 36, 58, 106
Springen, OT, siehe Heidenroth 142
Staufen 4, 37, 64, 71
Steckenroth, OG, siehe Hohenstein 148, 149
Steinfischbach, OT, siehe Waldems 170, 171
Steinhaufen 6
Steinkopf 6, 44, 48, 49, 140, 203, 204
Steinkratzbach 186
Steinsberg, OG, siehe Diez 212
Stephanshausen, OT, siehe Geisenheim 7
St. Goarshausen, Verbandsgemeinde
– Wellmich, OG 68, 74
Stoppelberg 60
Streitlai 45, 151, 152, 154
Strinz-Trinitatis, OT, siehe Hünstetten 157
Sulzbach 116

Taunusstein, Stadt
– Taunusstein, OT 7
– Wehen, OT 89, 101, 133, 134

Urselbach 4
Usa 4, 124, 125, 188, 189, 191, 192
Usingen, Stadt
– Burg Kransberg, OT 190
– Eschbach, OT 122, 192, 193
– Merzhausen, OT 178
– Usingen, OT 9, 44, 122, 189, 192
– Wernborn, OT 194

Villmar, Gemeinde
– Langhecke, OT 21, 49, 72
Vockenhausen, OT, siehe Eppstein 71

Waldburghöhe 59, 128
Waldems, Gemeinde
– Esch, OT 23, 167, 168
– Niederems, OT 23
– Reichenbach, OT 169, 170
– Steinfischbach, OT 170, 171
Waldsolms, Gemeinde
– Brandoberndorf, OT 197, 198
– Hasselborn, OT 198
– Kraftsolms, OT 227, 228, 229
– Weiperfelden, OT 197
Wallbach-Tal 157
Wallrabenstein, OT, siehe Hünstetten 22, 48, 62, 172, 173
Walsdorf, OT, siehe Idstein 171, 172
Wambach, OT, siehe Schlangenbad 43, 132
Wasenbach, OG, siehe Diez 57, 213
Wehen, OT, siehe Taunusstein 89, 101, 133, 134
Wehrheim, Gemeinde
– Friedrichsthal, OT 191
– Obernhain, OT 139
– Pfaffenwiesbach, OT 44
– Wehrheim, OT 43
Weil VII, 4, 64, 175, 181
Weilburg, Stadt
– Bermbach, OT 60, 226
– Weilburg, OT 4, 58, 226, 234
Weilmünster, Marktflecken
– Audenschmiede, OT 187, 188
– Dietenhausen, OT 187
– Laubuseschbach OT 226
Weilrod, Gemeinde
– Altweilnau, OT 48, 177
– Cratzenbach, OT 179, 180
– Emmershausen, OT 183
– Finsternthal, OT 177
– Hasselbach, OT 175, 180, 181
– Neuweilnau, OT 178, 179
– Oberlauken, OT 182
– Rod an der Weil, OT 175, 181
– Weilrod, OT 181
Weiperfelden, OT, siehe Waldsolms 197

Wellmich, siehe St. Goarshausen 66, 68, 74
Wernborn, OT, siehe Usingen 194
Werschau, OT, siehe Brechen 57, 225
Wetzlar, Kreistadt
– Nauborn, OT 232, 233, 234, 235
– Wetzlar, OT 60, 234
Wiesbaden, Landeshauptstadt
– Auringen, OT 31, 33
– Bierstadt, OT 24, 31
– Dotzheim, OT 36, 100, 101
– Goldsteintal, OT 12, 39, 40, 133
– Medenbach, OT 33, 38, 78
– Mitte, OT 19, 31, 34, 38, 39, 41, 60, 61, 62, 70, 71, 80, 85, 87, 88, 91, 93, 95, 96, 100, 101, 102, 103, 104, 105, 106, 117, 118, 131, 132, 133, 193, 203
– Naurod, OT 34, 39, 58, 59, 60, 68, 70, 71, 105, 106, 107, 108, 113, 134
– Rambach, OT 18, 70, 105, 106
– Sonnenberg, OT 36, 58, 106
Wildbad 131
Wilder Stein bei Nauborn 235
Wildweiberhöhle 22, 205
Wilhelmsdorf, OT, siehe Usingen 184
Winkel, OT, siehe Oestrich-Winkel 128
Winterstein 6
Wisper 4, 45, 63, 141
Wörsbach 4, 164

Ziegenberg, siehe Ober-Mörlen 191
Zimmersköpfe 6, 128
Zipfen 48

Hessisches Landesamt für Naturschutz, Umwelt und Geologie (HLNUG) (Hrsg.)

Red.: Roland Becker und Thomas Reischmann

Geologie von Hessen

2021. XVI, 714 Seiten, 302 farbige Abbildungen, 42 Tabellen, 17 x 24 cm
ISBN 978-3-510-65442-0

Gebunden 79,90 €
www.schweizerbart.de/9783510654420

Hessisches Landesamt für Naturschutz, Umwelt und Geologie (HLNUG) (Hrsg.)

Red.: Klaus Steingötter

Geologie von Rheinland-Pfalz

2005. VII, 400 Seiten, 162 Abbildungen, 36 Tabellen, 3 Anlagen, 17 x 24 cm
ISBN 978-3-510-65215-0

Gebunden 49,80 €
www.schweizerbart.de/9783510652150

Schweizerbart

Johannesstr. 3A, 70176 Stuttgart, Germany., Tel. +49 (0)711 351456-0
Fax +49 (0)711 351456-99   order@schweizerbart.de
online shop: www.schweizerbart.de

Landesamt für Geologie und Bergbau Rheinland-Pfalz, Mainz (Hrsg.)

Red.: Klaus Steingötter

Steinland-Pfalz

Geologie und Geschichte von Rheinland-Pfalz

2010. 2. überarbeitete und ergänzte Auflage
84 Seiten, 344 farbige Abbildungen
21 x 28 cm

ISBN 978-3-510-65265-5

Gebunden 24,90 €
www.schweizerbart.de/9783510652655

Sammlung geologischer Führer
https://www.schweizerbart.de/series/sgeolf

Martin Okrusch; Gerd Geyer; Joachim Lorenz

Spessart

Geologische Entwicklung und Struktur, Gesteine und Minerale

Band 106. 2011. VII, 368 Seiten, 103 Abbildungen, 2 Karten, 14 x 20 cm

ISBN 978-3-443-15093-8   Broschur 29,90 €
www.borntraeger-cramer.de/9783443150938

Roland Walter
Aachen und südliche Umgebung
Nordeifel und Nordost-Ardennen

Band 100. 2010. VIII, 360 Seiten, 122 Abbildungen, 102 Farbbilder, 14 x 20 cm

ISBN 978-3-443-15086-0   Broschur 29,90 €
www.borntraeger-cramer.de/9783443150860

Roland Walter
Aachen und nördliche Umgebung
Mechernicher Voreifel, Aachen-Südlimburger Hügelland und westliche Niederrheinische Bucht

Band 101. 2010. 214 Seiten, 76 Abbildungen, 77 Farbbilder, 14 x 20 cm

ISBN 978-3-443-15087-7   Broschur 25,90 €
www.borntraeger-cramer.de/9783443150877

Wolfgang H. Wagner
Friederike Kremb-Wagner
Martin Koziol, Jörg F. W. Negendank
Trier und Umgebung
3. völlig neu bearbeitete Auflage

Band 60. 2011. X, 396 Seiten, 170 Abbildungen, 13 Tabellen 1 Karte, 14 x 20 cm

ISBN 978-3-443-15094-5   Broschur 29,90 €
www.borntraeger-cramer.de/9783443150945

Borntraeger   Johannesstr. 3A, 70176 Stuttgart, Germany

Tel. +49 (0)711 351456-0   Fax. +49 (0)711 351456-99
order@borntraeger-cramer.de   www.borntraeger-cramer.de

Peter Schäfer

Mainzer Becken
Stratigraphie, Paläontologie, Exkursionen

Band 79. 2012. 2. völlig neu bearbeitete Auflage, VII, 333 S., 21 Abbildungen, 14 Tabellen, 20 Fossiltafeln, 44 Farbphotos, 14 x 20 cm

ISBN 978-3-443-15092-1   Broschur 29.90 €
www.borntraeger-cramer.de/9783443150921

Sammlung geologischer Führer, lieferbare Bände
Format der Bände 42 bis 47: 11,2 x 16 cm, in Leinen gebunden, ab Band 48 im Format 19,5 x 13,5 cm, in flexiblem Kunststoff:

Band 42: Flügel, H.:
Das Steirische Randgebirge
1963. XVI, 160 S., 15 Abb., 4 Photos,
1 geol. Karte
ISBN 978-3-443-39044-0

Band 48: Richter, Dieter:
Aachen und Umgebung [Nordeifel und Nordardennen mit Vorland]
3., vollk. überarb. Aufl.
1985. XVI, 302 S., 46 Abb., 7 Tab.,
7 Faltbeilagen, 10 Karten
ISBN 978-3-443-15044-0

Band 49: Richter, Max:
Vorarlberger Alpen; 2. veränd. Aufl.
1978. X, 171 S., 58 Abb., 2 Faltbeil., 1 Karte
ISBN 978-3-443-15023-5

Band 55: Richter, Dieter:
Ruhrgebiet und Bergisches Land
[Zwischen Ruhr und Wupper]
3. vollk. überarb. Aufl.
1996. VIII, 222 S., 68 Abb., 5 Tab.,
5 Faltbeilagen, 11 Karten
ISBN 978-3-443-15063-1

Band 57: Streif, Hansjörg:
Das ostfriesische Küstengebiet [Nordsee, Inseln, Watten und Marschen];
2. völlig neubearb. Aufl.
1990. VII, 376 S., 48 Abb., 10 Tab.,
1 Faltbeilage
ISBN 978-3-443-15051-8

Band 58: Mohr, Kurt:
Harz. Westlicher Teil 5. erg. Aufl.
1998. XII, 216 S., 33 Abb., 17 Tab.,
1 Karte, 18 Routenkarten, 1 Routenübersicht
ISBN 978-3-443-15071-6

Band 59: Egger, Hans, Wessely, Godfrid:
Der Wienerwald
3. völlig neu bearb. Aufl.;
2014. X, 202 S., 133 Abb., 1 Tab.
ISBN 978-3-443-15098-3

Band 60:
Trier und Umgebung
Hrsg.: Wolfgang H. Wagner; Friederike Kremb-Wagner; Martin Koziol; Jörg F. W. Negendank
3. völlig neu bearb. Aufl. 2011
X, 396 Seiten, 170 Abb., 13 Tab., 1 Karte
ISBN 978-3-443-15094-5

Band 62: Schreiner, Albert:
Hegau und westlicher Bodensee
3. ber. Aufl. 2008
X, 90 Seiten, 22 Abb., 1 Tab.
ISBN 978-3-443-15040-2

Band 64: Waldeck, Hans:
Die Insel Elba und die kleineren Inseln des Toskanischen Archipels
[Mineralogie, Geologie, Geographie, Kulturgeschichte]
2., verbesserte u. erweiterte Aufl.
1986. VIII, 216 S., 82 Abb., 8 Tab.
ISBN 978-3-443-15046-4

Band 66: Sindowski, Karl-Heinz:
Zwischen Jadebusen und Unterelbe
1979. X, 145 S., 15 Abb., 13 Tab., 1 Faltbeilage
ISBN 978-3-443-15025-9

Band 67: Geyer, Otto F.; Gwinner, M. P.:
Die Schwäbische Alb und ihr Vorland
3. verb. Aufl. 1984, unveränd. Nachdr.
1997. VI, 275 S., 36 Abb., 14 Taf., 1 Faltbeilage
ISBN 978-3-443-15041-9

Band 68: Grabert, Hellmut:
Oberbergisches Land
[Zwischen Wupper und Sieg]
1980. VIII, 178 S., 65 Abb., 2 Tab.,
2 Faltbeilagen
ISBN 978-3-443-15027-3

Band 70: Mohr, Kurt:
Harzvorland – westlicher Teil
1982. VIII, 155 S., 30 Abb., 12 Tab.
ISBN 978-3-443-15029-7

Band 73: Plöchinger, Benno:
Salzburger Kalkalpen
1983. X, 144 S., 34 Abb., 3 Fossiltaf.,
1 geol. Karte, 2 Tab.
ISBN 978-3-443-15034-1

Band 74: Rutte, Erwin; Wilczewski, N.:
Mainfranken und Rhön 3. überarb. Aufl.
1995. VI, 232 S., 65 Abb., 3 Tab., 4 Taf., 1 Karte
ISBN 978-3-443-15067-9

Band 79: Schäfer, Peter:
Mainzer Becken
2012. 2. Völlig neu bearbeitete Aufl.
VII, 333 S., 21 Abb., 14 Tab, 20 Fossiltaf.,
44 Farbfotos
ISBN 978-3-443-15092-1

Band 81: Rothe, Peter:
Kanarische Inseln
[Lanzarote, Fuerteventura, Gran Canaria, Tenerife, Gomera, La Palma, Hierro].
3. Auflage 2008.
XVI, 338 S., 100 Abb., 13 Tab., 1 Beilage
ISBN 978-3-443-15081-5

Band 84: Schneider, Horst:
Saarland mit Beiträgen v. Dieter Jung.
1992. X, 271 S., 61 Abb., 12 Tab.,
1 Faltbeil., 1 Karte
ISBN 978-3-443-15053-2

Band 85: Seidel, Gerd:
Thüringer Becken
1992. VII, 204 S., 70 Abb., 17 Tab., 2 Faltbeil.
ISBN 978-3-443-15058-7

Band 86: Geyer, Otto F.:
Die Südalpen zwischen Gardasee und Friaul
[Trentino, Veronese, Vicentino, Bellunese]
1993. XIII, 576 S., 175 Abb., 4 Tab.
ISBN 978-3-443-15060-0

Band 87: Beeger, Dieter; Quellmalz, W.:
Dresden und Umgebung
1994. VIII, 205 S., 61 Abb.
ISBN 978-3-443-15062-4

Band 89: Meyer, Wilhelm; Stets, J.:
Das Rheintal zwischen Bingen und Bonn
1996. XII, 386 S., 44 Abb., 2 Faltbeilage
ISBN 978-3-443-15069-3

Band 90: Bachmann, G. H.; Brunner, H.:
Nordwürttemberg
[Stuttgart, Heibronn und weitere Umgebung]. 1998.
XIV, 403 S., 61 Abb., 3 Tab.
ISBN 978-3-443-15072-3

Band 91: **Ungarn**
[Bergland um Budapest, Balaton-Oberland, Südbakony. Unter Mitarbeit von Pál Müller u. a.]
Hrsg.: Trunkó, László
2000. IX, 158 S., 26 Abb., 11 Photos, 1 Karte
ISBN 978-3-443-15073-0

Band 92: Groiss, Josef Th.; Haunschild, Hellmut; Zeiss, Arnold:
Das Ries und sein Vorland
2000. XII, 271 S., 58 Abb., 6 Tab., 4 Beilagen
ISBN 978-3-443-15074-7

Band 93: Prinz-Grimm, Peter; Grimm, I.:
Wetterau und Mainebene
2002. IX, 167 Seiten, 50 Abbildungen,
2 Tabellen, 1 Karte mit den Exkursionsrouten
ISBN 978-3-443-15076-1

Band 94: Geyer, Otto F.; Schober, Thomas;
Geyer, Matthias:
Die Hochrhein-Regionen zwischen Bodensee und Basel
2003. XI, 526 S., 110 Abb.
ISBN 978-3-443-15077-8

Band 95: Martens, Thomas:
Thüringer Wald
2003. X, 252 Seiten, 68 Abb., 17 Tab., 12 Photos, viele Routenkärtchen im Text
ISBN 978-3-443-15078-5

Band 96: Patzelt, Gerald:
Nördliches Harzvorland
2003. 182 S., 50 Abb., 1. Tab.,
11 Exkursionsrouten
ISBN 978-3-443-15079-2

Band 97: Schneider, Gabi:
The Roadside Geology of Namibia
2. ed. 2008. X, 294 p., 112 fig., 1 tab.,
29 route descriptions
ISBN 978-3-443-15084-6

Band 98: Frisch, Wolfgang; Meschede, Martin; Kuhlemann, Joachim: **Elba**
2008. VIII, 216 S., 24 Abb., 3 Tab., 104 Farbabb.
ISBN 978-3-443-15082-2

Band 99: Kuhlemann, Joachim; Frisch, Wolfgang; Meschede, Martin: **Korsika**
[Geologie, Natur und Landschaft, Exkursionen]
2009. XII, 236 S., 37 Abb., 4 Kart., 103 Farbabb.
ISBN 978-3-443-15085-3

Band 100: Walter, Roland
Aachen und südliche Umgebung
[Nordeifel und Nordost-Ardennen]
2010. VIII, 360 S., 122 Abb., 102 Farbabb.
ISBN 978-3-443-15086-0

Band 101: Walter, Roland
Aachen und nördliche Umgebung
[Mechernicher Voreifel, Aachen-Südlimburger Hügelland und westliche Niederrheinische Bucht]
2010. X, 214 S., 76 Abb., 77 Farbabb.
ISBN 978-3-443-15087-7

Band 102: Günther, Dieter
Der Schwarzwald und seine Umgebung
2010. VI, 302 S., 85 Abb., 78 Farbabb., 10 Tab.
ISBN 978-3-443-15088-4

Band 103: Eisbacher, Gerhard, H., Fielitz, Werner: **Karlsruhe und seine Region**
[Nordschwarzwald, Kraichgau, Neckartal, Oberrhein-Graben, Pfälzerwald und westliche Schwäbische Alb]
2010. VI, 342 S., 1 Tab., 67 Abb. (33 farbig)
ISBN 978-3-443-15089-1

Band 104: Franzcke, Hans-Joachim, Schwab, Max: **Harz, östlicher Teil mit Kyffhäuser Kristallin**
2011. VI, 327 S., 142 Abb., 2 Tab., 5 Farbbilder
ISBN 978-3-443-15090-7

Band 105: **Die deutsche Ostseeküste**
Hrsg.: Niedermeyer, R.-O., Lampe, R., Janke, W., Schwarzer, K., Duphorn, K., Kliewe, H., Werner, F.
2. völlig neu bearb. Auflage
2011. VI, 370 S., 97 Abb., 7 Tab., 20 Farbbilder
ISBN 978-3-443-15091-4

Band 106: Okrusch, Martin, Geyer, Gerd, Lorenz, Joachim: **Spessart**
[Geologische Entwicklung und Struktur, Gesteine und Minerale]
2011. VII, 368 S., 103 Abb., 2 Karten
ISBN 978-3-443-15093-8

Band 107: Kull, Ulrich: **Kreta**
2012. VI, 322 S., 64 Abb., 8 Karten
ISBN 978-3-443-15095-2

Band 108: Stäheli, Patrick
Kalifornien I – Süden und Osten
2013. X, 275 S., 214 überwiegend farbige Abb.
ISBN 978-3-443-15096-9

Band 109: Stäheli, Patrick
Kalifornien II – Norden und Westen
2017. XII, 334 S., 238 überwiegend farbige Abb.
ISBN 978-3-443-15097-6

Band 110:
Field Guide to the Geology of Northeastern Oman
Hrsg.: Hoffmann, G.; Meschede, M.; Zacke, A.; Al Kindi, M.
2016. X, 283 pages, 227 figures
ISBN 978-3-443-15099-0